国家社科基金一般项目"生态补偿资金分配模式及其效益评估模型研究——以汉江为例"结题成果。

　　陕西理工大学应用经济学重点学科和区域经济学科技创新团队成果。

ECO-COMPENSATION MODEL, ACCOUNTING STANDARD
AND ALLOCATION PATTERN—A CASE STUDY OF
HANJIANG WATERSHED

流域生态补偿模式、
核算标准与分配模型研究

——以汉江水源地生态补偿为例

胡仪元 等／著

人 民 出 版 社

目 录
Contents

导　论

一、研究汉江水源地生态补偿资金分配模式的背景和意义

（一）汉江水源地生态补偿资金分配模式的研究背景

本书从三个层面来介绍背景：宏观的全球资源环境背景、中观的资源分布与区际平衡背景、微观的区域发展权利与社会进步利益分享背景。面对资源的短缺，我们必须有更主动的制度设计，否则我们可能真的会面临"人类最后一滴水是自己眼泪"的绝境。

1. 宏观的全球性水资源环境背景

宏观的全球资源环境背景，主要是针对当前国际资源、生态与经济发展环境而言的。资源与生态既是当今社会的短缺资源，又是各国的战略性竞争要素，还是一个社会能否可持续发展的关键性节点。当前世界各国，特别是广大发展中国家面临的最大资源环境背景就是世界性水资源短缺、全球性环境污染及污染的跨国转移、水资源需求在不断扩大。

水资源短缺是世界各国面临的严峻挑战。全球水资源总量约为13.86万亿立方千米，其中96.5%分布在海洋，陆地淡水资源仅占2.53%，而可利用的淡水资源更少。根据"水资源小组"预测，世界水资源需求量到2030年将会超过供应量的40%。目前全球约有8.84亿人、欧洲也有约0.41亿人无法获得安全饮用水。[1] 按照瑞典水文学家马林·弗肯马克的缺水国家标准（一个国家所拥有的可更新的淡水供应量在1700立方米/人·年以下属于水资源紧迫，在1000立方米/人·年以下属于水资源极度缺乏。），目前

---

① 贾怀东、赵红：《全球水危机离我们有多远》，《资源与人居环境》2013年第9期。

世界上有 20 个国家最缺水，居首的是马耳他，年人均可用水量只有 82 立方米，卡塔尔、科威特、利比亚、巴林、新加坡、巴巴多斯、沙特阿拉伯、约旦、也门、以色列、突尼斯、阿尔及利亚、布隆迪、佛得角、阿曼、阿拉伯联合酋长国、埃及、肯尼亚和摩洛哥这 19 个国家也都是最缺水的国家。①

在人口增加和生产扩大，水资源需求量增加的同时，污染物也在不断增加，特别是工业废弃物和生活垃圾造成了巨大的生态破坏和环境污染。根据世界银行的调查数据和趋势预测："目前，世界上的城市每年制造约 13 亿吨的生活垃圾，平均每个市民每天产生垃圾 1.2 公斤，制造垃圾总量较多的是发达国家。世界银行预测，到 2025 年，生活垃圾总量将上升至 22 亿吨，也就是说，每人每天产生垃圾 1.4 公斤，世行预测，到 2025 年，美国城市的垃圾将从 6.2 亿吨增加至 7 亿吨。"②

环境污染加剧了水资源短缺。据联合国环境规划署的报告显示，"世界每天有 200 万吨各种垃圾被排入河流和大海，相当于每天产生 20 亿吨污水"③。不仅使可利用的水资源减少，而且有毒有害污染物的排放也损害了人们的健康。

污染的跨国转移是一个国家对另一个国家的掠夺与剥削。环境剥削有三种模式：一是环境标准与环境标识形成的绿色贸易壁垒。就是以严格的环境标准限制部分国家的出口，或对出口商品的价格限制，或增加商品出口的成本，导致部分国家因环境问题而出现对外贸易损失。例如，一些国家日益复杂且严格的环保、技术法规使广州"每年遭受欧盟绿色贸易壁垒的贸易损失高达上亿美元。广州企业在对外贸易中有超过 37% 的贸易障碍是来自于绿色壁垒"④。二是产业转移。依据产品生命周期理论，不同国家的资源、技术和人力资本在产品生命周期的不同阶段具有不同的竞争优势，

---

① 王明华：《世界上哪些国家最缺水》，《水资源研究》2011 年第 3 期。
② 金玉蓉：《全球垃圾分布地图出炉：城市每年制造 13 亿吨生活垃圾　发达国家制造的垃圾最多》，《新闻晨报》2012 年 6 月 21 日。
③ 《全世界每天产 20 亿吨污水　处理得当可"变废为宝"》，中国新闻网，2010 年 3 月 23 日。
④ 高桂雪、张文文：《析绿色贸易壁垒对我国出口贸易的影响及对策》，《河北青年管理干部学院学报》2013 年第 1 期。

创新国家的技术优势、模仿的发达国家的资本优势使其在产品的第一、二、三阶段具有竞争优势，而发展中国家只有在第四阶段以后才能依据技术的标准化、生产的规范化，凭借其人力资源取得竞争优势，于是就有了产业转移与产业转移承接的问题。发达国家据此把大量的污染性产业或具有污染性的生产环节转移给发展中国家，不仅让其承担污染后果、污染治理成本，而且通过环境（绿色）标准对其承接的污染产业产品的出口与回购作出严格的限制，使其在产品生产上为环境达标的资本投入与技术改进增加成本。2010 年外商投资于我国的企业是 74045 家，其中，投资于污染密集型产业的企业是 31983 家，占整个外商投资企业总数的 43.19%。[①] 三是直接的垃圾出口。英国在 1997—2005 年的 8 年中向中国运送垃圾的数量涨了 158 倍，由最初的 1.2 万吨增长到了 190 万吨。[②] 2012 年又把 17 个集装箱、420 吨的生活垃圾运到了亚洲，其中近七成流入了中国。[③] "美国目前每年产生电子垃圾 70 亿—80 亿吨，其中 80% 偷运到了印度、中国和巴基斯坦"。[④] 1989—1994 年的 5 年间，经合组织国家向非经合组织国家输出了 2611677 公吨有害废物。[⑤]

水资源需求扩大导致供需矛盾加剧。随着社会的发展，人类对资源的需求，特别是水资源的需求在加大。一方面是人口增加带来的，每一个人的生存都需要最低数量的资源来维持，包括生存的空间（住房）、食品、资本、水等。目前世界平均水资源占有量为 2100 立方米/人·年，1000 立方米/人·年就是缺水警戒线。[⑥] 另一方面是生产发展造成的，据联合国资料，全球 70% 以上的淡水被用于农业灌溉，"生产 1 吨小麦需要耗费 1000 吨的水资源，1 吨玉米需要耗费接近 1200 吨的水资源，1 吨稻米需要耗费 2000 吨的水资源"[⑦]。

[①]　黄涛：《污染密集型产业向中国转移的影响因素研究》，《山西财经大学学报》2013 年第 8 期。

[②]　阮晓琴：《运往中国的垃圾 8 年增 158 倍 发达国家责任心何在》，《上海证券报》2007 年 1 月 20 日。

[③]　王贝：《中国：世界垃圾场?》，《中国与世界》2013 年第 11 期。

[④]　宋发刚：《浅谈环境污染转移问题》，见 http://www.gmw.cn/03pindao/lunwen/show.asp?id=66，2005.05.20/2007.05.19。

[⑤]　Greenpeace，"The Database of Known Hazardous Waste Exports from OECD to Non-OECD Countries"，*Environmental Injustice in International Context*，see http://population.wri.org.

[⑥]　王明华：《世界上哪些国家最缺水》，《水资源研究》2011 年第 3 期。

[⑦]　贾怀东、赵红：《全球水危机离我们有多远》，《资源与人居环境》2013 年第 9 期。

人口增加、生产扩张都将造成水资源的需求量增加，使水资源的供需矛盾更加严重。

2. 中观的水资源区际分布平衡与污染破坏背景

我国的水资源总量丰富，约为 2.81 万亿立方米，仅次于巴西、俄罗斯、加拿大、美国和印尼，居世界第 6 位。但是，就国内而言，水资源的时空分布不均、人均水资源不足、水污染严重、水资源的浪费使用是制约我国水资源平衡的四大瓶颈。

第一，水资源的时空分布不均。总体而言是南方水资源丰富北方少，长江、珠江、东南诸河、西南诸河的水资源总量为 22450 亿立方米（其中地表水 22326 亿立方米），占全国水资源总量的 81%，可利用水资源 5496 亿立方米，占全国可利用水资源总量的 67%。[①] 相应地，北方占全国 64% 的国土面积的区域，水资源总量仅为全国的 19%，降水量也较低，出现了较大的水资源供需缺口，其中，海河流域缺水 16 亿立方米，缺水率（缺水量与需水量之比）达 22%；西辽河缺水 5.6 亿立方米，缺水率为 39%。[②]

第二，人均水资源不足。全国人均水资源拥有量不到 2100 立方米，是"世界人均占有量的 1/4，日本的 1/2，美国的 1/5，印尼及前苏联的 1/7，加拿大的 1/50"。亩均"占有水量是巴西的 16.8%，日本的 21.3%，加拿大的 37.7%，印尼的 13.6%"，是世界 13 个人均水资源贫乏的国家之一。[③] 当前，全国 15 个省（自治区、直辖市）的人均水资源低于严重缺水线，"全国 600 个城市中，有 400 多个城市供水不足"，农村中有 2000 多万人和数千万头牲畜存在饮用水困难。[④]

第三，水污染严重。根据环保部《2013 年中国环境状况公报》，2013 年，全国地表水国控断面总体为轻度污染。其中，"长江、黄河、珠江、松花江、淮河、海河、辽河、浙闽片河流、西北诸河和西南诸河等十大流域的国控断面中，Ⅰ—Ⅲ类、Ⅳ—Ⅴ类和劣Ⅴ类水质断面比例分别为 71.7%、19.3% 和

① 王建生、钟华平等：《水资源可利用量计算》，《水科学进展》2006 年第 4 期。
② 郦建强、王建生、颜勇：《我国水资源安全现状与主要存在问题分析》，《中国水利》2011 年第 23 期。
③ 朱冬菊、陈芳：《中国水资源：危机四伏 希望犹存》，新华网，2013 年 7 月 16 日。
④ 李春芳：《浅谈我国水资源现状》，《科技视界》2012 年第 26 期。

9.0%"，均在不同程度上比上一年有所改善，特别是 Ⅰ—Ⅲ 类水提高了 2.8 个百分点。62 个国控重点湖泊（水库）中，"水质为优良、轻度污染、中度污染和重度污染的国控重点湖泊（水库）比例分别为 60.7%、26.2%、1.6% 和 11.5%"。三峡库区、南水北调东线为 Ⅲ 类水质，中线丹江口水库总体为 Ⅱ 类水质。"全国城市污水处理率为 89.21%"。全年化学需氧量排放总量为 2352.7 万吨，氨氮排放总量为 245.7 万吨。[①] 环境污染既造成了污水处理成本、农渔业收成损失、生态损失等财产性损失，又造成了健康损失。根据有关研究资料，环境损失（财产性损失和健康损失）占我国 GDP 的比重少则 3%—4%，多则 11% 左右。[②]

第四，水资源的浪费使用。有限的资源必须得到有效的利用，但是，我们在水资源的利用上效率不高，存在严重浪费问题。如农业生产中的漫灌方式使水的有效利用率只在 25% 到 40% 之间，单位产粮用水是发达国家的两倍多；工业万元产值用水量为 100 多立方米，是发达国家的 10 倍多；工业用水的重复利用率仅为 30%—40%，而发达国家为 70%—80%；城市自来水管网的跑、冒、滴、漏使水的损失率达 15%—20%。[③] 根据联合国粮食与农业组织的数据，"全球粮食灌溉用水浪费量足够满足 90 亿人（预计到 2050 年的地球人口数量）的家庭需求（每人每天 200 升）"[④]。

3. 微观的区域发展权利与社会进步利益分享背景

按照公平伦理观，任何人、任何区域都有发展的权利，都有分享社会进步利益的权利。作为汉水流域水源地的人民和水源地这个区域也都有发展和分享社会进步利益的权利。由于生态资源的区位固定性、发展的不平衡性等原因使汉水流域的发展落后，也在分享全国经济社会发展利益中处于劣势地位。

第一，区位的重要性。我国水资源分布区位的重要特色是南多北少、

---

① 中华人民共和国环境保护部：《2013 年中国环境状况公报》，见 http://jcs.mep.gov.cn/hjzl/zkgb/2013zkgb。

② 梁嘉琳：《原环保总局副局长：去年中国环境污染损失超 2 万亿》，《经济参考报》2012 年 3 月 13 日。

③ 李春芳：《浅谈我国水资源现状》，《科技视界》2012 年第 26 期。

④ ［美］弗莱德里克·拉莫斯·德·阿马斯：《我们的星球："里约 + 20"：从成果到实践》，《联合国环境规划署杂志》2013 年 2 月。

东多西少，但是水资源的源头却绝大部分是在西部，这些地区也大多是一些贫困地区。汉江水源地既是一个国家级集中连片特困区，在政治、经济、社会、文化与科技的发展中处于劣势，正在被社会加速边缘化；又是南水北调中线工程和引汉济渭工程的水源地，是国家限制开发主体功能区，生态地位的重要性使其生态保护的意义重大。但是，水资源的公共产品属性，无节制的、开放式的资源利用、灾难性的"公地悲剧"现象随处可见，加之利益驱动，使汉江水源面临巨大的生态危机，记者惊呼："密集的调水和梯级开发工程肢解汉江，滚滚一江清水或将消失。"[①] 因此，必须建立相应的生态补偿机制，把汉江水源保护本身当成产业来开发才能分享水资源溢出效应利益。

第二，区域经济发展的平衡问题。汉江水源地作为秦巴山区集中连片特困区的一部分，其经济社会发展比较落后。一是贫困聚集，2015 年，汉江上游水源地的汉中、安康、十堰三地市共有国家级贫困县 23 个，占该区域 29 个县区市的 79.3%。其中，汉中市 11 个县区就有 8 个国家级贫困县，它们分别是洋县、西乡县、勉县、宁强县、略阳县、镇巴县、留坝县、佛坪县；安康市 10 个县区就有 9 个国家级贫困县，它们分别是汉滨区、汉阴县、石泉县、宁陕县、紫阳县、岚皋县、镇坪县、旬阳县、白河县；十堰市 8 个县市区就有 6 个国家级贫困县，它们分别是郧西县、竹溪县、竹山县、房县、郧县（现为郧阳区）、丹江口市。[②] 贫困聚集使水源地的整体投资能力低，持续发展能力差，容易陷入"生态贫困—经济落后—环境退化"的循环怪圈，面临着要生态还是温饱的困境。

二是经济社会发展滞后。我们选取 2015 年度人均国内生产总值、城镇居民人均可支配收入、农村居民人均纯收入、地方财政收入保障率和人均全社会固定资产投资五个指标进行比较，详细数据如表 0 - 1 所示。

---

① 宫靖：《割据汉江：密集调水和梯级开发工程肢解汉江，一江清水或将消失》，《新世纪周刊》2010 年 7 月 12 日。

② 《2015 最新国家级贫困县名单》，见 http://www.phb123.com/city/GDP/4198.html，2015 年 8 月 17 日。

表 0-1 2015 年汉江水源区与全国、陕西省和湖北省经济发展水平比较①②③④⑤⑥

	全国	陕西省	汉中市	安康市	湖北省	十堰市
人均国内生产总值（元）	49351	48023	30971	29193	50500	38431
城镇居民人均可支配收入（元）	31195	26420	23625	27191	27051	24057
农村居民人均纯收入（元）	11422	8689	8164	8196	11844	7779
地方财政收入保障率（%）	—	—	17.27	—	—	29.9
人均全社会固定资产投资（元）	40884	53199.8	30231.8	28609.8	48279	38641.7

从表 0-1 中可以看出，人均国内生产总值低，汉中、安康的人均国内生产总值均低于陕西省、全国平均水平，分别是全省水平的 64.49% 和 60.79%，分别是全国水平的 62.76% 和 59.15%；十堰市的人均国内生产总值分别是湖北省和全国的 76.1% 和 77.87%，虽然比汉中市和安康市强，但还是处于明显的落后状态。城镇居民人均可支配收入水平低，汉中的城镇居民人均可支配收入低于陕西省、全国水平，分别是全省和全国水平的 89.42% 和 75.73%，安康的城镇居民人均可支配收入虽高于全省水平，但仅为全国水平的 87.16%；十堰市的城镇居民人均可支配收入分别是湖北省和全国的 88.93% 和 77.12%。农村居民人均纯收入上，汉中、安康也低于全省全国水平，分别是全省的 93.96% 和 94.33%、全国的 71.48% 和 71.76%；十堰市分别是湖北省和全国的 65.68% 和 68.11%。汉中市的地方财政收入保障率仅为 17.27%，十堰市也才 29.29%，均属于地方财政赤字比较严重的地区（地方财政收入保

① 中华人民共和国国家统计局：《中华人民共和国 2015 年国民经济和社会发展统计公报》，2016 年 2 月 29 日，见 http://www.stats.gov.cn/tjsj/zxfb/201602/t20160229_1323991.html。

② 陕西省统计局、国家统计局陕西调查总队：《2015 年陕西省国民经济和社会发展统计公报》，《陕西日报》2016 年 3 月 15 日。

③ 汉中市统计局：《2015 年汉中市国民经济和社会发展统计公报》，2016 年 3 月 29 日，见 http://www.hanzhong.gov.cn/xxgk/gkml/tjxx/tjgb/201603/t20160329_320783.html。

④ 安康市统计局、国家统计局安康调查队：《2015 年安康国民经济和社会发展统计公报》，2016 年 4 月 5 日，见 http://tjj.ankang.gov.cn/Article/sjzc/sjcx/201604/Article_20160407073452.html。

⑤ 湖北省统计局、国家统计局湖北调查总队：《2015 年湖北省国民经济和社会发展统计公报》，2016 年 2 月 26 日，见 http://www.stats-hb.gov.cn/tjgb/ndtjgb/hbs/112361.htm。

⑥ 十堰市统计局、湖北省统计局十堰调查监测分局、国家统计局十堰调查队：《2015 年十堰市国民经济和社会发展统计公报》，《十堰日报》2016 年 4 月 5 日。

障率就是地方财政收入占其财政支出的比重)。人均全社会固定资产投资水平反映了一个地区的后续发展能力，汉中市仅为陕西省平均水平的 56.83%；十堰市也只有湖北省的 80%。像这样发展水平低下的地区，因缺乏自我投资能力而需要生态补偿的外部资本注入支持。

第三，生态保护成本与资金供给缺口大，难以承受。汉江水源地的生态补偿存在生态补偿额度低，群众受益少，污染治理与生态保护投入大，生态保护经费不足，资金配套能力低等一系列问题。① 汉江水源地的政府、企业和居民都高度重视水源保护，并为此而付出了诸多努力。根据本课题组的调研资料，所调研的汉江水源地企业中 76.92% 进行了大量的环保投入，平均投资额为 721.5 万元/企业，环保设施的年运行费用为 128.4 万元/年·企业，其中，企业环保投资最高额达 4200 万元，年运行费用最高额达 650 万元；环保投资占到企业投资总额的 10% 左右，使企业承担着较大的环境保护成本。

除了企业的污水、有害废弃物、垃圾的处理投入外，地方政府也在城市污水处理厂、垃圾处理场的建设与维护，水土流失治理，天然林保护，关停污染企业等方面作出了巨大的努力，加之生态保护所带来的机会成本损失使水源地面临着要发展还是要保护，特别是温饱问题的两难抉择，现有生态补偿额度与生态保护的实际相差较大。

第四，生态补偿资金的使用效率低。南水北调中线工程已于 2014 年 12 月 12 日建成通水，以后平均每年可调水 95 亿立方米，而中线工程规划调水为 130 亿立方米/年，这就需要下大力气做好水源的培植与保护工作，特别是要建立水源保护的持续机制，由"输血式"补偿向"造血式"补偿转变②，把补偿的关注点转向生态产业的开发、劳动者素质和就业能力的提高、社会福利状况的改善。

但是，汉江水源地政府和居民均未做好水源保护的准备，一是缺乏政策保障，没有全方位的生态补偿立法，从而使汉江水源地生态补偿活动常态化的法律依据缺失，也缺乏长远规划和制度规范；二是思想观念准备不足，缺

---

① 高全成：《汉江流域生态治理存在的问题及对策》，《陕西农业科学》2012 年第 3 期。
② 张杰平：《南水北调中线工程调水补偿制度研究》，《生态经济》2012 年第 4 期。

乏主动保护水源的思想意识，也没有主动争取生态补偿资金的意识，自发的生态保护意识和传统的生态保护方法比较普遍；三是项目储备不足，目前的生态补偿主要集中在退耕还林、天然林保护、污水垃圾处理设施建设等方面，缺乏大项目、持续性项目设计与规划；四是如何使补偿资金发挥更大的效应缺乏制度上的设计和长远规划，在激励水源保护主体积极性上的作用发挥并不充分，调研中有 70.33% 的人认为水源保护"没有补偿"和"补偿很少，帮助很小"。

（二）研究汉江水源地生态补偿资金分配模式的理论意义和现实意见

《中华人民共和国国民经济和社会发展第十三个五年规划纲要》提出了"绿色发展"理念，要求"建立多元化生态补偿机制""建立健全区域流域横向生态补偿机制"，将使生态补偿继续成为"十三五"时期研究的关键词。南水北调中线工程的正式通水标志着规模宏大的建设工程的结束，工作重心自然而然地转移到保水护水节水上来，并要求必须实现常态化。对应地，水源地人民的发展权和通水后的利益分享问题也必须正视，否则难以形成水源保护的长效机制。从这个角度来看，开展汉江水源地生态补偿资金分配模式的研究就显得极为紧迫，具有十分重要的理论意义和现实意义。

1. 构建南水北调中线工程水源保护的长效机制

汉江全长 1532 公里，其中，陕西省境内干流长 657 公里，汉中市境内汉江干流长 277.8 公里，占全汉江干流长的 18.1%，占省内汉江干流长的 42.3%；汉江全流域面积 58047.95 平方公里，陕西省境内流域面积 54783 平方公里，汉中市境内流域面积 19692 平方公里，占汉江全流域面积的 11.3%，占陕西境内汉江流域面积的 35.9%。[①] 汉江上游的陕南作为南水北调中线工程和引汉济渭工程水源地，必须有水源保护的长效机制才能真正体现出调水工程的战略意义和价值。生态补偿资金公平分配是一个契机，一方面，可以为水源地居民争取利益，体现水源保护上投入与产出、贡献与收益的平衡，

---

① 汉中市方志办：《水资源》，见 http：//www. hanzhong. gov. cn/zjhz/wczy/201409/t20140923_5257. html，2014 年 9 月 23 日。

在成本补偿的前提下，使水源保护居民或企业有能力实现循环投入和持续投入；也在利益分享的背景下，实现水资源的经济利用价值分享、生态溢出效应价值分享、上游地区放弃使用和污染水资源的机会成本补偿等，使水源地企业和居民能够把水源保护当成产业来开发和运作，以产业支撑的水源保护就具有了持续性。另一方面，生态补偿资金的公平分配实际上也是一种示范和引导，让更多的人参与到水源保护中来，并以政策的稳定性保障人们进行水源保护的持续动力和有效推进的积极性，从而形成水源保护的长效机制。

2. 促进水源地建设，构筑国家生态安全屏障

上游地区的陕南是秦巴生态功能区，自然资源丰富，素有"南北植物荟萃、南北生物物种库"之称，被誉为"生物基因库""药材宝库""珍稀动物乐园""地质博物馆"，已知植物类 2000 余种，其中药用植物 1000 余种；动物中兽类 60 余种，鸟类 192 种，昆虫类 1435 种，国家重点保护的动、植物 60 余种，有大熊猫、苏门羚、青羊、林麝、水獭、黑鹳等珍稀动物；国家级风景名胜区、旅游景区、自然保护区、历史遗址遍布。水资源丰富，陕南水资源总量为 314.58 亿立方米，占全陕西省的 70.7%，人均水资源量是全国的 1.8 倍、陕西省的 2.43 倍、陕西关中地区的 9.9 倍。但是，依然存在各种水源保护的不足和威胁，如水资源的割据与截流、沿流域居民水源保护与开发的利益博弈等，特别是水资源本身存在的潜在威胁，如供水不均与恒定调水量之间的矛盾，据《第一财经日报》王丹阳记者的调查，汉江"来水非常不均，枯水期的流量仅两三百立方米/秒，而水电站的洪峰流量最大是 34000 立方米/秒"。要自流北上的渠首水位要求是 147 米，而"2013 年 10 月 1 日，丹江口水库水位为 145.25 米，到 12 月 31 日，水库水位为 140.55 米"，未能达到 170 米设计蓄水位和自流北上水位要求。①因此，以生态补偿及其资金分配为契机，促进水源地建设确保了水源地居民在水源保护上的投入回报和社会公正，保护了水源以及该区域内的生态资源就是构筑了国家的生态屏障。

---

① 王丹阳：《汉江保卫战：边引长江水边以生态补偿机制吁国家重视》，《第一财经日报》2014 年 2 月 26 日。

3. 为资源丰富经济落后地区的经济社会发展和生态保护作出示范

汉江上游的秦巴山区是全国 14 个国家级集中连片特困区（见图 0－1）之一，80% 都是农业人口，贫困人口聚集。根据《中国农村扶贫开发纲要（2011—2020 年）》及其所公布的 14 个集中连片特困地区，其中秦巴山区连片特困地区共有 75 个贫困县（具体名单见表 0－2），其中，汉丹江上游的汉中、安康、商洛、十堰四市共有 33 个县市被列入，占其全部县（区、市）的 91.67%。[①] 以生态补偿及其资金分配为契机，把扶贫攻坚、生态补偿、水源保护与产业开发有机结合起来，走生态环境保护与经济社会发展双赢之路，为资源丰富经济落后地区的经济社会发展和生态保护作出示范。

图 0－1　全国集中连片特困区分布图

---

① 何平：《连片特困地区成扶贫主战场 涉及 14 片区 680 个县》，《光明日报》2013 年 1 月 14 日。

表 0-2 秦巴山区连片特困地区名单（75 个县）

省份名	地市名	县名
河南（10）	洛阳市（4）	嵩县、汝阳县、洛宁县、栾川县
	平顶山市（1）	鲁山县
	三门峡市（1）	卢氏县
	南阳市（4）	南召县、内乡县、镇平县、淅川县
湖北（7）	十堰市（6）	郧县、郧西县、竹山县、竹溪县、房县、丹江口市
	襄樊市（1）	保康县
重庆（5）	重庆市（5）	城口县、云阳县、奉节县、巫山县、巫溪县
四川（15）	绵阳市（2）	北川羌族自治县、平武县
	广元市（6）	元坝区、朝天区、旺苍县、青川县、剑阁县、苍溪县
	南充市（1）	仪陇县
	达州市（2）	宣汉县、万源市
	巴中市（4）	巴州区、通江县、南江县、平昌县
陕西（29）	西安市（1）	周至县
	宝鸡市（1）	太白县
	汉中市（10）	南郑县、城固县、洋县、西乡县、勉县、宁强县、略阳县、镇巴县、留坝县、佛坪县
	安康市（10）	汉滨区、汉阴县、石泉县、宁陕县、紫阳县、岚皋县、平利县、镇坪县、旬阳县、白河县
	商洛市（7）	商州区、洛南县、丹凤县、商南县、山阳县、镇安县、柞水县
甘肃（9）	陇南市（9）	武都区、成县、文县、宕昌县、康县、西和县、礼县、徽县、两当县

4. 建立生态等公共资源的共享与均等分配机制

公平分配一般有三种原则，即资源禀赋原则、效用主义原则和平等主义原则。资源禀赋原则强调要依据资本和劳动在产出中的贡献大小进行分配，其优点在于突出了各生产要素的贡献，激励了效率，缺点则在于资源的初始水平不一定是平衡的，有些人的劳动能力强效率高，有些人的差；有些人的资本厚实，有些人的薄弱。其中，优势资源总是获得较大分配份额，在分配收入的累积下，使其不断获得劳动报酬和资本报酬的双重收入，从而造成收入分配的差距越来越大，引起两极分化。效用主义原则是以能否增进个人效益为依据进行分配，其优点在于能够使资源或产品的效用达到最大化，缺点则是边际效用递减规律下付出（成本）与享用（收益）的不对等。平均主义原则不考虑人们的要素贡献，也不考虑人们的需求，保证收入和消费不存在人与人之间的差别，其优点是消除了收入分配的差距；缺点就是忽视了要素贡献，不利于奖优罚劣与提高效率。汉江水源地生态补偿资金的分配必须坚持"效率优先、兼顾公平"的原则，一要突出人们在水源保护上所作出的贡献，所付出的资本投入和劳动投入都应该得到应有的补偿；二要确保公平，首要的就是发展权不能削弱和剥夺，使当地居民在保护水源时放弃的投资、生产等所产生的机会成本得到补偿，其次是要保证其利益分享权利，水资源调出后惠及了受水区，给其带来了发展的机遇和利益，就应该对其因此而产生的增益进行分享，给水源保护者以补偿，形成生态等公共资源的共享与均等分配机制。

5. 促进生态补偿理论研究

生态补偿问题的研究最早可以追溯到德国 1976 年开始实施的生态补偿（Engriffs Regelung）政策和美国 1986 年开始实施的湿地保护"无净损失"（no – net – loss）政策，对促进生态环境的保护和改善起到了良好的作用。[①]国内外学者在生态补偿的概念界定、补偿原则与依据、补偿主体与客体、补偿标准、补偿方式等方面的研究取得了丰富的成果。根据《生态补偿机制课题组报告》，生态补偿的地区范围主要包括国际补偿和国内补偿两类。从生态补偿类型上来看，国际补偿主要是全球、区域和国家之间的生态和环境补偿，

---

① 胡仪元：《区域经济发展的生态补偿模式研究》，《社会科学辑刊》2007 年第 4 期。

国内生态补偿主要包括了流域补偿、生态系统服务补偿、生态功能区补偿、资源开发补偿等类别；从生态补偿的方式上来看，国际生态补偿主要有"多边协议下的全球购买、区域或双边协议下的补偿、全球区域和国家之间的市场交易"三类；国内生态补偿也形成了财政转移支付、市场交易、生态补偿基金、企业与个人参与、非政府组织（NGO）捐赠等操作方式。就目前的实践而言，生态补偿主要在水资源的流域生态补偿、矿产资源开发生态补偿、森林生态补偿、自然保护区生态补偿四个重点领域展开。

在理论研究基础上，生态补偿的实践也在探索中取得了成效，特别是流域生态补偿的实践探索。如美国的纽约市清洁供水交易、沼泽地承包计划、湿地补偿银行制度，欧盟的共同农业政策，哥斯达黎加的国家森林基金、水电公司的私人交易补偿模式、CTO 碳交易制度，厄瓜多尔的基多水资源保护基金，澳大利亚的水分蒸发蒸腾信贷，巴西的巴拉那州公共资金再分配机制或"生态 ICMS"法案，日本的水源区综合利益补偿机制，哥伦比亚的水用户协会自愿支付机制与环境服务税体系等。国内也出现了北京密云水库水源地的跨区生态补偿模式、绍兴—慈溪水权交易的生态补偿模式、东江源水源地的跨区生态补偿模式、新安江流域的综合生态补偿模式、南水北调工程的生态补偿实践等探索。

汉江水源地的生态补偿研究，既是生态补偿一般原理的一个应用，有助于丰富流域生态补偿理论研究；又是作为一个跨省跨流域调水的水源地，补偿主体为隶属于不同省市政府、不同流域（流域段）的政府、企业、居民等不同性质的主体，补偿范围或类型涉及水土流失、环境污染治理、发展机会损失、保护区管护费用等，具有丰富的研究对象、内容和视角，有助于丰富跨省跨流域生态补偿、补偿主体甄别、补偿方式多样性、补偿机制构建等问题的研究。本研究在实证调研的基础上，结合流域生态补偿的理论依据、运营成本和实践模式，探讨了汉江水源地生态补偿资金的分配及其效益评估问题，这是直接针对生态补偿资金分配和使用效率的较早关注和集中研究。

二、研究汉江水源地生态补偿资金分配模式的主要结构

本书的研究目标是建立南水北调中线工程汉江水源地生态补偿资金的分

配模型，其具体目标如下：一是估算汉江水源地生态保护成本，凸显其生态地位和贡献；二是通过生态补偿资金分配机制激发人们的水源保护积极性，培育各主体水源保护的持续动力，提升汉江水源地的自我建设和保护能力，建立水量和水质保证的长效机制；三是通过补偿资金的合理分配，实现水源地各省、市（县、区）及其与中下游之间的协调发展；四是通过生态补偿资金分配模型，构建生态补偿资金分配的理论模型和计量模型，形成生态补偿资金分配的操作机制，为相关决策、管理和理论研究提供参考；五是通过生态补偿资金的效益评估，对补偿资金进行有效监管，提高其使用效率。

全书围绕这个目标撰写了六章内容，主要包括生态补偿概述、流域生态补偿模式、生态补偿理论依据、生态补偿标准核算、生态补偿资金分配、生态补偿资金运行等内容。各章节的具体内容如下：

第一章"生态补偿概述"。首先在对生态补偿范畴考察的基础上，提出"生态补偿是针对生态环境问题，对自然本身或生态活动参与人的一种实物或价值补偿活动"。它有四个要点：生态环境问题是生态补偿的缘由、生态补偿的活动过程性、生态补偿有实物补偿和价值补偿两种类型、生态补偿的价值属人性质。同时，从不同区域、不同方式、不同对象、不同主体四个角度对生态补偿的类型进行了分类考察。定义了生态补偿机制，即"为了保护生态环境，修复、维护和提升生态服务功能，促进人、自然与社会之间的和谐、可持续发展，以法律、经济、管理等手段，实现生态补偿主体对生态补偿客体的实物或价值补偿的过程"。其次是对国内国外生态补偿的理论研究和实践状况进行了系统考察和理论总结。本研究为生态补偿的成本核算、运行机制构建和效益评估奠定了理论和实践基础。

第二章"流域生态补偿模式研究"。在生态补偿实践模式理论研究综述的基础上，考察了美国、欧盟、哥斯达黎加、厄瓜多尔、澳大利亚、巴西、日本、哥伦比亚、加拿大等16种国外流域生态补偿的实践模式；考察了北京密云水库水源地的跨区生态补偿、绍兴—慈溪水权交易、东江源水源地的跨区生态补偿、新安江流域的综合生态补偿、南水北调工程生态补偿等5种国内流域生态补偿实践模式。在此基础上构建了投入型、效应型、预期型和综合型4种汉江水源地生态补偿实践模式。

第三章"生态补偿的理论依据"。在生态补偿理论依据研究现状梳理的基础上，从自然资源视角、经济学视角、社会学视角三个角度对生态补偿的理论依据进行分析，提出了生态补偿的生物共生性原理、劳动价值论、外部性理论、资源所有权理论、环境正义的公平伦理观等五大理论依据。

第四章"生态补偿标准核算及其实证研究"。构建了水源地生态保护成本核算的理论模型，并对其投资与运行成本、机会成本、污染治理成本、预期成本的核算进行了设计，以汉江水源地的汉中市为例进行了生态补偿标准的实证核算。

第五章"生态补偿资金分配模型构建及其实证研究"。在生态补偿资金分配的主体和客体研究的基础上，构建了生态补偿资金分配的一、二、三、四级分配模型，并以汉江流域为例设计了生态补偿资金分配方案。

第六章"生态补偿资金运行机制研究"。生态补偿资金运行机制就是在一定法律制度的规范与约束下，生态补偿资金的筹集与分配的管理、监督及其效益效率评估的实现过程。分别探讨了生态补偿资金运行的制度机制、管理机制、监督机制和评估机制。

三、研究汉江水源地生态补偿资源分配模式的主要观点与结论

（一）主要观点

1. 构建水源保护长效机制

世界性水资源短缺、全球性环境污染及污染的跨国转移、水资源需求的不断扩大，与国内水资源的时空分布不均、人均水资源不足、水污染严重、水资源的浪费使用等问题相互推动，使我国的水资源环境及其发展趋向极为不乐观，将对我国经济社会发展及其国际竞争造成巨大压力，因此，必须从可持续发展的高度重视我国的水资源保护，并构建水源保护的长效机制。

2. 加强源头保护

源头保护是水源保护的前提和核心，没有源头活水就没有沿流域水质与水量的保证。朱熹《观书有感》曾云："问渠哪得清如许，为有源头活水来。"正是源头的涓涓细流才能汇成江河湖海，因此，保护好水源、合理调

配水资源分布和科学管理才能有效缓解水资源短缺矛盾。汉江水源地不仅是长江最大的支流，还是南水北调中线工程的水源地，不保护好水源不仅会使宏大的南水北调中线工程失去价值，还极有可能因水源问题带来更大的生态危机。

3. 加大对水源地投入的补偿

水源地人民为保护水源所蒙受的经济损失和相关投入必须得到补偿，这些投入或损失包括运行成本、机会成本、污染治理成本、预期成本等，各类成本的实物补偿和价值补偿是保证生态保护行为持续性的前提，这是构建生态保护长效机制的唯一途径，也是水源地人民发展权的集中体现；还有助于促进人们把生态保护作为产业来开发和维护。

4. 有效分配和使用生态补偿资金

生态补偿作为实践活动必须经历一个过程，包括了生态补偿的依据（为什么要补偿）、生态补偿的标准（补偿多少）、生态补偿的过程与机制（怎么补偿）、生态补偿的效益评估（补偿效果如何）等要素。整个补偿活动的核心是生态补偿资金，是围绕生态补偿资金怎么来（筹集）、怎么去（分配）、怎么管（运行机制）的。因此，必须围绕生态补偿资金运行过程，既要注重生态补偿资金的筹集，更要注重生态补偿资金的分配与使用效率。

5. 评估生态补偿资金的使用效率与效益

生态补偿资金必须得到有效分配以均衡生态保护责任、分享生态保护利益、激励生态保护行为，因此必须对生态补偿资金的使用效率与效益进行评估，实现生态保护效益与生态补偿成本的对等，这是生态补偿资金避免"公地悲剧"的前提。因此，利益均衡与效益评估是生态补偿资金筹集与管理的两个抓手，只有这样才能把保护责任、保护效益与补偿资金的支付和分配统一起来。

（二）主要成果或结论

水源地建设是南水北调中线工程水源安全保障的前提，没有水源地的保护就不能保证供水的质与量，因此本书研究所取得的主要成果或结论如下。

1. 研究范围

本书研究的视域范围集中在汉江水源地，研究的是调水工程的源头水质保障以及由此引起的跨省跨流域生态补偿的复杂问题；又是典型的"富饶的贫困"区，自我保护和建设能力低下，生态贫困、知识贫困和经济贫困相互交织，因此，以生态补偿资金及其运行机制构建为突破点，以生态产业开发为内容，形成该区经济增长的新支柱；以生态环境建设为契机解决生态和生态贫困问题，促进水源地经济社会发展，提高水源地自身的发展能力和生态保护投入能力，构建汉江水源地生态保护的长效机制，为全国的持续发展提供支撑。

2. 关注焦点

本书的关注焦点是生态补偿资金如何在水源地不同区位甚至不同主体之间的分配，即生态补偿资金的分配模式研究。生态补偿资金是整个生态保护与生态补偿利益链条的核心，光有资金筹集没有公平分配是不完整的运行过程，更容易造成新的低效率和腐败；反之则能对生态保护行为起到激励作用，对生态产业开发起到引领作用，也才能实现生态、经济与社会发展的可持续性。

3. 参考依据

本书从运行成本、机会成本、污染治理成本、预期成本四个方面核算其成本，这实际上就是生态补偿资金的筹集，通过四级分配模型和运行机制把筹集到的生态补偿资金分配给各主体。在此基础上，对其使用和管理效率效益进行评估，为其科学管理、持续改进提供依据和参考。

4. 评估机制

生态补偿资金的筹集、分配、评估都需要实现机制，这是解决在生态补偿资金管理上"谁来管理、怎么管理、管理谁及管理效率监督"四个问题。

如图0-2所示，生态补偿资金分配模式及其运行、评估机制有三个基础：一是理论基础，就是对生态补偿理论研究现状的总结，这为本研究奠定了理论起点；二是现状基础，就是基于汉江水源地生态补偿及其资金分配情况的调查研究，这为本研究提供了数据基础；三是在理论与实践相结合的层面上对流域生态补偿模式的考察，这为本研究提供了实证经验。这三个基础构成整个研究的第一个依据，与另外三个依据——资金筹集依据、资金分配依据和资金管理依据构成整个运行机制，其中，运行成本核算是资金分配的前提和依据，说明该补偿多少和分配多少；分配模型构建说明在省区之间，

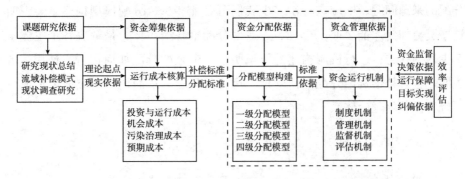

图0-2　生态补偿资金分配、运行与评估机制图解

县区之间，政府、企业、个人类主体之间，企业间，个人个体间的生态补偿资金分配，以模型的方式说明了如何进行生态补偿资金的分配；资金运行机制通过制度机制、管理机制、监督机制和评估机制说明生态补偿资金如何运行和管理；资金的分配与管理是否有效，通过其效率评估机制来完成，通过评估实现五个目标：资金监督，即生态补偿资金分配的合法合规性；决策依据，即效率评估结论为生态保护与生态补偿资金分配决策提供数据支持；运行保障，即确保生态补偿运行的前期和后续工作衔接有序，推动工作的顺利开展；目标实现，即确保生态补偿资金管理（筹集、分配与绩效考评）目标的实现；纠偏依据，即根据评估结论完善管理政策，纠正执行行为，促进管理效率。这就为整个生态补偿资金分配与评估构建了一个运行与实现通路。

四、汉江水源地生态补偿资金分配模式的整体思路与基本方法

（一）整体思路

本研究按照提出问题、分析问题、解决问题的逻辑思路展开。经过这么多年的生态补偿实践，对于为什么要进行生态补偿和补偿多少的问题基本解决，现在的问题是划拨的补偿资金如何分配和管理？对其分配与效率效益如何考察？这就需要有新的机制——生态补偿资金分配机制和评估机制，这就是本研究所提出的问题。围绕该问题，需要解决三个科学问题：运行成本核算、分配模型构建、运行机制构建。运行成本核算是为了解决生态补偿资金

分配的来源问题，即应该补偿多少我们可分配多少；分配模型构建是要说明这些资金如何才能公平、合理、有效地分配给各个主体，是解决各个主体拿多少钱的问题；运行机制构建是要说明这些资金的分配如何运行或使用，解决的是生态补偿资金分配如何管理与运行的问题。从而使本研究成果形成一个较为完整的理论体系。

（二）基本方法

1. 文献研究方法

文献研究法就是通过搜集、整理、比较研究文献，总结、借鉴已有研究成果结论、研究方法和研究数据的研究方法。本研究收集、整理了国内外关于生态补偿，特别是流域生态补偿的研究文献，进行了数据摘录、观点梳理和资料整编，对生态补偿的概念，以及流域生态补偿、矿产资源生态补偿、森林生态补偿、自然保护区生态补偿等各种生态补偿类型的研究成果进行了梳理，对各国流域生态补偿的实践模式进行了总结。这些成果对本研究提供了思路和方法。

2. 实证研究方法

实证研究方法就是通过对研究对象的观察、访谈、调查等措施，取得第一手的研究素材和数据。本研究首先梳理了前期研究中所形成的调研素材，并进行了及时的查漏补缺，据此进行了相应的调研提纲和调研方案设计，该提纲和方案在课题组内进行了多次讨论、反复酝酿，并请有关专家和教授给予建议和评价，才最终定稿。定稿后的提纲和方案分别在西乡县、汉台区、勉县进行了三次预调研，根据预调研情况修改、完善后的调查问卷才进行了正式的调研实践。

实地调查的范围主要涉及汉江上游的汉中、安康、商洛三市的宁强、勉县、汉台、城固、洋县、西乡、汉滨、汉阴、石泉、宁陕、旬阳、商洛、商南、镇安、柞水等15个县区。调查对象主要包括三类：城镇居民、农村居民和企业。其中，对城镇、农村居民的调查，主要采用比例抽样方式，共确定10个建制镇和15个行政村，以问卷、访谈表为载体通过采访法、深度访谈、座谈等方法向城镇、农村居民以及镇政府和村集体获取资料；企业方面，主要以宁强循环经济产业园、勉县生态农业产业园、汉中经济开发区、汉台铺镇工业园、汉中柳林航空工业产业园、安康工业园、汉滨区五里工业园、汉滨区江北工业园、商丹工业园区、商州区荆河生态工业园、商州区中小企业创业园等园区企业为调查对象。此次调查共发放问卷或调查表1520份，回收有效问卷1445份，总回收率为95.07%。其中，发放600份城镇居民调查问卷，回收城镇居民有效调查问卷576份，回收率为96%；发放800份农村居民问卷，回收农村居民有效调查问卷756份，回收率为94.50%；发放企业调查问卷120份，回收企业有效调查问卷113份，回收率为94.17%。在调查所回收的756份农村居民有效问卷中，涉及15个行政村，其中60%位于山区，20%位于丘陵，20%位于平原。756位受访村民中，15%为小学文化程度，40%为初中文化程度，24%为高中文化程度，16%为大学及其以上文化程度；在此次调查所回收的576份城镇居民有效问卷中，样本的选择包括了公务员、企业职工、个体户、教师、学生等各类职业；在此次调查所回收的113份企业有效问卷中，样本的选择包括了工业企业28家，占比24.7%，农业企业33家，占比29.2%，商贸企业16家，占比14.2%，矿产企业27家，占比23.9%，旅游企业9家，占比7.96%。所形成的调研报告《汉江流域水源地生态补偿调研报告》先后获得了汉中市科协2013年优秀科研调研论文和2013年陕西省经济学会优秀论文一等奖。本成果中的"生态补偿标准核算及其实证研究"与"生态补偿资金分配模型构建及其实证研究"均部分使用了此调研素材。

3. 模型构建研究方法

所谓模型构建研究方法就是充分利用数学、逻辑与规律之间的关系构建具有可量化、可预测和可推演的数学模型。本研究中从理论模型和计量模型两个角度构建了生态保护的运行成本核算模型、生态补偿资金分配模型，并进行了实证分析，通过量化研究实现了定性与定量研究相结合研究的目标。

（三）技术路线

本书研究的技术路线就是在充分利用前期研究成果、调研素材和理论界学术研究成果总结的基础上，通过生态保护运行成本核算和生态补偿资金运行机制，构建了生态补偿资金的四级分配机制。其具体路线图如图0-3所示。

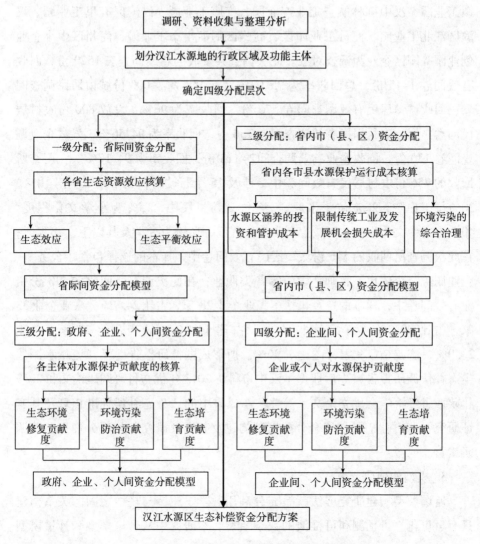

图 0-3 技术路线

五、对策建议

在当前水资源短缺的背景下，水源区就应该建成一个发展的特区给以重点保护，汉江水源地应建成国家级的生态经济示范园区，从水源地自我发展能力培育的角度构建其水源保护的长效机制。

（一）构建生态保护意识的培育机制

在长期的生产、生活习惯定式下，汉江水源地居民的生态环境保护意识需要进一步加强，特别是在当地水资源丰富的背景下，人们节水、治污、提高水质存在主观上的被动和潜意识的抵触，这就需要通过一个生态保护意识培育渠道，特别是以政策强制的形式限制人们的污染、破坏行为，或以激励的方式奖励或鼓励人们的生态保护行为，逐步提高人们的生态保护意识和能力。

（二）构建生态保护与补偿的绩效评价机制

生态补偿要求生态保护投入与生态补偿收益的经济学平衡、生态资源及其使用或效应分享的伦理学平衡，因此需要三个评价机制。即生态资源本身的评价，确定生态资源的价值地位，为生态补偿的投入和生态保护任务分工确定量化标准；生态保护绩效的评价，对水源保护的投入产出效率进行评价，以实现奖优罚劣；生态补偿绩效的评价，是针对补偿资金本身的效率评价，效率越高补偿资金的持续拨付价值越大，反之则越小。组建第三方评价机构，对区域生态资源、当地居民的生态保护与生态补偿绩效进行评价，并把评价结果与生态补偿资金分配和政府工作业绩考核结合起来。

（三）构建生态补偿资金的筹措机制

汉江水源地作为南水北调中线和引汉济渭工程的水源地，在知识贫困与经济贫困的双重约束下，极易忽视其生态地位，也极易突破生态保护的要求或限制，因此，生态补偿是消解其贫困约束的重要手段，这就需要长期持续的生态补偿资金投入，需要多渠道的生态补偿资金筹措渠道。以贯彻和实施《丹江口库区及上游地区经济社会发展规划》为契机，既要努力争取国家生态补偿的财政转移支付，又要积极争取北京、天津等政府生态补偿的横向财政转移支付，还要积极探索企业污染与生态破坏的赔付机制、生态保护效果的补偿机制，探索生态保护区粮食、绿色食品等的产业倾斜与商品价格补偿，以及社会捐助补偿机制。

（四）构建水源保护的长效机制

水源保护需要有长效机制。这个长效机制的关键节点是物质利益平衡。在经济理性下，只要生态补偿收益大于或等于生态破坏与不作为的收益或生态保护投入成本，就能促使人们加大生态保护力度。原则上讲，只要这个机制存在，人们的生态保护行为就会得到持续激励，并据此得到生活水平的提高和自我生态保护能力的增强，就会带来生态环境的持续改善。首先，建立和完善生态补偿的良性运行机制。把生态补偿资金的筹集、管理、分配、使用和考评制度化、规范化、常态化，提高生态补偿的公信力和居民生态保护的主动性。其次，产业支撑机制提升水源地居民收入水平和自我保护能力。再次，建立国家级绿色产业发展基地或生态保护示范基地，提高建设效率和示范效果。

第一章　生态补偿概述

生态补偿问题作为当前严重的社会问题和热点研究问题，无论是在国外还是国内均得到了广泛关注，梳理和借鉴这些研究成果将为本书的研究奠定理论基础。

第一节　生态补偿的范畴界定

一、生态补偿的内涵

任何事物的发展都是一个能量转换过程，人类的发展必须建立在资源消耗的基础上，形成人与自然的互利、互动。这种互利、互动也必然造成人与自然关系的转变，其转变可以区分为"自然优势阶段、人类优势阶段和人与自然和谐阶段"①。在自然优势阶段，人是被动的屈从于自然；在人类优势阶段，依靠人的主动性、能动性，特别是工具的进步，对大自然利用与改造的速度加快、效能提高，但也使生态破坏加大；生态破坏带来的严重问题引发了人们对自己行为的反思，于是提出了可持续发展理论，走上了人与自然和谐发展的阶段。生态补偿的概念就是在传统工业化引发了生态恶化、水资源缺乏、空气污染等一系列生态问题的背景下提出来的，希望通过我们的生态补偿行为弥补我们欠下的债务、提升大自然的自我修复能力、补偿生态保护者的利益。由此开始了生态补偿的理论研究和实践探索。对于生态补偿的内涵界定，理论界从不同的角度，结合不同的区域、不同的生态类型、不同的

---

① 胡仪元：《西部生态经济开发的利益补偿机制》，《社会科学辑刊》2005 年第 2 期。

生态问题进行了探讨，但目前尚无统一定论。

（一）国外学者对"生态补偿"范畴的界定

生态问题的深刻根源是工业化造成的环境污染和生态破坏，同时存在着制度原因，资本主义私有制下利润最大化的刺激导致人们对大自然的无序开发和过度索取，加剧了人与自然的矛盾。因此，生态环境问题最早见于西方发达资本主义国家，生态补偿的研究和实践也较早开始于西方国家。

从历史上来看，托马斯·罗伯特·马尔萨斯的《人口原理》最早揭示出人与自然之间的矛盾，尽管其理论的哲学基础和政策主张是错误的，但说明了社会发展必然导致人与自然的矛盾，生态问题起因于人口的过快增长，也必须通过人的自我抑制才能解决和消除。那如何主动抑制呢？英国经济学家庇古（A. C. Pigou）提出对正外部性活动给以补贴、对负外部性征税，应"根据污染所造成危害对污染者征税，用税收来弥补私人成本和社会成本间的差距，使两者相等"，即"一方面由政府对造成负外部性的生产者征税，限制其生产；另一方面，给产生正外部性的生产者补贴，鼓励其扩大生产。通过征税和补贴，外部效应就内部化了，实现私人优化与社会最优的一致"[1]。19 世纪 70 年代，科帕罗斯（Cuperus）在研荷兰高速公路修建的生态补偿时，把生态补偿范畴定义为"在发展中对造成生态功能和质量损害的一种补助，这些补助的目的是为了提高受损地区的环境质量或者用于创建新的具有相似生态功能和环境质量的区域"[2]。

1992 年，联合国《里约环境与发展宣言》及《21 世纪议程》从环境政策、环境费用与资源价格角度对生态补偿进行了描述。指出，"在环境政策制定上，价格、市场和政府财政及经济政策应发挥补充性作用；环境费用应该体现在生产者和消费者的决策上；价格应反映出资源的稀缺性和全部价值，并有助于防止环境恶化"[3]。因此，生态补偿就是一定的区域因环境问题产生

① ［英］庇古：《福利经济学》上册，金镝译，华夏出版社 2013 年版，第 154 页。
② Cuperus, Canters K J, De Haes HA, et al, "Guidelines for Ecological Compensation Associated with Highways", *Biological Conservation*, Vol. 90（1999）, pp. 41–45.
③ 何承耕：《多时空尺度视野下的生态补偿理论与应用研究》，福建师范大学博士学位论文，2007 年。

的环境要素数量变动、生态系统失衡与物种种类和数量减少而进行的补偿、恢复、综合治理等一系列活动的总称。[1] 科威尔（Cowell）在 2000 年提出，生态补偿是"提供积极的环境措施去纠正或者弥补损失的环境资源"[2]。帕哥拉（Pagiola）曾经指出，生态补偿就是"对自然资源管理者产生的部分生态服务给予一定的补助，以提高其保护这些服务的积极性"[3]。

因此在国外，生态补偿就是"生态服务付费"（Payment for Ecosystem Services, PES)[4] 或"生态效益付费"（Payment for Ecological Benefit, PEB）[5]。对生态环境服务付费比较权威的界定是山区贫困农户生态服务补偿（RUPES）项目和国际林业研究中心（CIFOR）。服务补偿项目认为，生态环境服务付费必须具备四个条件：一是现实性，二是自愿性，三是条件性，四是有利于促进资源的公平分配。国际林业研究中心认为，生态环境服务付费首先应是一种自愿的交易行为，其次购买的对象"生态环境服务"应能得到很好的界定，再次是要有生态环境服务的购买者和提供者，最后必须是界定了的生态环境服务。[6]

（二）国内学者对"生态补偿"范畴的界定

生态补偿这个范畴最初是从自然生态领域开始的，后来逐步扩展到法律、经济与社会学的领域，初始含义仅仅指自然系统本身，在进一步的研究中才应用到自然与人类社会相互关系的领域。《环境科学大辞典》从自然角度，将

---

① 任艳胜：《生态补偿与城乡边缘带自然环境保护》，《商业时代》2007 年第 1 期。

② Cowell R ，"Environmental Compensation and the Mediation of Environmental Change：Making Capital out of Cardiff Bay"，*Journal of Environmental Planning and Management*，Vol. 43，No. 5（2000），pp. 689 – 710.

③ Pagiola S，Areenas A，"Platais G. Can Payments for Environmental Services Help Reduce Poverty an Exploration of the Issues and the Evidence to Date from Latin America "，*World Development*，Vol. 33，No. 2（2005），pp. 237 – 253.

④ Norgaard R B，Jin Ling，"Trade and Governance of Ecosystem Services"，*Ecological Economics*，Vol. 33，No. 2（2005），pp. 638 – 652.

⑤ Johst K，Drechsler M，Watzold F，"An Ecological – economic Modeling Procedure to Design Compensation Payments for the Efficient Spatiotemporal Allocation of Species Protection Measures"，*Ecological Economics*，Vol. 41，No. 1（2002），pp. 37 – 49.

⑥ 靳乐山、李小云、左停：《生态环境服务付费的国际经验及其对中国的启示》，《生态经济》2007 年第 12 期。

生态补偿界定为"生物有机体、种群、群落或生态系统受到干扰时，所表现出来的缓和干扰、调节自身状态使生存得以维持的能力，或者可以看作生态负荷的还原能力"①。它相当于自然系统自身的自组织、自平衡、自协调、自修复（还原）能力范畴，是自然生态系统本身对其自身保护、修复的能力，但是，任何系统都有其承载的阈值范围，超越这个范围就必须依靠外力作用来修复或还原。因此，生态补偿始于自然、终于自然，但，关键不在自然，而在人，在于通过对人的经济或价值补偿实现人对物或对自然的补偿。② 于是，人们从广义和狭义两个层次，经济学、生态学、法学三个角度对生态补偿的范畴进行了界定。③ 代表性观点主要有以下几种。

1. 生态补偿是一种制度或机制

生态补偿首先应该是一种制度，这既是由生态资源公共产品特性决定的，又是用制度强制执行力对生态补偿实施的保障，还是生态补偿长效机制构建的条件。生态补偿制度下的运行机制，确保了生态补偿制度及其相应的政策措施得以执行或落实。全国人大环境与资源保护委员会认为，生态补偿是一项自然保护措施。"通过生态补偿，占用环境利益或享受环境保护成果的人们与从事环境保护或者因为保护环境导致发展空间受到限制的人们之间建立起了明确的权利义务关系，发展与保护之间的利益得到了平衡；通过生态补偿，保护活动的价值得到了体现，保护者的投入和牺牲得到了回报，保护工作因此得以继续进行；通过生态补偿，占用环境容量、享受环保成果的人们可以从自己的账单中看到自己对自然的消费，直接体会自己行为的环境成本，进而采取措施约束和改进自己的行为。"④ 国务院环境保护委员会对生态补偿的定义是："国家或社会主体之间约定对损害资源环境的行为向资源环境开发利用主体进行收费或向保护资源环境的主体提供利益补偿性措施，并将所征收的费用或补偿性措施的惠益通过约定的某种形式转达到因资源环境开发利用

---

① 《环境科学大辞典》编委会：《环境科学大辞典》，中国环境科学出版社1991年版，第326页。
② 胡仪元：《生态补偿的劳动价值论基础》，《中共天津市委党校学报》2010年第1期。
③ 侯宝锁、傅建详：《生态补偿研究》，《安徽农业科学》2008年第34期。
④ 李远、赵景柱等：《生态补偿及其相关概念辨析》，《环境保护》2009年第6期B。

或保护资源环境而自身利益受到损害的主体以达到保护资源的目的的过程。"①
中国环境与发展国际合作委员会"中国生态补偿机制与政策研究"课题组认
为："生态补偿是以保护和可持续利用生态系统服务为目的，以经济手段为主
调节相关者利益关系的制度安排。"②

从制度类型上来看，人们把生态补偿区分为经济制度③、法律制度和管
理制度。如：李爱年认为生态补偿是"为了恢复、维持和增强生态系统的
生态功能，国家对导致生态功能减损的自然资源开发或利用者收费（税）
以及国家或生态受益者对为改善、维持或增强生态服务功能为目的而作出
特别牺牲者给予经济和非经济形式的补偿"④；赵玉山等人认为，生态补偿
是一种"经济环境政策"和"具有经济激励特征的制度"⑤；王潇等人认
为，生态补偿是"为了保护和改善生态环境、维护生态系统服务功能，实
现人类社会和自然生态系统的协调可持续发展，通过综合利用行政、法律、
经济等手段，对造成生态破坏、环境污染问题的个人和组织的负外部性行
为进行收费（税），对恢复、维持和增强生态系统服务功能作出直接贡献的
个人和组织的正外部性行为给予经济和非经济形式补偿的一种管理制度"⑥；
杜群认为，生态补偿是"对生态环境保护者、建设者的财政转移、物质性
惠益给付的补偿机制"⑦。

2. 生态补偿是一种经济利益补偿

李文华认为，"生态补偿是以保护和可持续利用生态系统服务为目的，
以经济手段为主调节相关者利益机制的制度安排"⑧。王金南认为，"生态补
偿是一种以保护生态系统服务功能、促进人与自然和谐发展为目的，根据

① 国务院环境保护委员会秘书处，中国人民大学人口环境与发展研究室编：《中国环境资源政策法规大全》，中信出版社1996年版，第186页。
② 李远、赵景柱等：《生态补偿及其相关概念辨析》，《环境保护》2009年第6期B。
③ 史玉成：《生态补偿的理论蕴涵与制度安排》，《法学家》2008年第4期。
④ 李爱年、刘旭芳：《对我国生态补偿的立法构想》，《生态环境》2006年第1期。
⑤ 赵玉山、朱桂香：《国外流域生态补偿的实践模式及对中国的借鉴意义》，《世界农业》2008年第4期。
⑥ 王潇、张政民、姚桂蓉、陈年来：《生态补偿概念探析》，《环境科学与管理》2008年第8期。
⑦ 杜群：《生态补偿的法律关系及其发展现状和问题》，《现代法学》2005年第3期。
⑧ 李文华：《中国生态补偿机制与政策研究》，生态补偿机制国际研讨会发言及论文集，2006年。

生态系统服务价值、生态保护成本、发展机会成本，运用财政、税费、市场等手段，调节生态保护者、受益者和破坏者经济利益关系的制度安排"①。毛显强认为，生态补偿就是"通过对损害（或保护）资源环境的行为进行收费（或补偿），提高该行为的成本（或收益），从而激励损害（或保护）行为的主体减少（或增加）因其行为带来的外部不经济性（或外部经济性），达到保护资源的目的"②。沈满洪认为，生态补偿就是"通过一定的政策手段实现生态保护外部性的内部化，让生态保护成果的'受益者'支付相应的费用；通过制度设计解决好生态产品这一特殊公共产品消费中的'搭便车'现象，激励公共产品的足额提供；通过制度创新解决好生态投资者的合理回报，激励人们从事生态保护投资并使生态资本增殖"③。刘世强认为，"生态补偿的本质在于通过生态补偿实现对利益受损者所受损失的弥补"④。李克国认为，"生态补偿是指对损害环境与资源的行为或产品进行收费，对保护资源与环境的行为或产品进行补偿或奖励，对因生态环境破坏和环境保护而受到损害的人群补偿，达到刺激市场主体自觉保护环境，促进环境与经济协调发展的目的"⑤。郭峰认为，生态补偿就是生态服务消费者通过公共支付、市场交易、政策支持等方式对生态服务提供者进行补偿，以解决生态效益外溢带来的利益不平衡，激发当地居民保护生态环境的积极性。⑥ 可见，生态补偿实际上是一种利益协调，通过这种利益补偿使生态资源的外部性内部化，促进其成本与收益的均衡，保护生态保护者的利益，激发其生态保护积极性。

3. 生态补偿的综合性内涵

人们还从综合性角度对生态补偿的内涵进行了揭示和界定，如王丰年和吕忠梅均从广义和狭义两个角度对生态补偿的内涵进行探讨。认为"广义的生态补偿包括污染环境的补偿和生态功能的补偿，即包括对损害资源环境的

① 王金南：《生态补偿的理论与方法》，生态补偿机制国际研讨会论文集，2006年。
② 毛显强、钟瑜、张胜：《生态补偿的理论探讨》，《中国人口资源与环境》2002年第4期。
③ 沈满洪、陆菁：《论生态保护补偿机制》，《浙江学刊》2004年第4期。
④ 刘世强：《生态补偿概念界定中需澄清的问题》，《经济与社会发展》2009年第11期。
⑤ 宋鹏飞、张震云、郝占庆：《关于建立和完善中国生态补偿机制的思考》，《生态学杂志》2008年第10期。
⑥ 郭峰：《关于生态补偿涵义的探讨》，《环境保护》2008年第5期B。

行为进行收费或对保护资源环境的行为进行补偿，以提高该行为的成本或收益，达到保护环境的目的。狭义的生态补偿是指生态功能的补偿，即通过制度创新实行生态保护外部性的内部化，让生态保护成果的受益者支付相应的费用；通过制度设计解决好生态产品这一特殊公共产品消费中的'搭便车'现象，激励公共产品的足额供应；解决好生态投资者的合理回报，激励人们从事生态保护投资并使生态资本增值的一种经济制度"[1]，以及相应的发展机会损失补偿[2]。

（三）"生态补偿"范畴的新界定

我们认为，生态补偿是在生态环境问题的基础上，对自然本身或生态活动参与人的一种实物或价值补偿活动。这里有几个要点：第一，生态补偿是针对生态环境问题的，现在或将来不会发生生态环境问题就不需要进行补偿。自然有自然本身的运行规律，人为地改变自然本身的运行规律，无论是强化自然功能还是抑制其功能，既是多余的，也不一定就能实现目的与结果的高度契合。因为，在预设目的上不仅存在着如何对"必然性代价"，即"具有历史必然性的，与社会发展有内在必然联系的、并为换取某种发展所必须做出的损失和牺牲"[3] 的判断与取舍，还必然存在着"人为性代价"，即"由作为主体的人的主观历史局限和失误所造成的某种损失"[4]。第二，生态补偿是一种活动和过程。它是针对人为或非人为所造成的生态环境问题进行修复、恢复、治理和管理的一个活动过程，以及由此所伴随的价值运动。也就是说，生态补偿活动包括两类：一是对物，即自然或生态本身的活动，主要是人对自然的开发、利用与保护问题；二是对人，即解决作为主体的人的生态保护积极性问题，这就需要物质利益的激励，于是由物的运动派生出了价值运动，也就是说生态补偿资金的运动，如财政转移支付等仅仅是生态补偿活动的派生运动，没有生态保护行为就没有生态补偿资金运动，也就是说，生态补偿资金仅仅是支付给生态保护者的报酬、奖励或损失弥补，

---

① 王丰年：《论生态补偿的原则和机制》，《自然辩证法研究》2006 年第 1 期。
② 吕忠梅：《超越与保守：可持续发展视野下的环境法创新》，法律出版社 2003 年版。
③ 杜岢桉、王蕊：《社会发展代价及其补偿问题研究》，《北京印刷学院学报》2006 年第 1 期。
④ 韩庆祥：《发展与代价》，人民出版社 2002 年版。

因此，前者是后者的前提和依据。第三，生态补偿有实物补偿和价值补偿两种类型。① 实物补偿是"维护生态资源的生产能力、恢复能力和补偿能力，它主要是通过抑制生态资源的过度开发和鼓励生态资源培植实现的，如义务植树、退耕还林还草等"②。价值补偿实质上就是实物补偿的价值运动，是指生态保护中发生的针对生态环境问题所进行的修复、恢复、治理和管理活动的各种投入（包括劳动投入）的货币资金补偿，以及生态资源开发所带来的经济利益分享，单从货币资金的运动过程来看它是价值的运动和补偿。在二者的关系中，实物补偿是最高补偿、根本补偿，是真正地解决生态环境问题与生态功能培植问题，而价值补偿则是伴生的，没有实物补偿的需要就没有价值补偿的必要。第四，由于价值的属人性质，决定了生态补偿只能对人而无法对物，也就是说，人是生态补偿永恒的主体。由于人的多面性、生态环境问题的持续性、后果的严重性及其不敢试错的特性，决定了生态补偿实施过程中必须要有相应的法律、制度和机制等的规范与约束。

二、生态补偿的类型

生态补偿的类型就是依据一定标准，对具有某些共同特征的生态补偿活动进行的归类分析。如从区域尺度上可以分为全球性生态补偿、全国性生态补偿和区域性生态补偿；从补偿方式上可以区分为资金性补偿、实物性补偿、政策性补偿和智力性补偿；从补偿对象性质角度可以区分为流域生态补偿、矿产资源生态补偿、森林生态补偿、自然保护区生态补偿；从补偿主体角度可以区分为政府补偿和市场补偿等。其范围、类型、内容和方式③等总结如下（见表1-1、表1-2）。

---

① 先礼琼、龚少华：《构造自然资源开发利用的经济补偿机制》，《特区经济》2005年第6期。
② 胡仪元：《西部生态经济开发的利益补偿机制》，《社会科学辑刊》2005年第2期。
③ 李文华：《生态补偿机制课题组报告》，见 http://www.china.com.cn/tech/zhuanti/wyh/2008 -02/26/content_ 10728024.htm。

表1-1　生态补偿的地区范围、类型、内容和补偿方式

地区范围	补偿类型	补偿内容	补偿方式
国际补偿	全球、区域和国家之间的生态补偿	全球森林和生物多样性保护、污染转移、温室气体排放、跨界河流等生态补偿	多边协议下的全球购买；区域或双边协议下的补偿；全球、区域和国家之间的市场交易
国内补偿	流域补偿	大流域上下游间的补偿；跨省界的中型流域的补偿；地方行政辖区的小流域补偿	地方政府协调；财政转移支付；市场交易
	生态系统服务补偿	森林生态补偿；草地生态补偿；湿地生态补偿；自然保护区补偿；海洋生态系统补偿；农业生态系统补偿	国家（公共）财政转移支付补偿；生态补偿基金；市场交易；企业与个人参与
	重要生态功能区补偿	水源涵养区生态补偿；生物多样性保护区生态补偿；防风固沙、土壤保持区生态补偿；调蓄防洪区生态补偿	中央、地方（公共）补偿；NGO捐赠；私人企业参与
	资源开发补偿	土地复垦生态补偿；植被修复生态补偿	受益者付费；破坏者负担；开发者负担

表1-2　四个重点领域生态补偿机制的内容

	流域	矿产	森林	自然保护区
主体确定	一切从利用流域水资源中受益的地区和群体；一切生活或生产过程中向外界排放污染物，影响流域水量和流域水质的个人、企业或单位。根据流域大小和上下游的范围确定利益相关者的责任和义务	废弃矿区和老矿区已造成的生态环境污染，通过建立废弃矿山生态环境恢复治理基金的方法由国家治理；新矿区造成的破坏由企业负担	对森林资源进行保育的政府、单位和个人；受益于森林生态效益从事生产经营活动的单位和个人；破坏森林资源的企业和个人	政府购买保护区的生态服务；保护前提下的有限开发，由生产经营的单位或个人支付

续表

	流域	矿产	森林	自然保护区
补偿方式	政府搭台由利益相关者进行协商，行政区域内部协商，采用公共支付、一对一交易、实物补偿、政策补偿、智力补偿、生态标志等	现金补偿和修复治理	重大工程的转移支付、减免税收、移民补贴、市场贸易、生态标记等	政府购买、国家财政支付转移、政策优惠、税收减免、发放补贴、设立自然保护区生态补偿专项基金、项目补偿、国际支持
补偿资金来源	征收流域生态补偿税、建立流域生态补偿基金、实行信贷优惠、引进国外资金和项目等	矿山生态环境恢复治理基金的主要来源是政府财政拨款以及向正在生产的矿山征收的"废弃矿山生态环境补偿费"、生态环境修复保证金	政府对已有森林生态工程的连续和追加投入；增设生态保护和建设有直接关联的专项；培育发展森林生态效益补偿多元化融资渠道；建立"生态税"制度	保护区性质属公益事业，需要财政投入为主，同时积极开拓社会筹资渠道
补偿标准确定依据	以上游地区的直接投入、上游地区丧失发展机会的损失、上游地区新建流域水环境保护设施以及受惠地区所接受的水量与水质等为依据	矿区生态环境资源破坏损失的价值；实际上，应以生态环境修复的成本为依据确定	按照新造林及现有林两类森林，补偿标准应考虑造林和营林的直接投入、为了保护森林生态功能而放弃经济发展的机会成本和森林生态系统服务功能的效益	基于生态系统服务价值评估确定；基于保护成本确定；基于因保护而造成的损失确定

（一）不同区域的生态补偿

按区域分类，生态补偿有国际生态补偿与国内生态补偿之分。

1. 国际生态补偿

国际生态补偿也可以称为跨国生态补偿，它不同于国外生态补偿。主要是指基于跨国生态保护所引起的生态补偿问题，如跨国界的河流保护、大气污染、污染物的跨国转移等。其补偿的支付主体与接受主体是不同的国家，或者不同国家所属的法人或自然人。例如，1992 年联合国《里约热内卢环境与发展宣言》承诺，发达国家应拿出本国 0.7% 的 GDP 支持和援助发展中国家，并无偿转让环保技术①；德国和捷克关于易北河流域共同整治的生态补偿横向转移支付机制②等。

2. 国内生态补偿

国内生态补偿就是在一国范围内，同一区域或跨区域的生态补偿，如美国纽约市的清洁供水交易、厄瓜多尔的基多水资源保护基金、北京密云水库水源地生态补偿、绍兴—慈溪水权交易生态补偿、东江源水源地生态补偿、南水北调工程生态补偿等。其特征是，生态补偿支付主体和接受主体均是一国国内的法人或自然人。

（二）不同方式的生态补偿

根据生态补偿的方式不同，可以区分为资金补偿、政策补偿、实物补偿和智力补偿四种类型。

1. 资金补偿

资金补偿也就是现金补偿，就是针对生态保护行为，生态补偿资金的支付主体直接以现金的方式支付给生态补偿资金的接受主体。具体来说，有两种方式，一是以污染税费、生活补贴、银行贷款贴息、无偿拨款等方式支付给生态补偿资金的接受主体，这里的支付主体与接受主体可能是个人、企业

---

① 王丰年：《论生态补偿的原则和机制》，《自然辩证法研究》2006 年第 1 期。
② 许苏卉、刘学艺、孔平：《江西东江源区生态保护补偿机制研究》，2008 年 7 月 10 日，见 http://www.jiangxi.gov.cn/xgwt/yzys/200611/t20061106_ 24851. htm。

法人或政府部门。二是以排污许可证转让权等形式的资金转让，补偿的主体均是拥有排污许可权的污染性企业。从表面上看，这类补偿的客体就是用于补偿的现金、转账资金或排污许可权证，而其实质则是生态保护的绩效，即以生态保护的程度或污染排放减少的程度给以积极评价所给予的补偿。

2. 政策补偿

政策补偿就是各级政府对下级政府、组织或居民户，在生态保护上给以政策倾斜，以补偿或奖励其生态保护行为，这种倾斜能够给受偿者带来直接或间接的利益。这类补偿的客体就是享受政策利益、权力或约束的个人、法人或政府组织，其补偿依据或考核抓手是政策倾斜带来的利益平衡问题，就是政策倾斜所带来的收益能不能抵偿生态保护所耗费的成本，并有一定的盈余，以起到激励和持续保护的效果。

3. 实物补偿

实物补偿也叫物资补偿，就是生态补偿支付主体与接受主体之间的补偿内容是以实物形态存在的，例如，捐助的用于生态修复的树苗、用于污染治理的设备设施等。这类补偿的客体是接受生态补偿物资的单位和个人，考核的抓点就是被用于生态补偿的物资是否满足生态保护、生态修复或生态设施运行所需要的物资量与质的要求。

4. 智力补偿

智力补偿也叫人才补偿，就是基于生态保护的需要，给被保护区域提供的智力支持、人力资源培训或在人才素质提升上享有某些优先权，甚至特权，如对贫穷落后的生态功能区给以人才、技术援助，技术培训，以及在高校招生录取或毕业生分配上的优惠等。这类补偿的客体就是给以援助或支持的人才，评价和考核的关键点是受惠人才数量与层次，以及所能得到的技术资源数量和质量。

（三）不同对象的生态补偿

按照生态补偿对象的性质不同，可以区分为流域生态补偿、矿产资源生态补偿、森林生态补偿、自然保护区生态补偿。

1. 流域生态补偿

在水资源短缺背景下，流域生态补偿问题研究得到了极大的发展，人们从不同的视角对流域生态补偿范畴进行了界定。王清军等人从生态补偿方式角度将其界定为对"长江、黄河、珠江等中上游地区在生态建设中付出的成本和丧失的机会成本，由国家和下游生态受益地区分担的一种生态补偿方式"①。李磊等人从法学角度将其界定为"流域上下游之间基于水资源开发利用的受损和受益的不公平，而由下游地区对上游地区因保护生态环境所付出的代价给予一定补偿的法律制度"②。从外部性角度来看，刘桂环等人将其界定为下游地区对上游地区"因提供高于基准的水生态服务而投入的生态与环境保护成本"③ 补偿；刘世强的定义是"通过一定的政策手段促使流域生态保护外部性内部化让流域生态保护成果的'受益者'支付相应费用通过制度设计解决好流域生态环境这一特殊公共物品消费中的'搭便车'现象激励流域生态环境这种'公共物品'的足额提供通过制度创新实现对流域生态投资者的合理回报激励流域上下游的人们从事生态保护投资并使生态资本增值"④；董秀金等人将其界定为流域生态保护的投入成本、机会成本和外部性补偿⑤。张惠远从下游对上游和上游对下游双向补偿的角度，将流域生态补偿定义为，当上游的水生态服务高于基准时，下游对上游的环境保护投入进行补偿；而当低于时，则上游要对下游所遭受的损失给以补偿。⑥有人从经济学、生态学、法学等学科交叉的角度把流域生态补偿定义为"在流域生态补偿过程中，调整国家或市场与因生态开发而致利益受损者基于生态保护行为产生的权利和义务的总称"⑦。

我们认为，作为生态补偿的一种类型，流域生态补偿是针对江、海、河、湖、泊及其相应的引水、调水工程等生态保护对象，在水资源的保护、设施维护、污染防治、开发利用等方面的投入、效应分享、机会成本损失等方面

---

① 王清军、蔡守秋：《生态补偿机制的法律研究》，《法学研究》2006 年第 7 期。
② 李磊、杨道波：《流域生态补偿若干问题研究》，《山东科技大学学报（社会科学版）》2006 年第 1 期。
③ 刘桂环、文一惠、张惠远：《流域生态补偿标准核算方法比较》，《水利水电科技进展》2011 年第 6 期。
④ 刘世强：《我国流域生态补偿实践综述》，《求实》2011 年第 3 期。
⑤ 董秀金、王小骊、王飞儿：《流域生态补偿若干问题研究》，《安徽农业科学》2008 年第 15 期。
⑥ 张惠远：《流域生态补偿关键环节何在?》，《中国环境报》2011 年 4 月 7 日。
⑦ 彭玉兰、才惠莲：《水权转让背景下流域生态补偿的法律思考》，《人民论坛》2012 年第 8 期。

给予的生态补偿。

2. 矿产资源生态补偿

矿产资源的生态补偿也是生态补偿的一个类型，人们也是从不同的角度对其内涵进行了探讨。闫磊认为，"矿产资源生态补偿是生态补偿理论在矿产资源保护中的运用，是指因矿山企业开采利用矿产资源的行为，给矿区周围的自然资源造成破坏、生态环境造成污染、矿业城市丧失可持续发展机会而进行的治理、恢复、校正所给予的资金扶持、财政补贴、税收减免、政策优惠等一系列活动的总称"[①]。刘晓星认为，"矿产资源生态补偿是指对矿产资源开发过程中造成的生态破坏进行赔偿和对生态环境进行治理恢复"[②]。本书认为，矿产资源生态补偿就是针对矿产资源的开发以及由此所引起的尾矿治理、污水处理、土地修复等一系列生态环境保护工作所需要的各种投入和保护行为的生态补偿。

3. 森林生态补偿

森林具有涵养水源、保持水土、防风固沙等生态功能，植树造林也就成为水源保护的重要手段。但是，毁林开荒、乱砍滥伐、各种灾害使森林面积减少、功能弱化。为此，人们对森林资源的保护作出了巨大的努力，这就需要得到相应的回报，获得生态补偿。那什么是森林生态补偿呢？梁丹认为，"森林生态补偿指采取一定的措施将森林生态效益的外部性内部化，对提供森林生态效益的私人或组织所产生的成本或所遭受的损失进行补偿，实现森林生态效益的价值"[③]。詹国明等人认为，森林生态补偿"是指国家为保护森林，充分发挥森林在环境保护中的生态效益而建立的，通过国家投资、向森林生态效益受益人收取生态效益补偿费用等途径设立的森林生态效益保持资金，它是用于提供生态效益的森林的营造、抚育、保护和管理的一种法律制度"[④]。前者是从经济学角度的界定，后者是从法学角度的界定。本书认为，

---

① 闫磊：《矿产资源生态补偿制度探究》，2008 中国环境科学学会学术年会优秀论文集（上卷），2008 年。

② 刘晓星：《矿产资源生态补偿缘何步履蹒跚》，《中国环境报》2013 年 4 月 10 日。

③ 梁丹：《全球视角下的森林生态补偿理论和实践——国际经验与发展趋势》，《林业经济》2008 年第 12 期。

④ 詹国明、赖才盛、林志军等：《森林生态效益补偿体系构建探讨》，《福建林业科技》2007 年第 2 期。

森林生态补偿是针对森林这种生态资源，围绕其保护的各种投入、发展机会损失、生态效应分享等的实物或价值补偿。

4. 自然保护区生态补偿

自然保护区是指"对有代表性的自然生态系统、珍稀濒危野生动植物物种的天然集中分布区、有特殊意义的自然遗迹等保护对象所在地的陆地、陆地水域和海域，依法划出一定面积予以特殊保护和管理的区域"（《中华人民共和国自然保护区条例》，1994 年 10 月 9 日中华人民共和国国务院第 167 号令）。作为一类重要的生态功能区，自然保护区"在涵养水源、保持水土、改善环境和保持生态平衡等方面发挥着重要作用"，区内居民为其保护所付出的成本、机会损失和相应的外部效益分享均应得到相应的生态补偿。[①] 所谓的自然保护区生态补偿是指"为了维持、增进自然保护区生态环境容量，抑制、延缓保护区内资源的消耗和破坏，保持生态系统平衡，对自然保护区生态环境进行补偿、恢复、综合治理以及对在自然保护区生态建设中作出贡献者和在环境保护活动中利益受损者给予资金、技术、实物上的补偿和政策上的优惠"[②]。我们以为，自然保护区生态补偿是区域生态补偿中的一个特殊类别，是针对自然保护区这个特殊区域，对自然生态环境保护的投入成本、发展机会损失、生态效应分享等的实物补偿或价值补偿。

（四）不同主体的生态补偿

以补偿主体为标准，生态补偿可以分为政府补偿和市场补偿两类。

1. 政府补偿

政府补偿是以政府为主体的生态补偿，就是"以国家或上级政府为实施和补偿主体，以区域、下级政府或农牧民为补偿对象，以国家生态安全、社会稳定、区域协调发展等为目标，以财政补贴、政策倾斜、项目实施、税费改革和人才技术投入等为手段的生态补偿方式"[③]。政府补偿是我国目前主要的生态补偿形式，在实际操作中，政府既是生态补偿资金的支付者、管理者

[①]　黄寰：《论自然保护区生态补偿及实施路径》，《社会科学研究》2010 年第 1 期。

[②]　申璐：《自然保护区生态补偿法律制度研究》，山西财经大学硕士学位论文，2010 年。

[③]　《生态补偿机制课题组报告》，见 http：// www. china. com. cn/tech/zhuanti/wyh/2008 - 02/26/content - 10728024. htm。

和接受者（地方政府）的综合体，又是整个国家生态补偿制度的建构者、践行者，也就成为整个生态补偿体系的核心力量和主导力量。

2. 市场补偿

市场补偿就是以市场为主体的生态补偿，其"交易的对象可以是生态环境要素的权属，也可以是生态环境服务功能，或者是环境污染治理的绩效或配额。通过市场交易或支付，兑现生态（环境）服务功能的价值。典型的市场补偿机制包括下面几个方面：公共支付，一对一交易，市场贸易，生态（环境）标记等"①。市场补偿是通过市场机制完成的，这需要市场交易双方的存在，双方主体可以是企业、政府、组织、机构或居民户，实现方式是交易双方讨价还价的协商。市场补偿既补充了政府补偿的资金不足，也为建立多层次的生态补偿机制奠定了基础，实现了多元化的生态补偿。

三、生态补偿的机制

生态补偿作为一种活动必然是一个作用过程，有其作用的机理和运行的方式，这就是生态补偿的运行机制，简称为生态补偿机制。它是指基于生态环境保护，修复、维护和提升生态环境服务功能的需要，实现生态环境与人类社会的协调与可持续发展，以法律、经济、管理等手段，实现生态补偿主体对生态补偿客体的实物或价值补偿的过程。简而言之，就是生态补偿主体运用一定的工具或手段，达到或作用于生态补偿客体，使其发生主体所预期的变化或达到主体所需要的结果或效果。

因此，生态补偿机制的内涵包括以下几个要点。第一，生态补偿机制是一个过程。它反映的是生态补偿的实现与应对过程，即生态补偿主体如何达到生态补偿客体、客体对主体生态补偿活动的响应，以及主客体之间的博弈与互动过程。

第二，生态补偿机制的要素。包含三个要素：主体、客体与手段。生态补偿机制的主体是参与生态活动的各关系人（自然人、法人）。② 按照不同的

---

① 《生态补偿机制课题组报告》，见 http：//www.china. com. cn/tech/zhuanti/wyh/2008 – 02/26/content_ 10728024. htm。

② 胡仪元：《部生态经济开发的利益补偿机制》，《社会科学辑刊》2005 年第 2 期。

分类标准可以分为不同的类型，按主体的功能可以分为管理主体、支付主体和接受主体；按主体的性质可以分为公共主体和市场主体。生态补偿的客体就是生态补偿所指向的对象，实物补偿下的客体就是自然资源本身，即自然客体；而价值补偿下则是生态保护活动的各相关利益者，即社会客体。生态补偿的手段实际上就是生态补偿主体达到补偿客体，实现补偿活动的工具系统，主要包括法律、经济和管理三种手段。法律手段就是通过法律制度的规定，对人们在生态环境问题上的行为进行强制约束及其相应的奖罚。其中，生态补偿制度（包括法律制度和管理制度两类）本身是其核心内容，是生态补偿实施的前提和依据。经济手段就是通过经济利益的刺激，让人们保护生态有收益、破坏生态有成本，目的是增加人们破坏生态环境的机会成本。其核心或实质性内容是生态补偿方式，如财政转移支付模式、市场交易模式等。管理手段就是政府和其他生态补偿主体对生态补偿活动管理的规范化、常态化、实效化，其关键节点是建立生态补偿管理机构、提高其管理效率。

第三，生态补偿机制的目的或目标。可以从三个层面来界定生态补偿机制的目的：一是直接目的，就是通过对生态破坏者的惩罚、保护者的奖励、损失者的弥补，以提高人们的生态保护积极性；二是最终目的，就是实现人与自然的和谐发展，为经济、社会和人本身的持续发展奠定物质和资源基础；三是实现机制的目的，就是保障生态补偿的实施和实现，为其实施和实现提供路径和保障。

第四，生态补偿机制的性质。从表面上来看，生态补偿是用经济手段解决生态环境问题，属于经济利益范畴，但是，从实质上看，应是一个法制框架体系，因此，既不能停留在经济手段层面，光靠利益引导不能消除环境、生态或自然资源因公共产品特性带来的外部性和"搭便车"问题，需要有法律制度的规范性和强制性推动；也不能停留在政策层面，政策的短期性和利益博弈要求，不能保障生态保护的长期性需求，需要有法律制度的长效性保障。

第二节　国外生态补偿理论研究现状

一、国外生态补偿一般理论研究现状

国外生态补偿的前期研究是对生态环境问题的关注和"自然报复"的警告，如，奥尔多·利奥波德的《沙乡年鉴》（1949）、亨利·戴维·梭罗的《瓦尔登湖》（1854）、巴勒斯的《醒来的森林》（1871）和恩格斯关于自然报复的警告（1876）等。工业经济的加速发展加剧了人与自然的矛盾，生态问题演化为生态危机，美国女科学家蕾切尔·卡逊在《寂静的春天》（1962）中提出了人与自然共存共荣的理念，唤起了人们的环境保护意识，掀起了环保运动。随后从理论和实践两个方面展开了对生态危机的原因探讨和解决途径探索。E. 拉杜里（《公元 1000 年以来的气候史》，1967）和保罗·埃利希（《人口爆炸》，1968）揭示了生态环境问题的人口过剩原因；罗德里克·纳什（《荒野与美国精神》，1967）提出了生态环境问题的历史文化原因；阿尔贝特·史怀泽（《敬畏生命》，1963）提出了"敬畏生命"的生态伦理思想；怀特（《当前生态危机的历史根源》，1967）和哈丁（《公有地的悲剧》，1968）提出了较为系统的反生态危机理论；1969 年成立的新西兰价值党（绿党）提出保护生态环境的政治主张。在实践上，环境保护运动迅猛发展，对社会政治、经济生活产生了重大影响，促进了环境立法的产生和世界"环境日"的确立。

基于严重的生态环境问题，生态补偿成为除法制、政治手段外，以经济手段解决生态危机的首选路径，并需要把这种经济手段上升到法制保障、政治推动的系统工程层面。国外对此从"为什么要补偿"和"如何补偿"两个角度展开了对生态补偿的一般理论研究。对于为什么要补偿的问题，其最早的研究可以追溯到罗纳德·科斯关于外部性的观点，认为生态补偿是生态外部性效应的矫正，这也是科斯外部性内部化原理的有效运用，成为迄今为止认同度最高的生态补偿理论依据之一。对于如何补偿问题，英国经济学家庇古的"庇古税"理论开创了该研究的先河，认为，"外部性问题可以通过政府

以税收等方式要求外部性产生者补偿社会总成本与私人成本之间的差额加以解决，实现成本的内部化，避免社会福利的再次损失"①。生态外部性使生态保护者（提供者）、消费者存在私人成本与社会成本的不一致，通过庇古税可以使二者达到平衡，实现帕累托最优。

在此之后，美国经济学家塞尼卡提出"我们生活在一个普遍存在稀缺的世界，因为一切为人类生产所必需的物品和服务的资源，相对于人的消费愿望来说，都是有限的"②，因此，使用具有稀缺性特征的生态环境资源就必须付出相应的代价，生态补偿就是对使用、破坏、浪费环境资源的补偿③。其他的，如生态环境危机（危害）问题、可持续发展理论等的研究均为生态补偿问题提供了理论和实践依据；从内容上来看，在环境污染损害补偿的基础上，逐步推广到了流域生态补偿、森林生态补偿、矿山生态补偿、自然保护区生态补偿等各个领域，呈现出不断扩展的局面，并推动了相应的实践发展；从研究方法上来看，20 世纪 90 年代以来，国外的生态补偿研究经历了由宏观向微观、由理论向实践转变的一个过程，更倾向于生态补偿方式的探讨、运行机制的构建、实证效益和补偿额度的计量分析。

二、国外森林生态补偿理论研究现状

国外学者关于森林生态补偿的研究主要集中在以下六个方面。

（一）森林生态补偿的研究起点和主要理论

国外关于森林生态补偿的研究起点可追溯到庇古关于外部性问题的分析，他提出了庇古税和补贴方式解决环境外部性问题的处理方法。第二次世界大战以后相继提出了"林业政策效益论""林业服务于国家和社会""和谐理

①　刘春江、薛惠锋等：《生态补偿研究现状与进展》，《环境保护科学》2009 年第 1 期。
②　[美]克尼斯等：《经济学与环境—物质平衡方法》，马中译，生活·读书·新知三联书店1991 年版，第 60—217 页。
③　Moran D, McVittie A, Allcroft D J, et al, "Quantifying Public Preferences For Agrienvironmental Policy in Scot land: Acomparison of Methods", *Ecological Economics*, Vol. 63, No. (2007), pp. 42–53.

论""森林多功能理论""林业分工论""新林业"等①一系列理论。格雷琴·戴莉（Gretchen Daily）的《自然服务功能：人类社会对自然生态系统的依赖性》②一书探讨了森林生态补偿的前沿问题，是森林生态效益补偿研究成熟的标志。

森林生态补偿也是国际社会普遍关注的问题，如联合国《生物多样性公约》《联合国气候变化框架公约》及《京都议定书》《联合国防治荒漠化公约》《千年生态系统评估》等。欧盟委员会2006年通过的5年森林行动计划（2007—2011年），将"交流和评估非木质林产品与生态系统服务的价值评价与市场化的经验"列为18个关键行动之一，在欧盟及各成员国共同实施。2007年，联合国气候变化大会通过的"巴厘岛路线图"提出，对减少发展中国家毁林和森林退化提供财政支持（REDD）等。③

（二）森林生态补偿的实践模式

国外森林生态补偿研究主要集中在实践基础上的理论总结，森林趋势组织和卡通巴工作组组织召开的国际森林生态服务研讨会，对森林的碳储存、水文、生物多样性、森林景观等服务，建立森林生态服务市场等问题进行了研究。兰德里·米尔斯（Landell - Mills）分析了全球287个森林生态效益市场；丹尼尔·佩罗特·梅特（Daniele Perrot - Maitre）对世界森林水文服务市场交易案例进行了汇总分析；尼尔斯·约翰逊（Nels Johnson）对森林流域水文服务市场化案例进行了分析；罗伯特（Robert）研究了森林生态服务价值核算框架；古永（Gouyon）对热带森林生态服务市场进行了分析。罗萨莱斯（Rosales）、弗朗西斯科（Francisco）、长苏延多（Suyanto）和雷耶斯（Reyes）分别探讨了亚洲、菲律宾、印度尼西亚、哥斯达黎加的森林生态服务补偿和补偿机制。④国外森林生态补偿的实践模式总结如下（见表1-3）：

---

① 刘永春：《安徽省森林生态效益补偿工作的实践与思考》，生态环境效益补偿政策与国际经验研讨会，2002年。

② Daily G C, et al, *Nature's Services: Societal Dependence on Natural Ecosystems*, San Francisco: Island Press, 1997.

③ 吴水荣、顾亚丽：《国际森林生态补偿实践及其效果评价》，《世界林业研究》2009年第4期。

④ 李文华、李芬：《森林生态效益补偿的研究现状与展望》，《自然资源学报》2006年第5期。

表1-3　国外森林生态补偿的实践模式

补偿类型	国家	补偿形式
政府投入对林业的扶持	美国	按照"政府购买生态效益、提供补偿资金"思路，其国有林和公有林由联邦林务局或州林业部门通过财政预算补偿
	英国	国有林的收入、政府拨款或优惠贷款共同组成森林补偿基金
	德国	国有林的生态补偿实行预算制，由财政拨款进行补偿
政府对林业补贴	奥地利	政府对小林主不生产木材、保持森林的自然林状态给以补助
	英国	政府对私有林主营造阔叶林给以补贴
	法国	通过受益团体投资、特别用途税、发行债券等方式建立国家森林补偿基金
	芬兰	由财政对造林、森林道路建设及低产林改造等提供低息贷款贴息
	哥斯达黎加	国家森林商业基金通过环境服务支付项目对土地使用者进行的林木重新栽植、可持续采伐、天然林保护实行土地利用特别补助
	厄瓜多尔	Quito 市将水源使用者和电力公司支付的费用建立水基金，用于给水源保护付费
政府减免森林资产税收	法国	免除私人造林地的 5 年地产税，根据树种分别给以 30 年林木收入税减免
	芬兰	更新造林免缴 15 年所得税，国有林只缴少量财产税，200 公顷以下森林不计税
	德国	企业和家庭营林生产的一切费用均可在税前列支，国家只对扣减营林支出后的收入征收所得税，减免合作林场税收
	日本	所有森林均划定为生态公益林，给以减税或免税，通过水源税建立"森林环境保全基金"；民间层面还设立了"绿色羽毛基金"
	哥斯达黎加	Heredia 市实施"环境调整水税"支持流域保护
	墨西哥	设立水源使用税，通过水文环境服务付费项目对具有重要水文价值的森林生态系统保护付费
	巴西	设立生态增值税，由政府把征收销售税的 25% 返还给各州支配

补偿类型	国家	补偿形式
对直接受益部门征收补偿费	加拿大	森林公园、植物园、自然保护区等旅游部门须将门票收入的一定比例支付给育林部门作为补偿费
	欧盟	通过二氧化碳税进行生态补偿
	美国	在国有林区征收放牧税
	哥伦比亚	对污染者和受益者收费
	日本	对水的使用者收费，补偿给河流上游的林场主
市场交易模式	哥斯达黎加	政府发行碳券；给外国投资厂商发行为期 20 年的贸易抵消证明，以抵免他在本国内需要减少的二氧化碳量
	德国	允许按规定经营的生态林效益按照法律规定进行销售，设立生态补偿横向转移支付基金；建立"生态账户"
	巴西	合法储存量的可贸易权。法律规定，亚马孙河流域范围内的土地所有人必须保证其森林覆盖率达到 80% 以上，低的必须向森林覆盖率在 80% 以上的农户购买森林

资料来源：①李文华等：《森林生态效益补偿的研究现状与展望》，《自然资源学报》2006 年第 5 期。②何勇等：《森林生态补偿研究进展及关键问题分析》，《林业经济》2009 年第 3 期。③费世民等：《关于森林生态效益补偿问题的探讨》，《林业科学》2004 年第 4 期。④王世进等：《国外森林生态效益补偿制度及其借鉴》，《生态经济》2011 年第 1 期。

（三）森林生态补偿方式的研究

森林生态补偿的筹资方式在不同国家是不同的，美国采取的是政府休耕计划补偿金、森林生态系统服务市场带来的旅游等收入、非林木产品提供的森林生态补偿资金、生态彩票等。德国主要采取的是生态补偿横向转移支付基金和生态税。日本以财政补贴、信贷支持、税制优惠等为核心的私有林经济扶持政策；通过社会集资设立了"绿色羽毛基金"；通过征收水源税建立了"森林环境保全基金"。哥斯达黎加设立了国家森林基金、"环境调整水税"和碳交易制度。巴西运用生态增值税和合法储存量的可贸易权进行森林生态效益补偿。① 因此，国外森林生态补偿的方式可以概括为公共支付方式（如建

---

① 张冠坤、侯黎明、朱宁：《森林生态效益补偿筹资方式研究综述》，《现代商业》2012 年第 6 期。

立补偿基金、补贴及税收优惠）、市场支付模式（私有业主的自主协议、通过中介支付、政府引导的开放市场贸易、间接市场支付）和国际组织的项目参与模式。①

（四）森林生态价值评价研究

国外对森林生态价值评价的研究主要包括两方面内容：一是评价方法问题研究；二是实证评价结果研究。从评价方法上来看，森林资源的一般评价方法"主要有生产函数法、避免成本法、替代/恢复成本法、旅行成本法和条件价值法"② 等。但是，不同森林资源的价值类型及其价值评价方法也不同。世界银行环境经济专家莫汉·穆纳辛格（Mohan Munasinghe）根据森林资源使用价值和非使用价值，提供了一些可选择的评价方法（见表1–4）。③

表1–4 森林资源价值评价方法

森林资源总价值	使用价值			非使用价值	
	直接使用价值	间接使用价值	选择价值	存在价值	遗产价值
内容	木材产品、非木材林产品、森林游憩、文化价值、美学价值、教育与科研价值	涵养水源、防风固沙、调节气候、保育土壤、减少空气污染、碳贮存、氮循环、森林微气候	未来的直接与间接用途	森林环境资源的保存意义，人们为确保森林资源及其提供的生态功能而愿意支付的费用	当代人为了把森林资源及其生态功能保留给后代而愿意支付的费用
评价方法	市场价值法、旅行费用法、重置成本法、资产价值法、机会成本法、意愿调查价值评估法	生产率变动法、重置成本法、等效替代法、人力资本法、资产价值法、意愿调查价值评估法	意愿调查价值评估法	意愿调查价值评估法	意愿调查价值评估法

---

① 吴水荣、顾亚丽：《国际森林生态补偿实践及其效果评价》，《世界林业研究》2009 年第 4 期。

② 张建肖、安树伟：《国内外生态补偿研究综述》，《西安石油大学学报》2009 年第 1 期。

③ 侯元兆、吴水荣：《森林生态服务价值评价与补偿研究综述》，《世界林业研究》2005 年第 3 期。

人们运用不同的森林价值评价方法开展了相应的实证评价研究，如托比亚斯和孟德尔松（Tobias 和 Mendelsohn，1991）、乔普拉（Chopra，1993）等从不同角度评价了热带雨林的生态经济价值；彼得（Peter）等（1993）评估了亚马孙热带雨林生态系统的经济价值；科斯坦萨（Costanza）等（1997）按17 种类型评价了全球生态系统服务功能价值，得出全球森林服务价值为 969 美元/公顷·年；皮门特尔（Pimentel）等（1998）估算了生物多样性服务价值，认为美国境内和全球范围内所有生物及基因的经济和环境价值分别为 3000 亿美元/年和 30000 亿美元/年；阿查亚（Acharya，2000）和康来詹尼（Kontogianni，2001）等评估了湿地的间接价值；日本林野厅（2000）分六类评价了日本境内森林的公益机能价值，认为其价值为 75 兆日元。[1][2]

（五）森林生态服务功能的市场交易研究

森林生态补偿的运行机制也包括政府主导和市场交易两种，但更多的是生态服务功能的市场交易机制。一些国际性研究机构积极参与该问题研究，如国际林业研究中心、国际混农林业研究中心、国际环境与发展研究所[3]等就森林生态补偿市场机制进行了研究，并通过国际性学术研讨会推动科学研究工作。如森林趋势组织和卡通巴工作组自 2000 年以来已经在美洲、欧洲、大洋洲、非洲、亚洲的 13 个国家连续召开了 18 次国际学术会议，推动了全球范围内生态系统服务市场机制的建立与发展。米德尔·米尔斯（Landell - Millls）对全球 287 个森林生态服务市场交易案例进行了研究，总结为森林生态旅游、碳汇、流域保护服务和生物多样性服务四种类型；谢尔（Scherr）探讨了热带森林生态服务市场化的现状与趋势；加梅斯（Gamez）对哥斯达黎加森林生态系统服务市场机制的生态旅游、碳汇、生物多样性保护等进行了探讨；托涅蒂（Tognetti）提出了森林水文服务市场开发战略；约翰逊（Johnson）对森林水文服务市场管理中的经济激励机制进行了探讨。从市场交易的

---

① 何勇、张健、陈秀兰：《森林生态补偿研究进展及关键问题分析》，《林业经济》2009 年第 3 期。

② 侯元兆、吴水荣：《森林生态服务价值评价与补偿研究综述》，《世界林业研究》2005 年第 3 期。

③ 张巍巍：《完善我国森林生态效益补偿途径的研究》，南京林业大学硕士学位论文，2006 年。

实证上来看，生态系统市场公司在 1987—2006 年的 20 年间提供了 1184 个森林流域服务、森林碳服务和森林生物多样性服务的市场交易，交易价值达 8.42 亿美元。根据莱斯利（Leslie）的研究，全球对森林生态服务的需求在不断增长，2003 年才 9000 亿美元，到 2020 年将达到 14200 亿美元、2030 年将达到 19600 亿美元、2040 年将达到 25600 亿美元，具有巨大市场交易潜力。[①] 可以说，国外学者从森林生态补偿的实例出发，通过学术会议和理论研究等方式，深刻探讨了森林生态补偿市场机制形成的原因、主体行为与选择、法律制度环境、市场基础设施、实现途径、具体机制等，并在全球范围内进行推进。[②]

（六）森林资源价值与补偿标准研究

补偿标准同样是森林生态补偿的核心，是对森林进行生态补偿实践的依据和关键。该问题主要涉及两个方面：一是生态补偿标准确定的依据，二是生态补偿标准所确定的补偿额度。根据森林生态资源的特殊性，以机会成本法确定森林生态补偿标准的认同度高。麦克米兰（Macmillan）认为，森林生态补偿标准与新造林地的生态服务功能、生态服务的购买关系不大，而与机会成本则直接相关。实践中，由于统计不全使实际补偿的标准低于机会成本而出现补偿不足[③]。国外生态补偿分"基础补偿、产业结构调整补偿和生态效益外溢补偿"三个阶段进行，并在不同阶段需要考虑的因素如补偿原则、交易成本、支付意愿、补偿年限、融资渠道等是不同的。[④] 国外学者运用不同的方法对森林生态价值进行了估算，其中，日本运用替代法估算了该国的森林生态价值，1972 年为 128 兆日元/年，2000 年为 74.99 兆日元/年；墨西哥运用直接价值、间接价值、选择价值和存在价值四个方面估算了该国的森林生态价值，其 1995 年的生态价值为 40 亿美元；哥斯达尼加估算了 2009 年塔盘

---

① 吴水荣、顾亚丽：《国际森林生态补偿实践及其效果评价》，《世界林业研究》2009 年第 4 期。

② 刘冬古、刘灵芝、王刚、郭媛媛：《森林生态补偿相关研究综述》，《湖北林业科技》2011 年第 5 期。

③ Castro E, Costa Rican, " Experience in the Charge for Hydro Environmental Services of the Biodiversity to Finance Conservation and Recuperation of Hillside Ecosystems", *The International Workshop on Market Creationfor Biodiversity Products and Services*, OECD, Paris, 2001.

④ 康慕谊、张新时：《退耕还林还草过程中的经济补偿问题探讨》，《生态学报》2002 年第 4 期。

缇热带雨林区域的生态价值为 2500 万美元。①

三、国外矿产资源生态补偿理论研究现状

矿产资源开采历史久远，因此而带来的生态环境问题也极早地受到了人们的普遍关注，并提出了相应的处理措施，如比利时曾在 15—16 世纪时就颁布法令，"对因进行开采而使列日城的水源（含水层）受到破坏的责任者处以死刑"②。而采用生态补偿的措施处理矿区生态恢复问题则较晚，西方到 20 世纪初才有相应的法律、制度、管理办法和相应的运行机制。

美国 1918 年在印第安纳州尝试在采空区自发垦殖种树，以恢复矿区生态，1920 年的《矿山租赁法》和 1977 年的《露天采矿管理与修复法》确立了"谁破坏谁恢复"的生态补偿原则，对新开采矿山实行复垦抵押金制度、对废旧矿山设立恢复治理基金进行生态修复。《德国民法》《德国商法》《德国经济补偿法》《德国矿产资源法》《德国矿山共同决定法》五部法律形成了德国矿山生态治理与修复的法律体系，由联邦政府和州政府分别出资 75% 和 25% 共同组建矿山复垦公司，专门开展矿山的生态恢复工作；对新开发矿区设立三道生态防线：编制矿区复垦措施计划、复垦专项基金预留（按企业年利润 3% 的比例留取）和等面积异地补偿。英国也是以法令规章手段推动矿区复垦工作的，早在 1949 年就要求地方政府恢复被采矿破坏掉的土地环境，先后颁布的《城乡规划条例》（1971）、《弃用地拨款方案》（1980）、《环境保护法案》（1990）等，对矿产资源开发的环境影响评价、复垦资金支持等作出了明确规定，并将污染行为界定为犯罪。韩国在 1951 年颁布的《韩国矿业法》规定，企业对采矿造成的生态环境损害负有赔偿义务。国际矿业协会在 2005 年确立了矿山开发保证金制度。同时，在研究内容上也不断丰富，探讨了"事前补偿、补偿意愿、补偿时空配置、补偿标准"等问题。③

在生态补偿主体上，"还旧账"基本上都是由政府公共支付进行治理，而

---

① 朱敏、李丽等：《森林生态价值估算方法研究进展》，《生态学杂志》2012 年第 1 期。
② 赵卫强、孟晴：《国内外矿山开采沉陷研究的历史及发展趋势》，《北京工业职业技术学院学报》2010 年第 1 期。
③ 李启宇：《矿产资源开发生态补偿机制研究述评》，《经济问题探索》2012 年第 7 期。

"偿新债"一般都是由企业负责完成。在实践中，补偿关系也逐步扩展，由最初的当地政府与开发商，发展为"中央政府、地方政府、环保部门、开发商、评估部门、矿产地居民组成的不同利益集团"①。

四、国外湿地生态补偿理论研究现状

湿地重要的生态功能、生态系统价值、生态地位，以及湿地资源不断减少的生态威胁，促使世界各国加强了对湿地资源的生态保护与生态补偿实践（见表1-5）。②③④⑤⑥⑦⑧⑨⑩

表1-5　部分国外、国际湿地生态保护与生态补偿政策

国家/国际组织	湿地资源保护概况	政策依据	保护措施（具体做法）
美国	1190公顷，占世界的1.16%	《清洁水法》《生活饮用水安全法》《流域防洪与保护条例》《联邦控制水污染法》（404许可）	1. 工程保护措施，建立了佛罗里达州南部大沼泽地的引水恢复和夏威夷珊瑚礁保护区湿地保护工程； 2. 法律保护措施，如净水法； 3. 经济鼓励措施； 4. 湿地合作项目，如围绕"零净损失"政策目标实施的沼泽地承包计划、湿地银行等

---

① 孙前路、孙自保、唐佳：《矿产资源开发中的生态补偿与中国化》，《沈阳大学学报（社会科学版）》2012年第4期。

② 国家林业局信息中心：世界自然保护区，2009年3月11日，见 http：//www. forestry. gov. cn/ ZhuantiAction. do？ dispatch = content&id = 115003&name = lygzsc。全世界的湿地保护面积为102283公顷。

③ 邢祥娟、王焕良、刘璨：《美国生态修复政策及其对我国林业重点工程的借鉴》，《林业经济》2008年第7期。

④ 张立：《美国补偿湿地及湿地补偿银行的机制与现状》，《湿地科学与管理》2008年第4期。

⑤ 许学工：《加拿大的保护区系统》，《生态学杂志》2000年第6期。

⑥ 靳敏：《加拿大格兰德河流域管理经验及借鉴》，《环境保护》2006年第2期。

⑦ 林家彬：《日本水资源管理体系考察及借鉴》，《水资源保护》2002年第4期。

⑧ 赵峰、鞠洪波、张怀清、张锐、丰伟：《国内外湿地保护与管理对策》，《世界林业研究》2009年第2期。

⑨ 李国强：《澳大利亚湿地管理与保护体制》，《环境保护》2007年第13期。

⑩ 安尼瓦尔·木沙：《澳大利亚的湿地保护》，《新疆林业》2002年第6期。

续表

国家/国际组织	湿地资源保护概况	政策依据	保护措施（具体做法）
加拿大	13052 公顷，占世界的 12.76%	《国家公园法》和《加拿大野生生物法》	1. 理论研究，实验湖区淡水研究院的"完整的生态系统"研究成果获得了首次斯德哥尔摩大奖，成为湿地保护政策制定依据； 2. 联邦政府的湿地功能无损失政策要求，各省制定各自的湿地保护政策； 3. 建立湿地保护区，形成了国家公园体系和野生生物保护区 2 大保护区体系
日本	84 公顷，占世界的 0.08%	《琵琶湖综合开发特别措施法》《水源地区对策特别措施法》	1. 建立湿地保护区，钏路沼泽列入湿地公约国际重要湿地名录； 2. 工程保护，如砾间氧化法处理污水工程、滋贺县生物综合净化面源污染水质工程、大阪市污染河流治理工程等
澳大利亚	5310 公顷，占世界的 5.19%	《环境保护和生物多样性保护法》《濒危物种保护法》《鲸鱼保护法》《河口管理办法》《澳大利亚联邦政府湿地政策》	1. 建立健全湿地保护机构，如设立"湿地国际——大洋洲办事处"，建立澳大利亚联邦政府，各州和特区、地方政府三级管理体系，建立澳大利亚政府间委员会和各类专门委员会或分委员； 2. 建立湿地保护公园，如铄尔沃特海洋公园、考里奥湾、普鲁基灵国家公园等； 3. 完善法律，颁布《澳大利亚联邦政府湿地政策》

五、国外自然资源生态补偿理论研究现状

美国经济学家阿兰·兰德尔指出，"资源是由人发现的有用途和有价值的物质。自然状态的未经加工的资源可被输入生产过程，变成有价值的物质，

也可以直接进入消费过程给人们以舒适而产生价值"①。因此，资源与生态的价值应该得到相应的价值补偿和实物补偿，即自然资源的生态补偿。国外关于生态补偿问题的研究最早也是"庇古税"和"科斯定律"理论，为基于自然生态环境外部性的生态补偿奠定了理论基础。

1946 年，英国经济学家约翰·理查德·希克斯（John Richard Hicks）在《价值与资本》一书中指出，自然资源开发所得价值应分为两部分：一是开采主体的收入；二是折旧成本，以用于自然资源的价值补偿。美国经济学家塞尼卡和陶希格于 20 世纪 70 年代以"稀缺的世界"为出发点提出了补偿发展论，认为应收取污染税解决生态环境问题。② 韦斯特曼（Westman，1977）提出"自然的服务"（nature's services）概念，并以替换或修补受损生态系统功能成本为其"自然服务"价值赋值。③。

阿伦·康托尔（Allen Cantor，1980）从污染费用的角度对自然资源的价值补偿进行了研究，认为自然资源价值补偿的污染费用包括污染造成的损失费用、污染隔离的防护费用、污染监管的情报行政事务费用、防治消除污染的费用。④ 在此基础上，埃利奥特（Elliott）与亚罗地（Yarrow）建立了减轻污染最优条件价格的动态模型，蒂汉斯基（Tihansky）提出了以消费者"支付愿望"确定自然资源价格的观点。朱利安·罗威与大卫·路易士（1985）提出环境控制成本观点，要求环境质量改善的投资必须达到单位环境质量改善的社会边际效益与社会边际成本相等。⑤

萨拉菲（Serafy，1989）建立了可耗竭资源的计量模型，认为可耗竭资源的补偿价值就是开发、使用可耗竭资源的年有限收益流量与由其中的一部分所转化的利息收入所形成的无限年收益流量的差额。⑥ A. 迈里克·弗里曼在

---

① ［美］约翰·C. 伯格斯特罗姆、阿兰·兰多众：《资源经济学（第三版）：自然资源与环境政策的经济分析/经济科学译丛》，谢关平、朱方明译，中国人民出版社 2015 年版。

② 陶建格：《生态补偿理论研究现状与进展》，《生态环境学报》2012 年第 4 期。

③ Walter E. Westman，" How Much Are Nature's Services Worth?"，*Science*，Vol. 197（1977），pp. 960 - 964.
陈栋生：《环境经济学和生态经济学文选》，广西人民出版社 1982 年版。

④ 陈栋生：《环境经济学和生态经济学文选》，广西人民出版社 1982 年版。

⑤ ［英］朱利安·罗威、大卫·路易士：《环境管理经济学》，王铁生译，贵州人民出版社 1985 年版。

⑥ El Serafy S，"The Proper Calculation of Income from Depletable Natural Resources"，*Environ - mental Accounting for Sustainable Development*，A UNEP - World Bank Symposium，Washington DC：The World Bank，1989，pp. 10 - 18.

环境和资源价值评估领域权威性著作《环境与资源价值评估——理论与方法》
（2002）一书中，对环境和资源价值评估进行了全面系统的阐述。[①]

生态服务价值角度对自然生态补偿的研究主要集中于计量方法和计量内
容的探索，如约翰·卢米斯（John Loomis）等人以支付意愿调查法估算了自
然保护区的非使用价值及其生物多样性的存在价值、遗产价值和选择价值。[②③]
1997 年，詹姆斯·博伊德（James Boyd）和丽莎·沃尔特（Lisa Wainger）在现
有生态效益评估评价方法评述基础上，提出生态效益评估原则和空间分析的必要
性。[④] 罗伯特·科斯坦萨（Robert Costanza）等人将"生态服务"功能分为 17 项
生态系统服务，并首次进行了系统测算，初步测算出生态系统每年为人类提供了
至少 33 万亿美元的服务价值，是全球国民生产总值的 1.8 倍。[⑤]

六、国外自然保护区生态补偿理论研究现状

自然保护区就是指"以保护和维持生物多样性和自然资源及相关的文化
资源为目的，并通过法定的或其他有效方式进行管理的特定的陆地或海域"[⑥]。
根据国际自然保护联盟（IUCN）的分类，自然保护区可以分为 10 种类型，
即"严格的自然保护区、国家公园、国家历史遗迹和文物地、自然资源保护
区、陆地和海洋景观保护地、资源保护区、自然生物区和人类学保护区、多
用途管理区、生物圈保护区、世界遗产地"[⑦]。世界上最早的国家公园是美国

① ［美］A. 迈里克·弗里曼：《环境与资源价值评估——理论与方法》（经济科学前沿译丛），
曾贤刚译，中国人民大学出版社 2002 年版。
② John Loomis, Earl Ekstrand, "Alternative ApproaChes for Incorporating Respondent Uncertainty
When Estimating Willingness to Pay: The Case of The Mexican Spotted Owl", *Ecological Economics*, Vol. 27,
No. 1 (1998) pp. 29 –41.
③ David E Buschena, et al, "Valuing Non – Marketed Goods: The Case of Elk Permit Lotteries",
Journal of Environmental Economics and Management, Vol. 41, No. 1 (2001), pp. 33 –43.
④ Daily G C, et al., *Nature's Service: Societal Dependence on Natural Ecosystems*, Washington DC: Island
Press, 1997, p. 269.
⑤ Costanza R, d Arge R, De Groot R, et al., "The Value of The World's Ecosystem Services and Nat-
ural Capital", *Nature*, 1997, pp. 253 –260.
⑥ Wattagf P, Mardlf S., "Stakeholder Preferences Towards Conservation Versus Development for a Wet-
land in Sri Lanka", *Journal of Environmental Management*, Vol. 77, No. 2 (2005), pp. 122 –132。
⑦ 陈勇、竺杏月、张智光：《自然保护区可持续发展研究的理论与方法评述》，《南京林业大学
学报（自然科学版）》2003 年第 2 期。

国会于 1872 年成立的黄石国家公园。

国外关于自然保护区的研究主要集中在保护区的评价和补偿问题上，其研究历程大致分为四个阶段：20 世纪 60 年代是第一个阶段，研究内容主要集中在自然保护区评价的指标选取上，强调"自然保护区和野生生物的生物学特征"。20 世纪 70 年代是第二个阶段，一方面进一步完善自然保护区的评价研究，突出"三个评价"，即"自然保护区的比较评价和功能评价，自然保护区的选择和确定评价，自然保护区内野生物种评价"[①]。另一方面，对自然保护区的生态补偿研究也陆续展开，如德国提出了环境影响系统评价方法，即补偿原则法；英国和瑞典都建立了规范的自然保护区评估与生态补偿法律。[②]巴西采用生态增值税方法进行生态补偿，将销售税中的 25% 用于建立保护区和实行可持续发展政策的州政府作为生态补偿；哥斯达黎加早在 1969 年就通过立法，批准设立了国家公园、森林保护区、野生动植物保护区和国家保护区，到 1999 年，自然保护区占到了国土面积的 28%、大约涵盖了 95% 的生物多样性保护，并通过"生态服务付费计划"给以生态补偿。[③] 20 世纪 80 年代是第三个阶段，强化了对自然保护区评价的理论研究，如加拿大突出"生态完整性、纪念完整性和可持续发展"理念，而使其在自然保护区管理上走在了世界前列[④]，美国在 1988 年提出并实施了无净损失补偿政策，联邦政府对湿地损失提供资金进行生态补偿。20 世纪 90 年代以来是第四个阶段，主要是从可持续发展角度对自然保护区的生态补偿进行研究，如沃尔夫·库克（Wolf Krug）认为应让当地居民积极参与自然保护工作，并获得相应的经济利益才能实现自然保护区对生物多样性的持续保护[⑤]；部分学者从发展生态旅游的角度探寻自然保护区可持续发展的途径，如黛安娜·德雷珀（Dianne Draper）以加拿大班夫国家公园为例提出的"不应有消极的环境影响""恰当的发展和

---

① 张建华、朱靖：《自然保护区评价研究的进展》，《农村生态环境》1993 年第 2 期。

② 韦惠兰、葛磊：《自然保护区生态补偿问题研究》，《环境保护》2008 年第 2 期。

③ 黄润源：《论我国自然保护区生态补偿法律制度的完善路径》，《学术论坛》2011 年第 12 期。

④ 许学工：《加拿大的自然保护区管理》，北京大学出版社 2000 年版。

⑤ Wolf Krug, "Socioeconomic Strategies to Preserve Biodiversity in Africa——The Example of Wildlife Management", *Agriculture and RuralDevelopment*, 1998, 1.

利用"等原则①；迈克哈里（Maikhuri RK）等人对禁止开发和旅游激化了自然保护区工作与当地周边社区居民矛盾的考察②；阿尔弗雷多·奥尔特加·卢比奥（Alfredo Ortega – Rubio）等人对新建自然保护区管理计划重要性的考察③；古尔德（Colding J）等人对借助无成本性进行生物多样性保护的考察④等。

第三节 国内生态补偿研究现状与实践

一、国内生态补偿研究历程

国内生态补偿的研究起步较晚，在借鉴国外"生态服务付费"和"生态效益付费"范畴基础上，结合中国国情、生态环境问题与生态补偿实践，形成了自己的研究特色。其研究历程大致可以分为四个阶段。

（一）20 世纪 90 年代以前，以森林生态补偿为主的研究

我国生态补偿的实践开始于 20 世纪 70 年代，而其理论研究则开始于 20 世纪 80 年代。从研究内容上看主要是生态环境价值的研究，而从类别上来说主要是针对森林生态补偿的研究。人们从两个方面对森林生态补偿价值进行了探讨：一是森林产品开发的经济价值，如森林开发的木材、林副产品价值等。⑤⑥ 二是森林的生态效益价值，如氧气价值和大气污染防止价值，根据印

---

① Dianne Draper, "Toward Sustainable Mountain Communities: Balancing Tourism Development and Environment Protection in Banff and Banff National Park, Canada. AMBIO", *A Journal of the Human Environment*, 2001, 7: 33 –49.

② Maikhuri RK, Rana U, Rao KS, et al., "Promoting Ecotourism in The Buffer Zone Areas of Nanda Devi Biosphere Reserve: An Option to Resolve People – policy Conflict," *International Journal of Sustainable Development & World Ecology*, 2000, 7 (4): 36 –47.

③ Alfredo Ortega – Rubio and Cerafina Argüelles – Méndez, "Management plans for natural protected areas in Mexico: La Sierra de Laguna Case Study", *International Journal of Sustainable Development and World Ecology*, 1999, 6: 68 –75.

④ Colding J, Folke C, "Social Taboos: Invisible systems of Local Resource Management and Biological Conservation", *Ecological Applications*, 2001, 11 (2): 26 –28.

⑤ 戴宝国：《关于制定林价的几个问题》，《内蒙古林业》1983 年第 7 期。

⑥ 李维伦：《关于林价问题的探讨》，《林业科技》1981 年第 1 期。

度加尔各答农业大学教授的计算，一棵正常生长 50 年的树，每年至少能生产一吨氧气，其氧气价值约为 31250 美元，并有大气污染防止价值 62500 美元；同时，具有涵养水源、防治水土流失，促进水分再循环的生态效益价值①，还能创造一个良好的生态环境②。

（二）20 世纪 90 年代初到 2005 年，生态补偿的制度化探索

在森林生态补偿研究基础上，这一时期的研究得到了深化，是生态补偿实践制度化的阶段，具体表现在以下几个方面。

一是森林生态补偿研究日趋完善。学者们从林业生态补偿机制、森林生态效益经济补偿、公益林生态效益价值评估与补偿、生态林业基金制度建立等角度进行了深入分析研究③，为其实践操作搭建平台、构建机制。作为森林生态补偿制度完善和成熟的标志还是 1998 年 4 月公布的《中华人民共和国森林法（修订）》，明确要求"建立林业基金制度"，指出"国家设立森林生态效益补偿基金，用于提供生态效益的防护林和特种用途林的森林资源、林木的营造、抚育、保护和管理。森林生态效益补偿基金必须专款专用，不得挪作他用"。人们还提出了建立"谁受益，谁投入""取之于社会，服务于社会"的森林生态效益补偿机制④；根据《森林法》规定，我国林业基金制度建立的构想是通过营业税附加费形式筹集森林生态效益补偿基金⑤；1999 年国家还颁布和实施了退耕还林政策。

二是生态补偿研究范围的不断拓展。在森林生态补偿研究基础上，人们对生态环境补偿费、矿产资源生态环境补偿费、自然资源开发利用的环境补偿⑥、区域（西部）生态补偿及其机制构建⑦⑧等问题进行了研究。

三是研究成果数量大增。以"生态补偿"篇名在中国知网上进行检索，

---

① 《一棵树的价值》，《陕西林业科技》1984 年第 4 期。
② 李慕唐：《建议国家对划为生态效益的防护林应予补偿》，《辽宁林业科技》1987 年第 6 期。
③ 王永安：《森林生态补偿与功能》，《林业资源管理》1994 年第 3 期。
④ 毛行元：《关于森林生态效益补偿初探》，《华东森林管理》1998 年第 1 期。
⑤ 周泽峰：《建立我国林业基金制度的构想》，《林业经济》1999 年第 5 期。
⑥ 丁学刚：《生态环境补偿问题探讨》，《青海环境》1994 年第 4 期。
⑦ 潘玉君、张谦舵：《区域生态环境建设补偿问题的初步探讨》，《经济地理》2003 年第 4 期。
⑧ 胡仪元：《西部生态经济开发的利益补偿机制》，《社会科学辑刊》2005 年第 2 期。

发现在 1990 年以前还是 0 篇研究成果,而从 1990 年 1 月 1 日起到 2005 年 12 月 31 日止就有了 221 篇研究成果。研究内容主要集中在生态环境补偿费征收的政策构想及其框架设计与实施建议[1];生态环境补偿及其额度确定的理论依据[2];建立以国土保安和改善生态环境为主的公益林补偿积累机制[3]。毛显强等人对生态补偿概念和内涵的界定成为今天认同度比较高的一种解释,从外部性问题解决的庇古税和科斯手段角度探讨了生态补偿的理论基础,从"谁补偿谁""补偿多少"和"如何补偿"三个核心问题出发设计了生态补偿机制[4]。万军等人从生态补偿的法律基础、政府手段和市场手段出发,构建了中国生态补偿机制和政策框架体系,如"西部生态补偿、生态功能区补偿、流域生态补偿和生态要素补偿"等类型,以及"制定《西部地区生态环境监督管理条例》"、财政转移支付项目中增加生态补偿科目、"重新启动生态补偿费""整合中国重点生态建设项目"等应突破的政策领域[5]。陈瑞莲等人对流域生态补偿的准市场模式、区际协商机制、价值评估机制、补偿资金营运机制和区际经济合作机制等进行了探讨[6]。

四是以《国务院关于环境保护若干问题的决定》(国发〔1996〕31 号,以下简称《决定》)的发布为契机,推动生态补偿实践操作的制度化。《决定》确立了"污染者付费、利用者补偿、开发者保护、破坏者恢复"的生态补偿原则,提出了"建立并完善有偿使用自然资源和恢复生态环境的经济补偿机制"要求,明确了"排污费高于污染治理成本"的生态补偿标准决定原则。国家发展计划委员会、财政部、环境保护总局、经济贸易委员会联合制定和发布了《排污费征收标准管理办法》(2003 年国务院令第 369 号),对排污费的收取范围和标准进行了规范,如污水排污费、废气排污费、固体废物

---

① 陆新元、汪冬青、凌云等:《关于我国生态环境补偿收费政策的构想》,《环境科学研究》 1994 年第 1 期。

② 庄国泰、高鹏、王学军:《中国生态环境补偿费的理论与实践》,《中国环境科学》1995 年第 6 期。

③ 郑阿宝、李荣锦:《建立我省生态公益林补偿机制的初步构想》,《华东森林经理》1996 年第 2 期。

④ 毛显强、钟瑜、张胜:《生态补偿的理论探讨》,《中国人口·资源与环境》2002 年第 4 期。

⑤ 万军、张惠远、王金南、葛察忠、高树婷、饶胜:《中国生态补偿政策评估与框架初探》,《环境科学研究》2005 年第 2 期。

⑥ 陈瑞莲、胡熠:《我国流域区际生态补偿:依据、模式与机制》,《学术研究》2005 年第 9 期。

及危险废物排污费、噪声超标排污费。

（三）2006 年到 2012 年，我国生态补偿的系统研究

从 2006 年 1 月 1 日到 2012 年 12 月 31 日，全国的生态补偿论文 3600 多篇，是前一阶段的 16 倍多。无论是研究的范围、领域和深度，还是实践探索的创新与完善都达到了一个新的高度。主要成果包括四个方面。

1. 制度规范、法律保障与政策完善

国家环境保护总局先后制定了《国家级生态村创建标准（试行）》（环发〔2006〕192 号）和《生态县、生态市、生态省建设指标（修订稿）》（环发〔2007〕195 号），为生态村、生态县、生态市、生态省的建设提供了规范和标准，构架了全国生态建设的标准体系和四级建设层次体系，为生态补偿实践提供了政策指导依据。

2007 年颁布《关于开展生态补偿试点工作的指导意见》（环发〔2007〕130 号），明确生态补偿的原则是"谁开发、谁保护，谁破坏、谁恢复，谁受益、谁补偿，谁污染、谁付费"。确立了"自然保护区生态补偿机制、重要生态功能区生态补偿机制、矿产资源开发的生态补偿机制、流域水环境保护的生态补偿机制"四大优先领域，并要求"要明确生态补偿责任主体，确定生态补偿的对象、范围。环境和自然资源的开发利用者要承担环境外部性成本，履行生态环境恢复责任，赔偿相关损失，支付占用环境容量的费用；生态保护的受益者有责任向生态保护者支付适当的补偿费用"[①]。

2010 年修订的《中华人民共和国水土保持法（修订）》（2010 年主席令第三十九号）规定"国家加强江河源头区、饮用水水源保护区和水源涵养区水土流失的预防和治理工作，多渠道筹集资金，将水土保持生态效益补偿纳入国家建立的生态效益补偿制度"。"开办生产建设项目或者从事其他生产建设活动造成水土流失的，应当进行治理"。在容易发生水土流失的区域"开办生产建设项目或者从事其他生产建设活动，损坏水土保持设施、地貌植被，不能恢复原有水土保持功能的，应当缴纳水土保持补偿费，专项用于水土流失预防和治理"。"水土保持补偿费的收取使用管理办法由国

---

① 《国家环保总局将在四领域开展生态补偿试点》，《环境保护》2007 年第 18 期。

务院财政部门、国务院价格主管部门会同国务院水行政主管部门制定"。"国家鼓励单位和个人按照水土保持规划参与水土流失治理，并在资金、技术、税收等方面予以扶持"。

2011 年财政部颁布《国家重点生态功能区转移支付办法》（财预〔2011〕428 号），确定国家重点生态功能区转移支付的范围是"青海三江源自然保护区、南水北调中线水源地保护区、海南国际旅游岛中部山区生态保护核心区等国家重点生态功能区；《全国主体功能区规划》中限制开发区域（重点生态功能区）和禁止开发区域；生态环境保护较好的省区"，并"对环境保护部制定的《全国生态功能区划》中其他国家生态功能区，给予引导性补助"，这些规定标志着生态补偿走向了政策操作层面。

最具有决定性意义的是《生态补偿条例》被国务院列入立法计划，成立了国家发展改革委、财政部、国土资源部、水利部、环保部、林业局等 11 个部门和单位组成的条例起草小组，开展立法工作，目前已经完成了条例草稿。① 这将对我国生态补偿的理论研究与实践操作起到规范、保障和指导作用，也标志着我国生态补偿走上了法制轨道。

在理论研究上，孔凡斌对"生态公益林、退耕还林工程、流域和矿产资源"四个领域生态补偿的政策内容、实施绩效和存在问题进行了研究，构建了"比较全面的生态补偿政策法律制度体系，设计了区域生态补偿的实施机制和保障机制"②。马爱慧运用条件价值法（CVM）、选择实验法（CE）和意愿调查法对耕地资源生态补偿额进行了定量研究，评估了武汉远城区与中心城区跨区域耕地生态补偿的标准。③ 任勇等人从生态补偿管理体制建设角度探讨了生态补偿（运行）机制与赔偿机制及其完善政策、策略与措施。④ 高小萍从财政制度角度对生态补偿的财政制度理论、国际经验、制度框架等进行了研究。⑤ 林黎从定性和定量双重角度，对我国生态补偿的财政政策和金融政

---

① 贾康、刘薇：《生态补偿财税制度改革与政策建议》，《环境保护》2014 年第 9 期。
② 孔凡斌：《中国生态补偿机制理论、实践与政策设计》，中国环境科学出版社 2010 年版。
③ 马爱慧：《耕地生态补偿及空间效益转移研究》，华中农业大学博士学位论文，2011 年。
④ 任勇、冯东方、俞海等：《中国生态补偿理论与政策框架设计》，中国环境科学出版社 2008 年版。
⑤ 高小萍：《我国生态补偿的财政制度研究》，经济科学出版社 2010 年版。

策措施进行了研究，构建了生态补偿宏观政策体系，提出了我国生态补偿的"强制性政策介入模式"①。张锋从"生态补偿机制法制化的视角"对生态补偿的范畴、实践困境、法律需求、保障机制等问题进行了研究，并以山东省为例进行了实证分析。② 王金南等人汇编了2004年"生态保护与建设的补偿机制与政策国际研讨会"研讨成果。③

2. 区域生态补偿研究

首先是区域生态补偿一般理论研究。区际生态补偿是建立和健全横向生态补偿转移支付机制的核心内容。作为生态补偿框架体系，光有纵向补偿没有横向的区际补偿是不完整的；加上我国行政区划和生态功能区多、生态问题严重等问题，使单一的纵向生态补偿难以承受其支付压力，也难以形成区域自身的生态破坏约束机制和生态保护责任机制。但是，在生态的区域"外部性"（生态效应的跨区输入或溢出）效应和区域经济行政化作用下，区际生态补偿存在利益博弈、责任转嫁和执行难题等一系列问题，因此，破解制度障碍是区际生态补偿走上操作化的关键。王昱等人探讨了区际生态补偿主体、补偿责任和责任承担机制及其相应的实践需求和制度障碍。④ 黄寰在《区际生态补偿论》一书中详细阐明了区际生态补偿的主体、实施路径和制度保障，以及林（牧）区、流域、湿地与近岸海域、矿区、保护区、灾区等区域生态补偿问题。⑤ 闫伟从"区域生态补偿的运行机制、主要领域"等方面研究了区域生态补偿的理论体系。⑥ 金波从生态补偿的主客体、标准和方式等关键问题出发探讨了区域生态补偿机制的构建及其相应的制度环境、组织安排和多样化补偿方式等内容。⑦

其次是大区域生态补偿研究。许多学者以大尺度的区域范畴对其生态补

---

① 林黎：《中国生态补偿宏观政策研究》，西南财经大学出版社2012年版。
② 张锋：《生态补偿法律保障机制研究》，中国环境科学出版社2010年版。
③ 王金南、庄国泰：《生态补偿机制与政策设计》，中国环境科学出版社2006年版。
④ 王昱、丁四保、王荣成：《区域生态补偿的理论与实践需求及其制度障碍》，《中国人口·资源与环境》2010年第7期。
⑤ 黄寰：《区际生态补偿论》，中国人民大学出版社2012年版。
⑥ 闫伟：《区域生态补偿体系研究》，经济科学出版社2008年版。
⑦ 金波：《区域生态补偿机制研究》，中央编译出版社2012年版。

偿问题进行了研究,如西部生态补偿机制研究①②③、生态功能区生态补偿研究④。在具体的大区域生态补偿研究上涉及了自然保护区⑤、流域⑥、湿地⑦、水源地、主体功能区⑧等,分别探讨了区域生态补偿的机制⑨⑩、政策、纳污能力⑪、运作机制⑫、市场机制⑬和补偿标准⑭。

再次是更小的具体区域生态补偿研究。包括库区生态补偿研究,如大伙房水库⑮、崂山水库库区⑯、新丰江水库⑰;地区生态补偿研究,如浙江⑱、青海⑲、苏州⑳、榆林㉑、三峡㉒、甘南藏族自治州㉓、赣江源自然保护区㉔、固

① 陈祖海:《西部生态补偿机制研究》,民族出版社 2008 年版。

② 李长亮:《中国西部生态补偿机制构建研究》,兰州大学博士学位论文,2009 年。

③ 丁任重:《西部资源开发与生态补偿机制研究》,西南财经大学出版社 2009 年版。

④ 燕守广、沈渭寿、邹长新、张慧:《重要生态功能区生态补偿研究》,《中国人口·资源与环境》2010 年第 S1 期。

⑤ 闵庆文、甄霖、杨光梅、张丹:《自然保护区生态补偿机制与政策研究》,《环境保护》2006 年第 19 期。

⑥ 郑海霞、张陆彪:《流域生态服务补偿定量标准研究》,《环境保护》2006 年第 1 期。

⑦ 戴广翠等:《建立湿地生态补偿制度是湿地保护的长效措施》,《中国绿色时报》2012 年 4 月 6 日。

⑧ 陈冰波:《主体功能区生态补偿》,社会科学文献出版社 2009 年版。

⑨ 刘燕:《西部地区生态建设补偿机制及配套政策研究》,科学出版社 2010 年版。

⑩ 李长亮:《西部地区生态补偿机制构建研究》,中国社会科学出版社 2013 年版。

⑪ 谢飞、侯新、李仁宗:《水功能区水域纳污能力及限制排污总量分析》,《水利科技与经济》2012 年第 3 期。

⑫ 葛颜祥、梁丽娟、接玉梅:《水源地生态补偿机制的构建与运作研究》,《农业经济问题》2006 年第 9 期。

⑬ 王燕:《水源地生态补偿机制构建研究:基于市场视角》,《企业活力》2010 年第 9 期。

⑭ 薄玉洁:《水源地生态补偿标准研究》,山东农业大学硕士学位论文,2012 年。

⑮ 隋文义、王坤哲、李茹、刘江:《大伙房水库水源涵养与生态补偿机制的探讨》,《环境保护与循环经济》2009 年第 7 期。

⑯ 周燕、王军、岳思羽:《崂山水库库区生态补偿机制的探讨》,《青岛理工大学学报》2006 年第 3 期。

⑰ 龚建文、周永章、张正栋:《广东新丰江水库饮用水源地生态补偿机制建设探讨》,《热带地理》2010 年第 1 期。

⑱ 马清泉:《生态补偿机制的浙江模式》,《新理财(政府理财)》2011 年第 6 期。

⑲ 赵青娟:《青海生态补偿法律机制探析》,《攀登》2008 年第 6 期。

⑳ 刘贵民:《苏州市水源地保护生态补偿研究》,苏州科技学院硕士学位论文,2010 年。

㉑ 张金东:《榆林能源开发的生态补偿与生态保护对策研究》,西北大学硕士学位论文,2006 年。

㉒ 刘永贵:《三峡生态屏障区生态补偿与可持续发展机制研究》,《人民长江》2010 年第 19 期。

㉓ 戴其文、赵雪雁:《生态补偿机制中若干关键科学问题——以甘南藏族自治州草地生态系统为例》,《地理学报》2010 年第 4 期。

㉔ 朱再昱、陈美球、吕添贵等:《赣江源自然保护区生态补偿机制的探讨》,《价格月刊》2009 年第 11 期。

原市原州区①、壶瓶山②、金磐开发区③、玛曲④、内蒙古锡林郭勒盟⑤、武夷山⑥、张家口市赤城县⑦；矿产开发和农田等资源开发生态补偿研究⑧。

　　四是流域生态补偿研究。如长江⑨、珠江⑩⑪、三江源⑫、南水北调西线工程⑬、中线工程⑭⑮⑯或汉江⑰、敖江⑱、巢湖⑲、赤水河⑳、德清㉑、滇池㉒、东

---

①　孙新章、谢高地、甄霖：《泾河流域退耕还林（草）综合效益与生态补偿趋向——以宁夏回族自治区固原市原州区为例》，《资源科学》2007年第2期。

②　秦中云：《壶瓶山国家级自然保护区生态效益分析与评价》，北京林业大学硕士学位论文，2006年。

③　苗昆、姜妮：《金磐开发区：异地开发生态补偿的尝试》，《环境经济》2008年第8期。

④　贾卓、陈兴鹏、善孝玺：《草地生态系统生态补偿标准和优先度研究——以甘肃省玛曲县为例》，《资源科学》2012年第10期。

⑤　李笑春、曹叶军、刘天明：《草原生态补偿机制核心问题探析——以内蒙古锡林郭勒盟草原生态补偿为例》，《中国草地学报》2011年第6期。

⑥　李坤：《福建武夷山国家级自然保护区生态补偿机制研究》，福建师范大学硕士学位论文，2012年。

⑦　任世丹：《流域生态补偿与地区经济发展——以张家口市赤城县为例》，《资源节约型、环境友好型社会建设与环境资源法的热点问题研究——2006年全国环境资源法学研讨会论文集（三）》，2006年。

⑧　宋蕾：《矿产开发生态补偿理论与计征模式研究》，中国地质大学（北京）博士学位论文，2009年。

⑨　唐文坚、程冬兵：《长江流域水土保持生态补偿机制探讨》，《长江科学院院报》2010年第11期。

⑩　王占洲：《珠江流域公益林生态补偿的困难与对策——以贵州省为例》，《贵阳市委党校学报》2010年第2期。

⑪　陈兆开、施国庆、毛春梅：《珠江流域水环境生态补偿研究》，《科技管理研究》2008年第4期。

⑫　绽小林、马占山、黄生秀等：《三江源区藏民族生态移民及生态环境保护中的生态补偿政策研究》，《攀登》2007年第6期。

⑬　贺志丽：《南水北调西线工程生态补偿机制研究》，西南交通大学硕士学位论文，2008年。

⑭　俞海、任勇：《流域生态补偿机制的关键问题分析——以南水北调中线水源涵养区为例》，《资源科学》2007年第2期。

⑮　李怀恩、史淑娟、党志良等：《南水北调中线工程陕西水源区生态补偿机制研究》，《自然资源学报》2009年第10期。

⑯　白景锋：《跨流域调水水源地生态补偿测算与分配研究——以南水北调中线河南水源区为例》，《经济地理》2010年第4期。

⑰　彭智敏、张斌：《汉江模式：跨流域生态补偿新机制——南水北调中线工程对汉江中下游生态环境影响及生态补偿政策研究》，光明日报出版社2011年版。

⑱　胡军：《敖江流域典型污染行业生态补偿标准初探》，福建师范大学硕士学位论文，2012年。

⑲　江海、李佐品：《巢湖流域生态补偿法律制度框架建设探析——以巢湖成为合肥市"内湖"的新区划为契机》，《科技与法律》2012年第5期。

⑳　黄薇、马赟杰：《赤水河流域生态补偿机制初探》，《长江科学院院报》2011年第12期。

㉑　周兆木、周立峰：《德清生态补偿带来山清水秀》，《中国环境报》2007年12月7日。

㉒　范弢：《滇池流域水生态补偿机制及政策建议研究》，《生态经济》2010年第1期。

江源①、洱海②、汾河③④、赣江⑤、海河⑥、黑河⑦、红枫湖⑧、淮河⑨、金华江⑩、金沙江⑪、京津冀北流域⑫、泾河⑬、漓江⑭、辽河⑮、纳版河⑯、南四湖⑰、鄱阳湖⑱、钱塘江⑲⑳、青海湖㉑、青衣江㉒、石马河㉓、松花湖㉔、松花

① 方红亚、刘足根：《东江源生态补偿机制初探》，《江西社会科学》2007 年第 10 期。

② 倪喜云、尚榆民：《云南大理洱海流域农业面源污染防治和生态补偿实践》，《农业环境与发展》2011 年第 4 期。

③ 刘淑清、王尚义：《汾河流域生态补偿机制及配套政策研究》，《经济问题》2012 年第 10 期。

④ 韩东娥：《完善流域生态补偿机制与推进汾河流域绿色转型》，《经济问题》2008 年第 1 期。

⑤ 徐丽媛：《试论赣江流域生态补偿机制的建立》，《江西社会科学》2011 年第 10 期。

⑥ 卢艳、王燕鹏、蒙志良等：《流域生态补偿标准研究——以河南省海河流域为例》，《信阳师范学院学报（自然科学版）》2011 年第 2 期。

⑦ 金蓉、石培基、王雪平：《黑河流域生态补偿机制及效益评估研究》，《人民黄河》2005 年第 7 期。

⑧ 王家齐、郑宾国、刘群等：《红枫湖流域生态补偿断面水质监测与补偿额测算》，《环境化学》2012 年第 6 期。

⑨ 乔治、孙希华、单玉秀：《区域水土保持生态补偿定量计算方法探究——以淮河流域土石山区为例》，《中国水土保持》2009 年第 12 期。

⑩ 郑海霞、张陆彪、封志明：《金华江流域生态服务补偿机制及其政策建议》，《资源科学》2006 年第 5 期。

⑪ 李晓冰：《关于建立我国金沙江流域生态补偿机制的思考》，《云南财经大学学报》2009 年第 2 期。

⑫ 刘桂环、张惠远、万军：《京津冀北流域生态补偿机制初探》，《中国人口·资源与环境》2006 年第 4 期。

⑬ 孙新章、谢高地、甄霖：《泾河流域退耕还林（草）综合效益与生态补偿趋向——以宁夏回族自治区固原市原州区为例》，《资源科学》2007 年第 2 期。

⑭ 李新平：《漓江流域生态保护现状及建立生态补偿机制探讨》，《河北农业科学》2009 年第 7 期。

⑮ 范志刚：《辽河流域生态补偿标准的测算与分配模式研究》，大连理工大学硕士学位论文，2011 年。

⑯ 卢星星：《纳版河流域国家自然保护区生态补偿框架研究》，昆明理工大学硕士学位论文，2010 年。

⑰ 于术桐、黄贤金、程绪水：《南四湖流域水生态保护与修复生态补偿机制研究》，《中国水利》2011 年第 5 期。

⑱ 郭跃：《鄱阳湖湿地生态补偿研究：标准与计算》，《林业经济》2012 年第 7 期。

⑲ 王飞儿、徐向阳、方志发等：《基于 COD 通量的钱塘江流域水污染生态补偿量化研究》，《长江流域资源与环境》2009 年第 3 期。

⑳ 董秀金、王飞儿、王小骊：《钱塘江流域水环境生态补偿配套机制探讨》，《浙江农业学报》2008 年第 4 期。

㉑ 韩艳莉、陈克龙、朵海瑞等：《青海湖流域生态补偿标准研究》，《生态科学》2009 年第 5 期。

㉒ 何勇、陈秀兰、李镜等：《青衣江流域生态补偿政策博弈分析》，《生态系统服务评价与补偿国际研讨会论文集》，2008 年。

㉓ 董学峰：《企业保护石马河有望获生态补偿》，《东莞日报》2010 年 6 月 7 日。

㉔ 孙小涵：《松花湖流域生态补偿研究》，吉林大学硕士学位论文，2009 年。

江①、苏子河②、塔里木河③、天目湖④、渭河⑤、湘江⑥、新安江⑦等，以及其他一些未能述及的区域生态补偿研究，极大地丰富了区域生态补偿的研究内容。

五是区域生态补偿实践研究。生态补偿研究本身源自于生态环境问题及其补偿实践，实践应用性或操作性是其研究的显明特色，或是现状调查、或是实践经验总结，或是机制构建，或是对策建议，或是区域生态补偿等，都带有实践性特色。中国 21 世纪议程管理中心可持续发展战略研究组"从生态补偿与生态服务功能价值化的角度入手，对中国生态补偿的实践以及国际经验进行了系统研究"⑧，万本太从"主体功能区、重要区域、重点区域、生态补偿的公共财政政策设计"等领域对国际国内生态补偿实践案例及其典型模式进行了研究⑨。其他的如壶瓶山生态补偿调查⑩，金磐开发区异地开发生态补偿模式讨论⑪，对崂山水库饮用水源保护区⑫、德清⑬、钱塘江流域⑭、闽江和九龙江⑮等区域生态补偿机制的研究，以及对漈水河生态补偿实践⑯的关注

---

① 陈震冰：《松花江流域水资源可持续利用的经济分析》，东北林业大学硕士学位论文，2008 年。

② 武立强、何俊仕：《苏子河流域生态补偿研究》，《中国农村水利水电》2008 年第 9 期。

③ 艾尔肯·艾白不拉等：《生态补偿制度在塔里木河流域生态保护中的意义探析》，《农业与技术》2012 年第 1 期。

④ 张落成、李青、武清华：《天目湖流域生态补偿标准核算探讨》，《自然资源学报》2011 年第 3 期。

⑤ 徐塑：《渭河流域生态补偿政策法规研究》，西北农林科技大学硕士学位论文，2011 年。

⑥ 吕志贤、李佳喜：《构建湘江流域生态补偿机制的探讨》，《中国人口·资源与环境》2011 年第 S1 期。

⑦ 刘玉龙、阮本清、张春玲等：《从生态补偿到流域生态共建共享——兼以新安江流域为例的机制探讨》，《中国水利》2006 年第 10 期。

⑧ 中国 21 世纪议程管理中心可持续发展战略研究组：《生态补偿：国际经验与中国实践》，社会科学文献出版社 2007 年版。

⑨ 万本太、邹首民：《走向实践的生态补偿》，中国环境科学出版社 2010 年版。

⑩ 戴广翠、张蕾、李志勇等：《壶瓶山自然保护区生态补偿标准的调查研究》，《湖南林业科技》2012 年第 4 期。

⑪ 刘礼军：《异地开发——生态补偿新机制》，《水利发展研究》2006 年第 7 期。

⑫ 张洁：《崂山水库饮用水源保护区生态补偿机制实践研究》，山东师范大学硕士学位论文，2010 年。

⑬ 姬慧：《生态补偿机制的德清实践》，《今日浙江》2010 年第 19 期。

⑭ 刘晓红、虞锡君：《钱塘江流域水生态补偿机制的实证研究》，《生态经济》2009 年第 9 期。

⑮ 黄东风、李卫华、范平：《闽江、九龙江等流域生态补偿机制的建立与实践》，《农业环境科学学报》2010 年第 S1 期。

⑯ 文慧：《漈水河流域将首试"生态补偿"》，《湖北日报》2009 年 9 月 2 日。

等，使生态补偿问题研究的视角更加倾向于实践。

六是区域生态或环境事件补偿研究。生态或环境破坏、污染事故、自
然灾害、各类生态移民等生态补偿问题的研究快速发展。主要包括生态移
民①及其补偿标准研究②③、环境或自然灾害生态补偿研究④⑤等，特别是三
峡⑥、三江源⑦和陕南移民⑧⑨实践和理论的系统研究。以 2005 年中国石油吉
林石化公司苯类物质污染松花江，以及 2011 年中国海洋石油公司（简称
"中海油"）和美国康菲石油中国有限公司（简称"康菲中国"）合作开发的
蓬莱 19 - 3 油田发生溢油事件为发端，对生态或环境污染事件造成损失的生
态补偿进行了法律、政策和机制探讨，如闫海从松花江水污染事件角度对其
生态补偿的法律制度进行了研究⑩，张婷琦从防治水污染的法律角度进行了研
究⑪，李琦和朱泉从财政政策支持的角度进行了研究⑫。从溢油事件出发对海
洋生态损害的法律⑬、赔偿⑭、责任主体⑮、索赔机制⑯和救济机制⑰等进行了
探讨。

────────────────

① 梁福庆：《中国生态移民研究》，《三峡大学学报（人文社会科学版）》2011 年第 4 期。
② 井美娟：《区域生态移民补偿标准研究》，山西大学硕士学位论文，2012 年。
③ 邱婧、涂建军、王素芳：《自然保护区生态移民补偿标准探讨：以重庆缙云山自然保护区为
例》，《贵州农业科学》2009 年第 5 期。
④ 曾咏梅、吴声瑛、孙步忠：《环境灾难的历史考察与长江中下游横向生态补偿机制构建：一个
综述》，《生态经济》2010 年第 8 期。
⑤ 黄寰：《生态修复中的价值标尺与机制创新——汶川地震灾区生态价值补偿》，《西南民族大
学学报（人文社科版）》2009 年第 3 期。
⑥ 谭国太：《三峡库区生态移民的理论与实践》，《重庆行政（公共论坛）》2010 年第 2 期。
⑦ 尕丹才让：《三江源区生态移民研究》，陕西师范大学博士学位论文，2013 年。
⑧ 张国栋、谭静池、李玲：《移民搬迁调查分析——基于陕南移民搬迁调查报告》，《调研世界》
2013 年第 10 期。
⑨ 王彦青：《关于陕南三市移民搬迁的政策建议》，《陕西发展和改革》2011 年第 3 期。
⑩ 闫海：《松花江水污染事件与流域生态补偿的制度构建》，《河海大学学报（哲学社会科学
版）》2007 年第 1 期。
⑪ 张婷琦：《松花江流域水污染防治法律问题研究》，东北林业大学硕士学位论文，2011 年。
⑫ 李琦、朱泉：《松花江流域水污染防治的财政政策研究》，《中国财政》2008 年第 13 期。
⑬ 刘丹、夏霁：《渤海溢油事故海洋生态损害赔偿法律问题研究》，《河北法学》2012 年第 4 期。
⑭ 刘丹：《渤海溢油事故海洋生态损害赔偿研究——以墨西哥湾溢油自然资源损害赔偿为鉴》，
《行政与法》2012 年第 3 期。
⑮ 时奇文：《从渤海溢油案看我国海洋环境保护法律责任制度的完善》，山东大学硕士学位论
文，2012 年。
⑯ 任娜：《海洋生态损害的赔偿责任及索赔机制探析》，广西师范大学硕士学位论文，2012 年。
⑰ 侯轶凡：《海洋溢油污染救济机制研究》，浙江大学硕士学位论文，2012 年。

3. 生态补偿的实践探索

从总体而言，生态补偿的实践操作及其经验总结远比单纯的理论研究要早、要丰富得多。应该说，几乎所有的生态补偿问题研究都带有实践的特色——实践的理论总结，或者理论构建后的实证分析。除此之外还有部分研究成果专门对生态补偿的实践问题进行了研究，一是中国生态补偿实践的战略或宏观机制构架。如《中国生态补偿的实践及其政策取向》考察了中国生态补偿实践从 1983 年起始到 20 世纪 90 年代以来快速发展的两个阶段，总结了生态补偿实践中存在的"范围窄""融资渠道单一""标准不合理"和"缺乏制度支撑"等问题，并提出了相应的政策建议。① 任勇等人探讨了我国"生态补偿的战略定位、优先领域、法律和政策依据、补偿标准、政策手段、管理体制、责任赔偿机制"等问题。② 俞海等人把生态补偿问题分为全球尺度、国家尺度和地区尺度三个层次，并对各个层次的政策边界进行了分析，提出了政策路径选择。③ 孔凡斌在总结生态补偿国际前沿研究成果和观点的基础上，提出了完善我国生态补偿机制的原则、主要领域和实践模式。④

二是各领域生态补偿实践研究，主要包括流域生态补偿标准与策略研究⑤⑥；森林生态补偿运行方式⑦、实践绩效评价与国际经验借鉴研究⑧；土地生态补偿类型与实践路径研究⑨；草地生态补偿实践机制研究⑩；能源开发生

---

① 孙新章、谢高地、张其仔等：《中国生态补偿的实践及其政策取向》，《资源科学》2006 年第 4 期。

② 任勇、俞海、冯东方等：《建立生态补偿机制的战略与政策框架》，《环境保护》2006 年第 10A 期。

③ 俞海、任勇：《中国生态补偿：概念、问题类型与政策路径选择》，《中国软科学》2008 年第 6 期。

④ 孔凡斌：《生态补偿机制国际研究进展及中国政策选择》，《中国地质大学学报（社会科学版）》2010 年第 2 期。

⑤ 王让会、薛英、宁虎森等：《基于生态风险评价的流域生态补偿策略》，《干旱区资源与环境》2010 年第 8 期。

⑥ 张乐勤、许信旺、曹先河等：《小流域生态补偿标准实证研究》，《科技进步与对策》2011 年第 10 期。

⑦ 刘灵芝、刘冬古、郭媛媛：《森林生态补偿方式运行实践探讨》，《林业经济问题》2011 年第 4 期。

⑧ 吴水荣、顾亚丽：《国际森林生态补偿实践及其效果评价》，《世界林业研究》2009 年第 4 期。

⑨ 黄贤金：《土地生态补偿：模式类型、价值基础与实现路径》，《新观点新学说学术沙龙文集18：土地生态学——生态文明的机遇与挑战》2008 年 4 月 26 日。

⑩ 刘兴元、尚占环、龙瑞军：《草地生态补偿机制与补偿方案探讨》，《草地学报》2010 年第 1 期。

态补偿测度研究[①]等。

2001 年 1 月 24 日，浙江省东阳市与义乌市签订了一次性 2 亿元购买 5000
万立方米/年横锦水库部分用水权的协议，成为我国首例水权交易生态补偿实
践案例。[②] 2012 年陕西省拿出 600 万元补偿给渭河上游甘肃省的天水和定西两
市，开创了全国首例省际生态补偿实践。[③] 随着生态问题的扩大、人们认识的
提高，生态补偿将会在实践上进一步规范和扩大。

（四）2012 年以来，以生态文明建设为主的研究

2012 年以来，人们在深入研究生态补偿实践问题的同时，也转换研究视
角，由生态补偿理论与实践的系统研究转向了生态文明建设研究。

1. 生态补偿的深化研究

一是国家政策的导引。国家环境保护部在 2013 年下发的《关于印发〈全
国生态保护"十二五"规划〉的通知》中提出要"探索建立区域生态补偿机
制"。同时，与国家发展改革委、财政部联合下发的《关于加强国家重点生态
功能区环境保护和管理的意见》，提出要"健全生态补偿机制"、建立"生态
补偿长效机制"，加大中央财政转移支付补偿力度，建立"地区间横向援助机
制，生态环境受益地区要采取资金补助、定向援助、对口支援等多种形式，
对相应的重点生态功能区进行补偿"。国家发展改革委在《西部地区重点生态
区综合治理规划纲要（2012—2020 年)》中，确立了西北草原荒漠化防治区、
黄土高原水土保持区、青藏高原江河水源涵养区、西南石漠化防治区四类重
点生态区划。[④] 从而使国家层面的生态建设目标、生态补偿机制和政策更加清
晰、明确和可行。

《国务院办公厅关于健全生态保护补偿机制的意见（国办发〔2016〕31

---

① 薛晓娇、李新春：《中国能源生态足迹与能源生态补偿的测度》，《技术经济与管理研究》
2011 年第 1 期。

② 浙江省水利厅：《关于东阳市向义乌市转让横锦水库部分用水权的调查报告》，《水利规划与
设计》2001 年第 2 期。

③ 李艳、徐刚：《全国首例省际生态补偿在天水完成交接——陕西拿出 600 万元补偿渭河上游甘
肃两市》，《陕西日报》2012 年 1 月 1 日。

④ 赵锋：《西部重点生态区综合治理规划纲要出笼，生态补偿成难题》，《中国经营报》2013 年
5 月 6 日。

号）》指出：当前存在"生态保护补偿的范围仍然偏小、标准偏低，保护者和受益者良性互动的体制机制尚不完善"等问题，影响了生态环境保护措施行动的成效。因此，应"实现森林、草原、湿地、荒漠、海洋、水流、耕地等重点领域和禁止开发区域、重点生态功能区等重要区域生态保护补偿全覆盖"，建立"稳定投入机制、完善重点生态区域补偿机制、推进横向生态保护补偿、健全配套制度体系、创新政策协同机制、结合生态保护补偿推进精准脱贫、加快推进法制建设"的生态补偿体制机制创新。

二是深化区域、区际和各领域生态补偿研究。杨晓萌提出中国生态补偿机制存在财政考量，并探讨了财政保障路径①；刘桂环等人对山西省生态补偿的法律、法规、制度等政策进行了汇编②，吴明红等人分析了省域生态补偿标准③和补偿标准确定方法④。陈思涵等人探讨了西部地区生态补偿机制中存在的"利益主体模糊、市场机制空位"等问题，建议引入市场机制，建立跨区域生态补偿的市场机制。⑤ 张君等人分析了跨流域调水生态补偿标准决定问题。⑥ 张吉等人分析了流域生态补偿额度测算方法⑦、设计了我国生态补偿的实施机制⑧、研究了森林生态补偿的筹资方式⑨、草地生态补偿标准⑩和成本分担⑪等问题。

三是生态补偿实践及其效率效果研究。赵雪雁从生态补偿基线、生态

---

① 杨晓萌：《生态补偿机制的财政视角研究》，东北财经大学出版社 2013 年版。

② 刘桂环、陆军、王夏晖：《中国生态补偿政策概览》，中国环境科学出版社 2013 年版。

③ 吴明红：《中国省域生态补偿标准研究》，《学术交流》2013 年第 12 期。

④ 吴明红、严耕：《中国省域生态补偿标准确定方法探析》，《理论探讨》2013 年第 2 期。

⑤ 陈思涵、武沐、刘嘉尧：《西部地区生态补偿机制的缺失及其重建模式研究——以跨区域补偿与生态效益市场化为例》，《青海民族研究》2013 年第 1 期。

⑥ 张君、张中旺、李长安：《跨流域调水核心水源区生态补偿标准研究》，《南水北调与水利科技》2013 年第 6 期。

⑦ 张吉、杨金霞、陈旭等：《流域水资源生态补偿额度测算方法研究》，《2013 中国环境科学学会学术年会论文集（第三卷）》，2013 年。

⑧ 付意成、张春玲、阮本清等：《生态补偿实现机理探讨》，《中国农学通报》2012 年第 32 期。

⑨ 张冠坤、侯黎明、朱宁：《森林生态效益补偿筹资方式研究综述》，《现代商业》2012 年第 6 期。

⑩ 王学恭、白洁、赵世明：《草地生态补偿标准的空间尺度效应研究——以草原生态保护补助奖励机制为例》，《资源开发与市场》2012 年第 12 期。

⑪ 王娟娟：《草地生态补偿成本分摊的博弈分析——以甘南牧区为例》，《西北民族大学学报（哲学社会科学版）》2012 年第 3 期。

补偿对象空间定位、真实机会成本估算、交易成本降低等角度提出了生态补偿效率评价的关键节点。[①] 李国平等人分析了重点生态功能区生态补偿效果。[②] 孟浩从农户认知和社会效益的角度分析了水源地生态补偿的政策效果。[③] 探讨了浙江省[④]、石羊河流域[⑤]和新乡市[⑥]等区域生态补偿的实施效果。娜日苏分析了草原生态补偿政策效果[⑦]，曹洪华等人分析了生态补偿政策稳定策略[⑧]。

国家发展改革委徐绍史主任在第十二届全国人民代表大会常务委员会第二次会议（2013 年 4 月 23 日）上作了《国务院关于生态补偿机制建设工作情况的报告》[⑨]，指出我国在"综合考虑生态保护成本、发展机会成本和生态服务价值的基础上，采取财政转移支付或市场交易等方式，对生态保护者给予合理补偿"。在"森林、草原、湿地、流域和水资源、矿产资源开发、海洋以及重点生态功能区等领域"积极探索，取得了显著成效。建立了中央森林生态效益补偿基金制度、草原生态补偿制度、水资源和水土保持生态补偿机制、矿山环境治理和生态恢复责任制度、重点生态功能区转移支付制度，形成了生态补偿制度的基本框架。中央生态补偿资金"从 2001 年的 23 亿元增加到 2012 年的约 780 亿元"。各地也在相应领域投入了大量的生态补偿资金，注入了鲜活的生态保护力量。

---

① 赵雪雁：《生态补偿效率研究综述》，《生态学报》2012 年第 6 期。

② 李国平、李潇、汪海洲：《国家重点生态功能区转移支付的生态补偿效果分析》，《当代经济科学》2013 年第 5 期。

③ 孟浩：《基于农户认知的水源地生态补偿政策社会效益评估及其影响因素研究》，上海师范大学硕士学位论文，2013 年。

④ 谭映宇、刘瑜、马恒等：《浙江省生态补偿的实践与效益评价研究》，《环境科学与管理》2012 年第 5 期。

⑤ 李佳：《石羊河流域生态补偿效果评价与分析》，兰州大学硕士学位论文，2012 年。

⑥ 程保玲、李迎春、杨晖等：《新乡市水环境生态补偿机制及其实施效果初探》，《黑龙江环境通报》2012 年第 3 期。

⑦ 娜日苏：《牧民视角下的草原生态奖补政策实施的效果影响分析》，内蒙古大学硕士学位论文，2013 年。

⑧ 曹洪华、景鹏、王荣成：《生态补偿过程动态演化机制及其稳定策略研究》，《自然资源学报》2013 年第 9 期。

⑨ 徐绍史：《国务院关于生态补偿机制建设工作情况的报告》，见 www.npc.gov.cn，2013 年 4 月 26 日。

2. 生态文明建设研究

生态文明概念的最早提出者是生态学家叶谦吉先生，1987 年 6 月的全国生态农业研讨会上，叶先生呼吁要"大力提倡生态文明建设"，建立一个"既获利于自然，又还利于自然，在改造自然的同时又保护自然，人与自然之间保持着和谐统一的关系"①。党的十七大把"生态文明建设"写入党的报告，引发了人们的深入研究，主要集中在生态文明建设主体的探讨上。党的十八大把生态文明建设纳入社会主义现代化建设的总体布局，并从国土规划、资源节约、环境保护、制度建设四个方面明确了建设内容。相应地，学术界也展开了进一步研究，除了学科层面的探讨外，逐步转向制度建设研究，主要包括生态文明制度建设的意义、内容、效能、对策等研究。生态文明制度建设的意义在于提高生态文明软实力、产生制度红利和为生态文明提供制度保障等三个方面②；生态文明制度建设的内容可分解为"生态文明评价及奖惩制度、国土空间开发保护制度、耕地保护制度、水资源管理制度、环境保护制度、资源有偿使用制度、生态补偿制度、生态环境保护责任追究制度、环境损害赔偿制度和生态文明宣传教育制度"十个方面③，也可以概括为"单一生态文明制度和制度体系建设"④；生态文明制度建设的效能主要包括经济效能、社会效能和文化效能⑤；生态文明制度建设的对策应从政治意识、经济机制、法律保障和公众参与等方面⑥，或是从建立制度框架体系、完善制度建设机制和营造制度建设社会氛围等方面⑦，抑或借鉴国外社会生态制度建设经验，从健全生态环保市场机制、强化生态保护法律保障、优化政府生态行政行为和推进全体公民生态参与等⑧方面入手。廖福霖等著《生态文明学》从学科建设的高度出发，对生态文明学的基本理论、生态文明的发展基础、生

① 于法稳：《叶谦吉的生态文明建设》，《中国社会科学报》2012 年 8 月 13 日。
② 夏光：《制度建设是生态文明的软实力》，《人民日报》2013 年 1 月 5 日。
③ 张劲松：《生态文明十大制度建设论》，《行政论坛》2013 年第 2 期。
④ 沈满洪：《生态文明建设与区域经济协调发展战略研究》，科学出版社 2012 年版。
⑤ 孙洪坤、韩露：《生态文明建设的制度体系》，《环境保护与循环经济》2013 年第 1 期。
⑥ 严耕：《中国省域生态文明建设评价报告（ECI 2012）》，社会科学文献出版社 2012 年版。
⑦ 胡守勇：《关于加强生态文明制度建设的 14 条建议》，《重庆社会科学》2012 年第 12 期。
⑧ 孙芬：《生态文明视阈下中国生态制度建设的路径选择》，《阅江学刊》2012 年第 5 期。

态文明的传承，进行了系统和全面的阐述①。成金华教授主持的国家社科基金重大项目"我国资源环境问题的区域差异和生态文明指标体系研究"对生态文明评价指标体系构建进行了深刻研究。②

二、国内生态补偿一般理论研究现状

国内学者对生态补偿的研究取得了丰硕成果，主要包括生态补偿对象的选择、生态补偿标准的确定、生态补偿方式的设计、生态补偿法律的建构、生态补偿的财政政策、生态补偿的评价、生态补偿的影响及其相关关系研究。也有学者从不同的角度对生态补偿的研究进展进行了梳理和总结，包括对生态补偿机制建设的思考、生态补偿的研究框架分析、生态补偿研究内容的概括、生态补偿运行机制的总结、生态补偿概念和问题的梳理、生态补偿实践的回顾③，等等。从一般理论上讲，主要探讨了生态补偿的主客体、类型、标准、方式、效益等内容；从领域上来看，结合生态补偿实践，对水资源及流域生态保护、森林资源、矿产资源、湿地保护、退耕还林还草、自然保护区等领域的生态补偿进行了研究。

（一）生态补偿主体与客体研究

生态补偿首先必须要解决谁补偿谁的问题，这就是生态补偿的主客体。本课题组较早地讨论过该问题。④ 籍婧等人从政治生态学角度，"分析了生态补偿机制运行对各相关利益主体的影响与作用"⑤。王清军从生态补偿主体的体系性出发，提出了生态补偿主体的构建要坚持抽象性和具体性的统一、责权利相统一，其"建构过程是生态利益相关者不断博弈与合作的过程"⑥。彭喜阳认为，生态补偿的要件是"补偿关系主体（即补偿运作主体）和补偿关

---

① 廖福霖：《生态文明学》，中国林业出版社 2012 年版。

② 成金华、冯银：《我国环境问题区域差异的生态文明评价指标体系设计》，《新疆师范大学学报（哲学社会科学版）》2014 年第 1 期。

③ 戴其文：《中国生态补偿研究的现状分析与展望》，《中国农学通报》2014 年第 2 期。

④ 胡仪元：《西部生态经济开发的利益补偿机制》，《社会科学辑刊》2005 年第 2 期。

⑤ 籍婧、崔寒、罗琦：《生态补偿机制及其对相关利益主体的影响》，《环境保护科学》2006 年第 5 期。

⑥ 王清军：《生态补偿主体的法律建构》，《中国人口·资源与环境》2009 年第 1 期。

系客体""补偿关系主体包括补偿主体和补偿对象双方。补偿主体包括支付主体和责任主体，生态补偿对象也分为直接补偿对象和基本补偿对象。……补偿关系客体包括补偿客体和各种形式的一定数量的补偿支付，其中补偿客体是补偿支付数额的计算依据"①。毛涛从法律关系的角度把流域生态补偿主体区分为广义和狭义两种，广义的生态补偿主体包括支付主体和接受主体，而狭义的则仅仅指支付主体。从狭义的角度看生态补偿支付主体包括三类："所有者补偿主体、受益者补偿主体和损害者补偿主体"②。杨丽韫等人把生态补偿主体界定为"生态服务的受益者"，客体界定为"生态服务的提供者"，因此生态补偿客体有生态保护的贡献者、生态破坏的受损者、生态治理过程中的受害者和减少生态破坏者四类，而其主体则主要是各级政府。③ 刘春江等人认为，"政府、企业、群体等不同经济主体围绕发展权和环境权的双重主张而展开的利益博弈成为生态补偿主体关系的本质特征"，并把生态补偿对象区分为三个方面：直接参与生态建设并产生正外部效益或在生态建设中受损的政府和个人、生态系统自身、有重大环境价值的区域或生态系统要素。④ 张建等人从"环境行为的性质、产权及环境权利义务"三个考量要素出发考察了生态补偿主体的确定，并把生态补偿主体确定为"不承担提供公共环境服务义务的社会主体"、产权明晰条件下能够带来环境增益的提供者与接受者是"直接主体"、产权关系不明晰条件下的国家是"恒定主体"。⑤ 于富昌对水源地生态补偿主体的界定进行了考察，以"破坏者付费、使用者付费、受益者付费、保护者（减少破坏者）得到补偿"原则为依据，将生态补偿主体区分为补偿者和被补偿者，其中补偿者又分为"生产用水户、经营用水户、生态用水户"；被补偿者分为"生态建设者和减少生态破坏者"两类，前者又可以

---

　　① 彭喜阳：《生态补偿关系主客体界定研究》，《企业家天地下半月刊（理论版）》2009 年第 7 期。

　　② 毛涛：《流域生态补偿主体的法律分析》，《人民黄河》2009 年第 9 期。

　　③ 杨丽韫、甄霖、吴松涛：《我国生态补偿主客体界定与标准核算方法分析》，《生态经济》2010 年第 5 期。

　　④ 刘春江、薛惠锋：《生态补偿机制要素、系统结构与概念模型的研究》，《环境污染与防治》2010 年第 8 期。

　　⑤ 张建、夏凤英：《论生态补偿法律关系的主体：理论与实证》，《青海社会科学》2012 年第 4 期。

"细分为个体生态建设者和团体组织生态建设者"，后者可以"细分为第一产业减少生态破坏者、第二产业减少生态破坏者、第三产业减少生态破坏者"①。在此基础上进行了主体之间的博弈分析，"研究发现，在无政府干预的条件下，补偿主体最终难以达成补偿协议；在政府的干预下，通过干预因子的合理选择，补偿主体最终能够形成水源地保护、下游补偿的混合纳什均衡"②。也就是说，水源地生态补偿在自由博弈下是无法达成协议的，必须要有政府的参与或干预。胡小飞等人构建了"自然保护区生态补偿利益相关主体的演化博弈模型"，对生态补偿相关利益主体之间的动态博弈进行了分析。③ 成红从法律关系的角度把流域生态补偿法律关系主体区分为抑损性流域生态补偿法律关系主体和增益性流域生态补偿法律关系主体，前者包括"政府（流域生态补偿费的征收主体）和受益者（流域资源的开发利用者）"，后者包括"政府（流域生态补偿的实施主体）和贡献者（为流域生态恢复与改善作出贡献的公民、法人或其他组织）"④。

本书认为，无论是从法律关系角度，还是从给付关系角度，生态补偿主客体的确定都必须在"破坏者付费、使用者付费、受益者付费、保护者（减少破坏者）得到补偿"的原则下进行，主体就是生态补偿相关利益者，客体就是其所指向的对象，在实物补偿下这个对象是自然（生态）本身，在价值补偿下这个对象就是生态补偿的接受者。

（二）生态补偿类型研究

生态补偿类型就是对生态补偿的分类，也就是具有共同特征的生态补偿类别。沈满洪与陆著从补偿对象角度把生态补偿区分为生态保护的"贡献者补偿、受损者补偿、减少破坏者补偿"三类；从条块角度分为"上下游间的补偿和部门之间的补偿"两类；从政府介入程度角度分为"政府强干预补偿

---

① 于富昌：《水源地生态补偿主体界定及其博弈分析》，山东农业大学硕士学位论文，2013 年。
② 于富昌、葛颜祥、李伟长：《水源地生态补偿各主体博弈及其行为选择》，《山东农业大学学报（社会科学版）》2013 年第 2 期。
③ 胡小飞、傅春：《自然保护区生态补偿利益主体的演化博弈分析》，《理论月刊》2013 年第 9 期。
④ 成红、孙良琪：《论流域生态补偿法律关系主体》，《河海大学学报（哲学社会科学版）》2014 年第 1 期。

和政府弱干预补偿"两类;从补偿效果角度分为"输血型补偿和造血型补偿"两类。① 中国环境规划院"按照实施主体的不同,将生态补偿划分为国家补偿、资源型利益相关者补偿、自力补偿和社会补偿;从政策选择的角度,将生态补偿分为西部补偿、生态功能区补偿、流域补偿、要素补偿等"。并在国际补偿与国内补偿两个大范围内进一步区分为"草地补偿、湿地补偿、自然保护区补偿、海洋补偿、农业补偿、生态功能区补偿"等。② 中国生态补偿机制与政策研究课题组从宏观角度把生态补偿分为国际生态补偿与国内生态补偿,其中,国际生态补偿又分为全球性、区域性和国家间补偿三种;国内生态补偿又分为"流域补偿、生态系统服务补偿、重要生态功能区补偿和资源开发补偿"四类。③ 俞海与任勇从地理和生态要素尺度、公共物品属性两个标准出发对生态补偿进行了分类,以前一个标准可分为国际补偿与国内补偿两类,"国际生态补偿可分为全球森林和生物多样性保护、污染转移和跨界水体等引发的生态补偿;国内生态补偿包括重要生态功能区生态补偿、流域生态补偿及生态要素补偿";以后一个标准可分为"纯粹公共物品的生态补偿、共同资源的生态补偿、俱乐部产品的生态补偿及准私人产品的生态补偿"四类。④ 朱丹果根据生态补偿问题的性质分为"区域生态补偿、重要生态功能区生态补偿、流域生态补偿、生态要素补偿"⑤ 四类。王芃从补偿对象角度将生态补偿区分为对物的生态补偿和对人的生态补偿,其中,对物的生态补偿还可以进一步区分为农村补偿、江河湖区补偿、森林补偿。⑥ 江秀娟从自然资源要素角度将生态补偿区分为"森林补偿、草原补偿、海洋补偿、湿地补偿、农业补偿及水资源补偿";从生态区域要素角度区分为"生态调节功能区补偿、产品提供功能区补偿、人居保障功能区补偿";从运行机制角度区分为

---

① 沈满洪、陆菁:《论生态保护补偿机制》,《浙江学刊》2004 年第 4 期。

② 中国环境保护部环境规划院:《中国生态补偿机制与政策方案研究》,见 http://www.china.com.cn/tech/zhuanti/wyh/2008 - 01/11/content_ 9518546. htm, 2005 年。

③ 中国生态补偿机制与政策研究课题组:《中国生态补偿机制与政策研究》,科学出版社 2007年版。

④ 俞海、任勇:《中国生态补偿:概念、问题类型与政策路径选择》,《中国软科学》2008 年第6 期。

⑤ 朱丹果:《生态补偿法律机制研究》,西安建筑科技大学硕士学位论文,2008 年。

⑥ 王芃:《论我国生态补偿制度的完善》,郑州大学硕士学位论文,2006 年。

"行政补偿与市场补偿";从被补偿者角度区分为"货币补偿、实物补偿、政策补偿、智力补偿"。[①] 毛锋等人从"生态系统自组织与反馈、恢复机制"的角度将生态补偿区分为零补偿、保育补偿和重构补偿,这三种生态补偿分别对应的是生态系统的可恢复态、新平衡态和崩溃状态。[②]

研究者还从各个具体领域对生态补偿的类型进行了区分。水土保持生态补偿机制研究课题组根据水土流失发生发展特点、形态、相关群体利益关系和防治对策的不同,将水土保持生态补偿区分为三大类:预防保护类、生产建设类和治理类。[③] 连娉婷等人将海洋生态补偿分为"一般性海洋生态损害补偿和事故性海洋生态损害补偿"两类。[④] 黄贤金对土地生态补偿的模式类型进行了考察。[⑤]

之所以对生态补偿进行分类,目的是为了根据生态补偿的某些共同属性区分成不同的类别,以便于进行管理和研究,因此,本书从区域和领域的角度把生态补偿区分为国际补偿和国内补偿,国际补偿是国家之间的生态补偿,是一种跨国生态补偿,其原因是基于生态资源的共同使用或跨国转移,如跨国界的流域,跨国拥有的森林、湖泊、海域,以及污染物的跨国转移,大气污染等;国内生态补偿主要包括森林补偿、流域海域补偿、矿产资源补偿、草地湿地土地补偿、生态功能区(含自然保护区)补偿、区际补偿等类型。

(三)生态补偿方式研究

生态补偿方式就是生态补偿所采取的形式与方法,是生态补偿主体达到生态补偿客体的各种手段与工具的组合状态。杜万平把生态补偿方式区分为货币补偿、实物补偿、人力补偿和技术补偿四种方式,提出应以货币补偿方

---

① 江秀娟:《生态补偿类型与方式研究》,中国海洋大学硕士学位论文,2010年。
② 毛锋、曾香:《生态补偿的机理与准则》,《生态学报》2006年第11期。
③ 水土保持生态补偿机制研究课题组:《我国水土保持生态补偿类型划分及机制研究》,《中国水利》2009年第14期。
④ 连娉婷、陈伟琪:《海洋生态补偿类型及其标准确定探讨》,《2010中国环境科学学会学术年会论文集》(第三卷)》2010年。
⑤ 黄贤金:《土地生态补偿:模式类型、价值基础与实现路径》,《新观点新学说学术沙龙文集18:土地生态学——生态文明的机遇与挑战》,2008年。

式为主，促进补偿资金的优化使用。① 支玲将生态补偿方式区分为全球性生态补偿方式、区际生态补偿方式、地区性生态补偿方式与项目性生态补偿方式四种类型。② 万军将生态补偿方式划分为政府生态补偿方式和市场生态补偿方式2大类③。吴学灿等人提出了"生态购买"生态补偿方式，认为"生态购买及时将生态效益转化为经济效益，使生态建设成为有利可图的经济活动和增产增值的关键手段，实现生态致富和生态脱贫"④。丁四保在"区域责任"和市场资源配置基础上，探讨了区域之间的"土地置换"和"生态交易"两种生态补偿方式。⑤ 江秀娟从两个角度对生态补偿方式进行了探讨，一是从运行机制角度分为行政补偿方式与市场补偿方式；二是从被补偿者角度分为"货币补偿、实物补偿、政策补偿和智力补偿"等方式。⑥ 张建伟认为生态补偿有"政府机制、市场机制和自主机制"三种实现机制，我国现行生态补偿方式是以"单中心"的政府生态补偿为主，缺少横向转移支付、缺乏稳定性，因此应构建"多中心"的生态补偿方式。⑦ 王成超等人把生态补偿方式区分为"现金补偿、实物补偿、政策补偿、技术补偿和产业补偿"五种形式，并就不同生态补偿方式对"农户生计资本、生计策略和生计结果"影响的程度和内容进行了考察。⑧ 刘璐璐对资金补偿、实物补偿、政策补偿和智力补偿四种生态补偿方式进行了详细分析，发现当前我国生态补偿方式存在"重资金、实物型的输血性补偿，轻政策、智力型的造血性补偿"问题，并以辽河流域为例，提出建立造血性补偿方式为主、输血性补偿方式为辅的生态补偿方式组合，并采取"资金补偿、水权交易、产业补偿、异地开发、项目补偿"等

---

① 杜万平：《完善西部区域生态补偿机制的建议》，《中国人口・资源与环境》2001年第3期。
② 支玲、李怒云、王娟、孔繁斌：《西部退耕还林经济补偿机制研究》，《林业科学》2004年第2期。
③ 万军、张惠远、王金南、葛察忠等：《中国生态补偿政策评估与框架初探》，《环境科学研究》2005年第2期。
④ 吴学灿、洪尚群、吴晓青：《生态补偿与生态购买》，《环境科学与技术》2006年第1期。
⑤ 丁四保：《区域生态补偿的方式探讨》，科学出版社2010年版。
⑥ 江秀娟：《生态补偿类型与方式研究》，中国海洋大学硕士学位论文，2010年。
⑦ 张建伟：《新型生态补偿机制构建的思考》，《经济与管理》2011年第3期。
⑧ 王成超、杨玉盛：《生态补偿方式对农户可持续生计影响分析》，《亚热带资源与环境学报》2013年第4期。

具体方式。^① 王青瑶从输血型生态补偿和造血型生态补偿两种补偿方式出发，分析了不同生态补偿方式对湿地生态补偿的影响以及不同湿地保护模式下的湿地生态补偿方式。^② 张来章等人对水土保持生态补偿的方式进行了总结，提出了"政策补偿、项目补偿、资金补偿、实物补偿、培训补偿、就业补偿、道德补偿"七种生态补偿方式。^③ 龚高健以福建省生态补偿实践为例，以排污权交易为手段，从"生态补偿理论、政策、实践三个层面"和"经济、行政、法律、科技、文化五个方面"探讨了中国生态补偿市场化的路径。^④

综上所述，从总体上而言，生态补偿的主体视角可以区分为政府（行政）生态补偿方式和市场生态补偿方式；生态补偿的效果视角可以区分为输血性生态补偿方式和造血性生态补偿方式；生态补偿的区域视角可以区分为全球性生态补偿方式、区际生态补偿方式和地区性生态补偿方式。而从具体补偿方式上来看，可以区分为货币性补偿、实物性补偿、政策性补偿、智力（人力）性补偿、技术性补偿、项目性补偿、"生态交易"（或生态购买、水权交易）、"土地置换"补偿、产业性补偿、异地开发性补偿、培训补偿、就业补偿、道德补偿13种具体补偿方式。

三、不同领域生态补偿研究现状

国内学者紧密围绕森林、矿产、湿地、退耕还林还草、自然保护区等领域的生态补偿，就其补偿标准、模式、机制等展开了研究。

（一）森林生态补偿研究

中国工程院院士李文华教授对森林生态系统服务功能及其生态补偿、生态评价等问题展开了系统研究，从1978年对森林生物生产量的研究开始^⑤，

---

① 刘璐璐：《生态补偿在流域治理中的应用及其补偿方式选择分析》，东北财经大学硕士学位论文，2013年。

② 王青瑶、马永双：《湿地生态补偿方式探讨》，《林业资源管理》2014年第3期。

③ 张来章、党维勤等：《黄河流域水土保持生态补偿机制及实施效果评价》，《水土保持通报》2010年第3期。

④ 龚高健：《中国生态补偿若干问题研究》，中国社会科学出版社2011年版。

⑤ 李文华：《森林生物生产量的概念及其研究的基本途径》，《自然资源》1978年第1期。

分别探讨了森林与径流量的关系①、森林生态补偿研究现状②、森林生态补偿机制③④、森林水源涵养能力计量⑤⑥、森林对污染控制的效果研究⑦、森林生态服务功能评估⑧，以及对城市⑨、北京⑩、海南⑪、青藏高原⑫等不同地区、功能区的森林生态功能与生态补偿进行了研究。

从研究历程上来看，早在 20 世纪 80 年代初就开始了关于森林资源价值核算的研究。侯元兆等对森林资源核算理论体系和核算方法进行了系统研究⑬；李金昌运用"收益资本法、旅行费用法、边际机会成本定价法"等方法对森林资源的"资源商品价值和无形的生态服务价值"进行了计量研究⑭。

后来转向了森林生态系统服务功能及其价值评估、评价研究，特别是 21 世纪以来，对森林生态效益补偿的研究大量增加，取得了丰富的研究成果。如蒋延玲等人对我国 38 种主要森林类型的生态系统价值进行了评估，计算的"总价值约为 117.401 亿美元，其中以森林营养循环的贡献最大（约占 40%），而原材料（包括木材、燃料、饲料）的贡献仅占 15%"⑮。赵同谦等人从森林生态系统"提供产品、调节功能、文化功能和生命支持功能"四类服务功能出发，

① 魏晓华、李文华等：《森林与径流关系——一致性和复杂性》，《自然资源学报》2005 年第 5 期。
② 李文华、李芬等：《森林生态效益补偿的研究现状与展望》，《自然资源学报》2006 年第 5 期。
③ 李文华、李世东等：《森林生态补偿机制若干重点问题研究》，《中国人口·资源与环境》2007 年第 2 期。
④ 李文华、李芬等：《森林生态效益补偿机制与政策研究》，《生态经济》2007 年第 11 期。
⑤ 张彪、李文华等：《森林生态系统的水源涵养功能及其计量方法》，《生态学杂志》2009 年第 3 期。
⑥ 张灿强、李文华等：《基于土壤动态蓄水的森林水源涵养能力计量及其空间差异》，《自然资源学报》2012 年第 4 期。
⑦ 张灿强、张彪等：《森林生态系统对非点源污染的控制机理与效果及其影响因素》，《资源科学》2011 年第 2 期。
⑧ 李文华：《创新发展森林生态系统服务评估》，《人民日报》2014 年 2 月 26 日。
⑨ 李文华：《发挥森林在城市中的生态服务功能》，《能源与节能》2011 年第 7 期。
⑩ 李文华：《北京市森林的生态服务与生态补偿》，《第十一届中国科协年会第 26 分会场都市型现代农业学术研讨会论文专集》，2009 年 9 月。
⑪ 李芬、李文华等：《森林生态系统补偿标准的方法探讨——以海南省为例》，《自然资源学报》2010 年第 5 期。
⑫ 李文华、赵新全等：《青藏高原主要生态系统变化及其碳源/碳汇功能作用》，《自然杂志》2013 年第 3 期。
⑬ 侯元兆、王琦：《中国森林资源核算研究》，《世界林业研究》1995 年第 3 期。
⑭ 李金昌：《要重视森林资源价值的计量和应用》，《林业资源管理》1999 年第 5 期。
⑮ 蒋延玲、周广胜：《中国主要森林生态系统公益的评估》，《植物生态学报》1999 年第 5 期。

建立了"13 项功能指标构成的森林生态系统评价指标体系",并对 10 类森林生态系统服务功能的生态价值进行了评价,其"生态经济总价值为每年 1.4亿万元,其中,直接价值和间接价值分别为每年 0.25 万亿元和 1.15 万亿元,间接价值是直接价值的 4.6 倍"①。谭荣等人"建立了一个以林木吸收碳来衡量森林生态效益的林业生产收益定量模型",以此模型对"华东某市的一项林场补贴政策进行分析"②。

从研究内容上来看,目前关于森林生态补偿的研究主要集中在以下几个方面。

1. 森林生态效益评估、评价方法研究

姜东涛从森林的涵养水源、保持水土、改良土壤、防风固沙、净化水质、制造 O_2、净化 CO_2、净化大气和保护野生动植物 9 大效益对 13 个方面 24 项生态效益价值进行了估测,并估测出黑龙江森工林区的"生态效益价值相当于全省国内生产总值的 23.0%,林木年生长出材量价值只相当于年生态效益的 1/15"③。陈莉丽等人从森林生态效益计量评价理论和方法出发,提出森林生态效益评价必须"从森林生态效益划分标准问题、综合效益定量问题、林龄动态分析"出发的观点。④ 井学辉对森林涵养水源、保育土壤、固碳制氧、生物多样性保护和游憩等效益的评价方法进行了评述。⑤ 翟畅等人建立了"森林水源涵养生态效益的常规多元统计模型",并对老山施业区 2008 年森林的水源涵养生态效益价值进行了估算,估算结果为131.89 万元。⑥ 聂爱武对当前常用的森林生态效益价值评价的"实际市场评估法、替代市场评估法、模拟市场评析法和能值分析法"等评价方法进

① 赵同谦、欧阳志云等:《中国森林生态系统服务功能及其价值评价》,《自然资源学报》2004年第 4 期。

② 谭荣、曲福田:《补贴对林业生产及森林生态效益影响的经济学分析:一个定量分析模型》,《自然资源学报》2005 年第 4 期。

③ 姜东涛:《森林生态效益估测与评价方法的研究》,《华东森林经理》2000 年第 4 期。

④ 陈莉丽、彭道黎:《森林生态效益计量评价的理论方法概述》,《林业调查规划》2005 年第2 期。

⑤ 井学辉、吴波等:《森林生态效益评价方法》,《河北林果研究》2005 年第 1 期。

⑥ 翟畅、胡润田、范文义:《森林水源涵养生态效益的估算与评价研究》,《森林工程》2012年第 4 期。

行了评介，分析了其适用性。[①]

2. 森林生态补偿的标准、形式与机制研究

在森林生态补偿标准研究上，人们分别从森林生态补偿标准的确定方法[②]、外部性[③]、支付意愿[④]、生态效益[⑤][⑥]、现实依据[⑦]等多个角度进行了研究。陈钦等人总结了当前理论界关于森林生态补偿标准影响的"森林生态系统服务功能效益、支付意愿、支付能力"等48种因素；总结了森林生态补偿标准的成本法、成本加利润法、能值分析法、意愿价值评估法、替代法等计量方法；总结了森林生态补偿标准的生态效益评价、农民的经济损失、边际机会成本、营林成本、劳动价值论、市场竞标等17种确定依据。[⑧] 刘冬古等人对森林生态补偿标准确定的内容和计量方法进行了综述，其中，在森林生态补偿的内容上，目前主要有四种：社会平均成本（不含利润）补偿、生态效益和机会成本补偿、损失价值补偿、投资成本补偿。在其计量方法研究上，主要包括"市场价值法、非市场价值法（替代成本法、旅行费用法、享乐价值法）、条件价值法、集体价值法"四种计量方法。[⑨]

在森林生态补偿形式研究上，刘小洪等人根据"谁受益谁补偿，社会受益政府补偿"原则和"政府为主，部门配合，全民参与"补偿机制，提出了森林生态公益林生态效益补偿的两种实现形式：直接受益者补偿形式（适用于"受益主体确指及管理责任落实的公益林"）和政府补偿形式（适用于"为全社会或跨越行政区域提供生态效益的公益林"）。[⑩] 刘诚在当前森林生态效益财政补偿存在问题分析基础上，提出了"扩大补偿基金规模"，实行差别

---

① 聂爱武：《森林生态效益价值的评估方法及其适用性》，《安徽科技》2014年第1期。

② 蒋凤玲：《森林生态效益补偿标准理论与方法研究》，河北农业大学硕士学位论文，2004年。

③ 樊淑娟：《基于外部性理论的我国森林生态效益补偿研究》，《管理现代化》2014年第2期。

④ 宗明绪、夏春萍：《农户对森林生态效益的支付意愿及其影响因素——基于对十堰市张湾区和丹江口地区的调查》，《华中农业大学学报（社会科学版）》2013年第4期。

⑤ 罗凌：《关于中国森林生态效益补偿标准的思考》，《四川林业科技》2012年第6期。

⑥ 牛生霞：《试论森林生态效益补偿的会计核算》，《中国乡镇企业会计》2011年第1期。

⑦ 田淑英、白燕：《森林生态效益补偿：现实依据及政策探讨》，《林业经济》2009年第11期。

⑧ 陈钦、李铮媚、李鸣：《生态公益林生态补偿标准研究综述》，《生态经济（学术版）》2012年第1期。

⑨ 刘冬古、刘灵芝等：《森林生态补偿相关研究综述》，《湖北林业科技》2011年第5期。

⑩ 刘小洪、严世辉、徐邦凡：《森林生态效益补偿形式研究——兼论湖北生态林业建设与生态效益补偿》，《林业经济》2003年第5期。

补偿标准的政策建议。^① 詹国明等人提出了森林生态补偿体系构建设想。^② 冯慧宇在"对我国森林生态效益的计算及其系统聚类分析"基础上，应用产权理论和交易费用理论原理，分析了森林生态效益补偿的实施路径。^③ 曹小玉等人"对森林碳汇项目、森林水文流域补偿、森林生物多样性交易、森林生态旅游、森林综合效益"的生态补偿市场化途径进行了探讨。^④ 刘冬古等人从补偿主体角度把森林生态补偿方式区分为政府补偿和市场补偿两种，其中，前者又包括纯行政行为补偿和利益引导的政府补偿，其具体补偿方式有"政府财政无偿扶持、征收生态补偿费税、财政补贴制度、优惠信贷、收缴全民义务植树绿化费、发行国债、接受捐赠"等；市场补偿就是通过"生态保护者和生态受益者之间自愿协商补偿的机制"，其具体补偿方式有"公共支付、一对一交易、市场贸易、生态（环境）标记、林业碳汇交易"等。^⑤

在森林生态补偿制度与机制研究上，董妍对我国森林生态效益补偿制度的发展历程进行了回顾和展望^⑥；陈小华等人对西部森林生态补偿制度建设进行了研究^⑦；佟超等人探讨了森林生态效益补偿机制的"财政扶持、生态税、发行国债、受益者承担建设生态林费用"等内容^⑧；刘晓黎等人强调应"建立森林生态效益补偿地方调整机制"，如"分级分类补偿机制""中央地方两级森林生态效益补偿基金""科学的地方政府政绩考核体系"等。^⑨ 吴楠提出"通过完备体系、细化内容、妥善协调相关利益"途径完善森林生态效益补偿法律机制。^⑩ 孙瑛等人分析了我国森林生态效益持续补偿存在的政府政策干预不足、市场机

---

① 刘诚：《森林生态效益财政补偿问题的探讨》，《林业经济》2008 年第 2 期。

② 詹国明、赖才盛、林志军等：《森林生态效益补偿体系构建探讨》，《福建林业科技》2007 年第 2 期。

③ 冯慧宇：《森林生态效益核算及其补偿路径研究》，东北师范大学硕士学位论文，2010 年。

④ 曹小玉、刘悦翠：《中国森林生态效益市场化补偿途径探析》，《林业经济问题》2011 年第 1 期。

⑤ 刘冬古、刘灵芝等：《森林生态补偿相关研究综述》，《湖北林业科技》2011 年第 5 期。

⑥ 董妍：《森林生态效益补偿制度回顾与展望——关于完善一项永久性生态补偿制度的思考》，《农村财政与财务》2014 年第 2 期。

⑦ 陈小华、游志能：《西部地区生态效益补偿制度研究——以森林生态效益补偿制度为中心》，《西南边疆民族研究》2010 年第 2 期。

⑧ 佟超、魏传奎：《森林生态效益补偿机制探讨》，《当代生态农业》2013 年第 Z1 期。

⑨ 刘晓黎、曹玉昆：《森林生态效益补偿与地方调整机制研究》，《中南林业科技大学学报》2009 年第 2 期。

⑩ 吴楠：《森林生态效益补偿法律机制研究》，《中国劳动关系学院学报》2014 年第 3 期。

制障碍、社会支持缺乏保障等问题，因此应建立"三个相结合"的"森林生态效益持续补偿"机制①。刘以等人把森林生态补偿方法归纳为：GDP 分摊法，其补偿标准为"森林水资源补偿费 = 水资源补偿费基准价 × 企业产值，森林水资源补偿费基准价 = 森林涵养水源效益值/GDP"；全省水资源蕴藏量分摊法，其补偿标准为"单位森林水资源补偿价格 = 森林涵养水源效益值/全省水资源蕴藏量"②。朱敏等人将森林生态补偿估算方法分为：市场类估算法（包括实际市场法、替代市场法和虚拟市场法）和能值估算法两种，并分别介绍了 GUMBO、CITYgreen 和 Invest 三种森林生态价值估算模型③。雍慧等人把我国森林生态公益林区分为防护林和特种用途类型两类，前者又包括水源涵养林、水土保持林、防风固沙林、护岸林四类，后者又包括国防林和自然保护林两类④。

3. 森林生态补偿计量研究

标准计量是生态补偿的核心问题，是对生态补偿中"补偿多少"问题的回答，它包括计量方法、计量模型与实证分析三方面内容。王广建等人分析了森林生态效益计量方法中存在的问题⑤。杨恶恶等人探讨了森林生态效益计量的收益法⑥。马生德等人构建了森林水土保持效益、二氧化碳吸收效益和大气净化效益计量模型⑦。张长江等人从外部性角度构建了森林生态效益公允价值计量模式⑧。李长胜等人考察了森林的"涵养水源效益、保持水土效益、抑制风沙效益、改善小气候效益、吸收二氧化碳效益、净化大气效益、减轻水旱灾效益、游憩资源效益和野生生物保护效益"，并"建立了森林生态效益计量的多元线性模型"，通过该模型实证计量出"我国森林每年产生的生态效益为 7238.16 亿元"⑨。王妹等人探讨了森林生态效益的宏观与微观价值核算⑩。

---

① 孙瑛、李琪等：《我国森林生态效益的持续补偿问题》，《山东林业科技》2010 年第 2 期。
② 刘以、吴盼盼：《国内外森林生态补偿方法评述》，《中国集体经济》2011 年第 16 期。
③ 朱敏、李丽等：《森林生态价值估算方法研究进展》，《生态学杂志》2012 年第 1 期。
④ 雍慧、熊峰等：《生态公益林补偿标准确定的问题、方法与建议》，《湖北林业科技》2011 年第 6 期。
⑤ 王广建、盛猛：《森林生态效益计量方法及存在的问题》，《绿色财会》2007 年第 3 期。
⑥ 杨恶恶、张贵：《森林生态效益的计量方法讨论》，《科技创新导报》2009 年第 6 期。
⑦ 马生德、王建风：《森林生态效益的计量理论与方法研究》，《安徽农业科学》2013 年第 9 期。
⑧ 张长江、温作民：《森林生态效益外部性计量的公允价值模式研究》，《会计之友（上旬刊）》2009 年第 2 期。
⑨ 李长胜、王殿文、吴艳辉：《中国森林生态效益计量研究》，《防护林科技》2005 年第 2 期。
⑩ 王妹、温作民：《森林生态效益价值核算研究》，《世界林业研究》2006 年第 3 期。

4. 森林生态补偿资金管理与利用模式研究

生态补偿资金管理与利用是其资金绩效改进与提高的关键节点，从森林生态补偿试点开始以来，对其资金的管理与利用就在理论研究与实践探索方面展开。侯国泽等人探讨了山东省文登市生态公益林管护"传统的分散型模式、专职的专业型管护模式和集约的林场型管护模式"三种模式。① 罗荣飞对森林生态补偿的筹资渠道进行了探讨，提出了"公共财政投入、市场化补偿和社会支持"等多元化筹资渠道。② 张冠坤对森林生态补偿的资金筹集方式进行了对比分析，提出了森林生态补偿的生态彩票资金筹集方式，并对其发行空间、购买意愿进行了估算和调研分析。③ 刘剑等人提出了森林生态补偿资金管理"法制化、制度化、规范化、科学化"的发展方向建议。④ 李林发等人对我国森林生态补偿资金管理存在的问题进行了分析、评价与对策建议。⑤ 苏丽云结合《森林法》林业基金制度，对森林生态补偿基金的管理规范、资金效益发挥进行了探讨。⑥ 董春莲对 2001 年以来我国生态公益林补偿资金补助试点及其管理情况进行了探讨。⑦

5. 森林生态补偿效益与政策效应研究

生态补偿的资金使用效益或效率是生态补偿政策效率评价的最后一环或最终实效考察。国内学者从森林生态补偿资金使用效益和政策效应角度进行了研究，既为森林生态补偿政策的"前时态"进行了总结和评价，又为其"后时态"的政策修正、管理完善提供了依据和支撑。

任毅等人"建立了林业政策分析框架，并对框架构成、决策标准和框架分析"⑧ 进行了探讨。管志杰等人对"森林经营补贴、控制林木采伐和森林

① 侯国泽、雷加友、房敏乔：《森林生态效益补助资金的几种利用模式》，《绿色中国》2005 年第 4 期。

② 罗荣飞：《森林生态效益补偿资金筹集渠道研究》，《绿色科技》2012 年第 1 期。

③ 张冠坤：《森林生态效益补偿资金筹集方式研究》，北京林业大学硕士学位论文，2012 年。

④ 刘剑、张珍翠：《森林生态效益补偿资金管理的对策与建议》，《绿色科技》2014 年第 1 期。

⑤ 李林发、曾远松、饶拱炳：《森林生态效益补偿资金管理存在问题与对策》，《农民致富之友》2013 年第 2 期。

⑥ 苏丽云：《森林生态效益补偿基金管理的实践与思考》，《绿色财会》2013 年第 11 期。

⑦ 董春莲：《森林生态效益补偿基金相关问题的探讨》，《绿色财会》2014 年第 5 期。

⑧ 任毅、李宏勋：《森林生态效益补偿政策分析框架体系研究》，《环境与可持续发展》2010 年第 1 期。

认证"等世界主要国家的森林政策措施进行了经济效应分析，并对中国森林
生态效益政策的借鉴与实施提出了建议。① 赵风瑞对森林生态补偿基金的性
质、现状、问题、会计核算途径与核算体系进行了研究、提出了建议。② 陈晓
红在调研基础上，对彰武县森林生态补偿政策在"管理机构建设、护林队伍
管理、公益林资源保护和补偿资金拨付"等方面所取得的成就、存在的问题
进行了分析，并提出了相应的对策建议。③ 刘盛利用 GIS 空间分析技术，构建
了"广义森林生态效益空间分析的理论与技术框架"和"森林生态效益联立
方程组模型"，依据全国 1999—2000 年的生态定位观测资料，对"森林涵养
水源、固土保肥、碳储量等 13 种森林生态效益的物理量和货币量"进行了计
算。④ 米锋等人对森林生态效益评价的"替代的合理性问题、结果的可加性问
题、计算的重复性问题、评价的全面性问题和主观因素的影响"等进行了研
究。⑤ 张卫民对森林资源资产评估的"森林资产产权变动、资产流转、森林抵押
贷款、融资租赁、资产保险"等内容进行了总结，辨析了"森林资源资产评估、
森林资源资产会计计价、森林资源价值评价（效益分析）"等范畴，并将"林木
资产、林地资产以及林木与林地合一的森林资产"进行了分类评估，按照森林资
源资产的流转价格和转用价格，依据《森林资源资产评估技术规范（试行）》，
运用市价法、成本法和收益法对森林资源资产流转价格进行了评估。⑥

　　6. 森林生态补偿实践

　　我国森林生态补偿实践主要在三个层面展开：国家层面的生态补偿机制
构建、地方政府层面的生态补偿运行与政策实践、生态补偿的市场介入。⑦ 2001
年，国家拿出 10 亿元财政资金对 11 个省份进行森林生态效益补偿试点，2004
年起扩展到全国。特别是财政部和国家林业局联合印发了《中央财政森林生态

　　① 管志杰、沈杰：《基于森林生态效益的政府政策经济效应分析》，《农业经济》2010 年第
12 期。

　　② 赵风瑞：《森林生态效益会计核算问题研究》，《绿色财会》2011 年第 5 期。

　　③ 陈晓红：《森林生态效益补偿政策成就和问题分析》，《防护林科技》2014 年第 4 期。

　　④ 刘盛：《森林生态效益模型及 GIS 空间分析系统开发》，东北林业大学博士学位论文，
2007 年。

　　⑤ 米锋、李吉跃、杨家伟：《森林生态效益评价的研究进展》，《北京林业大学学报》2003 年第
6 期。

　　⑥ 张卫民：《森林资源资产价格及评估方法研究》，北京林业大学博士学位论文，2010 年。

　　⑦ 刘冬古、刘灵芝等：《森林生态补偿相关研究综述》，《湖北林业科技》2011 年第 5 期。

效益补偿基金管理办法》（财农〔2007〕7 号），有力地促进了森林生态补偿的制度保证、资金保障和运行规范。据国家发展和改革委员会主任徐绍史介绍，国家已经建立起了"中央森林生态效益补偿基金制度""国有国家级公益林每亩每年补助 5 元""集体和个人所有的国家级公益林补偿标准"每亩 15 元/年，补偿范围为 18.7 亿亩。全国层面的森林生态效益补偿实践模式如表 1-6 所示。

表 1-6　全国森林生态效益补偿实践模式

名称	试点阶段	实施区域	涵盖面积	补偿标准
天然林保护工程	1998—1999 年（2000 年正式启动）	未经人为措施而自然起源的原始林和天然次生林，人工林中划为防护、特用等公益林	包括长江上游地区和黄河上中游地区，有湖北、重庆、四川、贵州、河南、陕西、黑龙江、内蒙古等 17 个省份（工程涉及 0.73 亿公顷的天然林）	总投入：1064 亿元（1988—2010 年）封山育林：210 元/年·公顷飞播造林：750 元/年·公顷人工造林：3000 元/年·公顷（长江上游地区），4500 元/年·公顷（黄河上中游地区）
退耕还林工程	1999—2001 年（2002 年正式启动）	25 度以上的坡耕地应当按照当地人民政府制定的规划，逐步退耕，植树和种草。退耕还林工程主要包含水土流失、风沙危害严重的重点地区	范围涉及长江上游地区和黄河上中游地区的 25 个省份和新疆生产建设兵团（工程涵盖 22.93 × 10⁶ 公顷退耕地）	总投入：1030 亿元（1999—2005 年）日常开支补助费 300 元/年·公顷种苗补助费：750 元/年·公顷粮食：2250 千克/年·公顷（长江上游地区），1500 千克/年·公顷（黄河上中游地区）
森林生态效益补偿基金	2001—2004 年（2004 年底启动）	重点生态公益林林地中的有林地，以及荒漠化和水土流失严重地区的疏林地、灌木林地、灌丛地	在全国推广（涵盖面积为 0.26 亿公顷）	总投入：50 亿元（2001—2005 年）补偿性支出：67.5 元/年·公顷公共管护支出：7.5 元/年·公顷

资料来源：李芬：《森林生态效益补偿的研究现状及趋势分析》，《环境科学与管理》2006 年第 7 期。

同时，各地也对森林生态补偿进行了积极的探索，到 2012 年，全国"27 个省（区、市）建立了省级财政森林生态效益补偿基金，用于支持国家级公益林和地方公益林保护，资金规模达 51 亿元"①。部分地方森林生态补偿实践案例总结如表 1 - 7 所示。

表 1 - 7　国内区域森林生态效益补偿实践（部分）

实践地区	补偿资金来源	补偿内容	补偿资金用途
四川省青城山	风景区的门票收入	门票收入中的 25% 分配给林业部门用作护林防火资金	护林防火
海南省南湾猴岛	旅游区的门票收入	旅游区开发商将门票收入的 10% 缴纳给县财政部门用于生态保护	保护区各项生态环境保护支出
河北承德地区与京津地区	北京与天津两市的财政收入	北京和天津市分别给河北省承德丰宁县每年补偿 100 万元、40 万元	水源林区保护
陕西省耀县	水资源费	提取水资源费中的 10% 给林业部门营造水源涵养林	水源涵养林营造
江西省蘦源县	森林生态效益补偿基金	征收森林资源环境受益补偿费用于林区建设	天然林保护区建设
新疆维吾尔自治区	生态效益补偿费	以 1996 年财政收入为基数，按每年 0.5% 增加征收机关、风景区、森林公园、自然保护区等的补偿费	提高林业产业收入

---

① 徐绍史：《国务院关于生态补偿机制建设工作情况的报告——2013 年 4 月 23 日在第十二届全国人民代表大会常务委员会第二次会议上》，中国人大网，2013 年 4 月 26 日。

续表

实践地区	补偿资金来源	补偿内容	补偿资金用途
甘肃祁连山	水资源费、旅游收入	征收受益地区水资源费的3%，旅游收入、灾害木清理、科学研究收入的2%—5%用于水源涵养林保护	水源涵养林保护
内蒙古临河，辽宁省黑山、昌图，吉林省长春	防护林生态效益补偿费	对受益于防护林的农田每公顷征收7.5—15元的补偿费	专项资金，用于农田防护林抚育管理和更新改造

资料来源：李文华、李芬等：《森林生态效益补偿的研究现状与展望》，《自然资源学报》2006年第5期。

（二）矿产资源生态补偿研究现状

矿产资源开发带来了严重的生态环境问题，如"对水资源的破坏及污染、植被与土地利用的破坏、固体废物、废渣污染"[①]，以及由于地下开采所导致的采空、塌陷、滑坡等问题不断出现，加之土壤破坏后的生态修复与复耕、资源型产业转型等难题，引发了人们对矿产资源开发生态补偿的高度关注和研究。

1. 矿产资源开发生态补偿机制研究

矿产资源开发生态补偿机制研究也是该问题研究中成果较多的。李国平在《矿产资源有偿使用制度与生态补偿机制》一书中，"建立了中国矿产资源开发中的资源折耗和生态环境损害成本内部化"分析框架，对我国矿产资源有偿使用制度及其补偿机制的"法规现状、执行状况、现实问题、关键问题"等进行了描述和提炼。[②] 在《完善我国矿产资源有偿使用制度与生态补偿机制的几个基本问题》一文中，提出通过煤炭开采特殊税费途径实现矿产资源开采负外部成本内部化构思，建议实行土地复垦保证金制度、生态补偿税费制

---

① 谢日升：《矿产资源开发与生态环境资源问题探讨》，《技术与市场》2011年第8期。
② 李国平：《矿产资源有偿使用制度与生态补偿机制》，经济科学出版社2014年版。

度等政策。① 秦格探讨了矿区生态环境损失补偿机制。② 李启宇对当前我国理论界矿产资源开发生态补偿的内涵、原因、依据、制度、现状和机制等研究成果进行了理论梳理和观点总结。③ 王生卫对西部矿产资源的产业优势群、产业结构优势、区位优势、产业链条及其培育与实现途径进行了分析④，探讨了矿产资源生态补偿的定价依据，提出要综合考虑生态损害程度、改善程度及生态价值增值程度等要素，并结合行政机制与市场机制、科学定价与依法定价，构建科学合理的矿产资源生态补偿定价机制⑤。

陈龙桂等人对"矿产资源开采活动引起的'三废'排放与环境污染，植被、土地和水的生态破坏，崩塌、滑坡、泥石流和土地塌陷等地质灾害"三类矿产资源开采生态环境问题进行了分析，估算了矿产资源开发的价值损失，分析了矿产资源生态补偿机制的"经济效应、社会效应和生态环境效应"⑥。李少勇从"'由谁补偿'、'补偿多少'和'怎么补偿'三个基本问题"出发，探讨了"矿产资源开发过程中对生态环境产生破坏或不良影响的生产者、开发者和经营者应对环境污染、生态破坏进行补偿"的生态恢复补偿机制。⑦ 李连英等人在矿产资源开发生态补偿内涵与原则研究基础上，从补偿主体、客体、标准和方式四个方面构建了"矿产资源开发生态补偿机制框架"，并建议实施矿产资源开发生态补偿的"法律制度、收费制度、保证金制度、监督管理、科学研究、试点工作"等建设或工作对策。⑧ 孔凡斌探讨了矿产资源生态补偿的筹资机制、使用机制、部门协调机制、监督管理机制。⑨ 黄向春等人对我国矿产资源生态补偿实践中的历程与问题进行了介绍和分析，提出了健全

① 李国平：《完善我国矿产资源有偿使用制度与生态补偿机制的几个基本问题》，《中共浙江省委党校学报》2011 年第 5 期。
② 秦格：《生态环境损失预测及补偿机制：基于煤炭矿区的研究》，中国经济出版社 2011 年版。
③ 李启宇：《矿产资源开发生态补偿机制研究述评》，《经济问题探索》2012 年第 7 期。
④ 王生卫：《我国西部矿产资源产业结构优势的培育及实现途径分析》，《科技创业月刊》2007 年第 2 期。
⑤ 王生卫、肖荣阁：《矿产资源开发中生态补偿定价机制分析》，《现代商业》2007 年第 10 期。
⑥ 陈龙桂、刘通等：《资源开采地区生态补偿机制初探》，《宏观经济管理》2012 年第 2 期。
⑦ 李少勇：《矿产资源开发与生态恢复补偿机制构建》，《黑龙江科技信息》2009 年第 5 期。
⑧ 李连英、马智胜、朱青、汪建华：《我国矿产资源开发生态补偿机制的基本构建》，《中国水土保持》2009 年第 6 期。
⑨ 孔凡斌：《建立我国矿产资源生态补偿机制研究》，《当代财经》2010 年第 2 期。

法制、兼顾利益、提高标准等对策建议。① 郝庆等人针对我国矿产资源生态补偿存在的问题，提出了"梳理政策法规、明细执法主体、拓宽筹资渠道、实施差别补偿、明确法律责任、注重公众参与"等完善我国矿产资源开发生态补偿机制的6条对策建议。② 周燕提出了"提高补偿标准、完善保障体系、建立利益共享机制"的对策建议。③ 杨勇攀等人从矿产资源利益补偿机制角度对其价值核算、有偿占用、财政补偿机制进行了探讨。④ 康新立等人从矿产资源生态补偿政策框架（见图1-1）构建角度，阐释了"谁来补偿、补偿给谁、如何补偿和补偿多少"的生态补偿机制问题，从补偿原则、主体、对象、方式、标准与保障措施方面构建了我国矿产资源开发的生态补偿机制。⑤

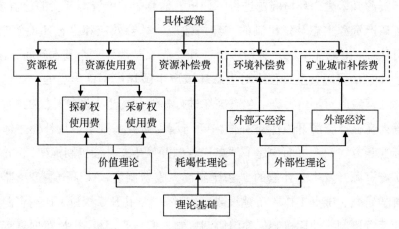

图1-1 矿产资源生态补偿政策框架体系

2. 矿产资源生态补偿的效应及其利益博弈研究

生态补偿的效应必须从生态环境的改善、资源的可持续利用与补偿金的使用等方面入手。巩芳等人运用系统动力学原理，以内蒙古矿产资源为例，构建了矿产资源开发与生态环境的系统动力学耦合模型，为其生态环境改善

---

① 黄向春、赵静静：《我国矿产资源开发生态补偿机制研究》，《中国矿业》2010年第S1期。

② 郝庆、孟旭光：《对建立矿产资源开发生态补偿机制的探讨》，《生态经济》2012年第9期。

③ 周燕：《土地和矿产资源开发中的利益补偿机制研究》，《科技致富向导》2014年第8期。

④ 杨勇攀、肖立军：《矿产资源地区间利益分配机制探讨》，《商业时代》2012年第11期。

⑤ 康新立、潘健、白中科：《矿产资源开发中的生态补偿问题研究》，《资源与产业》2011年第6期。

提供投资方向。① 欧明霞等人从矿产资源开发利用中所引致的生态、经济与文化问题出发，提出了"规范资源产权制度、施行矿区生态补偿、进行文化反思、改变发展模式"等可持续开发利用对策建议，以实现"人—自然—社会"复合生态系统的全面、协调和可持续发展。② 张倩在"环境税的'双重红利'假说"和"改善环境质量的'绿色红利'"基础上，分析、探讨了"环境税促进经济增长的'效率红利'"，如资金配置功能，保障了矿产资源开发生态补偿的资金需求；行为激励功能，引导采矿企业改进技术、提高效率、促进生态环境保护与生态修复。③

陈维青分析了矿产资源补偿中"矿产资源税、矿产资源补偿费、探矿权使用费和采矿权使用费、探矿权价款和采矿权价款"等内容的作用、现状与存在问题，提出了"回采率与补偿费挂钩制度、补偿费用向矿产资源原产地倾斜、设立生态环境补偿收费制度、完善征收管理体系与监督制度"等对策建议。④ 程倩建立了"中央政府与地方政府、地方政府与企业、企业与居民之间的博弈模型"，以实现生态补偿各方利益的博弈均衡。⑤ 黄寰分析了我国矿产资源水费体系，并对其补偿性进行了分析。⑥

王甲山等人对我国现行矿产资源开发生态税费政策的现状、问题进行了分析，提出了"构建矿产资源开发生态税费体系，征收矿产资源开发生态税，设立矿产资源开发生态保证金，完善资源税、水土保持补偿费、增值税"⑦ 等对策建议。

李香菊等人采用"标准的动态霍特林模型"分析了税收与资源价格之间

① 巩芳、石丽姣：《内蒙古矿产资源开发与生态环境的耦合研究基于系统动力学模型》，《资源开发与市场》2014 年第 8 期。

② 欧明霞、田鸿燕：《民族山区矿产资源可持续开发与利用问题研究》，《民族大家庭》2014 年第 3 期。

③ 张倩：《环境税的矿产资源生态补偿效应及制度设计研究》，《财会研究》2014 年第 8 期。

④ 陈维青：《矿产资源补偿费运行效果与问题》，《中国农业会计》2011 年第 5 期。

⑤ 程倩、张霞：《矿产资源开发的生态补偿及各方利益博弈研究》，《矿业研究与开发》2014 年第 3 期。

⑥ 黄寰、刘慧等：《我国矿产资源税费及其生态补偿性分析》，《价格理论与实践》2013 年第 9 期。

⑦ 王甲山、许瀚予、李绍萍：《基于矿产资源开发生态保护的税费政策研究》，《生态经济》2013 年第 9 期。

的关系，分析了矿产资源价值构成（见表1-8），为资源定价提供基础和依据。分析了"税收在矿产资源价格形成中的作用机理"，认为我国当前过低的矿产资源价格既不能反映矿产资源的稀缺程度，又不能补偿环境污染与生态破坏所带来的全部外部成本。因此，应建立反映"市场供求状况和资源稀缺程度"的税收政策体系。[①]

表1-8 矿产资源的价值构成

矿产资源二维属性	经济资源属性	经济价值	天然价值	使用者成本：决定租金和级差租金	矿产资源价值构成
				边际直接成本：探矿权权益和采矿权权益	
			代内与代际补偿价值	代际补偿成本	资源税费制度
				生态修复成本	
				资源枯竭后的退出成本	
			人工价值	安全生产成本	
				开采成本（地质勘查劳动消耗）	
	生态环境属性	生态价值	外部补偿价值（补偿生态环境）	外部环境损失内部化。资源开发后，这两个价值就演变为外部补偿价值：环境税、污染税等	
		环境价值			

3. 矿产资源开发生态补偿制度研究

制度建设是推动矿产资源生态补偿工作的根本保证，国内学者分别从矿产资源生态补偿的产权制度、分配制度、税费制度、法律制度、综合补偿制度等方面进行了研究。在产权制度方面，丁志帆等人考察我国矿产资源产权制度从1949年以来的三个发展阶段，即所有权与使用权未分离的无偿开采与使用阶段（1949—1978年）、初步确立有偿使用制度阶段（1978—1991年）、健全有偿使用制度阶段（1992年以来）；分析了现行矿产资源产权制度改革中存在的"法律权利不能转化为经济权利、使用权流转市场不完善、收益分配机制不合理"等矛盾和冲突；提出了"改革矿产资源国家所有权实现方式，探索管理新模式；加快矿业权市场建设，规范市场运行秩序；改革现有矿产

---

① 李香菊、祝玉坤：《我国矿产资源价格重构中的税收效应分析》，《当代经济科学》2012年第2期。

资源税费制度；合理调整利益分配及损害赔偿机制；完善矿产资源产权制度建设"等对策建议。① 孙晓伟等人也把我国的矿产资源产权制度演进分为三个阶段，但时间节点有所区别：1949—1978 年是"所有权与使用权合一，无偿开采阶段"、1979—1995 年是"矿产资源有偿使用和矿业权有偿取得制度确立阶段"、1996 年以来是"矿产资源产权制度和矿业权改革深化阶段"。但是，目前的矿产资源产权制度却存在"主体虚置公地悲剧现象严重""交易成本高寻租现象严重""矿业权流转不畅通交易市场不健全"等问题，因此要探索"'社区化'矿产资源管理模式、建立规范的'两权'流转的矿业权交易市场、建立公平合理的利益分配机制"等矿产资源产权制度改革。② 武瑞杰从生态文明和低碳经济视角对我国矿产资源产权制度偏离最优的运行状况及其所存在的制度缺陷进行了探讨。③

　　在分配制度方面，陈洁等人指出我国现行矿产资源税费制度存在"产权不明、价值不能体现、资源税费征收依据模糊"等问题或弊端，因此要从产权安排、权益分配安排、配套政策安排等方面改革和完善我国矿产资源权益分配制度。④ 宋蕾把矿山生态补偿体系区分为废弃矿山补偿、新建矿山补偿和正在开采矿山补偿三类，探讨了不同类型矿山生产补偿的保证金征收模式，如"一次性保证金或者阶段性保证金""硬性保证金或软性保证金"。⑤ 王雪婷等人在与"国外几个主要矿业大国在矿产资源收益分配制度的收益实现形式、收益分配客体、收益主体分配比例、收益征收管理主体、企业社会责任与义务等方面进行对比研究"基础上，提出了"建立浮动矿产资源补偿费、建立以销售收入为计税依据的矿产资源生态税、建立确保矿区居民生存权与发展权的生态补偿机制"等对策措施。⑥

---

① 丁志帆、刘嘉：《中国矿产资源产权制度改革历程、困境与展望》，《经济与管理》2012 年第 11 期。

② 孙晓伟、张莉初：《我国矿产资源产权制度演进与改革路径分析》，《煤炭经济研究》2014 年第 6 期。

③ 武瑞杰：《我国矿产资源产权制度研究——以生态文明和低碳经济为视角》，《河南社会科学》2013 年第 9 期。

④ 陈洁、龚光明：《我国矿产资源权益分配制度研究》，《理论探讨》2010 年第 5 期。

⑤ 宋蕾：《矿产资源开发保证金的征收模式分析》，《工业技术经济》2010 年第 7 期。

⑥ 王雪婷、王金洲：《国内外矿产资源收益分配制度比较研究》，《科技创业月刊》2012 年第 8 期。

在税费制度方面，周丹等人考察了矿产资源税费体系的矿产资源补偿费、资源税、探矿权使用费和采矿权使用费、探矿权价款和采矿权价款，分析了矿产资源利益分配制度的缺失和完善对策。① 张彦彦对资源税费理论和我国资源税费制度发展历程进行了考察，分析了我国矿产资源税费制度运行的绩效及其存在的问题，提出了"资源税由从量改为从价"计征的改革建议。②

在法律制度方面，王敏等人指出，我国的矿产资源生态补偿制度存在"以矿产资源的经济补偿代替矿产资源生态补偿"的立法不足，《矿产资源开采登记管理办法》中规定的探矿权使用费和采矿权使用费实际上仅仅是一种使用费，"未对矿产资源开采造成的生态环境破坏给予补偿"；《环境保护法》和《矿产资源保护法》确定的"生态补偿责任主体范围狭窄"、处罚方式简单、罚款金额较小。因此，应从"立法上明确补偿主体和对象"、实行"'开采的生态完好性'认证制度""引入环境影响评价制度"等措施完善我国矿产资源生态补偿法律制度。③ 张海军从建立矿产资源开采生态补偿法律体系角度提出了完善当前法律制度建议，以及创建"预防性生态补偿制度"和"补救性生态补偿制度"构想。④

在综合补偿制度方面，侯丽艳等人从生态文明建设高度，提出"必须建立系统完整的生态文明制度体系"，要拓宽补偿范围，"经济补偿须与行为补偿并重，建立矿区资源移植、'占补平衡'等预防制度，构建政府、企业和社会的多元生态补偿机制"等措施。⑤ 王毅运用公共政策理论工具，以吉林省为实例对矿产资源开发利用中的征地补偿机制、利益分配机制进行了研究。⑥

4. 矿产资源生态补偿的价值及其核算研究

矿产资源生态价值核算是其生态补偿额度或标准确定的重要手段和依据，

① 周丹、熊华丹：《矿产资源利益分配的制度缺失与对策分析》，《知识经济》2010 年第 5 期。
② 张彦彦：《我国矿产资源税费制度演进及资源税改革研究》，石家庄经济学院硕士学位论文，2014 年。
③ 王敏、杨丽晨：《矿产资源生态补偿法律机制研究》，《企业家天地（下半月刊）》2014 年第 7 期。
④ 张海军：《浅析矿产资源开发生态补偿法律制度》，《企业改革与管理》2014 年第 8 期。
⑤ 侯丽艳、王思佳、郭伟超：《中国矿产资源生态补偿制度的完善》，《石家庄经济学院学报》2014 年第 3 期。
⑥ 王毅：《矿产资源开发利用中征地补偿问题研究——以吉林省为例》，吉林大学硕士学位论文，2014 年。

国内学者从其价值构成、价值核算与定价机制等角度进行了研究。陈洁等人把矿产资源价值区分为内在价值与外在价值两部分，其计算模型为：

$$P = P_I + P_E = \sum_{t=1}^{n} \frac{(p \times q - c)}{(1 + r)^t} + (d + T + u) + (W_f + J_f + Z_f + S_f + Q_f) + (q \times p \times f \times \varphi + E)$$

其中，P 为矿产资源总价值，P_I 为内在价值，P_E 为外在价值；p 为矿产资源价格，q 为年矿产量，c 为年开采加工成本，r 为贴现率，t 为某年份，n 为矿区生产年限；d 为地租，T 为矿产资源税，u 为其他费用；W_f 为物探费用，J_f 为探井费用，Z_f 为勘探装备费用，S_f 为试采费用，Q_f 为其他费用；f 为补偿费费率，φ 为回采率系数；E 为生态环境补偿费用。简单说来，矿产资源价值，也就是生态补偿由矿产资源内在价值和外在价值两部分组成，而其外在价值又由"矿权取得成本、地勘补偿费、矿产资源补偿费和生态环境补偿费用"四部分组成。[①]

余振国等人从建设内容上探讨了矿产资源开发环境代价核算制度，建议"建立完善矿山地质环境治理恢复保证金制度、矿山环境损害补偿赔偿制度、矿山环境强制责任保险制度、矿山环境破坏及其治理恢复与补偿赔偿责任鉴定制度"的矿产资源开发生态补偿制度体系。[②] 陶建格等人从矿产资源的自然和社会双重属性出发，探讨了在矿产资源供给短缺条件下的竞价与定价机制，提出"合作博弈和非合作博弈"两种定价形式，"直接控制定价、间接控制定价和自我控制定价"三种定价机制。[③] 谭旭红等人对国外矿产资源生态价值的计量和价值补偿研究进行了理论总结和评述，指出我国矿产资源价值计量与补偿制度必须"通过市场机制和技术创新、制度创新，把经济增长的外生因素转化为内生因素"，建立较为"准确的矿产资源价值衡量方法和计算模型"，探索有效可行的补偿路径。[④] 吴琼等人从"'资源—资产—资本'三位一体管理、'压力—状态—响应'模型、矿政审批实务和流程"理论出发，构建了资

---

① 陈洁、龚光明：《矿产资源价值构成与会计计量》，《财经理论与实践》2010 年第 4 期。
② 余振国、冯春涛、郑娟尔、朱清：《矿产资源开发环境代价核算与补偿赔偿制度研究》，《中国国土资源经济》2012 年第 3 期。
③ 陶建格、沈镭：《矿产资源价值与定价调控机制研究》，《资源科学》2013 年第 10 期。
④ 谭旭红、张倩：《国外矿产资源生态价值计量与补偿研究评述》，《会计之友》2014 年第 3 期。

源现状和保障等 6 项一级指标、矿产资源勘查和储量等 10 项二级指标和地质勘查投入等 53 项三级指标的矿产资源统计指标体系。[①]

5. 补偿政策及其体系研究

生态补偿政策是矿产资源生态保护行为的引导、补偿活动的规范与政策依据，通过政策体系的系统设计，构建以矿产资源生态补偿为引导的全面的生态保护政策体系。苏迅等人对矿产资源原产地补偿的"生态环境补偿、资源型城市补偿、资源开发补偿、资源产地（居民）补偿、矿产资源使用者成本补偿、资源补偿"等概念进行了辨析，探讨了"探矿权采矿权价款收入分配补偿政策、矿产资源税费分配补偿政策、地方创新的特殊补偿政策"，并从矿产资源生态补偿政策体系的总体目标、补偿内容、补偿主体等进行了框架设计。[②] 丁岩林与李国平把我国矿产资源开发的生态补偿政策演变分为征收生态补偿费（1983—2001 年）、缴存保证金（2001—2007 年）和综合补偿（2007 年至今）三个阶段，在评析基础上建议"建立完整的法律体系和政策体系、明确矿产资源开发生态补偿的原则和方式、建立矿山环境治理和生态恢复政府部门之间的协调机制和监管体制、改革矿产资源价格机制"[③]。杨姝等人"运用系统动力学方法构建了具有动态性、系统性的矿产资源开发补偿政策体系，它包括矿产资源价值补偿子系统、矿产资源生态补偿子系统和矿产资源代际补偿子系统，利用各子系统的关联度构建了矿产资源开发补偿体系模型"[④]。梁书红从矿产资源综合利用政策变迁角度，探讨了"矿产资源综合利用的法规体系及政策体系"，综合考虑公共政策的元政策理论、历史制度主义理论、路径依赖理论、结构主义的"深层结构"理论与理性主义的"行动者"因素，提出了建立矿产资源综合利用的服务型政策建议。[⑤]

[①] 吴琼、葛振华：《矿产资源统计指标体系研究》，《中国矿业》2014 年第 5 期。

[②] 苏迅、鹿爱莉：《我国矿产资源原产地补偿政策体系框架设计》，《国土资源科技管理》2011 年第 2 期。

[③] 丁岩林、李国平：《我国矿产资源开发生态补偿政策演进与展望》，《环境经济》2012 年第 3 期。

[④] 杨姝、谭旭红等：《基于系统动力学的矿产资源补偿体系构成研究》，《资源开发与市场》2012 年第 6 期。

[⑤] 梁书红：《矿产资源综合利用政策的变迁研究》，中国地质大学硕士学位论文，2014 年。

（三）湿地生态补偿研究现状

湿地是居于"陆生生态系统和水生生态系统"过渡性地带的生态功能区，因其重要的生态功能而被誉为"地球之肾"，并与森林、海洋并称为三大生态系统。"目前，全世界有湿地面积5.14亿公顷。"其中，加拿大1.27亿公顷居世界首位。有关研究显示，"全球生态系统每年能提供环境服务价值达33.3亿美元，其中湿地提供的服务价值达4.9亿美元，占生态系统的14.7%"[①]。根据我国第二次湿地资源调查资料，全国"湿地总面积5360.26万公顷，湿地面积占国土面积的比率（即湿地率）为5.58%"。其中，"近海与海岸湿地579.59万公顷、河流湿地1055.21万公顷、湖泊湿地859.38万公顷、沼泽湿地2173.29万公顷、人工湿地674.59万公顷"。我国加大了湿地保护力度，共有2324.32万公顷湿地得到了保护，其中自然保护区577个、湿地公园468个，湿地保护率达到了43.51%。[②] 我国湿地分布如图1－2所示。

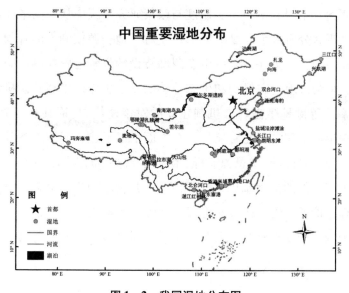

图1－2　我国湿地分布图

[①] 《世界湿地资源》2006年9月24日，国家林业局，见 http://www.forestry.gov.cn/。

[②] 耿国彪：《我国湿地保护形势不容乐观——第二次全国湿地资源调查结果公布》，《绿色中国》2014年第3期。

随着湿地减少（第二次调查的结果比第一次调查减少了 339.63 万公顷湿地面积，减少率为 8.82%）所引起的生态问题，湿地不可替代的生态功能和湿地生态补偿实践的发展，促进了湿地生态补偿研究。国内学者对湿地生态补偿研究的重点集中在以下四个方面。

1. 湿地生态补偿的理论研究

国内学者分别从理论总结、补偿机制与补偿政策、基础理论、补偿模式与补偿意愿等方面展开了湿地生态补偿研究。

（1）湿地生态补偿的理论总结。郝春旭等人对湿地生态补偿的主客体及其相关利益者、补偿额度确定、补偿方式等问题进行了综述，提出当前我国湿地生态补偿研究中存在"定性研究多，重复研究多，创新研究少"等问题。[①] 杨凯等人探讨了湿地生态补偿机制，对我国湿地生态补偿研究的主客体确定、补偿标准确定、补偿方式和途径等问题进行了理论总结。[②] 王媛等人对我国湿地生态补偿机制的研究内容、研究方法及其研究进展等问题进行了理论综述。[③]

（2）湿地生态补偿的机制、制度与政策研究。颜华从三江平原湿地保护与生态补偿现状分析入手，提出了"建立对湿地资源权利人的补偿机制；建立以政府投入为主，全社会支持生态环境建设的投资融资体制；确定合理的补偿标准；加强湿地生态保护和生态补偿的立法工作；提高补偿机制的运作和管理效率"等湿地生态补偿机制建立的对策建议。[④] 周莉从"现实需求、公共经济理论需求和实践性需求"三个方面论证了建立湿地生态效益补偿制度的重要性和必要性。[⑤] 贺思源解析了湿地生态补偿的内涵，探讨了"生态正义理念：生态补偿的法理基础；外部性、公共物品理论：生态补偿的经济学基础；生存的伦理：生态补偿的伦理学基础"等湿地生态补偿理论基础，并以鄱阳湖为例分析了湿地生态补偿机制构建的主体、客体、标准、方式、资

---

① 郝春旭、杨莉菲、王昌海：《湿地生态补偿研究综述》，《全国商情（经济理论研究）》2009 年第 21 期。

② 杨凯、李平：《湿地生态补偿机制研究综述》，《绿色科技》2012 年第 10 期。

③ 王媛、张华：《湿地生态补偿机制研究进展》，《吉林师范大学学报（自然科学版）》2013 年第 3 期。

④ 颜华：《关于建立湿地生态补偿机制的思考——以黑龙江三江平原湿地为例》，《农业现代化研究》2006 年第 5 期。

⑤ 周莉：《从湿地看生态补偿制度的建立》，《新远见》2007 年第 4 期。

金筹集与运营等问题。[①] 张运等人从湿地生态功能所产生的效益分析出发，探讨了湿地生态补偿机制构建的"资源产权确定、生态补偿立法、生态补偿标准、生态补偿模式选择"等问题。[②] 王凤远从湿地生态补偿制度角度探讨了湿地生态补偿制度建立的含义和必要性，以及湿地生态补偿的主体、范围、标准和方式等问题。[③] 黑龙江省人大常委会会议曾提出，要"建立湿地生态效益补偿、生态补水、监测预警"机制，探索"建立湿地保护基金会""加强对湿地的科研投入"等湿地生态补偿机制构建对策。[④] 戴广翠等人指出"湿地生态补偿制度是保障国家生态安全、推进绿色增长和可持续发展、处理利益关系实现和谐保护、履行国际责任和义务、加强湿地保护管理能力"的迫切需要，因此，应从湿地生态补偿的"依据、原则、范围、对象、标准和资金筹集"等方面建立与完善其补偿制度。[⑤] 高正认为，我国湿地资源必须进行"'抢救式'保护"，建立湿地生态补偿制度。并从"国家政策、地方实践、财政支持"角度探讨了其可行性，从"补偿内容、权利主体、补偿标准、资金来源和补偿方式"等角度研究了建设内容。[⑥] 戴广翠等人探讨了湿地生态补偿制度建设的五个关键点："补偿原则、补偿范围、补偿对象、补偿标准、补偿资金来源"，并建议"巩固和扩大补助政策，开展补偿试点，逐步规范管理体制与运行机制"。[⑦] 王宪恩等人认为"湿地补水过程中生态效益及相关的经济效益在保护者与受益者、破坏者与受害者之间的不公平分配，扭曲了生态保护与经济利益的关系，破坏了地区间及各利益相关者之间的和谐"，因此，应建立涵盖"补偿主体、补偿对象、补偿标准与补偿模式"的湿地补水生态补偿框架，以及相应的保障机制。[⑧] 孙永侠研究了"湿地生态补偿制度的含

① 贺思源：《湿地资源生态补偿机制探析》，《学术界》2009 年第 6 期。
② 张运、赵海珊：《湿地生态补偿机制浅析》，《中国商界（上半月）》2010 年第 10 期。
③ 王凤远：《湿地生态补偿制度简论》，《生态文明与林业法治——2010 全国环境资源法学研讨会（年会）论文集》（上册），2010 年 7 月 30 日。
④ 孙佳薇：《建立生态补偿机制 加强对湿地科研投入》，《黑龙江日报》2012 年 10 月 21 日。
⑤ 戴广翠、王福田、夏郁芳等：《关于建立我国湿地生态补偿制度的思考》，《林业经济》2012 年第 5 期。
⑥ 高正：《我国湿地生态补偿制度研究》，苏州大学硕士学位论文，2012 年。
⑦ 戴广翠、王福田等：《建立湿地生态补偿制度是湿地保护的长效措施》，《中国绿色时报》2012 年 4 月 6 日。
⑧ 王宪恩、闫旭、周佳龙：《我国湿地补水生态补偿机制探析》，《环境保护》2012 年第 4 期。

义、补偿主体、补偿范围、补偿标准和补偿方式",以及"管理公务合作机制、湿地开发风险评估、湿地农业产业化发展模式、公众参与机制、补偿金监管制度与政绩考核制度、湿地分类管理体系、宣传湿地生态补偿机制"等湿地生态补偿机制的实施内容。① 丁晓杰认为"法律手段才是湿地生态环境保护的最有效手段",并从理论基础、建设内容、现实障碍与建设构想等方面探讨了湿地生态补偿法律制度。② 王金南从湿地生态保护长效机制构建角度,建议推进湿地保护立法、"两头"(保护补偿与破坏惩罚)抓湿地生态补偿、建立湿地保护专项资金制度、明确补偿范围和对象、提高补偿标准。③ 杨新荣以洞庭湖湿地生态补偿为例,探讨了补偿标准、补偿主客体、补偿期限和补偿方式等湿地生态补偿机制构建内容,并提出建立占补平衡的法律机制、湿地资源许可证与税费制度、湿地生态补偿市场机制、加大国家财政投入、多渠道补偿等政策建议。④ 李梓硕对我国湿地生态补偿制度的立法提出了"明确使用权、产权、清晰补偿主体,细化湿地生态补偿标准,扩大资金来源、激励全社会参与,建立以市场为导向的湿地生态补偿机制"⑤ 等对策建议。孟令军提出湿地生态补偿机制建设,必须"从国家层面建立湿地生态补偿法律法规,明晰湿地所有权、使用权和收益权,明确统一的机构进行湿地生态补偿的管理",并"建立国家、地方、区域、行业多层次的补偿系统,实行政府主导、市场运作、公众参与的多样化生态补偿方式"。⑥

(3)湿地生态补偿的基础理论研究。孙长霞等人探讨了湿地生态补偿的必要性和难点⑦,邓培雁⑧和蔡为民⑨等人从外部性角度对湿地生态补偿的必

---

① 孙永侠:《我国湿地生态补偿机制的构建》,浙江农林大学硕士学位论文,2013年。
② 丁晓杰:《我国湿地生态补偿法律制度研究》,吉林大学硕士学位论文,2013年。
③ 王金南:《完善湿地生态补偿政策 建立湿地保护长效机制》,《前进论坛》2013年第2期。
④ 杨新荣:《湿地生态补偿及其运行机制研究——以洞庭湖区为例》,《农业技术经济》2014年第2期。
⑤ 李梓硕:《我国湿地生态补偿制度立法研究》,《企业家天地(下半月刊)》2014年第7期。
⑥ 孟令军:《建立生态补偿机制保护湿地》,《中国社会科学报》2014年6月23日。
⑦ 孙长霞、贺超、吴成亮:《建立健全我国湿地生态补偿的必要性和难点》,《安徽农业科学》2011年第20期。
⑧ 邓培雁、刘威、曾宝强:《湿地退化的外部性成因及其生态补偿建议》,《生态经济》2009年第3期。
⑨ 蔡为民、杨世媛等:《湿地自然保护区的外部性及生态补偿问题研究》,《重庆大学学报(社会科学版)》2010年第6期。

要性进行了论证。董素在对湿地生态效益及其补偿博弈分析基础上，提出了"确立人类环境权、提高补偿标准、多渠道补偿措施、科学评估湿地生态价值和完善补偿税费制度"等建议。① 郝春旭等人根据博弈理论分析了湿地生态补偿相关利益者，建立了主客体博弈模型，有针对性地提出了湿地生态补偿法律制度和补偿机制对策。② 鲍俊从湿地生态建设工程角度，"以太湖度假区湖滨湿地恢复一期工程为研究对象"，对湿地生态系统服务功能进行了评估，从补偿主客体、补偿标准、补偿途径等层面构建了湿地生态补偿机制框架。③ 王青瑶等人从构建湿地生态补偿长效机制出发，考察了"输血型补偿和造血型补偿两种生态补偿方式"，建议通过湿地生态补偿方式多元化实现补偿效应的相互补充。④ 刘珉在湿地生态系统价值评估研究基础上，提出了湿地生态补偿的"生态补助方式""国家公共财政购买生态公共产品"和"主体参与的相容激励机制"等建议。⑤ 陈兆开在湿地生态补偿主客体辨析基础上，把湿地生态补偿的主体确认为社会补偿主体、自我补偿主体、国家补偿主体三类；把补偿客体区分为湿地保护贡献者和损失者两类，提出了湿地生态补偿的公共支付体系模式、私人交易模式、开放的市场贸易模式和生态标记模式四种补偿模式。⑥ 俞肖剑探讨了湿地生态补偿的"湿地保护与区域发展的协调、补偿的基本原则、补偿资金的筹集和补偿的实施策略"等问题。⑦

（4）湿地生态补偿模式研究。郝春旭等人考察了湖北洪湖和湖南洞庭湖湿地生态补偿的实践模式，分析了我国湿地生态补偿模式确定的三个要素：湿地资源权属、湿地生态补偿法律法规、湿地生态补偿模式选择。⑧ 凌棱等人

---

① 董素：《湿地生态补偿中经济价值和生态价值博弈的法理探析及对策研究》，《滨州学院学报》2012 年第 1 期。

② 郝春旭、杨莉菲等：《中国湿地生态补偿的利益博弈分析》，《资源开发与市场》2011 年第 3 期。

③ 鲍俊：《湿地恢复工程生态服务评价与生态补偿研究》，南京林业大学硕士学位论文，2009 年。

④ 王青瑶、马永双：《湿地生态补偿方式探讨》，《林业资源管理》2014 年第 3 期。

⑤ 刘珉：《湿地生态补偿探讨》，《湿地科学与管理》2012 年第 3 期。

⑥ 陈兆开：《我国湿地生态补偿问题研究》，《生态经济》2009 年第 5 期。

⑦ 俞肖剑：《正确把握湿地生态补偿要求 大力推进生态文明建设》，《浙江林业》2014 年第 S1 期。

⑧ 郝春旭、杨莉菲、温亚利：《基于典型案例研究的中国湿地生态补偿模式探析》，《林业经济问题》2010 年第 3 期。

以东洞庭湖为例，探讨了湿地生态补偿制度建立的"理论依据、额度评估、主客体确定、方式创新"等问题，从需求分析、健全法规和横向补偿机制建立等角度提出了湿地生态补偿机制的优化措施①② （见表1-9）。

表1-9　湿地生态补偿模式

补偿主体（谁补）	补偿客体（补谁）	补偿方式	补偿额度
国家	保护湿地的受损者和湿地保护事业的贡献者	建立专项资金	通过湿地生态价值评价，参考当地最低生活保障，通过核算受损价值，进行合理补偿
地方政府		建立配套资金、提供替代生计等	
湿地资源利用的受益者		上缴税、费等	

　　（5）湿地生态补偿意愿研究。王昌海等人在调查基础上，运用多元回归分析方法对农户行为与选择问题进行了量化分析，以确定农户生态补偿的意愿值。并以陕西朱鹮自然保护区为例进行了实证计量分析：以条件价值法计量分析了2008年和2011年保护区周边农户的生态补偿意愿值；以Logistic回归模型分析了农户生态补偿意愿的影响因素，为湿地生态补偿长效机制构建提供了数据参考。③ 熊凯以农户调查数据为依据，运用"条件价值评估法和Heckman两阶段模型，对鄱阳湖湿地农户生态补偿支付意愿与支付水平及其影响因素进行实证分析"。④

　　2. 区域湿地生态补偿

　　国内学者从实证角度对区域湿地生态补偿的制度机制与法律制度、生态功能服务价值、生态补偿政策、生态补偿案例与调研、补偿意愿、实证模式等内容结合具体区位进行了详细探讨。

---

　　① 凌棱、罗尧、刘先：《优化中国湿地生态补偿机制模式——以东洞庭湖国家级自然保护区为例》，《中国商界（下半月）》2010年第1期。
　　② 郝春旭、杨莉菲、温亚利：《基于典型案例研究的中国湿地生态补偿模式探析》，《林业经济问题》2010年第3期。
　　③ 王昌海、崔丽娟、毛旭锋、温亚利：《湿地保护区周边农户生态补偿意愿比较》，《生态学报》2012年第17期。
　　④ 熊凯、孔凡斌：《农户生态补偿支付意愿与水平及其影响因素研究——基于鄱阳湖湿地202户农户调查数据》，《江西社会科学》2014年第6期。

（1）区域湿地生态补偿的制度机制与法律制度研究。国内学者先后就盐城海滨[1][2][3][4]、青海高原或青藏高原[5]、鄱阳湖[6]、衡水湖[7][8]、洞庭湖区[9][10]、内蒙古[11]、广东省重点湿地[12]、广西[13]、贵州[14]、甘南湿地[15]、洪湖湿地[16]、东平湖湿地[17]、唐山南湖[18]、湖北沉湖[19]、黄河三角洲[20]、苏州市[21]、白洋淀[22][23]、向海[24]、云南元阳哈尼梯田[25]等湿地生态补偿机制与法律制度进行了研究。

---

① 吴耀宇：《浅论盐城海滨湿地自然保护区旅游生态补偿机制的构建》，《特区经济》2011 年第 2 期。

② 王艳霞、张素娟、张义文：《滨海湿地生态补偿机制建设初探》，《湿地科学与管理》2011 年第 4 期。

③ 陈洪全、张华兵：《江苏盐城沿海滩涂湿地资源开发中生态补偿问题研究》，《国土与自然资源研究》2011 年第 6 期。

④ 陈石露、管华：《江苏盐城滨海湿地国家自然保护区生态补偿研究》，《海南师范大学学报（自然科学版）》2012 年第 2 期。

⑤ 晓月：《建立青海湿地生态补偿机制》，《西宁晚报》2013 年 3 月 5 日。

⑥ 孔凡斌、潘丹、熊凯：《建立鄱阳湖湿地生态补偿机制研究》，《鄱阳湖学刊》2014 年第 1 期。

⑦ 王金水、包景岭等：《衡水湖湿地生态补偿估算与机制研究》，《河北工业大学学报》2009 年第 6 期。

⑧ 白宇：《衡水湖湿地自然保护区生态补偿机制研究》，河北科技大学硕士学位论文，2011 年。

⑨ 刘慧杰：《洞庭湖区湿地恢复生态补偿机制研究》，湖南师范大学硕士学位论文，2012 年。

⑩ 杨芳：《基于社区参与的洞庭湖湿地生态补偿机制研究》，《湖南社会科学》2013 年第 2 期。

⑪ 邹德群：《内蒙古湿地生态补偿机制研究》，内蒙古大学硕士学位论文，2011 年。

⑫ 徐颂军、赵海霞：《建立广东省重点湿地生态补偿机制的探讨》，《联合国开发计划署 UNDP/全球环境基金 GEF/小额赠款项目 SGP "湛江特呈岛滨海湿地保护与可持续发展利用示范"项目论文成果汇编》，2011 年 2 月 27 日。

⑬ 曹璐：《广西湿地生态补偿法律问题研究》，广西大学硕士学位论文，2013 年。

⑭ 邓琳君、吴大华：《贵州省湿地生态补偿立法刍议》，《贵阳市委党校学报》2012 年第 4 期。

⑮ 张凤婕：《甘南湿地生态补偿法律制度的研究》，兰州大学硕士学位论文，2013 年。

⑯ 贾丽：《洪湖湿地自然生态补偿研究》，华中师范大学硕士学位论文，2013 年。

⑰ 彭博：《东平湖湿地生态补偿研究综述》，《科技信息》2013 年第 8 期。

⑱ 何辉利、杨永、李颖：《唐山南湖湿地生态补偿机制探究》，《中国环境管理》2013 年第 5 期。

⑲ 陈君、赵柒新：《湖北沉湖湿地生态补偿机制的浅析》，《湿地科学与管理》2013 年第 2 期。

⑳ 杨凯：《黄河三角洲高效生态经济区滨海湿地生态补偿机制研究》，山东师范大学硕士学位论文，2013 年。

㉑ 后文文：《苏州市湿地生态补偿机制研究》，苏州大学硕士学位论文，2013 年。

㉒ 蔡志荣：《白洋淀湿地生态补偿机制的基本框架与体制保障》，《第七届河北省社会科学学术年会论文专辑》，2012 年 12 月 17 日。

㉓ 张赶年：《白洋淀湿地补水的生态补偿研究》，南京信息工程大学硕士学位论文，2013 年。

㉔ 王有利：《向海湿地补水生态补偿机制研究》，吉林大学博士学位论文，2012 年。

㉕ 喻庆国：《云南元阳哈尼梯田湿地生态旅游生态补偿机制探讨》，《安徽农业科学》2007 年第 25 期。

（2）区域湿地生态功能服务价值研究。国内学者先后就鄱阳湖湿地[①②]、洞庭湖区湿地[③]、黄河源湿地[④]、扎龙湿地[⑤]、山东湿地[⑥]、会仙岩溶湿地[⑦]等区域湿地的生态功能服务价值进行了研究。特别是倪才英等人对鄱阳湖湿地的生态系统服务价值进行了计算、对补偿标准进行了评估，并就生态补偿实施措施提出了对策建议。[⑧⑨⑩]

（3）区域湿地生态补偿政策研究。陈克林等人对若尔盖高原湿地生态补偿的国家和省（区、市）两级政府补偿主体、地方补偿财政资金使用灵活性等问题进行了探讨，提出了构建"分级分类"补偿标准、市场补充补偿与牧民优先补偿政策以及生态补偿政策落实等对策建议。[⑪] 王书可等人以三江平原湿地为例，对湿地生态补偿政策及其对促进大豆生产的制度诱导与合理分配等问题进行了探讨。[⑫]

（4）区域湿地生态补偿案例与实证调查研究。贺超等人运用"参与式讨论、半结构访谈和逻辑框架分析法"对"黑龙江三环泡湿地自然保护区的管理目标、压力和威胁因素、利益相关者"，以及生态补偿"目标群体、方式、

---

① 汪为青：《鄱阳湖湿地生态系统服务价值与退田还湖生态补偿研究》，江西师范大学硕士学位论文，2009年。

② 贺娟：《基于社区的鄱阳湖区湿地生态系统服务与生态补偿研究》，江西师范大学硕士学位论文，2009年。

③ 熊鹰、王克林等：《洞庭湖区湿地恢复的生态补偿效应评估》，《地理学报》2004年第5期。

④ 翟永洪、叶润蓉：《基于生态补偿理论的黄河源湿地资源与生态服务价值研究》，青海省环境科学研究设计院、中国科学院西北高原生物研究所，成果入库时间：2013年。

⑤ 杜富华、张雪萍、王姗姗：《扎龙湿地生物多样性保护及其生态补偿机制研究》，《学术交流》2008年第11期。

⑥ 王瑶：《山东湿地生态系统生态功能评估及其生态补偿研究》，山东大学硕士学位论文，2008年。

⑦ 李晖、蒋忠诚等：《基于生态服务功能价值的会仙岩溶湿地生态补偿研究》，《水土保持研究》2014年第1期。

⑧ 倪才英、曾珩、汪为青：《鄱阳湖退田还湖生态补偿研究（Ⅰ）——湿地生态系统服务价值计算》，《江西师范大学学报（自然科学版）》2009年第6期。

⑨ 倪才英、汪为青等：《鄱阳湖退田还湖生态补偿研究（Ⅱ）——鄱阳湖双退区湿地生态补偿标准评估》，《江西师范大学学报（自然科学版）》2010年第5期。

⑩ 倪才英、夏秋烨、汪为青：《鄱阳湖退田还湖生态补偿研究（Ⅲ）——鄱阳湖湿地退田还湖生态补偿实施建议》，《江西师范大学学报（自然科学版）》2012年第4期。

⑪ 陈克林、杨秀芝、陈晶：《若尔盖高原湿地生态补偿政策研究》，《湿地科学》2014年第4期。

⑫ 王书可、李顺龙等：《三江平原湿地生态补偿政策及其对大豆生产影响的探讨》，《大豆科学》2013年第6期。

标准、资金需求与筹集等问题"进行了分析，构建了三环泡湿地保护"生态补偿的框架、实施策略和技术难点"。[①] 张胜等人就鄱阳湖湿地"植被退化、水土流失、土地沙化、水质污染、生物栖息地受到人为破坏等问题"进行了实证调查，对建立健全鄱阳湖湿地生态补偿机制提出了对策建议。[②] 庞淼就后退耕还林时期四川布拖县乐安湿地保护与生态补偿的实施情况、实践模式、农户意愿与实施效果等问题进行了实证研究。[③] 董素等人就黄河三角洲湿地生态补偿应"完善生态补偿立法和管理体制、拓展补偿资金渠道、以生态服务功能价值损失量为补充确定补偿标准"等实践路径进行了实证研究。[④]

（5）区域湿地生态补偿意愿、补偿标准研究。赵斐斐等人以连云港潮滩湿地为对象，用支付卡式问卷对 638 位居民"围填海工程对潮滩湿地"影响、生态补偿意愿及其相关影响因素进行了调查，结果显示，98.2% 的人具有补偿意愿，"平均最小补偿意愿为 443.68 元/人·年"[⑤]。于文金等人运用"意愿调查价值评估法""支付能力 ELES 模型"和"最大支付意愿 Probity 模型"对"太湖湿地生态功能恢复居民支付能力与支付意愿"进行了实证调研与分析研究，结果显示，除 0.27% 的家庭无支付能力外，其余均有支付能力、极强支付能力或一定支付能力；"当地居民对世行工程的平均支付意愿为户均支付 19.19 元/月"[⑥]。郭跃在鄱阳湖湿地资源、社会经济、农户受损情况调研基础上，探讨了"湿地补偿责任主体、补偿受体、补偿方式、补偿途径"等问题，测算了湿地补偿标准。[⑦⑧] 韩美等人"运用市场价值法、环境保护投入费

---

① 贺超、王会等：《黑龙江三环泡湿地生态补偿的案例研究》，《林业经济评论》2013 年第00 期。

② 张胜、张彬：《关于鄱阳湖湿地生态补偿政策的调研报告》，《农村财政与财务》2013 年第6 期。

③ 庞淼：《后退耕还林时期生态补偿模式的实证研究——基于四川布拖县乐安湿地保护区案例的实证研究》，《农村经济》2011 年第 5 期。

④ 董素、王莹：《完善黄河三角洲湿地生态补偿路径研究》，《人民论坛》2013 年第 11 期。

⑤ 赵斐斐、陈东景等：《基于 CVM 的潮滩湿地生态补偿意愿研究——以连云港海滨新区为例》，《海洋环境科学》2011 年第 6 期。

⑥ 于文金、谢剑、邹欣庆：《基于 CVM 的太湖湿地生态功能恢复居民支付能力与支付意愿相关研究》，《生态学报》2011 年第 23 期。

⑦ 郭跃：《鄱阳湖生态经济区湿地生态补偿标准研究——以吴城为例》，《中国管理科学》2012 年第 S2 期。

⑧ 郭跃：《鄱阳湖湿地生态补偿研究：标准与计算》，《林业经济》2012 年第 7 期。

用评价法、生态价值法、成果参数法"等方法对黄河三角洲湿地因生态价值损失的生态补偿标准进行了定量研究。[1]

3. 湿地生态补偿的实践案例

在国家生态补偿法律制度、管理机制日益完善，政府、企业与普通民众生态补偿意识与支付能力逐渐提高条件下，各地从制度完善、资金投入等方面对湿地生态补偿实践进行了积极探索。郭铭华等记者就国家"严守6亿亩湿地红线目标"采访了"两会"期间黑龙江省的全国政协委员，就湿地生态补偿机制构建献计献策，指出当前"湿地保护中存在着管理体制不顺、立法目的不明确、资金投入短缺、湿地水资源不足、水体污染、湿地大面积丧失、宣教工作缺乏系统性"等突出问题，建议建立湿地保护生态补偿机制，如征收资源补偿费，强化法律手段和行政手段管理等措施。[2]

自2003年以来，"甘肃、湖南、陕西、广东、内蒙古、辽宁、宁夏、四川、西藏、吉林、江西、新疆、浙江、山东、北京、青海、云南、湖北、河北"19省（自治区、直辖市）先后制定并实施了省级湿地保护法规，有力地推动了湿地保护与生态补偿实践。如广东省财政自"2011年起每年安排1000万元开展省级湿地保护补助"；江苏省苏州市"2010—2011年共安排湿地生态效益补偿资金7000多万元"；湖北省武汉市自2014年起"市、区两级财政每年出资1000万元，对全市5个湿地自然保护区进行生态补偿"。[3]

（四）退耕还林还草生态补偿研究现状

森林与湿地一样是水源涵养及其保护的重要手段。2002年，国务院颁布的《退耕还林条例》规定："各级人民政府应当严格执行'退耕还林、封山绿化、以粮代赈、个体承包'的政策措施"。"国家按照核定的退耕还林实际面积，向土地承包经营权人提供粮食补助、种苗造林补助费和生活补助费。具体补助标准和补助年限按照国务院有关规定执行"。这意味着退耕还林还草

① 韩美、王一等：《基于价值损失的黄河三角洲湿地生态补偿标准研究》，《中国人口·资源与环境》2012年第6期。
② 郭铭华、衣春翔：《建生态补偿机制 让"地球之肾"不再"渴"水》，《黑龙江日报》2014年3月9日。
③ 王钰：《我国已出台19个省级湿地保护法规》，《中国绿色时报》2014年1月17日。

生态补偿已经成为我国一项公共政策，走上了法治与规范的轨道。

　　吕光明对"退耕贫困农户依然贫困"原因进行了分析，指出其存在补偿错位、"高效益掩盖下的低补偿"等问题，建议推行渐进式退耕还林措施、完善生态补偿机制。[①] 刘燕等人"分析了退耕还林中地方政府和农民承担的成本和收益损失"，发现存在补偿额度不足，加重地方政府财政负担等问题，因此，应按照"退得下、稳得住、不反弹"目标，"建立长期、稳定、合理的生态补偿机制"。[②] 张卫萍"运用成本效益分析方法，构建国家补偿政策与农户响应的关联分析模型"，以冀西北地区农户为例就其退耕还林政策效应进行了分析。[③] 巩芳等人从实证研究角度出发，对内蒙古草原生态补偿的意愿[④]和标准进行了研究[⑤]，得出生态补偿支付意愿（下限）为 23.10 元/公顷·年、受偿意愿（上限）为 1944.75 元/公顷·年，生态补偿标准为 47.55 元/亩·年。韩洪云等人以农户意愿调研数据为基础，估算了重庆万州退耕还林农户的成本、补偿意愿，以此补偿标准衡量存在补偿金额不足问题。[⑥] 李娜提出，退耕还林还草生态补偿标准的确定必须统筹考虑国家财力、效率与公平、补偿资金筹集与生态补偿方式等问题。[⑦] 姜志德从"农产品生产与生态建设"联合生产过程角度对退耕还林还草生态补偿的激励作用进行了考察，提出要创新机制，"将生态激励融入市场机制之中"，"实现个体经济目标与社会生态目标"相容的激励机制。[⑧] 孔凡斌考察总结了我国退耕还林还草生态补偿的"经济政策、成本结构和补偿现状"及其所存在的问题，"从补偿主体、补偿

---

　　① 吕光明：《对贫困地区退耕还林经济补偿机制的思考》，《中共乐山市委党校学报》2004 年第5 期。

　　② 刘燕、周庆行：《退耕还林政策的激励机制缺陷》，《中国人口·资源与环境》2005 年第 5 期。

　　③ 张卫萍：《退耕还林补偿政策与农户响应的关联分析 —— 以冀西北地区为例》，《中国人口·资源与环境》2006 年第 6 期。

　　④ 巩芳、王芳等：《内蒙古草原生态补偿意愿的实证研究》，《经济地理》2011 年第 1 期。

　　⑤ 巩芳、长青等：《内蒙古草原生态补偿标准的实证研究》，《干旱区资源与环境》2011 年第12 期。

　　⑥ 韩洪云、喻永红：《退耕还林生态补偿研究——成本基础、接受意愿抑或生态价值标准》，《农业经济问题》2014 年第 4 期。

　　⑦ 李娜：《退耕还林（草）中生态补偿资金筹集与补偿方式探讨》，《北京农业》2011 年第6 期。

　　⑧ 姜志德：《联合生产视角下的退耕还林生态补偿机制创新》，《甘肃社会科学》2014 年第 1 期。

对象、补偿标准、补偿期限、补偿资金筹措"等方面构架了生态补偿机制。[1]
鲁鹏飞从成本和收益相结合的角度对农户退耕还林还草行为动因进行了分析，
探讨了其激励强度与激励动力。[2]

退耕还林还草生态补偿效率的系统研究。吕志祥以西北地区为例，分析
了退耕还林还草政策在"调整农村产业结构、增加农民收入、改变农民落后
观念、实现农村经济社会全面发展"，实现西北地区"经济、社会、生态的
'三赢'"发展中所取得的成效。[3] 林剑平等人"运用生态系统价值理论对我
国退耕还林还草政策"实施效果进行了评价。计算结果显示，西北地区退耕
还林政策产生了 199.179 亿元的固碳效益、183.95 亿元的水源涵养效益、
42818.7 亿元的土壤保持效益；还通过产业结构调整、生态环境改善奠定了可
持续发展基础。[4] 吴桂月从静态效益和动态效应两方面实证研究了南召县耕地
退耕还林静态效益为 1028 元/年·亩；马尾松林的动态效益为 1062.36 元/
年·亩，补偿标准应为 365 元/年·亩；并"建立了退耕还林动态循环补偿模
式"。[5] 聂晓文等人把我国退耕还林工程与美国土地休耕计划进行了补偿效率
的对比分析，提出我国生态补偿机制构建应"引入市场机制"、充分"考虑参
与主体的偏好与利益需求""减少补偿的中间环节"、解决好生态资源权属问
题等效率激励措施与对策建议。[6]

退耕还林还草工程第一个补助周期即将结束，那么，如何保持和维护退
耕还林还草政策效应，开展好第二个周期及其以后阶段的退耕还林还草补助，
以实现生态、经济与社会的可持续发展呢？国内学者以"后退耕还林时期"
对其后续政策措施与效应进行了探讨。梁明友[7]和庞淼[8]分别探讨了权利禁
锢、主体界定难题、利益评定制度（或效益评估体系）创建困难、退耕林木

---

① 孔凡斌：《退耕还林（草）工程生态补偿机制研究》，《林业科学》2007 年第 1 期。
② 鲁鹏飞：《退耕还林生态补偿机制激励程度研究》，《湖北农业科学》2012 年第 7 期。
③ 吕志祥：《西北地区生态补偿成效评析——退耕还林的视角》，《攀登》2013 年第 4 期。
④ 林剑平、周娟等：《我国生态补偿中退耕还林政策实施评价》，《现代商贸工业》2010 年第
3 期。
⑤ 吴桂月：《退耕还林效益评估与生态补偿响应研究》，河南农业大学硕士学位论文，2012 年。
⑥ 聂晓文、李云燕：《退耕还林工程与美国土地休耕计划生态补偿效率比较分析》，《中国市场》
2009 年第 44 期。
⑦ 梁明友：《后退耕还林时期生态补偿的难点与问题探析》，《绿色科技》2013 年第 8 期。
⑧ 庞淼：《后退耕还林时期生态补偿的难点与问题探析》，《社会科学研究》2012 年第 5 期。

采伐受限、补偿标准制定缺乏综合考虑，以及补偿制度的适应性、农民补偿金的满意度、补偿时间与区域差异等难点问题。谭健提出退耕还林补助期满后应建立"政府补偿和市场化补偿的多元化补偿体系"，并设计了"生态服务使用许可证"生态补偿制度模式。①

（五）自然保护区生态补偿

《中华人民共和国自然保护区条例》（1994 年 10 月 9 日中华人民共和国国务院令第 167 号发布）第二条规定："自然保护区是指对有代表性的自然生态系统、珍稀濒危野生动植物物种的天然集中分布区、有特殊意义的自然遗迹等保护对象所在的陆地、陆地水体或者海域，依法划出一定面积予以特殊保护和管理的区域"，是森林、矿产、湿地、水等生态资源集中保护的载体。根据中华人民共和国环境保护部资料，截至 2013 年年底，全国已经批准设立国家、省、市、县级自然保护区 2697 个，总面积约 14631 万公顷，其中，国家级 407 个，面积约 9404 万公顷②，为特定生态资源的集中、系统保护作出了巨大贡献。国内学者围绕自然保护区生态补偿的标准、机制、生态移民、相关利益者（主体）、补偿意愿、补偿路径、补偿实践与案例等内容进行了研究。

1. 自然保护区生态补偿标准研究

魏晓燕等人认为自然保护区"生态补偿标准的确定实际上是受益者和损失者的博弈过程"，在这个过程中，主要依据于"保护区建设成本""生态系统服务价值""生态补偿意愿调查""生态足迹"，以及综合运用上述方法进行生态补偿标准的确定。③ 王蕾等人认为"最低限度的生态补偿实际上是对保护区社区超过环境承载力的居民的补助资金"，因此通过"虚拟地"计算方法，即"通过计算虚拟占用土地规模求得生态补偿下限标准的方法"，并以福建武夷山保护区为例，计算出其生态补偿额度为 1251600 元。④ 郭辉军等人以

---

① 谭健：《我国退耕还林补助期满后的生态补偿问题研究》，贵州大学硕士学位论文，2007 年。

② 中华人民共和国环境保护部：《2013 中国环境状况公报》，见 http://jcs.mep.gov.cn/hjzl/zkgb/2013zkgb/。

③ 魏晓燕、毛旭锋、夏建新：《我国自然保护区生态补偿标准研究现状及讨论》，《世界林业研究》2013 年第 2 期。

④ 王蕾、苏杨、崔国发：《自然保护区生态补偿定量方案研究——基于"虚拟地"计算方法》，《自然资源学报》2011 年第 1 期。

生态服务功能价值法和机会成本法对云南省 2011 年的 17 个国家级、42 个省级自然保护区的生态补偿标准进行了计算，结果显示，云南省自然保护区平均生态补偿额为 8200 元/年·亩；以集体林地林木价值为机会成本的生态补偿额为 735.13 亿元。[①] 戴其文运用问卷调查和条件估值方法，对猫儿山自然保护区生态补偿的标准和方式进行了探讨，结论为：林地"未被保护区划占农户的机会成本补偿额为 10000 元/户，被划占农户的机会成本补偿额为 10000 元/户 + 750 元/亩 × 被划占的林地亩数；农户受偿意愿补偿额为 230.66 元/亩·年"。[②] 杨志平、王亮、汲荣荣等人运用生态足迹方法分别对盐城市麋鹿自然保护区[③]、盐城丹顶鹤自然保护区[④]和雷公山自然保护区[⑤]的生态补偿标准进行了研究。张蕾、戴广翠等人运用问卷调查法分别对鹰嘴界自然保护区[⑥]和壶瓶山自然保护区[⑦]的生态补偿标准进行了研究。

2. 自然保护区生态补偿机制研究

郭辉军等人从生态系统外部性和生态系统服务功能角度对生态补偿各相关利益方进行了界定，探讨了自然保护区生态补偿的法规机制、财税机制、绩效监测评价机制、市场机制、协商机制、特许经营机制、野生动物肇事补偿机制七大机制，以及"政府补偿、市场补偿与社会捐助"三种补偿模式。[⑧] 任诗君指出，自然保护区居民的生态保护牺牲和所提供的生态服务应该得到生态补偿，但是，现有生态补偿机制却存在"补偿与受偿主体、补偿方式、补偿标准、补偿资金融通、立法体系"等缺陷，因此应从"立

---

① 郭辉军、施本植、华朝朗：《自然保护区生态补偿的标准与机制研究——以云南省为例》，《云南社会科学》2013 年第 4 期。

② 戴其文：《广西猫儿山自然保护区生态补偿标准与补偿方式探析》，《生态学报》2014 年第 17 期。

③ 杨志平：《基于生态足迹变化的盐城市麋鹿自然保护区生态补偿定量研究》，《水土保持研究》2011 年第 2 期。

④ 王亮：《基于生态足迹变化的盐城丹顶鹤自然保护区生态补偿定量研究》，《水土保持研究》2011 年第 3 期。

⑤ 汲荣荣、夏建新、田旸：《基于生态足迹的雷公山自然保护区生态补偿标准研究》，《中央民族大学学报（自然科学版）》2014 年第 2 期。

⑥ 张蕾、戴广翠等：《鹰嘴界自然保护区生态补偿标准探讨》，《湖南林业科技》2012 年第 3 期。

⑦ 戴广翠、张蕾等：《壶瓶山自然保护区生态补偿标准的调查研究》，《湖南林业科技》2012 年第 4 期。

⑧ 郭辉军、施本植：《自然保护区生态补偿机制研究》，《经济问题探索》2013 年第 8 期。

法模式选择、基本原则确立、基本法律制度建立、资金融通机制完善"四个方面构建我国自然保护区生态补偿制度。① 黄润源对我国自然保护区生态补偿的"立法模式选择、补偿主体明确、补偿标准设定、补偿责任承担与补偿资金来源"等法律制度的完善路径进行了探讨。② 郑晓燕等人从"生态服务功能价值,生态安全要求,生存权、发展权与环境权协调发展需要"三个方面说明了建立自然保护区生态补偿机制的必要性,探讨了"碳储存交易、生物多样性保护补偿、流域生态补偿、景观与娱乐文化服务"等自然保护区生态补偿实践模式。③ 李云燕探讨了自然保护区生态补偿"实施的必要性、机制构建的路径、补偿标准确定方法、补偿方式与生态补偿实施途径"等问题。④ 许延东从主体功能区角度对我国"自然保护区生态补偿机制的构建与完善"进行了探讨。⑤

　　从自然保护区具体区域的生态补偿机制构建上来看,王权典等人分别探讨了主体功能区⑥、福建武夷山⑦、安西自然保护区⑧、四川花萼山自然保护区⑨、温州红双自然保护区⑩、福建省自然保护区⑪、深圳福田红树林自然保护区⑫、内蒙古乌拉特自然保护区⑬等具体自然保护区生态补偿机制的构建与

　　① 任诗君:《我国自然保护区生态补偿制度研究》,昆明理工大学硕士学位论文,2011 年。

　　② 黄润源:《论我国自然保护区生态补偿法律制度的完善路径》,《学术论坛》2011 年第 12 期。

　　③ 郑晓燕、何祥博:《自然保护区生态补偿机制的发展与探讨》,《陕西林业》2010 年第 3 期。

　　④ 李云燕:《我国自然保护区生态补偿机制的构建方法与实施途径研究》,《生态环境学报》2011 年第 12 期。

　　⑤ 许延东:《自然保护区生态补偿机制的构建与完善——以主体功能区战略为背景》,《国家林业局管理干部学院学报》2012 年第 3 期。

　　⑥ 王权典:《基于主体功能区划自然保护区生态补偿机制之构建与完善》,《华南农业大学学报(社会科学版)》2010 年第 1 期。

　　⑦ 陈传明:《福建武夷山国家级自然保护区生态补偿机制研究》,《地理科学》2011 年第 5 期。

　　⑧ 田瑞祥、王亮、杨增武:《安西自然保护区生态补偿机制的探讨》,《环境研究与监测》2013 年第 3 期。

　　⑨ 甘欣:《四川省花萼山自然保护区生态补偿机制研究》,《西部发展评论》2011 年第 00 期。

　　⑩ 孔德飞、虞温妮、谢小燕等:《自然保护区和森林公园生态补偿机制的探讨》,《温州大学学报》2012 年第 4 期。

　　⑪ 陈传明、何承耕等:《福建省自然保护区生态补偿机制初探》,《黑龙江农业科学》2010 年第 1 期。

　　⑫ 陈艳霞:《深圳福田红树林自然保护区生态系统服务功能价值评估及其生态补偿机制研究》,福建师范大学硕士学位论文,2012 年。

　　⑬ 魏晓燕、毛旭锋、夏建新:《自然保护区移民生态补偿定量研究——以内蒙古乌拉特国家级自然保护区为例》,《林业科学》2013 年第 12 期。

完善问题。

3. 自然保护区生态补偿相关利益者（主体）研究

陈传明"利用文献调研、问卷调查、利益相关者矩阵分析和数理统计等方法，对福建天宝岩国家级自然保护区生态补偿中的利益相关者"进行了研究，把利益相关者区分为"核心层（各级政府、天宝岩保护区管理局、企业与旅游公司、社区居民）、紧密层（非政府组织、专家学者和社会公众）和外围层（旅游者、金融机构和新闻媒体）"三个层面。[①] 胡小飞等人构建了"自然保护区生态补偿利益相关主体的演化博弈模型"，并对其动态演变过程进行了分析、探讨[②]。

4. 自然保护区生态补偿意愿研究

王宇等人"引入技术接受模型，通过结构式访谈及问卷调查"，对陕西洋县朱鹮自然保护区村民 142 份生态补偿接受意愿调查问卷进行了"单因素方差分析、主成分分析与回归分析、满意程度分析"，结果表明："村民的感知有用性和感知易用性对其接受意愿有显著的正向影响""对现行生态补偿机制的满意程度较低"，因此，应建立生态补偿的长效机制。[③] 张冰采用条件评价法对"长白山自然保护区游人及当地居民"281 份有效问卷的生态补偿支付意愿进行了调查和研究。[④] 陈传明对闽西梅花山国家级自然保护区居民的 127 份有效问卷的生态补偿意愿进行了分析，当地居民的生态补偿标准意愿为 3800—5000 元/户·年。[⑤] 张冰对长白山自然保护区游客和居民的 704 份有效调查问卷进行了分析和研究，结论是：当地居民的资金支付意愿是 276 万元/年、劳动支付意愿是 43 万元/年、资金受偿意愿是 1970 万元/年，游客的资

---

① 陈传明：《自然保护区生态补偿的利益相关者研究——以福建天宝岩国家级自然保护区为例》，《资源开发与市场》2013 年第 6 期。

② 胡小飞、傅春：《自然保护区生态补偿利益主体的演化博弈分析》，《理论月刊》2013 年第 9 期。

③ 王宇、延军平：《自然保护区村民对生态补偿的接受意愿分析——以陕西洋县朱鹮自然保护区为例》，《中国农村经济》2010 年第 1 期。

④ 张冰、申韩丽等：《长白山自然保护区旅游生态补偿支付意愿分析》，《林业资源管理》2013 年第 1 期。

⑤ 陈传明：《闽西梅花山国家级自然保护区的生态补偿机制——基于当地社区居民的意愿调查》，《林业科学》2012 年第 4 期。

金支付意愿是 2000 万元/年。[①]

5. 自然保护区生态补偿路径研究

刘益军等人从管理角度对生态补偿管理路径进行了研究，"以重庆缙云山、大巴山自然保护区为研究对象，应用 3S 技术构建了自然保护区生态补偿管理系统"，并对"1995—2010 年土地利用空间结构变化及生态补偿的生态足迹与生态承载力"进行了实证计量分析。[②] 卢世柱和李苗苗等人探讨了自然保护区生态补偿机制构建的建设项目[③]和社区参与式路径[④][⑤]。黄寰分析了自然保护区生态补偿的必要性，提出应实行"分时段补偿、分类补偿、分情况补偿"的差异化补偿措施[⑥]。童华军以浙江省自然保护区为例，分析了林权改革带来的生态风险，提出采用经济、观念、制度等多途径扭转区际利益失衡局面，"建立重点领域生态补偿标准体系，探索多元化生态补偿模式"，具体建议"制定专门的浙江自然保护区森林生态效益补偿办法"、拓宽生态补偿资金投入渠道、建立生态补偿的市场协调机制，以及通过清洁发展机制"打捆"管理，"实现生态优势向生态资本的转变"。[⑦]

6. 自然保护区生态补偿实践与案例研究

几乎所有的自然保护区生态补偿都是通过实证案例进行分析，都是实践或理论与实践相结合的研究，除了前述研究成果中的实践或案例研究外，国内学者们还对江苏省大丰麋鹿国家级自然保护区[⑧]、海南省昌江县王下乡[⑨]、江

---

① 张冰：《长白山自然保护区旅游生态补偿支付意愿及受偿意愿的研究》，东北林业大学硕士学位论文，2013 年。

② 刘益军、张素强等：《3S 技术在自然保护区生态补偿管理中的应用》，《北京林业大学学报》2011 年第 S2 期。

③ 卢世柱：《涉及自然保护区的建设项目生态补偿机制探讨——以广西林业系统自然保护区为例》，《广西林业科学》2007 年第 4 期。

④ 蒋姮：《自然保护地参与式生态补偿机制研究》，法律出版社 2012 年版。

⑤ 李苗苗、任世丹：《自然保护区参与式生态补偿机制研究》，《生态文明的法制保障——2013年全国环境资源法学研讨会（年会）论文集》，2013 年 6 月 4 日。

⑥ 黄寰：《论自然保护区生态补偿及实施路径》，《社会科学研究》2010 年第 1 期。

⑦ 童华军：《对浙江省自然保护区生态补偿实践的建议》，《世界环境》2010 年第 4 期。

⑧ 戴轩宇、李升峰：《自然保护区生态补偿问题研究——江苏省大丰麋鹿国家级自然保护区案例分析》，《河南科学》2008 年第 4 期。

⑨ 义术、吉明江：《自然保护区腹地的生态补偿实践——海南省昌江县王下乡生态补偿试点经验》，《新东方》2010 年第 5 期。

苏盐城滨海湿地国家自然保护区①、兽害补偿案例②等具体区域或不同类别的自然保护区生态补偿实践进行了研究。

第四节　流域及汉江流域生态补偿研究现状

　　流域和水资源生态补偿是国外生态补偿研究较早探索的领域，也是我国"森林、草原、湿地、流域和水资源、矿产资源开发、海洋以及重点生态功能区"七大领域生态补偿的重要内容之一，也是国家"中央森林生态效益补偿基金制度、草原生态补偿制度、水资源和水土保持生态补偿机制、矿山环境治理和生态恢复责任制度、重点生态功能区转移支付制度"生态补偿制度基本框架的重要组成部分。③ 水资源短缺、污染严重、空间分布不均、浪费使用等使水资源问题严重，在国家生态补偿制度框架建立和各地积极探索生态补偿实践的同时，学术界对该问题进行了持续、系统的理论研究和实践经验总结。

一、国外流域生态补偿理论研究现状

　　国外对流域生态补偿进行了较早探索，早在 19 世纪 70 年代，美国的拉尔森（Larson）等提出了湿地开发补偿的快速评价模型。20 世纪以来的研究更是突飞猛进。20 年代，英国经济学家庇古和科斯提出外部性理论，较早地为生态补偿奠定了理论依据。④ 70 年代，美国经济学家塞尼卡和陶希格提出对生态环境等"稀缺物品"必须付费使用的观点，是今天"谁使用谁付费"生态补偿原则的先驱思想；1970 年，欧共体就开始制定保护水源和河川的政

---

　　① 陈石露、管华：《江苏盐城滨海湿地国家自然保护区生态补偿研究》，《海南师范大学学报（自然科学版）》2012 年第 2 期。

　　② 靳欣、白建明：《甘肃省自然保护区生态补偿制度的构建——基于兽害补偿的案例与视角》，《生态经济（学术版）》2013 年第 1 期。

　　③ 徐绍史：《国务院关于生态补偿机制建设工作情况的报告》，中国人大网，见 www.npc.gov.cn，2013 年 4 月 26 日。

　　④ 胡仪元：《生态补偿的理论基础再探——生态效应的外部性视角》，《理论探讨》2010 年第 1 期。

策；1972 年，经济合作与发展组织（OECD）理事会提出的"污染者付费"原则成为各国环境法的一项基本原则。1976 年，德国实施了生态补偿政策。80 年代，美国、加拿大、荷兰、日本、德国等 20 多个国家对水资源价值及水环境价值的补偿提出了具体实施措施，如 1986 年美国实施的湿地"无净损失"政策体现了生态补偿原则，促进了生态环境保护。90 年代，西方发达国家对生态补偿主体的行为与选择、补偿的经济原因、途径与机制等进行了细致研究。[①] 21 世纪以来，各国在生态补偿研究上向两个维度拓展：一个是理论维度上的拓展，即由生态环境领域的研究向政治、经济、文化等各个领域拓展，出现了全面深化该问题研究的局面；另一个是实践维度上的拓展，即在可持续发展理念指导下，生态补偿的国家、地区（省、区、市，县）全方位实践体系建立，生态补偿的政府主导、市场运作及其相应的财政转移支付模式、水权交易、异地开发模式等一系列实践操作模式的探索与成功。[②]

　　世界水论坛是世界上最大的水事活动，每三年举办一届，自 1997 年以来已经举办了七届，其举办情况如表 1－10 所示。

表 1－10　历届世界水论坛主题与会议成果

届数	举办时间	举办地点	会议主题	会议成果
第一届	1997 年 3 月 20—25 日	摩洛哥马拉喀什市	"水，共同的财富"	发表了《马拉喀什宣言》，倡导开展永久确保全球水资源的蓝色革命
第二届	2000 年 3 月 17—22 日	荷兰海牙市	"世界水展望"	发表了《海牙宣言》和相关行动计划，展望了未来 25 年的水资源管理和消除水危机措施，勾画了世界水蓝图

---

　　① Carsten Drebenstedt, *Regulations*, *Methods and Experiences of land Reclamation in German Opencast Mines*, Addressed to Mine Land Reclamation and Ecological Restoration for the 21 Century – Beijing International-al Symposium on Land Reclamatiom, 2000.

　　② 姚琳：《水资源生态补偿机制研究现状与发展趋势》，《菏泽学院学报》2008 年第 2 期。

续表

届数	举办时间	举办地点	会议主题	会议成果
第三届	2003 年 3 月 16—23 日	日本京都、大阪和滋贺三市	"水和粮食、环境"、"水和社会""水和发展"等38个主题	通过了《部长宣言》并公布了各国及国际机构提交的《水行动计划集》
第四届	2006 年 3 月 16—22 日	墨西哥首都墨西哥城	"采取地方行动,应对全球挑战"	通过的《部长声明》强调:"水是持续发展和根治贫困的命脉,必须改变当前使用水资源的模式,保证所有人都能用上洁净水"
第五届	2009 年 3 月 16—22 日	土耳其伊斯坦布尔市	"架起沟通水资源问题的桥梁"	通过的《部长声明》指出:"必须加强水资源的管理和国际合作,保证数十亿人的饮水安全"
第六届	2012 年 3 月 12—17 日	法国马赛市	"治水兴水,时不我待"	通过的《部长宣言》倡导三个战略方向:"一是确保每个人的福利;二是促进经济发展;三是保护蓝色星球"。提出"治理、合作、融资和营造水资源管理环境"的实施措施
第七届	2015 年 4 月 12—17 日	韩国大邱和庆州	"水——人类的未来"	通过的《部长宣言》重申:"水资源是可持续发展的核心""享有清洁饮用水和卫生设施的权利"等;实施水资源领域目标履行的"执行路线图"、确立相关监督体系;地区政府之间建立"水资源立法平台"

资料来源:根据新华网"第六届世界水论坛部长级会议通过部长级宣言""第七届世界水资源论坛部长宣言"等资料整理。

从实践上来看,国外流域生态补偿最早源于流域管理和规划。[①] 基本上形成了行政区域管理、按水系的自然流域管理、按水功能的分部门管理三种模

---

① 卢艳丽、丁四保:《国外生态补偿的实践及对我国的借鉴与启示》,《世界地理研究》2009 年第 3 期。

式①，和政府购买（公共支付体系）、私人交易、市场贸易、生态标签四种生态系统服务支付模式。② 从主体推进角度看，目前主要有政府主导和市场手段两种生态补偿模式。③

二、国内流域生态补偿研究现状

国内关于流域生态补偿的研究主要包括以下五个方面：流域生态补偿研究现状的理论综述或总结、主客体研究、补偿标准研究、补偿模式研究、补偿机制研究。

（一）流域生态补偿研究现状的理论总结

马莹对国内流域生态补偿的理论研究现状进行了梳理，认为，当前学术界的研究主要集中在流域生态补偿的内涵、主体、原则、方式、分类、标准、资金筹集、补偿模式和理论基础等九个方面，但是，缺乏具有实践指导作用的补偿额度研究、流域内主体内部的资金分配研究和制度评价标准研究，这将成为下一步研究的新热点。④ 朱九龙考察的是"跨流域调水水源区生态补偿研究成果"，对国内跨流域调水生态补偿的标准测算、生态系统服务功能测算、补偿机制研究进行了理论总结，对其实践状况进行了概述，认为，今后研究的重点或方向将是"生态补偿利益相关主体博弈分析，生态系统服务价值的多角度评估、补偿标准的动态演化"。⑤ 张军对各省水环境生态补偿标准与实施范围等实践进展情况进行了研究现状总结。⑥

（二）流域生态补偿机制研究

国内学者分别从法律制度机制、机制构建、机制完善与长效机制四个方面，结合长江、珠江、淮河、鄱阳湖、新安江、黑河、新昌江、沭河、南北

---

① 俞树毅：《国外流域管理法律制度对我国的启示》，《南京大学法律评论》2010 年第 9 期。

② 周映华：《流域生态补偿及其模式初探》，《水利发展研究》2008 年第 3 期。

③ 白燕：《流域生态补偿机制研究——以新安江流域为例》，安徽大学硕士学位论文，2011 年。

④ 马莹：《国内流域生态补偿研究综述》，《经济研究导刊》2014 年第 12 期。

⑤ 朱九龙：《国内外跨流域调水水源区生态补偿研究综述》，《人民黄河》2014 年第 2 期。

⑥ 张军：《流域水环境生态补偿实践与进展》，《中国环境监测》2014 年第 1 期。

盘江、梁子湖、西北地区与干旱半干旱地区、浙江省等具体流域或区域的生态补偿机制进行了系统研究。

1. 流域生态补偿法律制度机制研究

秦玉才汇编介绍了"2010 年 10 月 23—24 日在四川雅安召开的'生态补偿立法与流域生态补偿国际研讨会'"所取得的关于生态补偿机制构建的愿景、路径、地方实践、国际经验等探讨成果。[①] 耿雷华等人探讨了水源涵养区生态补偿的主客体、标准测算、实施方式、政策措施等问题。[②] 薛睿心分析了"市场化交易、政府主导、跨区域协调支付"三种流域生态补偿模式的利弊得失，探讨了完善对策与建议。[③] 才惠莲[④]和陈蒙蒙[⑤]对"跨流域调水生态补偿"的法律制度机制构建进行了探讨。

2. 流域生态补偿机制构建研究

《水能资源开发生态补偿机制研究》全面探讨了水能资源开发生态补偿机制构建的各个要素，如补偿标准测算、补偿模式、政策框架等。[⑥] 江泽慧"以西部公益林和流域生态补偿案例研究"为例，探讨了"西部土地退化防治和生态保护的生态补偿机制"。[⑦] 徐大伟从流域生态补偿机制构建的补偿意愿和支付行为条件出发，以辽河为例，"构建了基于 WTP 和 WTA 的流域生态补偿支付行为模型和生态政策导向的受益者支付行为模型"[⑧]，并探讨了"跨区域流域生态补偿的准市场机制"[⑨]。宋建军探讨了"流域生态环境补偿机制的理论基础和政策法规依据，提出了建立省际间流域生态环境补偿机制的总体框架和政策建议"[⑩]。李远等人"以东江流域为例探索了跨省流域生态补偿制度

---

① 秦玉才：《流域生态补偿与生态补偿立法研究》，社会科学文献出版社 2011 年版。

② 耿雷华等：《水源涵养与保护区域生态补偿机制研究》，中国环境科学出版社 2010 年版。

③ 薛睿心：《我国流域水资源生态补偿法律制度研究》，山西财经大学硕士学位论文，2014 年。

④ 才惠莲：《我国跨流域调水生态补偿法律制度的构建》，《安全与环境工程》2014 年第 2 期。

⑤ 陈蒙蒙：《构建中国跨流域调水生态补偿法律关系的法律思考研究——基于跨流域调水水权转让的动态视角》，《环境科学与管理》2014 年第 6 期。

⑥ 《水能资源开发生态补偿机制研究》编写组：《水能资源开发生态补偿机制研究》，中国水利水电出版社 2010 年版。

⑦ 江泽慧：《公益林和流域生态补偿机制研究》，中国林业出版社 2013 年版。

⑧ 徐大伟：《跨区域流域生态补偿意愿及其支付行为研究》，经济科学出版社 2013 年版。

⑨ 徐大伟、常亮：《跨区域流域生态补偿的准市场机制研究：以辽河为例》，科学出版社 2014 年版。

⑩ 宋建军：《流域生态环境补偿机制研究》，水利水电出版社 2013 年版。

及污染赔偿方案，以及粤赣两省跨省流域生态补偿与污染赔偿方案的补偿制度框架"。① 胡芝芳以浙江省为例，探讨了流域生态补偿的生态文明制度体系构建。② 贾若祥对流域内地区间横向生态补偿机制构建进行了研究③、丁文学对在干旱半干旱地区调水生态补偿的机制构建进行了研究。④ 刘志仁以西北内陆河流域为例，引入负熵流概念和耗散结构理论对其生态补偿机制构建进行了研究⑤。刘玉龙对新安江流域生态共建共享机制建设框架进行了研究⑥；黄彦臣以长江流域为例，探讨了流域生态补偿的共建共享机制⑦。汤崇军以鄱阳湖为例，探讨了其生态补偿机制的构建框架。⑧ 张晓蕾以淮河流域为例，"从核算标准、组织方式和补偿形式"三方面探讨了水质—水量流域生态补偿机制构建。⑨ 张巧川从区际、代际补偿及其额度确定角度，研究了流域生态补偿机制构建。⑩ 伊媛媛提出要"建立跨流域调水生态补偿的利益平衡机制"，包括建立多元参与机制、完善法律体系、发展补偿制度等。⑪ 此外，马晓红⑫、罗宇⑬、陆健华⑭等人分别探讨了珠江及其上游的南北盘江流域、梁子湖及其

　　① 李远、彭晓春、周丽旋等：《流域生态补偿、污染赔偿政策与机制探索：以东江流域为例》，经济管理出版社2012年版。
　　② 胡芝芳：《加快制度建设，推进生态文明——以流域生态补偿制度建设为例》，《学理论》2014年第13期。
　　③ 贾若祥、张燕、申现杰：《关于流域生态补偿的思考》，《中国经贸导刊》2014年第24期。
　　④ 丁文学、程同福、杨永胜：《干旱、半干旱地区流域调水的生态补偿机制初探》，《水利规划与设计》2014第9期。
　　⑤ 刘志仁、汪妍村：《基于耗散结构理论的西北内陆河流域生态环境补偿研究》，《西北大学学报（自然科学版）》2014年第4期。
　　⑥ 刘玉龙：《生态补偿与流域生态共建共享》，中国水利水电出版社2007年版。
　　⑦ 黄彦臣：《基于共建共享的流域水资源利用生态补偿机制研究》，华中农业大学硕士学位论文，2014年。
　　⑧ 汤崇军、杨洁等：《鄱阳湖流域水土保持生态补偿机制基本框架浅析》，《人民长江》2014年第4期。
　　⑨ 张晓蕾、万一：《基于水质—水量的淮河流域生态补偿框架研究》，《水土保持通报》2014年第4期。
　　⑩ 张巧川：《基于区际与代际之间的流域生态补偿机制研究——理论构建与实践应用》，浙江理工大学硕士学位论文，2013年。
　　⑪ 伊媛媛：《跨流域调水生态补偿的利益平衡分析》，《法学评论》2011年第3期。
　　⑫ 马晓红：《珠江流域民族地区生态补偿机制的构建》，《贵州民族研究》2014年第7期。
　　⑬ 罗宇：《建立珠江上游南、北盘江流域生态补偿机制探析》，《硅谷》2014年第11期。
　　⑭ 陆健华、曾霞：《加快建立健全梁子湖流域生态补偿机制的对策思考》，《科技创新导报》2014年第10期。

流域的生态补偿机制构建。赵银军等人构建了流域生态补偿的运行机制和基于外部性的分类体系，流域生态保护与修复活动补偿运行机制如图1－4所示。①

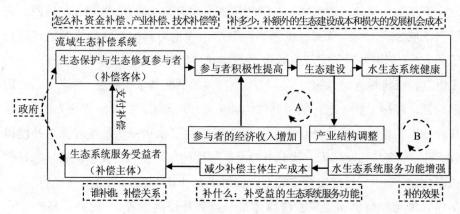

图1－4　流域生态补偿运行机制示意图

3. 流域生态补偿的机制完善研究

人们在流域生态补偿机制初始构建的基础上，依据持续改进原理，对完善生态补偿机制、增强补偿效果问题进行了探讨。郑海霞在流域生态补偿案例研究基础上，探讨了流域生态补偿的"机制、标准、驱动力与障碍"，以及政策框架。② 刘青等人探讨了"江河源区生态系统服务价值的结构体系和评估体系"，建立数学模型对东江源区生态系统价值补偿机制的建立和优化进行了研究。③ 吴园园对新安江流域13个生态补偿效益指标进行了主成分模型的SPSS分析，提出了细化法规、政府参与、加大资金投入等完善对策。④ 李磊等人以沭河流域为例对构建可持续发展的流域生态补偿机制进行了探讨⑤⑥。

---

① 赵银军、魏开湄等：《流域生态补偿理论探讨》，《生态环境学报》2012年第5期。

② 郑海霞：《中国流域生态服务补偿机制与政策研究》，中国经济出版社2010年版。

③ 刘青、胡振鹏：《江河源区生态系统价值补偿机制》，科学出版社2012年版。

④ 吴园园：《新安江流域生态补偿机制效果分析与完善研究》，安徽大学硕士学位论文，2014年。

⑤ 李磊、梁峙等：《沭河流域水资源生态补偿机制的研究》，《天津农业科学》2014年第1期。

⑥ 赵海明、李磊等：《沭河流域水资源生态补偿机制的研究》，《江苏水利》2014年第1期。

4. 流域生态补偿的长效机制研究

王向阳①和贾本丽②分别以黑河流域和新安江流域为例，从"生态补偿主体、客体、标准、方式及建立生态补偿政策体系"对流域生态补偿的长效机制构建进行了研究。

（三）流域生态补偿标准研究

补偿标准是流域生态补偿实施的关键或核心问题，而补偿标准的确定又与生态补偿标准的确定方法紧密相连，因此，不同确定方法所得出的生态补偿标准或额度也就各不相同。国内学者分别从流域生态补偿标准的模型确定、意愿确定、博弈确定与重置成本法确定等问题进行了分析和研究。

1. 模型方法确定流域生态补偿标准的研究

分别构建了分配模型、计量模型、分摊模型、水足迹模型、综合模型等流域生态补偿标准确定模型。许凤冉以新安江流域为例，探讨了流域生态补偿标准的测算方法与补偿机制。③ 付意成等人以"永定河官厅水库以上流域"为例，通过"数学模型和数值分析技术对流域治理修复型水生态补偿标准"和机制进行了系统研究④；并构建了"效益最大化水量分配模型"，计算了永定河山西段、河北段的生态补偿额应为 4655 万元⑤。金淑婷等人以石羊河流域为例，构建生态补偿标准确定的计量模型，计算结果为乡村人口基本生活保障水平的生态补偿额为："肃南县 2000 元/年、天祝县 880.9 元/年、古浪县 850 元/年、凉州区 1154.6 元/年、金川区 1800 元/年、永昌县 1317.6 元/年、民勤县 850 元/年"，工业生态损失补偿标准为 12.89 亿元（上游、中游与下游为零）。⑥ 李维乾建立了基于 DEA 合作博弈模型的流域生态补偿额分摊

---

① 王向阳、赵仕沛等：《黑河流域生态补偿长效机制研究》，《人民黄河》2014 年第 5 期。

② 贾本丽、孟枫平：《省际流域生态补偿长效机制研究——以新安江流域为例》，《安庆师范学院学报（社会科学版）》2014 年第 4 期。

③ 许凤冉：《流域生态补偿理论探索与案例研究》，中国水利水电出版社 2010 年版。

④ 付意成、阮本清、许同凤等：《流域治理修复型水生态补偿研究》，中国水利水电出版社 2013 年版。

⑤ 付意成、吴文强、阮本清：《永定河流域水量分配生态补偿标准研究》，《水利学报》2014 年第 2 期。

⑥ 金淑婷、杨永春等：《内陆河流域生态补偿标准问题研究——以石羊河流域为例》，《自然资源学报》2014 年第 4 期。

模型，对新安江流域的 4.88 亿元生态补偿在"新安江流域皖浙省界以上、淳安县、新安江水库及以下地区三个地区进行分摊"研究。[①] 邵帅建立了水足迹生态补偿标准决定模型，以东江流域河源市为例，计算出其生态补偿额为 6.95 亿元。[②] 张君与任力分别构建了基于"成本、生态服务功能价值、静态累积、间接计算"[③] 和"社会公平原则、上游供给成本、水资源市场价格"[④] 的生态补偿综合计量模型，计算出"南水北调中线工程十堰核心水源区生态补偿标准"为 7.2 亿元/年，九龙江流域厦门的生态补偿额为 4.76 亿元/年。

2. 意愿调查方法确定流域生态补偿标准的研究

李超显"在 CVM 问卷调查基础上，采取 probit 模型与结构方程模型对湘江流域生态补偿支付意愿"进行了研究，结果显示平均支付意愿生态补偿额度为 70.32 元/月·户。[⑤] 施翠仙也是在 CVM 问卷调查基础上，采用"最优尺度回归模型和二项 Logistic 回归模型对洱海流域上游水源地洱源县农户的生态补偿意愿"进行了研究，其总受偿意愿为 3.248 亿元/年。[⑥]

3. 博弈方法确定流域生态补偿标准的研究

于成学构建了辽河流域跨省界断面生态补偿模型，通过博弈分析得出辽河上、下游省份之间生态补偿额度确定的"纳什均衡福利份额为 60.78 亿元"[⑦]。李昌峰建立了演化博弈理论模型，对太湖流域 COD 的处罚金额实证分析的结论为："超标每吨 COD 至少处罚金额为 1.95 万元"。[⑧]

---

① 李维乾、解建仓等：《基于改进 Shapley 值解的流域生态补偿额分摊方法》，《系统工程理论与实践》2013 年第 1 期。

② 邵帅：《基于水足迹模型的水资源补偿策略研究》，《科技进步与对策》2013 年第 14 期。

③ 张君、张中旺、李长安：《跨流域调水核心水源区生态补偿标准研究》，《南水北调与水利科技》2013 年第 6 期。

④ 任力、李宜珉：《流域生态补偿标准的实证研究——基于九龙江流域的研究》，《金融教育研究》2014 年第 2 期。

⑤ 李超显、周云华：《湘江流域生态补偿支付意愿及其影响因素的实证研究》，《系统工程》2013 年第 5 期。

⑥ 施翠仙、郭先华等：《基于 CVM 意愿调查的洱海流域上游农业生态补偿研究》，《农业环境科学学报》2014 年第 4 期。

⑦ 于成学、张帅：《辽河流域跨省界断面生态补偿与博弈研究》，《水土保持研究》2014 年第 1 期。

⑧ 李昌峰、张娈英等：《基于演化博弈理论的流域生态补偿研究——以太湖流域为例》，《中国人口·资源与环境》2014 年第 1 期。

4. 重置成本方法确定流域生态补偿标准的研究

赵雷刚构建了"以水环境容量为计算生态补偿价值自然标准"的"生态环境恢复层成本、生态环境维护层成本、生态保护战略层成本"流域生态补偿计量模式，并以黄河流域（兰州段）为例计算出"下游地区 2012 年应向兰州市支付的补偿价值为 844.28 亿元"。[1]

（四）流域生态补偿主体研究

生态补偿必须解决"谁补偿谁"的问题，这就是流域生态补偿的主体问题。国内学者的研究主要有，李小云通过三个政策和五个案例探讨了市场与政府在生态补偿机制中的地位与作用，指出"当前我国的流域生态补偿中，政府起着主导作用，但需要为市场作用的发挥创造条件"。[2] 王金南认为流域生态补偿主体包括流域生态环境的破坏者和流域生态改善的获益者两种[3]；毛涛认为流域生态补偿的主体包括流域资源所有权主体的国家（所有者补偿主体）与受益于流域生态系统服务的组织和个人[4]；苗慧敏[5]和胡蓉[6]探讨了政府主体在流域生态补偿中的责任。陈东晖分析了政府主体在生态补偿上的"政府间强制扣缴流域生态补偿模式、上下游政府间水权交易的流域生态补偿模式、上下游政府间共同出资的流域生态补偿模式"，并在赤水河流域进行了适用性分析。[7] 郭文献以"永定河上游册田水库保护区（山西省大同市）、官厅水库保护区（河北省张家口市）"为例，对国家、市场、居民三类不同主体的支付意愿支付额度变化进行了分析。[8]

---

[1]　赵雷刚：《基于环境重置成本法的流域生态补偿价值计量方法研究——以黄河流域（兰州段）为例》，兰州商学院硕士学位论文，2014 年。

[2]　李小云：《生态补偿机制：市场与政府的作用》，社会科学文献出版社 2007 年版。

[3]　王金南、万军、张惠远：《关于我国生态补偿机制与政策的几点认识》，《环境保护》2008 年第 10 期。

[4]　毛涛：《我国流域生态补偿制度的法律思考》，西南政法大学硕士学位论文，2009 年。

[5]　苗慧敏：《流域生态补偿中当地政府的流域生态环境责任》，《财政监督》2014 年第 1 期。

[6]　胡蓉：《流域生态补偿中政府生态责任实现之我见》，《知识经济》2014 年第 2 期。

[7]　陈东晖、安艳玲：《政府主导型生态补偿模式在贵州赤水河流域的适用性研究》，《水利与建筑工程学报》2014 年第 3 期。

[8]　郭文献、付意成、张龙飞：《流域生态补偿社会资本模拟》，《中国人口·资源与环境》2014 年第 7 期。

（五）流域生态补偿模式研究

生态补偿模式就是"以保护生态环境和可持续利用生态系统服务为目的，根据生态系统服务价值、生态保护成本、发展机会成本，调节相关利益者关系的制度安排和模式设计"。[①] 在流域生态补偿模式上的研究，国内学者也进行了积极探索。刘传玉采用"文献回顾法、归纳法、剖析法和对比法"对国内外流域生态补偿模式进行了对比研究。[②] 肖加元探讨了跨省流域生态补偿模式由政府主导向市场调节的转变。[③] 郭志建建议构建基于水质和水量的流域逐级补偿模式。[④] 钱炜探讨了基于前景理论的上下游之间生态补偿利益博弈模式。[⑤] 陈德敏对流域生态补偿省际之间的利益博弈进行了分析，建议回归到"压制型法—自治型法—回应型法"结构性决策模式上。[⑥] 王蓓蓓将流域生态补偿模式区分为"水权交易（东阳—义乌水权交易）、异地开发（浙江省金华江流域建立的磐安经济技术开发区）、财政转移支付（纵向转移支付和横向转移支付）、生态补偿基金（千岛湖的生态补偿基金制度）"四种模式。[⑦] 周映华通过"广东省东江流域、贵州省红枫湖、北京密云水库、湖南洞庭湖"生态补偿实例分析，总结了流域生态补偿的模式为政府主导生态补偿模式、市场交易生态补偿模式和非政府组织（NGO）参与生态补偿模式三种类型。[⑧]

（六）流域生态补偿评价研究

根据评价对象不同，流域生态补偿评价研究主要包括三方面内容：评价

---

① 徐永田：《我国生态补偿模式及实践综述》，《人民长江》2011 年第 11 期。

② 刘传玉、张婕：《流域生态补偿实践的国内外比较》，《水利经济》2014 年第 2 期。

③ 肖加元、席鹏辉：《跨省流域水资源生态补偿：政府主导到市场调节》，《贵州财经大学学报》2013 年第 2 期。

④ 郭志建、葛颜祥、范芳玉：《基于水质和水量的流域逐级补偿制度研究——以大汶河流域为例》，《中国农业资源与区划》2013 年第 1 期。

⑤ 钱炜、张婕：《基于前景理论的流域生态补偿政策研究》，《人民黄河》2014 年第 1 期。

⑥ 陈德敏、董正爱：《主体利益调整与流域生态补偿机制——省际协调的决策模式与法规范基础》，《西安交通大学学报（社会科学版）》2012 年第 2 期。

⑦ 王蓓蓓：《流域生态补偿模式及其创新研究》，山东农业大学硕士学位论文，2010 年。

⑧ 周映华：《我国地方政府流域生态补偿的困境与探索》，《珠江现代建设》2008 年第 3 期。

本身的研究,即评价的指标体系、管理机制与评价结果的运用;流域或水资源生态本身的评价,就是水资源本身的资源或保护状态评价;流域生态补偿的效率效果评价,就是生态补偿之后对生态环境的改善、受偿者的收入增加、补偿金的使用效益等评价。国内学者对该问题研究的代表性成果主要有:靳美娟对陕西省 11 个地市的水资源压力进行了评价,结果显示:水资源压力最大的是西安和铜川两市,处于中等的是杨凌、延安、商洛、咸阳和宝鸡五市,而水资源丰富压力最小的是渭南、安康、汉中和榆林四市。① 李兴德以黄前水库流域为例对水库型小流域生态需水量及其生态健康状况进行了评价研究②。邱宇构建了"水环境安全评价指标体系",对"汀江流域面积大于 500 平方公里的干流和主要支流的水环境安全进行了评价"。③ 郭建军利用"尺度效应和空间关系,运用生态足迹评价方法",以石羊河流域为例对其生态承载力进行了评价研究。④

(七) 流域生态补偿成本研究

严格意义上来说,生态补偿资金本身就是对生态的成本补偿,但是,这里的成本却是指人们为了进行生态补偿所需要的成本,也就是生态补偿的管理成本与交易成本。潘娜把流域生态补偿交易费用定义为"在流域生态补偿机制运行过程中,除生态补偿额之外的组织、执行、协调、监督活动所对应的成本",并就其内容与影响因素进行了探讨。⑤ 并对"政府补偿模式、市场模式和准市场模式"三种不同流域生态补偿模式的优势与不足进行了分析,得出了"准市场模式下单位交易费用取得的效果较好、更有效率"的结论。⑥

---

① 靳美娟:《陕西省各地市水资源压力指数评价》,《河南科学》2014 年第 2 期。
② 李兴德:《小流域生态需水及生态健康评价研究》,山东农业大学硕士学位论文,2012 年。
③ 邱宇:《汀江流域水环境安全评估》,《环境科学研究》2013 年第 2 期。
④ 郭建军、李凯等:《流域生态承载力空间尺度效应分析——以石羊河流域为例》,《兰州大学学报 (自然科学版)》2014 年第 3 期。
⑤ 潘娜、葛颜祥、侯慧平:《流域生态补偿中的交易费用研究》,《水利经济》2013 年第 2 期。
⑥ 潘娜、葛颜祥、侯慧平:《不同流域生态补偿模式的交易费用比较》,《水利经济》2014 年第 3 期。

三、汉江流域生态补偿研究现状

汉江流域生态补偿研究，既是区域（水源地）生态补偿、流域生态补偿研究的重要案例，又是大型、跨省区调水工程生态补偿的研究范畴。本研究主要从系统、集中研究的成果中对其研究现状进行理论梳理。从现有研究成果上来看，汉江流域生态补偿研究主要集中在以下六个方面：汉江流域或汉江水源地生态补偿机制研究、补偿标准研究、补偿模式研究、效率评价研究、现状调查研究、政策措施研究。

（一）汉江流域或汉江水源地生态补偿机制研究

自南水北调中线工程开工以来，汉江水源地生态保护与生态补偿问题就引起了人们的广泛研究，特别是 2014 年的建成通水，更使社会各界高度关注。在汉江水源地生态补偿机制研究上，赵秀玲对国内学者关于南水北调中线生态补偿中存在的问题、补偿依据、补偿形式、补偿标准与补偿途径等研究成果进行了理论综述[1]，构建了"南水北调中线工程渠首地生态补偿机制创新路径"[2]。姚艺伟对建立"南水北调中线工程调水源头丹江口库区水源地"生态补偿机制的缘起、意义、理论依据等问题进行了研究，分析了库区生态隐患，讨论了补偿标准、补偿方式、融资渠道、营运和监管机制等基本问题。[3] 同时，国内学者分别以汉江流域（或流域生态补偿汉江案例)[4]、丹江口库区[5]、汉江水源地（区)[6][7]、汉江中下游地区[8]为视点，就汉江流域生态

---

① 赵秀玲、陶海东：《南水北调生态补偿机制研究综述》，《南都学坛》2011 年第 2 期。

② 赵秀玲、陶海东：《南水北调中线工程渠首地生态补偿机制创新研究》，《南都学坛》2012 年第 5 期。

③ 姚艺伟：《丹江口库区水源地保护及利益补偿机制研究》，中南民族大学硕士学位论文，2009 年。

④ 李浩、黄薇等：《跨流域调水生态补偿机制探讨》，《自然资源学报》2011 年第 9 期。

⑤ 贾永飞：《南水北调丹江口库区建立生态补偿机制的问题研究》，《水利发展研究》2009 年第 12 期。

⑥ 罗小勇、王孟：《建立南水北调中线水源地生态补偿机制的探讨》，《第二届生态补偿机制建设与政策设计高级研讨会论文集》，2008 年 7 月 29 日。

⑦ 王国栋、王焰新、涂建峰：《南水北调中线工程水源区生态补偿机制研究》，《人民长江》2012 年第 21 期。

⑧ 赵霞：《建立汉江中下游地区生态补偿机制及其对策研究》，《水利经济》2010 年第 4 期。

补偿机制的构建①、运行②、长效机制③与制度机制④等问题进行了研究；就汉江上游水源区而言，人们分别对陕南（陕西）⑤⑥、安康⑦、商洛⑧、湖北十堰⑨、河南⑩⑪，或渠首地⑫生态补偿机制的构建进行了系统化研究。

（二）汉江流域或汉江水源地生态补偿标准研究

生态补偿标准依然是汉江流域生态补偿的核心问题，没有补偿标准就没有实实在在的补偿，或成为无法落实的补偿。国内学者对汉江流域或汉江水源地的生态补偿标准进行了大量研究，取得了丰硕成果（见表1-11）。

表1-11　汉江流域（水源地）生态补偿标准研究汇总

研究者	研究区域	研究方法	计量模型（公式）	补偿标准
江中文⑬	汉江水源地：汉中、安康、商洛	支付意愿法（下限）；机会成本法（上限）；费用分析法；水资源价值法	水资源保护与生态补偿工程投资总额457.12亿元，贫困地区补助5.44亿元/年；水资源补偿10亿元/年	初期补偿标准10亿元/年

① 朱桂香：《南水北调中线水源区生态补偿内涵及补偿机制建立》，《林业经济》2010年第9期。

② 邓远建、肖锐、刘翔：《汉江生态经济带水源区生态补偿运行机制研究》，《荆楚学刊》2014年第3期。

③ 邢健：《建立生态补偿长效机制 促进安康经济持续发展》，《陕西综合经济》2006年第6期。

④ 谷海霞：《我国跨流域调水生态补偿法律制度研究》，中国政法大学硕士学位论文，2010年。

⑤ 李怀恩、史淑娟、党志良、肖燕：《南水北调中线工程陕西水源区生态补偿机制研究》，《自然资源学报》2009年第10期。

⑥ 赵维：《陕南水源区的生态补偿机制及其财政思考》，《知识经济》2013年第17期。

⑦ 常晶晶：《跨流域调水生态补偿机制研究——以南水北调中线水源区（安康）为例》，陕西师范大学硕士学位论文，2011年。

⑧ 朱记伟、解建仓、刘建林、马斌：《南水北调中线工程水源地生态补偿研究——以陕西商洛为例》，Proceedings of International Conference on Engineering and Business Management（EBM2010），2010年。

⑨ 袁劲松、王勇、王友安：《南水北调中线工程水源区（十堰区域）生态补偿机制研究》，《2010中国环境科学学会学术年会论文集（第二卷）》，2010年5月5日。

⑩ 曹明德、王凤远：《跨流域调水生态补偿法律问题分析——以南水北调中线库区水源区（河南部分）为例》，《中国社会科学院研究生院学报》2009年第2期。

⑪ 樊万选、夏丹、朱桂香：《南水北调中线河南水源地生态补偿机制构建研究》，《华北水利水电学院学报（社科版）》2012年第2期。

⑫ 刘红侠：《南水北调中线工程渠首地生态补偿机制创新研究》，《河南科技》2014年第2期。

⑬ 江中文：《南水北调中线工程汉江流域水源保护区生态补偿标准与机制研究》，西安建筑科技大学硕士学位论文，2008年。

续表

研究者	研究区域	研究方法	计量模型（公式）	补偿标准
毛占锋[1]	中线工程水源地：安康	支付意愿法（下限）；机会成本法（上限）；费用分析法	支付意愿补偿标准：补偿额 P = WTP（最大支付意愿）×POP 人口 ×u（各类受水区）；机会成本补偿标准：工业损失 + 退耕还林损失 + 面积与产量损失；费用分析法补偿标准：补偿额 = 水质标准 × 调配水量 × 水价标准	机会成本补偿标准：6.31 亿元/年，人均 210.33 元/年；支付意愿补偿标准：4.12 亿元/年，人均 140.23 元/年；水质水量补偿标准：7.41 亿元/年，人均 197.6 元/年
李怀恩等[2]	中线工程水源区：汉中、安康、商洛	防护成本法等	防护成本法：水土流失治理成本、退耕还林成本、保障水质所进行的工业治理投资成本、废水处理与固体废弃物填埋处理成本、发展权限制损失成本。	补偿标准为 89.81 亿元/年
李怀恩[3]	中线工程水源区：汉中、安康、商洛	水资源价值法	其中：P 为生态补偿支付额；Q 为年调水量；P_r 为水资源价值；C 为水质调整系数。	近期 2010 年生态补偿标准为 80.05 亿元；远期 2020 年为 109.54 亿元；单方水补偿额为 1.2 元

① 毛占锋：《跨流域调水水源地生态补偿研究——以南水北调中线工程水源地安康为例》，陕西师范大学硕士学位论文，2008 年。

② 李怀恩、谢元博、史淑娟、刘利年：《基于防护成本法的水源区生态补偿量研究——以南水北调中线工程水源区为例》，《西北大学学报（自然科学版）》2009 年第 5 期。

③ 李怀恩、庞敏、肖燕、史淑娟：《基于水资源价值的陕西水源区生态补偿量研究》，《西北大学学报（自然科学版）》2010 年第 1 期。

续表

研究者	研究区域	研究方法	计量模型（公式）	补偿标准
史淑娟等①	陕西水源区：宝鸡、汉中、安康、商洛、西安	单指标法、综合指标法和离差平方法	生态补偿量分担模型。水源区与受水区分摊系数为0.20:0.80	补偿标准：2006—2014年为98.27亿元/年，2015—2020年为90.56亿元/年
史淑娟等②		水源保护与涵养成本法	水源区保护和涵养水源所付出的成本；受水区经济可承受能力；水源区的水资源价值；环境容量排污权的损失价值	生态环境建设期补偿标准为99.56亿元/a，生态环境管护期补偿标准为90.86亿元/a
史淑娟③				2006—2015年为104.09亿元/a，2016—2020年为95.38亿元/a
李晓玲等④	丹江口水库水源区：汉中、安康、商洛	水环境容量损失价值	$V = V_1 + V_2$。 V为水环境容量损失价值； V_1为污水处理替代费用； V_2为水环境容量损失效益	根据水环境容量损失价值进行补偿：2009年为279.66亿元；2014年为333.07亿元；2020年为410.83亿元

① 史淑娟、李怀恩、林启才、党志良：《跨流域调水生态补偿量分担方法研究》，《水利学报》2009年第3期。

② 史淑娟、李怀恩、刘利年、林启才：《南水北调中线陕西水源区生态补偿量模型研究》，《水土保持学报》2009年第5期。

③ 史淑娟：《大型跨流域调水水源区生态补偿研究——以南水北调中线陕西水源区为例》，西安理工大学博士学位论文，2010年。

④ 李晓玲、吴波、李怀恩：《基于水环境容量价值的水源区生态补偿研究》，《西北大学学报（自然科学版）》2009年第6期。

续表

研究者	研究区域	研究方法	计量模型（公式）	补偿标准
肖燕[1]	陕西水源区：汉中、安康、商洛	支付意愿法等	支付意愿法；水资源价值法；发展机会损失估算法	2010 年生态补偿标准：80.05 亿元/a。2030 年生态补偿标准：109.54 亿元/a 单方水补偿额为 1.2 元；2006—2015 年生态建设成本为 99.88 亿元/a，2016—2020 年为 84.27 亿元/a
闫峰陵[2]	丹江口库区：库区及上游地区	生态建设成本；生态服务价值	其中，R 为补偿额度；C 为生态建设总成本；E_w 为产生在外部的生态服务价值；E_x 为总生态服务价值	补偿标准 14.15 亿元/年（其中湖北为 4.62 亿元/年，河南为 1.56 亿元/年，陕西为 7.98 亿元/年）
白景锋[3]	南水北调中线河南水源区：淅川、西峡、内乡、邓州、栾川、卢氏	生态服务功能价值；工程建设成本；发展成本	P_w 为水源地生态补偿额；P_c 为中央政府一般财政转移支付补偿额 P_i 是第 i 个受水区应支付补偿额	生态补偿标准为：4.15 亿元/年

① 肖燕：《南水北调中线陕西水源区生态补偿量研究》，西安理工大学硕士学位论文，2009 年。
② 闫峰陵、罗小勇、雷少平、邱凉、樊皓：《丹江口库区水土保持生态补偿标准的定量研究》，《中国水土保持科学》2010 年第 6 期。
③ 白景锋：《跨流域调水水源地生态补偿测算与分配研究——以南水北调中线河南水源区为例》，《经济地理》2010 年第 4 期。

续表

研究者	研究区域	研究方法	计量模型（公式）	补偿标准
王一平[1]	河南省南阳市淅川县	生态系统服务功能价值核算法	V 是水源地土地生态服务功能总价值，A_j 是第 j 类土地面积，E_{ij} 是第 j 类土地的第 i 类生态服务单价，i 为土地生态服务功能类型	生态补偿标准：44.24 亿元/年
张自英等[2]	陕南水源区	生态建设与保护总成本补偿计算模型	其中，C_d 为生态补偿额，KQ 为水量分摊系数，K_q 为水质修正系数，KE 为效益修正系数，T 为生态建设总成本	生态补偿标准为：71.13 亿元/年，其中汉中为 28.33 亿元，安康为 29.46 亿元，商洛为 13.34 亿元
陈晓飞等[3]	中线工程水源区	成本法	生态环境保护投入、污染治理投入、机会成本损失	66.33 亿元/年
魏晓燕等[4]	十堰市的 5 县 1 市 2 区	生态足迹法	C_{av} 为人均生态补偿标准；E_{d1} 为迁入地人均生态赤字（或盈余）；E_{d2} 为迁出地人均生态赤字（或盈余）；E_{ef} 为人均生态足迹效率	十堰市生态移民人均补偿标准为 1148 元/年

[1]　王一平：《南水北调中线工程水源地生态补偿问题的研究——基于生态系统服务价值的视角》，《南阳理工学院学报》2011 年第 6 期。

[2]　张自英、胡安焱、向丽：《陕南汉江流域生态补偿的定量标准化初探》，《水利水电科技进展》2011 年第 1 期。

[3]　陈晓飞、张斌、田仁生、董战峰、朱厚菲：《南水北调中线工程水源区生态补偿政策框架研究》，《2011 中国环境科学学会学术年会论文集》（第三卷），2011 年 8 月 17 日。

[4]　魏晓燕、夏建新、吴燕红：《基于生态足迹理论的调水工程移民生态补偿标准研究》，《水土保持研究》2012 年第 5 期。

续表

研究者	研究区域	研究方法	计量模型（公式）	补偿标准
白涓[1]	陕南水源区：汉中、安康、商洛	水环境容量价值法	水环境容量价值 $V = V_1$（水环境容量的直接投入）$+ V_2$（水环境容量的机会成本）	生态补偿标准：929.67亿元/年
程文[2]	丹江口库区：陕西3市、河南3市、湖北1市。	生态服务价值法；生态服务价值法；成本法		生态补偿标准：618.91亿元/年
张君等[3]	十堰市的丹江口等8县区	生态保护直接成本和间接成本法	1. 水源区生态保护与建设的直接成本转化为生态系统服务价值；2. 机会成本计算间接成本	2011年生态补偿量为7.2亿元
张家荣[4]	陕西水源区：商洛	费用分析法	P为生态补偿额，Q为调配水量，C_c为水价标准（污水处理成本），δ为水质修正系数	生态补偿标准为：7.33亿元/年

（三）汉江流域或汉江水源地生态补偿模式研究

彭智敏以南水北调中线工程为例，探讨了跨流域调水的影响、生态补偿的理论依据和实现路径等问题，总结出了"汉江模式"的八个内涵，并以实证调查数据与案例解析了水源地居民的损失。提出建立纵向与横向相结合的生态补偿机制路径建议，以及设立"国家级生态经济综合改革示范区"的政策建议。[5] 刘陶等人认为"缺乏成熟的生态补偿理论与可实际操作的生态补偿

① 白涓：《陕南水环境容量与生态补偿研究》，西北大学硕士学位论文，2012年。
② 程文：《大型跨区域调水工程生态补偿机制研究——以南水北调中线水源地丹江口水库为例》，华中师范大学硕士学位论文，2012年。
③ 张君、张中旺、李长安：《跨流域调水核心水源区生态补偿标准研究》，《南水北调与水利科技》2013年第6期。
④ 张家荣：《南水北调中线商洛水源地生态补偿标准研究》，《中国水土保持》2014年第2期。
⑤ 彭智敏、张斌：《汉江模式：跨流域生态补偿新机制》，光明日报出版社2011年版。

模式限制了跨流域调水工程作用与效益的发挥，因此，要积极构建'汉江模式'，以汉江中下游沿岸市（县）为南水北调中线工程的重要利益相关方，形成调水区、受水区和影响区'三元'生态补偿主体，构建了纵向与横向财政转移支付相结合的政府补偿体系、民主协商与多方参与的准市场补偿体，以确保南水北调中线工程通水后汉江中下游利益得到有效维护"①。罗希婧强调要建立"政府主导的流域生态补偿模式"，设立"省际流域生态补偿基金、省内流域生态补偿基金和市内流域生态补偿基金流域生态补偿专用基金"，通过"直接财政补贴、财政援助、税收减免、税收返还、实物补偿、项目建设、技术补偿和智力补偿"，以及"市场交易流域生态补偿模式的一对一的贸易补偿、生态标记"等模式推动汉江跨流域生态补偿模式的建立。② 李浩等人提出"跨流域调水中调水区水源地应建立主动补偿、常态化补偿"模式。③ 张晓锋强调南水北调中线水源区应构建多元化的生态补偿模式。④ 赵霞提出要建立国家级"生态经济综合改革示范区"，打造"汉江模式""为我国大河流域的开发、治理、生态环境保护以及流域可持续发展进行提供示范"，"也能解决汉江中下游四项治理工程的运行费"。⑤

（四）汉江流域或汉江水源地生态补偿现状的调查研究

陕西省发改委经济研究所徐田江就实施中央财政生态保护转移支付以来汉江水源区的生态补偿情况，对"汉中市南郑县、西乡县、留坝县进行了实地考察、座谈和走访"，考察了生态保护与水源涵养所开展的具体工作，指出存在"经济发展与生态环境保护矛盾仍然比较突出、普遍存在着超概算问题、

① 刘陶、赵霞、汤鹏飞：《跨流域调水重要影响区生态补偿研究——以湖北汉江中下游地区为例》，《中国水利》2014 年第 2 期。
② 罗希婧：《跨流域调水生态补偿模式探讨——以南水北调工程为例》，《东方企业文化》2010 年第 6 期。
③ 李浩、黄薇：《跨流域调水生态补偿模式研究》，《水利发展研究》2011 年第 4 期。
④ 张晓锋：《基于利益相关者的南水北调中线水源区多元化生态补偿形式探讨》，《南都学坛》2011 年第 2 期。
⑤ 赵霞：《跨区域公益性重大水利工程运行经费的解决途径——以汉江中下游四项治理工程为例》，《水利经济》2013 年第 4 期。

生态补偿存有利益空白点、生态补偿资金使用有待监管"等问题①。胡德胜等人对陕南汉、丹江流域的生态补偿状况进行了调研，发现存在"管理部门多元，难以协调统一；经济激励缺乏，难以市场化；公众参与不畅，补偿政策缺乏公平；法规原则性过强，补偿不易操作"等"水土不服"现象。② 提出要以"以机制创新推动生态补偿科学化"，包括建立多元补偿主体、推动生态补偿措施的长期化、实行"合理与动态的生态补偿标准"、通畅的补偿渠道、有效的补偿监管、常规性的制度支撑等。③

（五）汉江流域或汉江水源地生态补偿政策措施研究

湖北省人大代表、十堰市王铁军副书记在采访中呼吁，南水北调中线工程丹江口水源区必须"建立科学的生态补偿机制，出台优惠政策"，加大补助、扶持和产业结构调整力度，建立可持续的补偿机制，才能"保证'一江清水'的可持续供应"④。陈晓飞等人依据南水北调中线工程水源区生态补偿需求调查，提出了构建水源区生态保护长效机制的政策目标，以及"优化整合现有生态保护政策、完善生态保护维护机制、制定补偿资金分配机制、完善和优化生态补偿方案"等政策框架。⑤ 刘建林等人分析了国家"财政转移支付等公共财政政策、扶贫及移民安置政策"，以及相关法律法规，指出南水北调商洛水源地必须"建立补偿资金支持体系、探索对口帮扶新模式、开展互动式教育培训"，形成生态补偿政策体系。⑥

---

① 徐田江：《关于南水北调中线工程水源地生态补偿情况的调研报告》，《陕西发展和改革》2011年第4期。
② 胡德胜、潘怀平：《以机制创新推动生态补偿科学化——南水北调中线水源地陕南汉江丹江流域调查》，《环境保护》2011年第18期。
③ 宦洁、胡德胜等：《以机制创新推动生态补偿科学化——基于南水北调中线水源地陕南汉江、丹江流域的考察》，《理论导刊》2011年第10期。
④ 李飞、廖君：《湖北省人大代表呼吁，为确保南水北调中线水源区可持续供水 生态补偿力保清水北流》，《今日国土》2008年第Z1期。
⑤ 陈晓飞、张斌等：《南水北调中线工程水源区生态补偿政策框架研究》，《2011中国环境科学学会学术年会论文集》（第三卷），2011年8月17日。
⑥ 刘建林、梁倩茹等：《南水北调中线商洛水源地补偿公共政策研究》，《人民黄河》2010年第11期。

第二章　流域生态补偿模式研究

生态补偿模式就是由生态补偿实施与实现全过程、全要素所组成的一种模式、模板或样式。汉水流域生态补偿模式就是从保护生态环境和可持续利用汉江水资源的目的出发，为汉水流域生态补偿提供一个标准样式，在这个样式中涵盖了生态补偿的全部要素和全部实现过程，也就是说，涉及和说明谁来补偿、补偿给谁、补偿多少和怎么补偿等四个问题，以及补偿资金筹集、管理、计发、监督、评价等全过程，这些要素不同，也就形成了不同的样式，具有了不同的模式。不过，我们这里所要探讨的模式并不涉及全部要素和全过程，而是围绕补偿多少问题来探讨其生态补偿额度的确定方式与方法，既不涉及具体补偿标准，也不涉及其他要素，还不涉及其他类别的生态补偿模式，仅仅探讨流域生态补偿模式。同样，除了理论上的总结外，更多的是实践模式的比较和借鉴，该问题的梳理为本书的研究和路径设计提供了思路与实践依据。

第一节　流域生态补偿模式研究现状

学术界关于流域生态补偿模式的研究主要是从国内国外生态补偿实践中总结归纳其运行模式，随着生态补偿实践范围的扩展、制度的完善，其研究也不断深入。就目前的理论研究来看，学术界分别对生态补偿的一般模式、国外流域生态补偿实践模式、流域生态补偿模式、水源地生态补偿模式等进行了研究。

一、流域生态补偿一般模式

王让会认为生态补偿包括了经济性补偿、政策性补偿、资源性补偿和伦理性补偿四种模式，并从生态补偿过程、要素和管理的角度，构建了生态补偿的一般模式与流程。① 蔡邦成与陆根法将生态建设的模式区分为政府主导模式、准市场模式和市场模式三种。其中，"政府主导模式就是中央和地方政府通过公共财政支付和行政手段等直接对生态建设进行补偿，是一种自上而下的纵向补偿模式"，如美国农业部门所采取的土地休耕保护计划，国内对退耕还林还草进行补偿等；"准市场模式是指在国家或者区域政府间的协调下，通过区域之间的协商和横向转移支付、对口援助等，实现生态建设区和生态受益区域之间的生态补偿"，如美国纽约市与上游特拉华州卡次启尔（Catakills）流域之间的清洁供水交易，浙江省义乌—东阳以及慈溪—绍兴之间的水权交易等；"市场化模式是指充分利用市场机制，通过市场交易等市场化手段实现对生态建设区域的补偿"②，如市场化的生态融资、生态建设的配额交易、流域的排污权市场交易等。

二、国外流域生态补偿模式

柳长顺、高彤与饶云聪等人对国外流域生态补偿模式进行了总结。柳长顺等人探讨了国外生态补偿的政府主导型模式和市场化运作模式，其中，政府主导型生态补偿又有直接补偿、生态补偿税、区域转移支付制度三种具体模式；市场化运作模式也有直接购买或补偿、水费附加费生态补偿、替代工程或替代方案补偿三种具体模式。③ 高彤与杨姝影把国际上生态补偿的类型区分为两类四种模式，即政府购买或称为公共支付体系；运用市场的手段，如私人交易、开放的市场贸易、生态标记及使用者付费等。④ 饶云聪认为，国外最基本的生态补偿模式是政府补偿模式、市场补偿模式、政府引导下的市场补偿模式、生态标记模式四种类型 。⑤ 刘平养和汪洁等人认为，国外农业生态补偿有三个机制和四个模式，即自愿性补偿机制、强制性补偿机制、自愿

---

① 王让会：《环境负效应的生态补偿模式》，《新疆环境保护》2007 年第 4 期。

② 蔡邦成、陆根法：《生态建设补偿模式探析》，《2006 年中国可持续发展论坛——中国可持续发展研究会 2006 学术年会青年学者论坛专辑》2006 年 11 月。

③ 柳长顺、刘卓：《国内外生态补偿机制建设现状及其借鉴与启示》，《水利发展研究》2009 年第 6 期。

④ 高彤、杨姝影：《国际生态补偿政策对中国的借鉴意义》，《环境保护》2006 年第 19 期。

⑤ 饶云聪：《生态补偿应用研究》，重庆大学硕士学位论文，2008 年。

性和强制性相结合的补偿机制①；财政补偿、政策补偿、技术补偿和项目补偿四种实践模式②。

三、生态功能区生态补偿模式

王青云从生态功能区生态补偿上提出了"分类分级组织实施生态补偿的模式。所谓分类就是将生物功能区划分为流域型生态功能区和非流域型生态功能区两大类；所谓分级就是指无论是流域型生态功能区的补偿问题，还是非流域型生态功能区的补偿问题，都应根据生态保护受益者分布范围的大小以及生态功能区在全国和有关区域中的重要地位，分别由国家、省、市、县等不同层级的有关政府部门组织实施生态补偿"③。

四、流域生态补偿模式

程滨、刘世强与王蓓蓓进行了一般性考察，周映华则考察了国内流域生态补偿模式。程滨等人提出了生态补偿实践的"3P"模式，即"基于流域跨界监测断面水质目标考核的生态补偿标准模式 P1，基于流域跨界监测断面超标污染物通量计量的生态补偿标准模式 P2，基于提供生态环境服务效益的投入成本测算的生态补偿标准模式 P3"④。刘世强把流域生态补偿区分为三种模式："一是基于流域源头保护的政府项目补偿模式；二是基于水污染控制的流域跨区补偿模式；三是基于水资源短缺的水权交易补偿模式"⑤。周映华提出国内流域生态补偿的三种模式，"政府主导模式，即在流域生态补偿中以政府行政手段强制受益方支付给补偿对象，或以政府财政转移方式直接支付给补偿对象的生态补偿模式；市场交易模式，即补偿双方以平等地位，通过协商与谈判，就流域资源的利用与补偿达成交易的模式；NGO 参与模式，即在流

① 刘平养：《发达国家和发展中国家生态补偿机制比较分析》，《干旱区资源与环境》2010 年第 9 期。

② 汪洁、马友华等：《美国农业面源污染控制生态补偿机制与政策措施》，《农业环境与发展》2011 年第 4 期。

③ 王青云：《关于我国建立生态补偿机制的思考》，《宏观经济研究》2008 年第 7 期。

④ 程滨、田仁生、董战峰：《我国流域生态补偿标准实践：模式与评价》，《生态经济》2012 年第 4 期。

⑤ 刘世强：《我国流域生态补偿实践综述》，《求实》2011 年第 3 期。

域生态补偿中，以 NGO 为主要行动者，由其倡导并组织生态补偿"①。王蓓蓓在此基础上做了进一步的细化，指出，政府补偿包括财政转移支付、政策补偿、实施生态保护项目和环境税费制度等四种具体模式；市场补偿包括自组织的私人交易、开放的市场贸易和生态标记三种具体模式；NGO 参与型的补偿包括了资金补偿、实物补偿或智力补偿等多种补偿手段。②

五、水源地生态补偿模式

刘晶与葛颜祥从水源地生态补偿实践角度总结了生态补偿的水权交易模式与横向补偿模式。③ 葛颜祥进一步认为水源地生态补偿有财政转移支付、水权交易、异地开发与生态补偿基金等四种模式。④ 郑海霞在国内生态补偿实践基础上总结了水源区生态补偿的三种模式：公共支付体系，包括国家项目补偿和地方政府为主导的补偿两种，国家项目补偿如生态公益林补偿、退耕还林还草项目、天然林保护工程、封山育林项目、南水北调工程、三北与长江上游防护林工程、重点地区湿地保护项目等，地方政府为主导的补偿如京冀流域生态补偿、东江源区、千岛湖流域、金磐扶贫经济开发区"异地开发"、河北子牙河生态补偿费扣缴、福建闽江流域生态补偿、浙江省综合生态补偿制度；自发组织的市场交易模式，如东阳—义乌水权交易、宁蒙"投资节水、转换水权"、保山苏帕河流域水电公司支付模式、曲江县自来水和水电公司对水源区农户的补偿、小寨子河的流域补偿水购买协议；开放的贸易体系，如黑河流域水权证、嘉兴市主要污染物排污权交易、长三角排污权有偿使用和交易制度。⑤ 在对金华江流域生态补偿实践考察基础上，总结了六种生态补偿模式，即水权交易、异地开发、退耕还林、封山育林、植树造林、地方政府投资。⑥

---

① 周映华：《流域生态补偿及其模式初探》，《水利发展研究》2008 年第 3 期。
② 王蓓蓓：《流域生态补偿模式及其创新研究》，山东农业大学硕士学位论文，2010 年。
③ 刘晶、葛颜祥：《我国水源地生态补偿模式的实践与市场机制的构建及政策建议》，《农业现代化研究》2011 年第 5 期。
④ 葛颜祥、王蓓蓓、王燕：《水源地生态补偿模式及其适用性分析》，《山东农业大学学报（社会科学版）》2011 年第 2 期。
⑤ 郑海霞：《关于流域生态补偿机制与模式研究》，《云南师范大学学报》2010 年第 5 期。
⑥ 郑海霞、张陆彪、张耀军：《金华江流域生态服务补偿的利益相关者分析》，《安徽农业科学》2009 年第 25 期。

第二节　国外流域生态补偿模式的实践探索

国外流域生态补偿案例汇总如表 2 - 1 所示。

表 2 - 1　国外流域生态补偿实践模式或案例

国家	案例名称	补偿模式	基本要点或具体做法
美国	1. 纽约市的清洁供水交易	①政府主导型生态补偿 ②跨区流域生态补偿	纽约市投入 5 亿美元实施凯兹基尔和特拉华水系水源保护，包括 7 项内容：①流域农业计划；②水土保持与植被保护改良计划；③征地计划；④环境基础设施发展计划；⑤环境和经济伙伴计划；⑥新流域管理法规；⑦环境检测制度
	2. 沼泽地承包计划	市场运作型生态补偿：承包、捐赠、基金制	承包人以捐赠的方式向德尔塔水禽协会提供资金，用于对农场主保护沼泽地和野鸭。生态补偿支付标准为：沼泽地保护费 17 美元/年·公顷；野鸭栖息地修复费 74 美元/年·公顷
	3. 湿地银行	市场运作型生态补偿：实物补偿	湿地生态补偿银行的发起人恢复或新建湿地形成补偿存款，需要补偿的单位购买湿地，即提领补偿存款，并支付相应的报酬
	4. 环境质量改进计划（EQIP）	政府主导型生态补偿：资金补贴；技术援助	政府对农牧民在土壤、水分、空气和其他自然资源等方面的资源生态保护行为给予资金补贴和技术援助
	5. 项目导向性补偿	①市场运作型补偿：类似排放许可证交易；②政府主导型补偿：耕地休耕计划	①营养元素交易制度：污染单位用较低的成本将污染物排放量降低到规定的水平之下，并可将其节省的这部分排放标准（即信贷）出售给其他认为购买信贷比执行标准的成本更低的污染单位，形成排放许可交易；②保护区计划：对于长期休耕的耕地政府给休耕农场主以补贴

续表

国家	案例名称	补偿模式	基本要点或具体做法
欧盟	1. 德国易北河流域生态补偿	政府主导型：区域横向转移支付；跨国生态补偿	由排污费、财政贷款、研究津贴、下游对上游的经济补偿四部分构成生态补偿资金来源，通过横向转移支付给各州
	2. 法国毕雷矿泉水水质保持付费机制	市场运作型：绿色偿付（经济补偿、技术支持、提供新农业设备）	毕雷威泰尔矿泉水公司对法国东北部莱茵默兹河（Rhin-Meuse）流域农场支付230美元/年·公顷的补偿，以减少水土流失、杀虫剂的使用；并提供技术支持和新农业设备费用支持。同时，法国农业部（20%的研究费用）和水管理机构（30%的建造和监管现代谷仓费用）也承担部分费用
哥斯达黎加	1. 国家生态补偿计划	政府主导型：生态补偿基金	通过国家投入、私有企业投入、项目和市场工具，形成生态补偿基金，支付于森林保护、森林管护、重新造林、自筹资金植树等森林保护
	2. 水电公司的自发私人交易补偿	市场运作型：生态补偿基金	电力与照明公司（Compania de Fuerza Luz）与CNFL两家公共水电公司、EG和拉福图纳德私营水电公司（Hidroelectrica Platanar）两家私营公司，通过国家森林基金向上游私有土地主提供补偿，以提高上游森林覆盖率、水源涵养能力，进而提高河流径流量
	3. 国际碳汇交易	市场运作型：碳基金	政府成立"碳基金"和化石燃料销售税对植树造林进行补偿，CTO（温室气体抵消单位）可在国际上交易，寻求国际资金支持
厄瓜多尔	基多的水资源保护基金	政府主导型：FONAG水基金	向生活、农业和工业用水户征收费用和捐款组成水基金，也向国家和国际渠道争取经费，通过私营资产管理及其董事会管理，用于上游水土保持和水源保护
澳大利亚	水分蒸发蒸腾信贷	市场运作型：购买盐分信贷，实现引水控盐贸易协定	上游农场主按每蒸腾100万升水交纳17澳元或85澳元/公顷·年支付生态补偿10年，下游的食物与纤维协会，以17澳元/100万升水的价格购买盐分信贷。上游的新南威尔士州林务局采取有效措施防止盐碱化，保护水质

国家	案例名称	补偿模式	基本要点或具体做法
巴西	巴拉那州的公共资金再分配机制或"生态ICMS"法案	政府主导型：生态ICMS	从"商品和服务流通所得（ICMS）"收入中提取5%资金进行环境标准再分配，其中，2.5%分配给保护区，2.5%分配给水源流域
日本	水源区综合利益补偿机制	政府主导型：综合型补偿	包括对居民的直接经济补偿，依据《水源地区对策特别措施法》的补偿，"水源地区对策基金"的补偿等
哥伦比亚	水用户协会的自愿支付机制与环境服务税体系	市场运作型：水用户协会自愿补偿	水用户协会自愿增加水费，交由考卡河流域公司（CVC），对上游林业主对水环境改善活动所进行的补偿
加拿大	格兰德河整治	综合补偿型：政府引导、产业开发、社会基金	1. 政府主导：建立格兰德河保护委员会、年度报告引领、政府拨款、税收、合作成员缴费等措施筹集补偿资金； 2. 产业开发：资源租金、水电开发和木材买卖等收入补充生态补偿资金； 3. 基金筹集：以格兰德河保护基金会和其他合作伙伴的经济支持保障生态补偿资金

一、美国的生态补偿实践

美国是实行环境保护与生态补偿政策比较早，也比较规范的国家。

（一）美国的环境保护政策体系

美国的环境保护政策体系主要由四部分组成：环境税收政策、排污权交易制度、生态补偿制度和环境产业政策。[1]

---

[1] 陈燕、蓝楠：《美国环境经济政策对我国的启示》，《中国地质大学学报（社会科学版）》2010年第2期。

1. 美国的环境税收政策

美国的环境税收又被称为"生态税收或绿色税收",是专门为生态环境保护筹集资金而开征的税收。[1] 美国的环境税收包括两类:以污染控制为主的税收和消费税,包括一系列具体税目和相应的减免、抵免与加速折旧等优惠政策。[2] 在生态税上,美国对损害臭氧层的化学品征收消费税（包括生产税、储存税、进口税）;对汽车使用征收汽车销售税、汽车使用税、汽油税、轮胎税、原油进口税,如联邦政府对每加仑汽油征收 0.14 美元的税,对卡车使用者征收 12% 的消费税;对石油开采征税,如俄亥俄州的税率分别为煤炭 9 美分/吨、石油 10 美分/桶、天然气 2.5 美分/千立方英尺,路易斯安那州相应的税率分别为 10 美分/吨、12.5 美分/桶、2.08 美分/千立方英尺[3];对二氧化硫排放征税,美国税法规定:二氧化硫浓度达到一级和二级标准的地区,每排放一磅硫须缴纳 15 美分或 10 美分的二氧化硫税;以及环境收入税、噪声税、塑料袋使用税等。所征收的税收均用于生态环境保护,如美国联邦政府 2000 年拨给芝加哥市 78 亿美元环境保护费;伊利诺伊州 5%—7% 的财政收入用于生态环境保护,1972—1992 年的 20 年间累计完成投资 120 亿美元。与此同时,还以生态税收优惠的形式对生态保护行为给以鼓励,美国就有 23 个州规定可以抵免循环利用投资的税收,还对循环利用设备免征销售税。对矿产资源执行耗竭补贴的税收减免,根据矿种不同,矿权人可以把其作为纳税基础的毛收入的 5%—22% 不申报纳税而作为耗竭补贴。[4] 美国的 100 多种矿产资源均实行了耗竭补贴制度,10 多年以来已损失税金 50 多亿美元。美国生态税对促进生态环境状况好转、环境质量提高发挥了重要作用,"二氧化碳的排放量比 20 世纪 70 年代减少了 99%,空气中的一氧化碳减少了 97%,二氧化硫减少了 42%,悬浮颗粒物减少了 70%"[5]。

2. 排污权交易政策

美国在 1976 年创立和运行排污权交易生态补偿政策,逐步建立起了排

[1] 张美芳:《美国的环境税收体系及其启示》,《现代经济探讨》2002 年第 7 期。
[2] 邓尧:《环境税法律制度比较研究》,西南政法大学硕士学位论文,2008 年。
[3] 张林海:《借鉴国外经验完善我国资源税制度》,《涉外税务》2010 年第 11 期。
[4] 刘助仁:《国外环境资源税收政策及对中国的启示》,《环境保护》2003 年第 11 期。
[5] 杜放:《浅谈美国环保税收政策及其借鉴》,《深圳职业技术学院学报》2008 年第 3 期。

污信用交易和总量控制型排污权交易两类①，包括"泡泡政策、补偿政策、净得政策和排污量存储政策"②的排污权交易政策体系。泡泡政策是把"一个企业的多个污染排放点、一个公司所属的多个工厂或一个特定区域内的工厂群看作整体（即一个泡泡）"，实行污染物排放的总量控制；补偿政策是"在非达标地区，新建、扩建或改建项目必须取得相应的排污削减量以'抵消'或补偿其排放，以保证排污总量不超标甚至得以削减"；净得政策就是在排污净增加量不显著、为零甚至负数前提下，新建、扩建或改建项目所增加的污染源可以免于审查，只有超过了才必须接受审查；"排污量存储政策就是把将产生的污染削减量以信用证的形式确认，并存储起来留作将来使用或用于交易"③。

3. 生态补偿制度

美国的生态补偿制度从 1956 年开始，先后实施和推行了土壤银行计划、紧急饲料谷物计划、有偿转耕计划、保护性储备计划等一系列生态补偿制度。土壤银行计划又被称为保护性退耕计划，就是农场主把退耕土地存入设立的土壤银行，完成了退耕计划就可以获得相应的农产品价格补贴，以这种方式鼓励农场主进行短期或长期的土地退耕；紧急饲料谷物计划就是对停耕或退耕土地，减少饲料谷物库存和产量的农场主给以现金或实物补助，以鼓励生态保护的制度，如停耕 20% 耕地就可以获得"停耕土地正常产量 50% 的现金或实物补助"；有偿转耕计划就是对退耕休耕土地进行一定的生态补贴④；保护性储备计划（CRP）是美国历史上土壤保护规模最大的计划之一，原计划用 5 年时间将易侵蚀的 4000 万—4500 万英亩土地退出耕种，该政策后来得到了延长。美国实施 CRP 地区的地租率有 6 个等级，即 12—40 美元/英亩、40—50 美元/英亩、50—60 美元/英亩、60—70 美元/英亩、70—113 美元/英亩和无 CRP 地区，高地租率的地区如 Maryland（120.61）、Massachusetts

---

① 吴健、马中：《美国排污权交易政策的演进及其对中国的启示》，《环境保护》2004 年第 8 期。

② 杨珊珊：《排污权交易制度的发展历史与研究现状》，《2011 中国环境科学学会学术年会论文集》（第三卷），2011 年 8 月。

③ 付志永：《美国排污权交易制度对我国的启示》，《产业与科技论坛》2013 年第 12 期。

④ 高国力、丁丁、刘国艳：《国际上关于生态保护区域利益补偿的理论、方法、实践及启示》，《宏观经济研究》2009 年第 5 期。

（103.8）、Iowa（103.38）、Illinois（101.48）和 Delaware（100.36），而低地租率的地区则相差很大，如 Arizona（9.0）和 Nevada（16.72），是最高地租地区的 1/13。[①] 执行 CRP 计划的农场服务局除了给参与 CRP 计划的农户发放地租补贴外，还向植被保护者提供不超过 50% 的实施成本分担，还可能提供 9.9 美元/公顷·年（4 美元/英亩·年）的特别维持责任鼓励金，对持续签约农户还给予不超过年租金 20% 的经济资助激励。[②]

4. 环境产业政策

美国对环境产业给予了大力的政策支持，同时，建立了"废弃矿恢复治理基金（或称储备金）制度"，其构成主要是按规定征收的恢复治理费，如露天开采的煤 1 吨/35 美分，地下开采的煤 1 吨/15 美分或售价的 10%，褐煤则 1 吨/10 美分或售价的 2%。[③] 美国环境产业政策中注入科技产业政策要素，推动生态环境保护科技进步和环境产业科技服务，主要有两个特点：一是制订和实施环境科技计划，如 1990—1999 年由美国商务部实施的先进技术规划（ATP）、1994 年建立的以 EPA 为中心的环境信息共享合作计划、1995 年公布实施的国家环境技术战略计划等；二是加强了环境科技投入，"1990 年以来，美国政府的环境技术研发经费一直维持在政府研发总经费的 9% 左右，2002、2003 和 2004 年的研发费用分别达 34.18 亿美元、36.9 亿美元和 37.62 亿美元"[④]。

（二）美国生态补偿的运行机制

美国通过长期的实践、修正与完善，逐步形成了其独具特色的生态补偿运行机制，基本类型主要有三种。

1. 自愿性生态补偿机制

自愿性生态补偿机制是指在充分尊重居民意愿前提下，按照自愿原则

---

① 袁渭阳、李贤伟、杨渺：《土地保护性储备计划（CRP）及其对中国退耕还林工程的启示》，《四川林勘设计》2007 年第 1 期。

② 邢祥娟、王焕良、刘璨：《美国生态修复政策及其对我国林业重点工程的借鉴》，《林业经济》2008 年第 7 期。

③ 程琳琳、胡振琪、宋蕾：《我国矿产资源开发的生态补偿机制与政策》，《中国矿业》2007 年第 4 期。

④ 高明、洪晨：《美国环保产业发展政策对我国的启示》，《中国环保产业》2014 年第 3 期。

由居民参与生态保护，并据此享受政府提供的生态补偿。实施范围主要是一些重点领域，如对水体的富营养化和污染的控制、水土流失治理与野生动物栖息地保护等。实施方式包括两类：一是在不改变土地产权条件下，自愿加入重点区域或特定领域进行生态保护的农民，政府按照一定标准给予补偿、技术支持和生态保护服务；二是由政府购买当地居民的土地产权，进行生态保护的统筹规划和集中提供生态服务，这样有助于提高生态保护效率与生态服务能力。美国自愿性生态补偿机制主要体现在其实施的环境质量、野生生物栖息地、湿地保护、土地休耕、生态安全保护等项目中。

2. 强制性生态补偿机制

强制性生态补偿机制是指政府根据生态地位及其保护的重要性，以法律形式规定土地所有者在特定区域内必须采取的生态保护行为或在该区域内被限制的行为，从而确保某项生态资源的安全，政府根据一定标准对该生态资源的土地提供者给予一定补偿。涉及的法案主要有清洁水法、濒危物种法、清洁大气法等。在濒危物种法中就要求，"濒危物种栖息地的土地所有者必须确保所有的人类活动都不会导致栖息地的生态环境有明显改变"。

3. 自愿性和强制性相结合的生态补偿机制

自愿性和强制性相结合的生态补偿机制就是把自愿参与的生态保护与法律规定强制进行的生态保护结合起来，既尊重了土地所有者意愿，提高了他们保护生态的积极性和主动性，又保证了生态保护及其管理的效率。如"CC"标准（Conservation Compliance）规定，在某些极有可能发生水土流失的地区必须建立保护体系才能够获得联邦政府的价格和收入等各种农业资助或补偿。①

（三）美国生态补偿的类型

美国在农业面源污染控制的实践中逐步形成了财政补偿、政策补偿、技术补偿和项目补偿四种补偿类型。

---

① 刘平养：《发达国家和发展中国家生态补偿机制比较分析》，《干旱区资源与环境》2010 年第9 期。

1. 财政补偿

财政补偿是指政府作为生态补偿的唯一主体或主导性主体通过政府的财政预算机制对生态保护、生态修复，以及生态功能区给予补偿。该补偿模式的运行主体是各级政府，补偿资金来源于政府财政资金，补偿途径是直接拨款资助或借贷，补偿方式是生态保护或治理项目。

美国联邦政府、州政府与地方政府是生态补偿资金的提供者，1991年美国国家环保局就发布了如何分配和管理基金的行动指南，如高风险的非点污染源处理、流域管理的完善、敏感地区和重要水体的保护等。美国联邦政府通过财政拨款提供全额生态补偿资金，1991—2001年，联邦政府就拨付13亿美元的生态补偿基金。[①] 美国环保局还与国家净水滚动基金（CWSRF）的州管理者合作，组建联邦政府水质基金，自1989年以来，CWSRF基金就资助了900多个项目，对非点源污染治理投资超过了6.5亿美元。[②]

2. 政策补偿

政策补偿就是政府通过政策引导的方式促进生态保护。在政策补偿中，政府仍然是补偿的主导性主体，负责政策的制定与实施，而资金的来源不是政府的财政资金，而是通过税、费、许可证交易等途径解决，其成功做法有三个：一是水权交易补偿。典型例子是纽约市与上游卡次启尔山脉流域特拉华州之间的清洁供水交易。二是排污收费补偿。美国的纽约、加利福尼亚、佛罗里达、印第安纳州、路易斯安那、康涅狄格等州分别制定了以体积或以体积和污染物相结合的排污收费制度，以控制水污染总量、鼓励污染物减排。三是可转让的排污许可证制度[③]，又被称为可买卖的许可证制度。这是根据污染权市场建立起来的污染控制管理制度，其基本思想是，环境管理部门在一定区域范围内，依据环境质量要求，对污染控制指标（即许可证数额）分配或拍卖给有关排污者，通过污染控制指标的竞争交易，有偿转让使区域污染控

---

① ［美］卡兰、托马斯：《环境经济学与环境管理——理论、政策和应用》（第3版），李建民、姚从容译，清华大学出版社2006年版，第351—365页。

② 王金南、邹首民、洪亚雄：《中国环境政策》（第2卷），中国环境科学出版社2006年版，第422—437页。

③ ［美］巴里·菲尔德、玛莎·菲尔德：《环境经济学》（第3版），原毅军、陈艳莹译，中国财政经济出版社2006年版，第229—235页。

制总费用达到最小或降低的一种排污许可证制度。①

3. 技术补偿

技术补偿是指政府为生态补偿的受偿主体给予有偿或无偿的技术指导、技术研发、研发平台与设施建设、技术服务等，以帮助受偿主体能够更好地治理污染、保护环境，或生态移民与产业转移后能够快速、持续实现致富目标。美国的技术补偿主要体现在农业生产管理技术上②，如耕作技术管理、养分技术管理、农药技术管理、灌溉水技术管理、畜禽养殖技术管理五个方面，解决了农业生态保护中的技术需求问题。

4. 项目补偿

项目补偿是指把生态保护与生态补偿结合起来，按照项目管理模式对生态保护及其绩效进行投入与补偿。项目具有一次性、独特性、目标确定性、活动整体性、组织临时性和开放性、成果不可挽回性等属性。③ 以项目形式进行生态保护与生态补偿管理具有其特殊的优势，一是实现了生态保护与生态补偿的对等，按项目进行生态保护有很强的目的性或目标性，这种明确的目标性有助于提高生态保护及其考察或考核效率，有助于通过明确的目标指标提高生态补偿的针对性和有效性，从而把生态保护效率与补偿尺度统一起来，实现生态保护责任与生态补偿收益的对等。二是提高了管理效率，以项目形式进行的生态环境保护，通过项目的过程管理，实现了各环节的衔接、各要素的合理分配，实现了全员管理、全要素管理和全过程管理，极大地提高了管理效率。三是节约资源，项目管理的一个重要特色就是资源有限下的集成管理或优化利用管理，作为稀缺的生态资源更需要以项目形式进行优化管理和系统管理，以节约生态资源及其保护所需要的各个要素。四是强化针对性，全球性的生态问题已经无法进行全面的管理和控制了，这是由管理难题、资本难题和技术难题决定的。管理难题是说全球性的生态问题无法通过全球性的管理协调、管理要素分配与管理强度一致性（即一致性尺度）来实现，从

① 《环境科学大辞典》编辑委员会：《环境科学大辞典》，中国环境科学出版社 1991 年版，第392 页。

② Brannan K M，Mostaghimi S，McClellan P W，et al，"Animal Waste BMPimpacts on Sediment and Nutrient Losses in Runoff From The Owl Runwatershed"，*Trans ASAE*，2000，pp. 1155 – 1166.

③ 吴之明、卢有杰：《项目管理引论》，清华大学出版社 2001 年版，第 3 页。

而使全球性的环境协调管理与强度一致性管理根本无法实现；资本难题是说庞大而持续的环境投入无法通过单纯的市场机制或单一的政府主体来完成，从而造成投入困难和投入不足问题；技术难题是指技术悖论下[①]，无法判别今天的环境保护行为的长期效应与终极成效的优劣，也不能通过技术完全解决今天所面临的全部生态环境问题。因此，三个难题不仅是对生态环境保护上的管理、资本与技术可能性与现实性的当下考量，也是一个长期考量，是人类智慧在当下性与长期性、可能性与现实性上的辩证与困境问题。这个困境决定了我们在生态环境保护上只能通过项目的方式进行集中投入和集中管理，为生态环境保护的长期目标累积短期效应。美国的项目补偿主要有两类：一是工程治理项目，包括暴雨蓄积塘和沉淀塘、滨岸缓冲带体系等工程治理项目[②]；二是自然资源保护计划项目，如"保护环境安全计划、草地储备计划、环境质量激励计划、农场和牧场土地保护计划、湿地储备计划、农业管理援助、野生动物栖息地激励计划等"[③]。

（四）美国水源保护生态补偿的实践探索

1. 纽约市的清洁供水交易

纽约市（New York City）是美国最大的城市，是世界经济中心、商业中心和金融中心之一，是西半球的文化及娱乐中心之一，被誉为世界之都、"不夜城"。据最新统计，纽约市区人口为817万余人。[④] 纽约市人口的膨胀导致仅靠过去的打井取水已无法满足需求，不得不逐步从城外引水。目前市区的供水主要依赖于凯兹基尔、特拉华、克鲁顿三个地表水系和皇后区的一个水井系统，前三个地表水系供给了约99%的水量，其中凯兹基尔和特拉华供水占94%、克鲁顿供水占5%。[⑤] 但是，这三个水系的水源区却不在市辖范围

---

① 胡仪元、王晓霞：《生态经济视角下的发展悖论探析》，《生态经济》2011年第10期。
② 邱卫国、王超、陈剑中等：《美国农业面源污染控制最佳管理措施探讨》，《第十二届中国海岸工程学术讨论会论文集》，海洋出版社2005年版。
③ 汪洁、马友华等：《美国农业面源污染控制生态补偿机制与政策措施》，《农业环境与发展》2011年第4期。
④ 纽约市2010人口普查数据：见http://quickfacts.census.gov/qfd/states/36/3651000.html。
⑤ National Research Council (U.S.), *Watershed Management for Potable Water Supply Assessing the New York City Strategy*, Washington DC: National Academy Press, 2000.

内，水源区内的土地 70% 为私人所有，有 500 多个农场和 60 多个乡镇。当地居民的土地开发以及由此引起的污染使水源水质下降，其中，以克鲁顿流域的水质污染最为严重、水质最差，凯兹基尔水系和特拉华水系也同样出现了地区性和季节性水问题。在这样的背景下，美国联邦政府出台了《清洁水法》与《生活饮用水安全法》以促进水源保护。①。其中，《生活饮用水安全法》要求各州建立水源地保护体系，并对水源地进行评价。美国环保署在此基础上制定了《地表水处理条例》，要求所有公共供水系统都必须按照水质要求进行过滤处理，为此建立了克鲁顿水系水净化厂进行水源净化处理。如果对凯兹基尔和特拉华水系进行同样的处理则最低需要 63 亿美元的费用，其中水质净化系统建设费用约为 60 亿—80 亿美元，运行费用约为 3 亿—5 亿美元/年，于是纽约市政府就在 1997 年与国家环保署、纽约州、两大水系的社区联合签署了《协议备忘录》，实施流域管理计划。规定："纽约市和纽约州投入约 5 亿美元实施凯兹基尔和特拉华水系水源保护项目"②，具体内容包括：（1）流域农业计划，如在流域内设置水体"缓冲带和后退区③"、实行"土壤保护性耕作和放牧"、设置"致病污染源进入河道"的篱笆等④；（2）水土保持与植被保护改良计划；（3）征地计划，就是纽约市政府以协商的方式购买流域内居于生态敏感地带土地主的土地，建成乡间滑雪或徒步旅行区，以减少环境污染；（4）环境基础设施发展计划，就是政府与当地居民联合建立环境基础设施，如化粪池改造、建筑物及其附属设施的改造、雨水收集处理等；（5）环境和经济伙伴计划，由纽约市政府出资设立"凯兹基尔未来发展基金"，为流域经济发展提供研究基金、贷款或赠款；（6）新流域管理法规，1997 年生效的新法规取代了 1954 年通过的《流域防洪与保护条例》，对水源系统的保

① Askenaizer D J, Heart S H., *Breaking Down Barriers – Implications and Opportunities of the Safe Drinking Water Act and the Clean Water Act Watershed Provisions*, Watershed management: moving from theory to implementation, Denver: Alexandria Press, 1998, pp. 47 – 53.

② Neville L . R ., *Effective Watershed Management at the Community Level : What It Takes to Make it Happen*, Water Resources Impact, 1999, pp. 14 – 15.

③ Sheridan J. M ., Lowrance R ., Bosch D. D ., *Management Effects on Runoff and Sediment Transport in Riparian Forest Buffers*, Transactions of ASAE, 1999, pp. 55 – 64.

④ Lowrance R , Altier J D, Newbold R S, et al ., "Water Quality Functions of Riparian Forest Buffers in Chesapeake Bay Watersheds", *Environmental Management*, 1997, pp. 687 – 712.

护作出了一系列新的规定，如污水处理设施设计、施工和运行的标准，建立雨水收集处理设施等[①]；（7）环境检测制度，在凯兹基尔和特拉华流域设置环境检测系统，对其水质达标情况、运行效率、水质趋势等进行分析、研究和预警[②]，"建立纽约市陆地和水域完整水利水文模型"[③]。纽约市的清洁供水交易节约了投入、优化了水质，还促进了地方经济社会发展，是政府主导型生态补偿模式、跨区域流域生态补偿、系统化生态保护、水源保护与地方经济社会协调持续发展最成功的案例。

2. 沼泽地承包计划

北美野鸭的主产地是美国和加拿大交界处的一片 77.7 万平方公里的沼泽草地，也是一个富饶的农业产区。由于私有农场主的农业种植，使北美野鸭数量急剧下降，20 世纪 50 年代到 80 年代，北美野鸭的迁移数量从 1 亿多只下降到了 5000 万只，近 50 年里上千顷的野鸭栖息地消失了。德尔塔水禽协会是一个致力于北美野鸭保护的私人性质的非营利性组织，为了保护北美野鸭及协会保护清单中的其他物种，提高私人农场主保护物种、恢复沼泽地的积极性，协会在 1991 年组织实施了承包沼泽地计划。其具体做法是：德尔塔水禽协会承租农场主的沼泽地，然后划成若干小块由动物爱好者和环保人士承包，承包者以捐赠的形式提供资金给协会，协会再以沼泽地保护费或野鸭栖息地修复费的形式支付给农场主，从而达到保护野鸭巢穴促进繁殖的目的。

3. 湿地补偿银行制度

美国按照总量控制的湿地保护原则，以修复或替代手段，补偿那些确需占用或破坏的湿地，以使湿地总面积不减少。在这样的原则和"404 许可"法律条文作用下，一些专门从事湿地恢复业务的专业公司联合组建湿地补偿银行，就是以银行信贷方式把将要恢复的湿地出售给湿地破坏者，以使其能够补偿或抵消自己破坏掉的湿地。湿地补偿银行制度在实践中得到了不断的

① Barten P K, Kyker‑Snowman T, Lyons P J, et al., "Managing a Watershed Protection Forest", *Journal of Forestry*, 1998, pp. 10 – 15.

② Novotny V, "Integrated Water Quality Management", *Water Science and Technology*, 1996, pp. 1 – 7.

③ 赵彦泰：《美国的生态补偿制度》，中国海洋大学硕士学位论文，2010 年。

完善，目前主要有七个方面的内容①：一是周详的初始计划，对湿地的整体需求，湿地修复或新建所造成的环境效应、生态损失、成本投入，以及选址、进程、交易价格等一系列问题进行详细的计划或规划。二是良好的选址，这是建设湿地补偿银行成效保证的前提，也决定或影响着建设成本与建成后湿地在功能上的替代程度和替代能力。三是明确的地点设计，就是拟建设和出售的湿地必须具有水源保护与生态保护的物理特性，能提供相应的生态利益，同时，还要有成本方面的考虑，既要使建设成本较低，还要尽可能地降低其维护费用。四是与政府部门的协调，在建设之前就必须以正式协议方式同政府部门、相关团体等进行湿地银行建设的权利与义务协定。五是建设与评估，就是通过专业机构对湿地银行进行规划设计和实际建设，并委托第三方专业机构对湿地建设项目及其方案进行评估。六是湿地银行的使用，实际上就是在法律框架和政府授权许可下，湿地银行发起者对其存款的出售或贷放。七是管理与维护，就是根据事前文件规定的湿地银行所必须达到的生态功能、生态价值及其技术指标等进行管理、建设与维护，以确保售出湿地的质量。以美国密歇根州政府湿地银行建立流程为例，其流程环节主要包括：发起、协议、执行、后续管理与维护四个环节。其流程如图2－1所示。

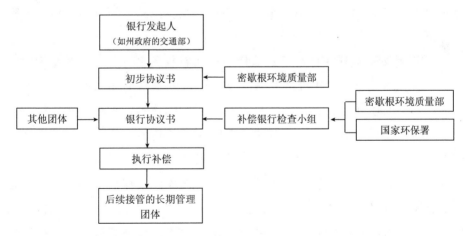

图 2 －1　美国密歇根州政府之湿地生态补偿银行实施流程图

---

① MDEQ Wetland Mitigation Banking Handbook，see http：//www. deq. state. mi. us/documents/deq - water - wetlands - webhandbook. pdf.

湿地银行制度在美国得到了迅速发展。从数量上来看，美国鱼类和野生动物局在 1983 年才建立第一家湿地银行，但到 1992 年就发展为 46 家、2001 年 219 家、2005 年 450 家、2012 年 1221 家[①]；从交易情况来看，2001 年有 22 家湿地银行作为存款点出售，2005 年就达到了 59 家，5 年增长了 168%；从存款点标价来看（一个存款点是一英亩），1994 年，一个存款点的价格是俄亥俄州 16000 美元、新泽西州 87000—150000 美元、伊利诺伊州 35000—85000 美元、俄勒冈州 30000 美元、密西西比州 5800 美元。[②]

4. 环境质量改进计划（EQIP）

EQIP 计划是 1996 年通过合并许多计划而形成的旨在改进环境质量的激励计划，是美国农业部财政支持最大的环境保护项目。该计划主要针对农民的自愿生态保护行为，政府给予补贴，如农牧民在土壤、水分、空气和其他自然资源等方面遇到的生态问题，政府为其提供资金补贴和技术援助，鼓励农民采取生态措施开展农业生产，实现农业发展和生态环境质量改善。2002 年，美国把 EQIP 计划的实施授权给商品信贷公司（Commodity Credit Corporation，农业部的下属公司），并修改部分内容，增加了保护创新赠款计划、地下水和地表水保护计划以及克拉马斯河盆地计划三个附属计划。

EQIP 计划的运作主体是商品信贷公司和农牧场主。前者主要是为农牧场主提供技术援助、费用分摊和激励支付，目的是帮助作物和畜牧生产者改善和保护农场环境；农牧场主只要其所拥有的耕地、草地、林地以及其他土地存在物对土地资源、水资源、空气质量和其他相关资源保护有威胁的都可以申请参与 EQIP 计划，而成为其运作主体之一。其运行方式主要有两种，一是成本分担，就是分担农牧场主实施环保工程措施的成本；二是激励补贴，就是以补贴的形式激励农牧场主实施各种保护措施。其目的主要在于保护水源、减少有害气体排放、减少土壤的侵蚀和沉积、保护濒危

---

① U.S. ACE. Regulatory In‑lieu Fee and Bank Information Tracking System, see https://rsgisias.crrel.usace.army.mil/ribits/f？p = 107：17：973573082007036：NO (2012 – 11 – 13).

② Towards a Sustainable America, *Advancing Prosperity Opportunity and a Healthy Environment for the 21st Century*, 1999, pp. 59 – 60.

物种栖息地等。同时，建立了一个涉及全国性的耕作与林业活动的资金分配模型，先把资金分配给各个影响因素，再根据各影响因素权重把资金分配给各州，具体的实际支付由各州灵活掌握。从实际的资金分配结构上来看，1997—2002年的国家支付中，水质与水保护活动支出占34%、牲畜经营养分管理支付占28%、土壤与土地保护支出占20%，野生生物栖息地保护支付占6%，其他支出占12%。[①]

EQIP计划的实施取得了良好成效。一是资助力度逐年加大。从2002年的4亿美元增加到了2012年的17.5亿美元[②]；二是政策效率高，通过一系列的政策调整，在提高资金使用环境效益的同时，保持了较高的费用分摊支付，一般保留75%的费用分摊支付，资源有限或刚起步的农牧场主则允许90%的费用分摊率，并在签约当年即可支付；三是政策实施效果好，1997—2004年签订合约是117625份，覆盖了2080万平方公里，投入资金10.8亿美元，而在2002—2006年间就签约138993份，覆盖3256万平方公里，投入61亿美元，四年时间的签约数、覆盖面积和资金投入都比前七年大。[③]

5. 项目导向性补偿

美国项目导向性的生态补偿主要有两个：一是营养元素交易，二是保护区计划。营养元素交易制度是为了降低河流中的营养元素、保证水质而设立的，其性质和操作类似于排污许可权证制度。无论是点源污染者还是非点源污染者，只要努力采取措施使其能低成本地降低污染排量至自己的排放许可标准之下，就可以把节余的排放标准出售给其他单位，从而形成营养元素的信贷交易。[④] 保护区计划是根据美国1985年的食品安全法确立的，其目的是为了控制土壤侵蚀、养分与化学物质流失所造成的水质恶化，通过补偿计划促使土地主退耕农田并采取相应的保护措施，如减少化肥使用、营建湿地滩

---

① 钟方雷、徐中民、李兴文：《美国生态补偿财政项目的理论与实践》，《财会研究》2009年第18期。

② 王国成、唐增、高静：《美国农业生态补偿典型案例剖析》，《草业科学》2014年第6期。

③ 邢祥娟、王焕良、刘璨：《美国生态修复政策及其对我国林业重点工程的借鉴》，《林业经济》2008年第7期。

④ 吕晋：《从减轻经济活动强度的立场设计水源保护区的生态补偿》，复旦大学硕士学位论文，2009年。

涂林、改进水质、培育野生动物栖息地等。从实施该计划到 1996 年，一共登记了约 3640 万英亩土地，使表土流失量每年减少了 7 亿吨，土壤侵蚀量平均减少了 21%。解决了切萨皮克海湾污染、纽约饮用水质、太平洋西北鲑鱼减少等美国最紧迫的一些生态问题；也产生了巨大的效益，保护区计划每年支出的费用为 18 亿美元，但增加了 21 亿—63 亿美元的农业净收入，同时，"将来的林木资源价值为 33 亿美元，保护土壤生产力的效益约 6 亿—17 亿美元，改善地表水质的效益约 13 亿—42 亿美元，减少风沙危害的效益约为 3 亿—9 亿美元，小规模野味狩猎效益为 19 亿—31 亿美元，创造的非资源性野生生物的价值为 41 亿美元"。

二、欧盟的生态补偿政策及其实践

（一）欧盟的共同农业政策

欧盟通过共同农业政策（CAP），以财政补贴和财政转移支付方式，建立了自愿性生态补偿机制，补偿标准依据农民的机会成本，一般在 450—900 欧元/公顷之间。[1] 欧盟的共同农业政策是欧盟委员会 20 世纪 80 年代末在"农业—环境一揽子计划"构想中提出的，1992 年 6 月被欧盟正式通过实施，其主要措施包括：对农产品的直接补贴、推进土地休耕制度、加强国土整治与环境保护、开发农业新技术等。[2] 1999 年 5 月，欧盟通过的《欧盟 2000 年议程》明确："农业的欧洲模式"就是"农业生产符合环境保护标准、产品质量符合公众需要"，并作为强制性措施融入到各项农业发展政策中[3][4]（见表 2 - 2）。

① Bernstein J, et al., *Agriculture and the Environment In the United States and EU*, USEU Food and Agriculture Comparisons, 2004.
② 金京淑：《中国农业生态补偿研究》，吉林大学博士学位论文，2011 年。
③ 徐毅：《欧盟共同农业政策改革与绩效研究》，武汉大学博士学位论文，2012 年。
④ 陈锡文：《法国、欧盟的农业政策及其对我国的借鉴作用》，《中南林学院学报》2003 年第 6 期。

表 2 – 2 《欧盟 2000 议程》农村发展资金分配情况表

序号	主要措施	支付金额
1	对年轻农民的创业资助	25000 欧元/人
2	提前退休计划 支付者 工人	15000 欧元/人·年 150000 欧元/人 3500 欧元/人·年 35000 欧元/人
3	对不利于农业发展地区的补偿性财政援助 最高额 最低额	494.2 欧元/公顷 61.775 欧元/公顷
4	对农业环境保护的支持 季节性作物 特殊的永久性作物 其他用途的土地	1482.6 欧元/公顷 2223.9 欧元/公顷 1111.95 欧元/公顷
5	用于植树造林带来的损失的补偿 对所涉及的农民个人及社团 对其他所有的私有法人	1791.475 欧元/公顷 457.135 欧元/公顷
6	关于森林保护和生态作用的补偿 最低补偿性支出 最高补偿性支出	98.84 欧元/公顷 296.52 欧元/公顷

从表 2 – 2 中可以看出，欧盟共同农业政策对农业及农业中的生态环境保护给予了较大的倾斜和支持。欧盟的农业生态保护与补偿有四个途径或措施：农产品的价格补贴与环境保护挂钩，引导农户自觉保护农村生态环境；对转变农业生产经营方式、减少环境污染给以补偿；对农地的植树造林、绿化、

美化给予补偿；"调整农业结构，减轻环境压力"①②。

1. 欧盟生态补偿的主体与客体

欧盟生态补偿的主体是欧盟和各成员国政府，一般有三种模式：①政府协商模式，如德国、奥地利等国，联邦政府必须与区域政府协商、认可后方可经欧盟委员会批准实施；②区域分管模式，如英国，由地方政府在全国成立了 4 个农村发展组织机构进行专门推进；③中央集中管理模式，如瑞典，以农业、食品和渔业等部门为主体，负责所辖范围内的农村发展计划与农业环境措施制定与实施。欧盟农业生态补偿的客体主要有两种：一是申请补偿项目的成功者，政府相关机构通过公共途径向全社会发布农业生态补偿项目信息，有意参与的人都可以按规定要求提出申请，一旦申请成功就可以得到证书或签订合同，依据证书或合同中列示的生态环境保护责任与标准进行补偿③；二是遵守环境保护规定的农民，在 2003 年的新方案中规定，只要农民按照环境保护、食品安全、动物卫生和福利标准生产经营就能获得生产补贴，相反，不符合规定的就会取消补贴，甚至被制裁④。

2. 欧盟农业生态补偿的标准

一般是以农村生态建设的成本为基础进行补偿，包括各种基础设施投资、农产品价值损失、劳动力投入等。在具体补偿中又因区域、环境、具体措施等不同而有所调整。例如，对一年生作物补贴的标准为 600 欧元/公顷·年，多年生作物为 900 欧元/公顷·年，其他土地作物为 450 欧元/公顷·年；对已耕种农地的植树造林，其补贴期限为 20 年，补贴标准为：农场主 725 欧元/公顷·年、其他私有法人 185 欧元/公顷·年、公共部门仅补偿建设成本。⑤以德国巴伐利亚州的生态农业项目补偿标准为例（见表 2 - 3）。

---

① 高国力、丁丁、刘国艳：《国际上关于生态保护区域利益补偿的理论、方法、实践及启示》，《宏观经济研究》2009 年第 5 期。

② 杨晓萌：《欧盟的农业生态补偿政策及其启示》，《农业环境与发展》2008 年第 6 期。

③ 中国 21 世纪议程管理中心可持续发展战略研究组：《生态补偿：国际经验与中国实践》，社会科学文献出版社 2007 年版，第 179—182 页。

④ 陈彬：《欧盟共同农业政策对环境保护问题的关注》，《德国研究》2008 年第 2 期。

⑤ 中欧农技中心：《欧盟共同农业财政政策与农业金融环境》，中国农业外经外贸信息网，见 ht-tp：//www. cafte. gov. cn/ggzcfg/geguozhengceyanju/29. asp。

表 2-3　德国巴伐利亚州生态农业项目的补偿标准

序号	措 施 名 称	补 偿 标 准
1	整个农场内采用生态农业的耕作方式	255—560 欧元/公顷
2	有利于环境保护的耕作措施	25 欧元/公顷
3	草场的粗放利用	125 欧元/公顷
4	水体与敏感性草带附近禁用化肥和农药	360 欧元/公顷
5	稀植果园（每公顷最多 100 棵果树）	5 欧元/公顷，最多 340 欧元/公顷
6	退耕还草	500 欧元/公顷
7	牲畜粪便的合理处理	1 欧元/公顷

欧盟的农业生态补偿效果显著，欧盟 15 国中，25% 的耕地进入农业环境项目（EU 2005）；进行有机农业的农地占欧盟总农业用地的 3%（EU 2007）；在改善土质、提高水质和水量、保护生物多样性以及改善自然环境景观等方面发挥了至关重要的作用。[①]

（二）欧盟的生态标签政策

生态标签制度也就是生态产品认证制度或生态标记计划，是欧盟在 1992 年出台的一个生态保护与补偿计划。其目的是为了把生态产品从其他商品中分离出来，加以肯定、鼓励和补偿，以推动厂商提高生态环境保护，减少产品生产和消费中对生态环境的损害。生态标签制度的实质是通过产品认证制度实现消费者对生态环境服务的间接支付，是一种自愿性的生态补偿制度。对生态产品的认证，有助于引导消费者，培育其生态保护与生态消费付费意识；也为生产者赢得了利益，激励其扩大生态环境保护投资[②]。

生态标签制度的实施途径或程序。首先是厂商向相应的管理机构申请，并提供测试数据，证明其产品达到了生态标签产品要求；独立的第三方再根据认证标准的生态友好型产品，授予生态标签（即成为"贴花产品"），并积

[①]　刘平养：《发达国家和发展中国家生态补偿机制比较分析》，《干旱区资源与环境》2010 年第 9 期。

[②]　高国力、丁丁、刘国艳：《国际上关于生态保护区域利益补偿的理论、方法、实践及启示》，《宏观经济研究》2009 年第 5 期。

极向消费者推荐生态标签产品和生产厂家，提高"贴花产品"的知名度、商品销售价格和市场销售量。生态标签产品受到了消费者的青睐，据调查，欧盟75%的消费者愿意购买生态标签产品，其产品价格也要高出普通商品的2倍以上。[①]

（三）欧盟水源生态补偿的实践案例

1. 德国易北河流域生态补偿的横向转移支付机制

作为欧洲最早实施生态补偿制度的德国，其成功案例是易北河流域生态补偿所建立的横向转移支付机制。

易北河是中欧主要的航运水道之一，"发源于捷克、波兰两国边境附近的克尔科诺谢山南麓，穿过捷克共和国西北部的波希米亚，在德勒斯登东南40千米处进入德国东部，在德国下萨克森州库克斯港注入北海。全长1165千米，约1/3流经捷克共和国，2/3流经德国。流域总面积144060平方公里"[②]（见图2-2）。易北河流域在治理之前污染严重，特别是20世纪80年代之前，由于易北河两岸陆续兴建和扩建许多工业区，特别是当时的西德，在汉堡附近发展第二个鲁尔经济区，在易北河及其支流上修建核电站、火力发电厂、冶金厂和化工厂等，导致易北河水质污染严重，每天从汉堡市下水道排入易北河的污水就达50万立方米，仅堡港河底就沉积了1000多吨重金属，有的河段水中含有一定数量的镉和汞。严重的污染使易北河水变得黄浊且有臭味，捕捞的鱼有的出现严重的增生变态，有的含汞量超标无法食用。[③] 这引起了市民的不满和抗议，德国和捷克于是达成协议，共同整治易北河流域污染问题。两国联合成立了8个双边专业合作小组，如行动计划组、监测组、研究组、沿海保护组、灾害组、水文组、公众组和法律政策组，最初目标是"长期改良农用水灌溉质量，保持两河流域生物多样，减少流域两岸排放污染物"。2000年和2001年调整为"易北河上游水质经过滤后能达到饮用水标准；不影

---

① 郑水丽：《基于国际经验的鄱阳湖生态经济区生态补偿机制研究》，南昌大学硕士学位论文，2010年。

② 丁兴平：《易北河以苏军和盟军的胜利会师地使其地名名声倍增》，《中国地名》2012年第9期。

③ 文辑：《易北河污染严重》，《交通环保》1982年第3期。

响捕鱼业，河内鱼类要达到食用标准；河内有害物必须达标，河水可用于灌溉；易北河淤泥可作为农业用料；生物品种多样化"①。

图2-2　易北河流域水系示意图

易北河治理的横向生态补偿转移支付机制是富裕地区以生态补偿所确定的标准向贫困地区进行的区际之间的财政转移支付，从而实现在易北河流域治理上生态服务提供与需求双方的利益分配平衡。其横向生态补偿转移支付的资金有四个来源：企业和居民所缴纳的排污费、财政拨款、研究津贴和易北河下游地区对上游地区的经济补偿，如德国在2000年曾支付900万马克用于捷克（与德国交界处）的城市污水处理厂建设。② 资金的支付方式有两种："一是扣除了划归各州的销售税的25%后，余下的75%按各州居民人数直接分配给各州；二是财政较富裕的州按照统一标准计算拨给穷州补助金"③。

①　任世丹、杜群：《国外生态补偿制度的实践》，《环境经济》2009年第11期。
②　王芃：《论我国生态补偿制度的完善》，郑州大学硕士学位论文，2006年。
③　朱桂香：《国外流域生态补偿的实践模式及对我国的启示》，《中州学刊》2008年第5期。

2. 法国毕雷矿泉水水质保持生态补偿的付费机制

毕雷矿泉水公司的水源是法国东北部的莱茵河—默兹河流域，但是，该流域自 20 世纪 80 年代开始出现了严重的环境污染，直接威胁到了公司的生产。这时公司面临着三种可能性选择：建立过滤水厂、迁厂到新的水源地、保护该地区水源。毕雷矿泉水公司研究后最终决定支付补偿费用购买水源保护的生态服务，向居住于莱茵河—默兹河流域腹地 40 平方公尺的奶牛场提供补偿，形成了"自愿补偿"或"自愿市场"生态补偿的毕雷矿泉水水质保持付费机制，成为市场化生态补偿的成功案例。毕雷矿泉水公司经过与流域内农户磋商，达成并签署了减少水土流失和杀虫剂使用的协议，规定：农户减少奶牛牧养农场、处理对牲畜粪便、减少谷物种植与化学农药使用；农户因此所遭受的损失和遇到的风险由公司以生态补偿形式承担，补偿标准为 230 美元/公顷·年，最初的 7 年共计支付 15.5 万美元，同时，在合约期内为农户提供技术支持和新农业设备费用支持，共计支付 2450 万美元。政府也承担了一定的费用，如"国家农业部承担 20% 的研究费用，水管理机构承担 30% 的建造和监管现代谷仓的费用"[1][2]，从而形成了以企业为主体的生态补偿付费机制。

三、哥斯达黎加的森林基金、私人交易和碳交易生态补偿实践

哥斯达黎加在 20 世纪 70—80 年代出现了森林的严重退化，在 50 年代森林覆盖率还在 50% 以上，但到了 1995 年就只有 25% 了。为了遏制森林退化，促进生态保护，哥斯达黎加通过国家森林基金（FONAFIFO）和国家保护区系统（SINAC）实施了国家生态补偿计划，主要目标是保护原始森林、使次林繁荣茂盛、提高森林产品质量，并实现森林的四个价值：①减少温室气体排放的价值；②水环境服务价值，包括提供饮用水、灌溉用水、水力能源等；③生物多样性保护价值；④休闲景观与旅游价值。在生态补偿机制下以四种合约形式进行管理，一是森林保护合约。主要是保护原生和次生林，合约为 5

---

① 任世丹、杜群：《国外生态补偿制度的实践》，《环境经济》2009 年第 11 期。
② 中国生态补偿机制与政策研究课题组：《中国生态补偿机制与政策研究》，科学出版社 2007 年版。

年一期，标准为 210 美元/公顷土地，占用国家森林基金投资的 80%，保护面积达 32.68 万公顷。二是可持续的森林管护合约。主要是要求土地所有者承诺将其林地维护至少 15 年，农民每 5 年将获得 327 美元/公顷的生态补偿金，但实行分期支付：第一年支付 50%，第二年支付 20%，后 3 年每年支付 10%，占用国家森林基金投资的 6%，保护面积达 2.8 万公顷。三是重新造林合约。主要是要求农民承诺 15—20 年的退化和抛荒农地造林改造，农民每 5 年将获得 537 美元/公顷的生态补偿金，也是分期支付——第一至五年支付的比例分别为 50%、20%、15%、10% 和 5%。占用国家森林基金投资的 13%，保护面积为 2.19 万公顷。[①] 四是自筹资金植树合同，占用基金投资的 1%，保护面积是 1247 公顷。哥斯达黎加的生态补偿计划取得了良好效果，1995—2004 年，国家森林基金投入约 9000 万美元进行生态补偿，保护了 45 万公顷天然林，使森林覆盖率稳步提升，由 1987 年的 21% 提升到了 1997 年的 42%、2000 年的 47%。[②] 哥斯达黎加建立了多样化的国家森林基金筹资渠道，主要有三个：国家财政资金投入，私有企业协议投入资金，以项目和市场交易方式筹集资金等。[③]

哥斯达黎加的私人交易生态补偿模式也是国家林业基金来完成的。全球能源公司（Energia Global，EG）是萨拉皮基河（SaraPiqui）流域的一家私营水电公司，其所依赖的水源出现了水量不足和泥沙沉积等问题，使公司每天只能正常运转 5 个小时左右，严重影响了公司发展。要想保证公司的正常运行与收入的最大化，就必须提高上游的森林覆盖率和水源涵养能力，进而提高河流年径流量。EG 公司通过估算：如果投资能使流域内的径流量增加 46 万立方米（价值约为 3 万美元），公司就可以实现盈利。为此，EG 公司按照 18 美元/公顷的标准向 FONAFIFO 提交生态补偿资金，FONAFIFO 在此基础上再添加 30 美元/公顷，支付给流域上游的私有土地主，以促使其植树造林。接受补偿的私有土地主必须植树造林、从事可持续林业生产和保护现有林地。

---

① 王欧、金书秦：《热点聚焦农业面源污染防治：国际经验及启示》，《世界农业》2012 年第 1 期。

② 赵春光：《我国流域生态补偿法律制度研究》，中国海洋大学博士学位论文，2009 年。

③ 王欧、金书秦：《热点聚焦农业面源污染防治：国际经验及启示》，《世界农业》2012 年第 1 期。

EG 公司的这种做法受到了社会的赞同和其他公司的效仿，电力与照明公司（Compania de Fuerzay Luz）和 CNFL 两家公共水电公司、EG 和拉福图纳德私营水电公司（Hidroelectrica Platanar）两家私营公司也通过 FONAFIFO 向私有土地主进行补偿，其中 CNFL 公司还提供了全部的补偿资金。[①]

哥斯达黎加的 CTO 碳交易制度就是政府通过"温室气体抵消单位"（CTO）贸易获取国际市场对生态环境保护的资金支持。哥斯达黎加政府在 1996 年将 20 万个 CTO 单位出售给挪威，获得了第一笔 CTO 碳交易 200 万美元的资金支持；政府的"碳基金"和化石燃料销售税一起构成生态补偿资金的来源。根据同年实施的"森林环境服务支付"项目（FESP），对植树造林进行补偿，补偿标准在不断调整，"2002 年的支付水平为 5 年每公顷 530 美元"[②]。

四、厄瓜多尔基多的水资源保护基金生态补偿实践

厄瓜多尔皮晋查省（即基多盆地）的跨安第斯是人口稠密而水源不足的地区，其水源主要来自于三个方面：一是埃斯梅拉达河流域上游的地表水，二是亚马孙河流域转移的部分水源，三是基多周边地区蓄水层的地下水。水井状况及其供水系统的恶化使其不得不依赖于亚马孙河流域转移的水源，这些转移水源主要来自于：安提萨那河、奥亚卡其和帕巴拉克塔为基多提供的饮用水，博克龙、蒙特拉斯和圣黑罗尼莫等河流为塔巴昆多提供的灌溉项目用水，奥亚卡其还为坎加瓜提供灌溉用水。

水源供给不足加剧了当地居民的贫困程度。基多盆地最贫困的北部卡宴贝和塔巴昆多地区缺水分别达到 54.7% 和 64.3%，皮塔和佩德罗河流域以及皮斯克河下游地区达到 47%—54.7%，基多盆地其他地区的缺水也在 39.3%—47% 左右。同时污染严重，根据基多都市区环境管理董事会的《圭拉班巴流域水质监测计划初步报告》：皮塔河在各类用途中均未显示出良好的

---

① 吕晋：《从减轻经济活动强度的立场设计水源保护区的生态补偿》，复旦大学硕士学位论文，2009 年。

② 高国力、丁丁、刘国艳：《国际上关于生态保护区域利益补偿的理论、方法、实践及启示》，《宏观经济研究》2009 年第 5 期。

质量特点；圣佩德罗河水在进行预处理之前不宜使用；马查加拉河水根本不宜使用；奇切河水可在严格限制条件下可用于某些方面；冠比河水可用于某种目的，但因存在大肠菌而必须加以限制；来自乌拉维亚和科亚格河的水因细菌含量而需要限制使用。皮斯克河水因大肠菌而需限制使用；蒙哈斯河水不宜使用；古比河水适用于各类用途；圭拉班巴河水可以在特殊处理之后加以使用。[①]

水源供给不足、污染严重、盗水现象增加等问题突出，需要加快水资源管理，于是在自然保护协会、美国国际开发署（USAID）与安提萨那基建（Funda – cion Antisana）的共同支持下成立了基多 FONAG 水基金会，作为执行供应都市区的流域和集水区保存与维护的财政机制。[②]基金的来源包括用水户的水费、基金捐款、国家财政资金和国际渠道筹款等，受益者付费的用水户主要有教区融资（MBS – Cangahua）、灌溉工程、私营农场主、水电公司HCJB、帕帕亚克塔（Papallacta）温泉、基多基霍斯水电项目（Electro Quito – Quijos Project）和厄瓜多尔科卡科多—辛克雷水电站项目（INECEL – Coca-CodoSinclair Project）电力工程等。基金的管理是一家私营资产管理者及其董事会，其管理费用要求控制在总费用的 10% —20% 。[③]

五、澳大利亚的水分蒸发蒸腾信贷生态补偿实践

墨累河—达令河（Mullay – Darling）是澳大利亚国内的主要河流，也是其国内唯一的一条发育完整的水系。干流长 2589 千米，流域面积 30 万平方千米，平均流量 190 立方米/秒，径流量 59.5 亿立方米。澳大利亚比较干旱，平均降水量 2/3 以上的地区不足 500 毫米/年，1/3 的地区不足 200 毫米/年。雨水稀少而且不稳定，河流年径流量变化比较大。整个墨累河的平均降水量只有 425 毫米/年，流域内的降水量分布差异也很大，在源头还有 1400 毫米/

---

① 帕伯罗·约莱特：《作为水资源保护及保存财政手段的信托基金：厄瓜尔基多案例》，见 ht-tp//www. fao. org/ag/wfe2005/docs/Fonag_ Ecuador_ Ch. pdf。

② 帕伯罗·约莱特：《作为水资源保护及保存财政手段的信托基金：厄瓜尔基多案例》，见 ht-tp//www. fao. org/ag/wfe2005/docs/Fonag_ Ecuador_ Ch. pdf。

③ 赵玉山、朱桂香：《国外流域生态补偿的实践模式及对中国的借鉴意义》，《世界农业》2008年第 4 期。

年而到了奥尔伯里则只有 600 毫米/年左右。在科罗瓦等地区，降水量还没有蒸发量大。墨累河干流年平均流量 190 立方米/秒，但最大实测流量为 4400 立方米/秒，而最小实测流量则仅为 28 立方米/秒，径流总量 59.5 亿立方米，径流深为 21 毫米。

墨累河—达令河流域除了少雨干旱与河流径流量不稳定外，还由于流域上游的森林砍伐，造成了严重的土壤盐碱化问题，为此实施了水分蒸发蒸腾信贷计划。新南威尔士州林务局（StateForests of New South Wales，简称 SF）是负责林业管理的政府贸易企业，主要是经营 200 多万公顷的公共天然林，扩建阔叶与针叶人工林。马奎瑞河食品和纤维协会（MRFF）的成员是马奎瑞河周边水域的 600 名灌溉农民。1999 年，新南威尔士州林务局与马奎瑞河食品和纤维协会达成了引水控盐贸易协定，为流域生态环境功能服务付费[1]，这就是水分蒸发蒸腾信贷计划。上游农场主按每蒸腾 100 万升水交纳 17 澳元或按每年每公顷土地 85 澳元进行补偿，支付期为十年。拥有上游土地所有权的州林务局通过种植树木或其他植物获得蒸腾作用或减少盐分信贷以改善土壤质量[2]。处于墨累河—达令河流域下游的食物与纤维协会，按标准购买盐分信贷，州林务局运用该信贷经费支持上游地区"种植脱盐植物、栽植树木或多年生深根系植物"，以保护水质、预防盐碱化[3]。

六、巴西巴拉那州的公共资金再分配机制生态补偿实践

巴西政府把生态环境及其保护作为国家政策的重点，早在 1991 年，巴西的巴拉那州议会就通过一项法律，在国内率先设立了鼓励环境可持续发展的再分配机制[4]，即"生态 ICMS"。规定要求从"商品和服务流通所得"（IC-MS）收入中拿出 5% 的资金，根据环境标准进行再分配，其中的 2.5% 分配给那些有保护单元或保护区的地方，另外的 2.5% 分配给那些拥有水源流域的地

① 任世丹、杜群：《国外生态补偿制度的实践》，《环境经济》2009 年第 11 期。
② 高国力、丁丁、刘国艳：《国际上关于生态保护区域利益补偿的理论、方法、实践及启示》，《宏观经济研究》2009 年第 5 期。
③ 王蓓蓓：《流域生态补偿模式及其创新研究》，山东农业大学硕士学位论文，2010 年。
④ Irene Ring, "Integrating Local Ecological Services into Intergovernmental Fiscal Transfers: The Case of The Ecological ICMS in Brazil", *Land Use Policy* 2008, pp. 485 – 497.

方。巴拉那州内各地方政府通过竞争来获得"生态 ICMS"，当地参与生态环境保护活动的面积越大，获得的再分配资金就越多，从而调动了地方政府的生态保护积极性，他们通过设立公共保护区，或帮助土地主保护和维持土地的生态质量取得了极大成功，保护区的面积增加了 9 倍，而其管理成本很低，只有 3.2 万美元；"生态 ICMS"的实施范围也不断扩大，如米纳斯吉拉斯州利用该机制在 1996 年就得到了 380 万美元，分配给了 97 个具有保护区、水文上非常重要或污水处理能力可以满足 50% 以上人口需要的城市和地区；该计划还使实施地区的水保护措施增加了 2/3。①

据巴西国家航天局的地球资源卫星图像显示，亚马孙原始森林破坏日趋严重，仅 2001 年 8 月至 2002 年 8 月间，被毁面积就达 2.54 万平方千米，比前一次普查结果增加了 40%。巴西政府为使亚马孙原始森林的破坏得到遏制和修复，制定并实施了《亚马孙原始森林保护计划》，其内容包括：①设立 3.95 亿雷亚尔（约 1.4 亿美元）专项资金，保护该地区的生态平衡；②制定法令打击对国家土地的非法占用；③成立协调和执行机构，由联邦政府民事办负责总协调，环境保护部等 10 部委组成执行机构；④建立森林保护预警机制，组建直升机快速反应部队，按照卫星实时图像监控资料对森林破坏做出应急反应。力争通过该计划保护好"地球上最后一块完整的热带雨林"，保护好"地球上的肺"。② 同时，"巴西政府还与亚马孙合作条约组织的其他成员国，如玻利维亚、哥伦比亚、厄瓜多尔、圭亚那、秘鲁、苏里南和委内瑞拉等共同签订了关于保护亚马孙水源质量的协议"③。

七、日本水源区综合利益补偿机制的生态补偿实践

日本是世界上水资源缺乏的国家之一，为了缓解水资源短缺压力，一方面加强了水资源及其开发的综合管理，另一方面建立了水源区的综合利益补偿机制。日本的水资源存在总量不足、河流利用率低、雨水资源利用效率低、

① 吕晋：《从减轻经济活动强度的立场设计水源保护区的生态补偿》，复旦大学硕士学位论文，2009 年。
② 杜亚：《巴西政府实施亚马孙原始森林保护计划》，《浙江林业》2006 年第 4 期。
③ 邓国庆：《巴西：环保成为国策重点》，《科技日报》2005 年 1 月 3 日。

水资源的枯丰年制约、人口和经济增长对水资源需求加大等特点。日本平水年的水资源赋存量约为 4200 亿立方米，枯水年则只有 2800 亿立方米，加上雨水利用率低，使其实际水资源赋存量更少。[①] 日本把全国的河流划分为一级河川、二级河川、准用河川（次要河川）和普通河川。一级河川 109 条，二级河川 263 条，准用河川 11890 条，普通河川 112900 条。但河流的面积小，最大的河流利根川的流域面积仅 16840 平方千米，河流的坡度大、长度短，其河性系数（最大流量与最小流量之比）一般都大于 200。[②] 日本人均年降水量仅 530 立方米，是世界平均值 2700 立方米的 1/5。[③] 日本的年用水量约 900 亿立方米，其中，农业用水 586 亿立方米，占 65%；工业用水 154 亿立方米，占 17%；生活用水 160 亿立方米，占 18%。通过优化用水技术，工业用水的循环利用率达到了 76%，并且需水量还在进一步增加，1965—1975 年的 10 年间，生活用水增加了 1.6 倍。2000 年以后增加到 1056 亿立方米，需水缺口进一步扩大。[④]

为了应对水资源困境，日本实施了一系列水资源保护与开发措施，包括：①现有水资源开发。依据水资源开发促进法指定了东京都圈的利根川水系和荒川水系、中部圈的木曾川水系和半川水系、近畿圈的淀川水系、四国的吉野水系、北部九州的筑后川水系七大流域为水资源开发水系，到 1995 年末，已完成水利设施 50 项，开发水量 332.9 立方米/秒，其中水道用水约 169.9 立方米/秒，工业用水约 102.2 立方米/秒，农业用水约 60.9 立方米/秒。受益人口 6100 万人，占全国人口的 49%。另有 54 项水利工程正在建设和规划，预期开发水量约为 131.4 立方米/秒。②节约用水。包括节水器具的推广等，使生活用水的有效利用率从 1975 年的 81.1% 提高到 1996 年的 90.0%。③杂水利用。如利用生活和工业废水或雨水处理后进行冲厕、冷却、洒水等。1994 年在全国建立了 1051 处下水道处理场，产生再利用水约 101 亿立方米，在全国 528 个杂用水设施中，雨水利用占 27%，全国 75% 的厕所都使用的是杂水。④海水淡化。日本通过蒸发法、电气透析法和逆渗透法等方法对海水进行淡

---

① 程晓冰：《日本水资源的开发与保护》，《中国水利》1999 年第 8 期。
② 张保祥：《日本水资源开发利用与管理概况》，《人民黄河》2012 年第 1 期。
③ 程晓冰：《日本水资源的开发与保护》，《中国水利》1999 年第 8 期。
④ 张保祥：《日本水资源开发利用与管理概况》，《人民黄河》2012 年第 1 期。

化。截至 1996 年 3 月，日本全国利用海水淡化设备的日淡化水能力达 97307 立方米，其中 43 处供生活用水的设施日淡化水能力 30041 立方米，26 座供工业用水设施日淡化海水 67266 立方米[①]。目前，采用新技术后的新型高效海水淡化装置，可以使海水利用程度达到 95%。

日本的水源区综合利益补偿机制最早是在 1972 年制定的《琵琶湖综合开发特别措施法》中确定的，在《水源地区对策特别措施法》（1973 年）中以普遍制度固定下来。该机制主要包括三方面内容：①直接经济补偿，主要是水库建设主体以搬迁费等形式直接支付给居民的经济补偿。②《水源地区对策特别措施法》中的补偿措施，规定了水库、湖泊水位调节设施建设费用的分担比重，并妥善安置因此而失去生活基础的居民。从实际支出来看，道路建设占项目经费支出的 50%、土地改良占 11.3%；从经费分担上来看，政府占 98%（其中，中央政府 47%，都道府县 24%，市町村 27%）其他主体仅占 2%。③"水源地区对策基金"补偿措施，如库区移民安置、地区振兴、上下游交流、水源涵养林资金援助等生态补偿措施。同时，一些地方政府也开展了生态补偿的实践，如丰田市的"丰田市水道水源保全基金"对上游水源涵养林的生态补偿。[②]

八、哥伦比亚水用户协会自愿支付机制与环境服务税体系的生态补偿实践

考卡河是哥伦比亚国内最大的流域之一。该河出自波帕扬附近的安第斯山，向北流经山谷省汇入马格达莱纳（Magdalena）河，是马格达莱纳河左岸的最大支流。河流全长 1349 千米，流域面积 6.3 万平方千米，河口流量 2200 立方米/秒。

考卡河流域是哥伦比亚第二大城市卡利市的粮食产区，河谷盛产谷物、甘蔗、可可、棉花、水果和牲畜，两侧坡地出产了全国 3/4 的咖啡。考卡河为该区域提供了丰富的水资源，但是自 20 世纪 80 年代开始，该流域出现了缺水现象，使 500 万人面临困境。根据哥伦比亚法律，优先解决家庭生活用

---

① 张维华：《日本的水土保持》，见 http：//www.szwrb.gov.cn/cn/zwgk_ show.asp？id=12725。

② 林家彬：《日本水资源管理体系考察及借鉴》，《水资源保护》2002 年第 4 期。

水，这就使该流域的种植用户出现了用水困难。为缓解农业生产用水紧缺状况，流域内的水稻和甘蔗种植者自发地成立水用户协会 12 个，通过考卡河流域公司（简称 CVC，由哥伦比亚政府组织成立于 1959 年）对流域内的水源保护给予补偿。水用户过去的水费交纳标准是每三个月每秒每升 0.5 美元，水用户协会在这个基础上，加收 1.5—2.0 美元，通过 CVC 用于保护水源与改善流域管理。CVC 与上游林业主签订协议，并付费补偿其对流域水环境的改善、流域管理的改进、水文脆弱区土地所有权的购买、流域面积的扩大等，有效地缓解了考卡河流域的生态问题，其生态补偿经验被推广到整个哥伦比亚。[1]

哥伦比亚还成立了区域自治机构（RAC）全面负责流域管理活动，建立了流域管理环境服务税的全国资金筹措体系。如规定市政部门 1% 的预算要用于购买水源区土地以保护水文敏感流域；1 万千瓦以上发电能力的水电公司需将 3% 的电力销售额转移给 RAC，再转移 3% 给市政部门以保护水文流域或水库生态环境；所有用水作业的工业企业均需将 1% 的投资分配给 RAC 进行流域水源保护。[2]

九、加拿大格兰德河流域的综合管理

格兰德河是北美洲第五长河，也是美国与墨西哥的界河，其源头在美国科罗拉多州西南部落基山区的圣胡安山。流域全长 3030 公里，面积 57 万平方千米。

格兰德河是加拿大安大略省南部最大的流域，早期 95% 的流域被树木覆盖，但是，由于树木砍伐，自 20 世纪 20 年代以来，格兰德河逐步变成了一条满是垃圾的臭水河，并出现洪水和干旱频发。面对格兰德河严重的生态问题，流域内的 8 个市政当局联合成立了格兰德河保护委员会（1932 年），后来合并改组为格兰德河谷保护机构（1948 年），最后形成了今天的格兰德河保护权威机构，拥有 26 名常任成员。[3] 其组织机构图示如图 2-3 所示。

---

[1] 赵春光：《我国流域生态补偿法律制度研究》，中国海洋大学博士学位论文，2009 年。
[2] 吕晋：《从减轻经济活动强度的立场设计水源保护区的生态补偿》，复旦大学硕士学位论文，2009 年。
[3] 靳敏：《加拿大格兰德河流域管理经验及借鉴》，《环境保护》2006 年第 2 期。

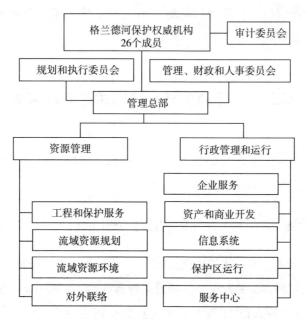

图 2 - 3　格兰德保护机构组织机构示意图

　　格兰德河流域保护区涵盖了 59 片土地，具体包括示范区 2 个、洪水控制区 19 个、泛滥平原区 20 个、鱼类与野生动植物及旷野区 3 个、自然保护区 13 个、国家历史公园和省立公园各 1 个。加拿大于 1994 年命名格兰德河为遗产河流，进行保护。①

　　格兰德河采用定向补偿方式②，具体补偿措施是：工程性措施就是为保护格兰德河流域而修建各种保护工程，在 1932 年就在格兰德河修建了加拿大第一座多功能大坝；机构合作性措施就是加强流域内各保护机构的合作与协调，实现流域内当地市政府、政府各部门和非政府组织之间的政策协调与工作衔接；资金保证措施就是通过这种合作关系，以政府拨款、税收、合作成员缴费、资源租金、水电开发收入、木材买卖收入，以及格兰德河保护基金会和其他合作伙伴的经济支持等形成约 2000 万美元的流域保护基金以保证生态补偿资金供给；信息发布和公开措施就是以年度报告的形式公布当年的水质、

---

　　①　许学工：《加拿大的保护区系统》，《生态学杂志》2000 年第 6 期。

　　②　杨中文、刘虹利、许新宜、王红瑞、刘和鑫：《水生态补偿财政转移支付制度设计》，《北京师范大学学报（自然科学版）》2013 年第 Z1 期。

水量与土地资源情况，指出今后的努力方向与发展要求，对流域内各主体的生态保护进行引导①。

第三节　国内生态补偿模式的实践探索

国内水源和流域生态补偿也在实践中取得了一定的成功经验，其中，具有代表性的主要有以下几个地区。

一、北京密云水库水源地的跨区生态补偿模式

密云县位于北京市东北部的燕山脚下（见图2-4），距离北京市区65公里，土地面积2229.45平方千米。密云县现有人口42.38万人，其中农业人口29.40万人，非农业人口13万人。密云县是全国农业生态试点县、全国绿化先进县、国家生态县，被誉为"北京山水大观，首都郊野公园"。是华北通往东北、内蒙古的重要门户，有"京师锁钥"之称。

密云水库建于密云县城12公里处，是集供水、灌溉、发电、防洪、养鱼、旅游于一体的多功能、大型水利设施。水库于1958年9月动工，1959年汛期拦洪，1960年9月基本建成。密云水库是华北地区的第一大水库，也是亚洲最大的人工湖，其面积"相当于67个十三陵水库或150个昆明湖"，并建有2座主坝、5座副坝。②"水库按千年一遇洪水设计，最大水深60米，最大库容43.75亿立方米"，控制白河与潮河流域面积的88%。水库建设淹没良田20.7万亩、村庄65个，有11536户56908人移民搬迁。库区建设、水质保护而使其经济发展水平明显落后于邻县，但其优美的生态赢得了"燕山明珠"的美誉。

---

① 靳敏：《加拿大格兰德河流域管理经验及借鉴》，《环境保护》2006年第2期。
② 胡艳霞等：《北京密云水库生态经济系统特征、资产基础及功能效益评估》，《自然资源学报》2007年第4期。

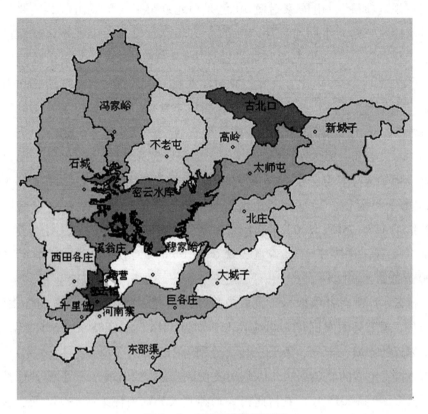

图 2 - 4　密云县行政区划图

密云水库供给了北京市 80% 的生活用水，是北京市饮用水的主要来源，其水源的 56% 来自发源于河北承德和张家口的潮河、白河和潮白河。为了保证供水，河北省加大了日益加剧的河流污染和水土流失治理力度，在节水、水土保持、生态治理等上投入了大量的资金而不堪重负，仅 1989 年到 2008 年的 20 年间就累计投入 20 多亿元资金[①]；同时，关停了大量的污染型工业企业，严格限制加工制造业、规模化畜禽养殖以及矿产资源开采加工业等企业发展。巨大的财政负担和经济损失无法保证水源保护的持续进行，于是提出了生态补偿呼吁。作为积极响应，北京市和天津市与承德丰宁县谈判，协议建立 140 万元/年的森林生态效益补偿基金（其中，北京出资 100 万元/年、天津 40 万元/年）；2001—2005 年实施了"首都水资源可持

---

① 周映华：《我国地方政府流域生态补偿的困境与探索》，《珠江现代建设》2008 年第 3 期。

续利用规划项目"，由国家财政 70 亿元和北京市 150 亿元组成，主要是对
上游水源区和密云水库与官厅水库的生态环境建设、污染处理，从而提高
增加森林覆盖率、减少点源和非点源污染。[①] 在 2004 年，北京市政府印发
《关于建立山区生态林补偿机制的通知》规定，市县每年投入 2.1 亿元财政
资金，用于全市 1010 万亩省级公益林的生态补偿，补偿标准为 21 元/年·
亩。[②] 北京市与河北省在 2007 年签署的备忘录确定，北京市在"十一五"
期间为河北省丰宁满族自治县、滦平、赤城、怀来 4 个县的生态水源保护
林建设提供部分资金，按照每年 6750 元/公顷的标准给予"稻改旱"农民
"收益损失"补偿。2007 年，由水稻改种玉米等低耗水作物的 6867 公顷农
田补偿了 4635 公顷；2008 年起，官厅水库上游的 5333 公顷也实施了"稻
改旱"工程，这些工程的实施实现节水 1950 万立方米/年，增加出水量
1300 万立方米/年。[③]

　　密云水库生态补偿取得了良好效果。2003 年，密云水库上游的怀柔区、
密云县、延庆县的农民年人均纯收入分别为 5814 元、5885 元、5658 元，远
高于邻近的赤城、丰宁、滦平三县（分别为 1158 元、972 元、1460 元），北
京市直接受益者的城镇居民年人均可支配收入 13882.6 元，是上游其他县区
的两倍多。[④] 到 2015 年，农村居民人均纯收入分别为怀柔区 19937 元、密云
县 19183 元、延庆县 18088 元，十余年间分别增长了 3.43 倍、3.26 倍和 3.2
倍。[⑤] 根据北京市的调查，"北京 2006 年的农业和林业的生态服务价值是
5813.96 亿元，2007 年是 6156.72 亿元，到 2009 年是 6309.95 亿元。假如把

---

① 吕晋：《从减轻经济活动强度的立场设计水源保护区的生态补偿》，复旦大学硕士学位论
文，2009 年。

② 国家林业局生态补偿基金管理处：《北京市地方财政建立森林生态效益补偿基金》，见 ht-
tp：//www. forestry. gov. cn/lyjj/2418/content – 339632. html。

③ 周映华：《我国地方政府流域生态补偿的困境与探索》，《珠江现代建设》2008 年第 3 期。

④ 郑海霞：《中国流域生态服务补偿机制与政策研究》，中国农业科学院博士后出站论文，
2006 年。

⑤ 北京市怀柔区统计局、北京市怀柔区经济社会调查队：《怀柔 2015 年暨"十二五"时期国
民经济和社会发展统计公报》，《怀柔报》2016 年 3 月 31 日；密云县统计局：《密云区 2015 年暨"十
二五"时期国民经济和社会发展统计公报》，2016 年 3 月 9 日，见 http：//www. my. bjstats. gov. cn/
Page/181/InfoID/16345/SourceId/698/PubDate/2016 – 03 – 09/default. aspx；延庆县统计局：《延庆区
2015 年经济运行简况》，2016 年 1 月 25 日，见 http：//www. bjyq. gov. cn/zwxx/tjgb/fa7b38ed＿17f4＿
4118＿8df9＿cf8a6702fe26. html。

密云水库生态服务价值看作北京市水体价值的主体，则北京市农林水提供的生态服务价值与其 GDP 总量相当，总值达到 10000 亿元左右"[①]。

二、绍兴—慈溪水权交易的生态补偿模式

绍兴市位于浙江省中北部、杭州湾南岸。汤浦镇原属绍兴，1954 年划属上虞，是绍兴市上虞市的一个镇，位于小舜江西岸，东南距绍兴城 25 公里，西南距百官镇 19 公里，全镇 33 平方千米，人口 1.3 万人、11 个行政村、1 个居民区、23 个自然村。汤浦水库被誉为绍兴的水缸，又被称为小舜江水库，兴建于 1997 年 12 月。汤浦水库位于浙江省上虞市汤浦镇南部 1 公里处，距绍兴市区约 44 千米，距上虞百官镇 19.5 千米，"是一座以供水为主，兼有防洪、灌溉和改善水环境功能的综合性水利工程"[②]。其主坝最大坝高（西主坝）37.2 米，上游坝址控制流域面积 460 平方千米，水面面积 14 平方千米，总库容 2.35 亿立方米，正常蓄水位 32.05 米，受益人口近 200 万人；水库防洪保护人口 2.65 万人，保护耕地面积 2.09 万亩。[③]汤浦水库修建的起因是绍兴缺水。1967 年绍兴大旱 131 日，不得不从萧山临浦引水 3200 万立方米救急；1988—1995 年，每两年就有一次 30 天以上的干旱。其中，1988 年连续干旱 36 天向萧山引水 200 万立方米；1994 年连续干旱 58 天向萧山引水 1450 万立方米；1995 年连续干旱 47 天向萧山引水 844 万立方米。1994 年绍兴市水电局与自来水公司在实地考察基础上联合提交的《绍兴市小舜江供水工程可行性研究报告》被市委批准建设。[④]从而使汤浦水库成为国家大（Ⅱ）型水库，最大日供水规模可达到 100 万吨。

慈溪市居于浙江省东部、宁波市北部，东距宁波 60 公里、北距上海 148 公里、西距杭州 138 公里，是长江三角洲南翼环杭州湾地区沪、杭、甬三大

---

① 王孝东、王海滨：《从密云水库看生态服务的价值》，《农民日报》2010 年 6 月 30 日。
② 周志良、竺维佳、施练东：《溢洪道启闭机与支承铰座位移消减》，《水利科技与经济》2008 年第 12 期。
③ 绍兴市汤浦镇简介：见 http：//sxsytp0575. blog. sohu. com/164578393. html。
④ 汤浦水库，见 http：//baike. baidu. com/view/2435710. htm。

都市经济金三角的中心。① 慈溪市是浙江省水资源最贫乏的县（市）之一，早在 1999 年就从余姚市梁辉水库引水，开创了跨行政区域水权转让的先例。然而，随着经济社会发展，尤其是杭州湾跨海大桥的建设与杭州湾新区的开发，导致需水量大幅度上升，"日需水量达到 13.4 万立方米，逼近每日 15 万立方米的极限供水能力，并以每年 20% 的需求速度增长。于是，慈溪市决定 15 年投入 40 亿元构建'三横十纵'骨干河网的同时，积极实施跨区引水战略"②。2003 年 1 月 9 日慈溪市与绍兴市签订协议：慈溪市首期投入 5 亿多元，把绍兴汤浦水库的原水引到慈溪周巷镇，以改善慈溪日益突出的水资源供需矛盾。③

2001 年东阳和义乌两市签署水权转让协议，东阳市将境内横锦水库 4999.9 万立方米水的永久使用权以 2 亿元的价格转让给义乌市，义乌市按年实际供水量 0.1 元/立方米支付综合管理费。④ 这也是浙江省水权转让生态补偿实践探索的积极成果。

三、东江源水源地的跨区生态补偿模式

东江发源于江西省赣州市寻乌桠髻钵山，是珠江流域三大水系之一，发源地涵盖江西省的寻乌、安远和定南三县，通过河源、惠州、东莞，从虎门入海。东江干流全长 562 公里，其中江西境内的长度为 127 公里，占干流总长度的 22.6%；广东省境内 435 公里，占干流总长度的 77.4%。流域总面积为 35340 公里，其中江西境内的流域面积为 3502 公里，占整个东江流域面积的 9.9%；广东省境内的流域面积为 31840 平方千米，占流域总面积的 90.1%⑤⑥，东深供水工程路线如图 2 - 5 所示。

---

① 慈溪市，见 http：//baike. baidu. com/view/22527. htm？ fromId =132169。
② 王迪、卢萌卿、霍建虹：《慈溪向绍兴买水解渴》，《浙江日报》2003 年 1 月 9 日。
③ 王磊：《浙江又一水权交易成交》，《中国水利报》2003 年 1 月 13 日。
④ 温锐、刘世强：《我国流域生态补偿实践分析与创新探讨》，《求实》2012 年第 4 期。
⑤ 胡小华、邹新：《建立江河源头生态补偿机制的环境经济学解释与政策启示》，《江西科学》2009 年第 5 期。
⑥ 郭梅、彭晓春、滕宏林：《东江流域基于水质的水资源有偿使用与生态补偿机制》，《水资源保护》2011 年第 3 期。

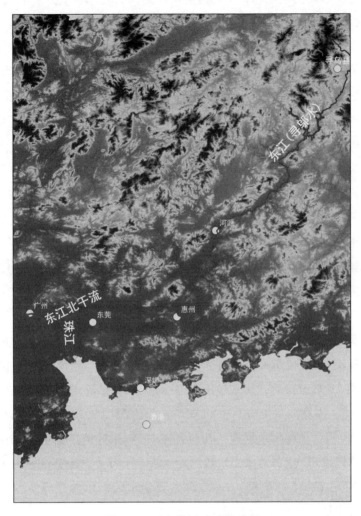

图 2－5 东江源头水系分布图

东江源区的地貌可概称为"八山半水一分田，半分道路与庄园"。东江源区水系的源头是寻乌水，在江西境内河长 100 公里，集水面积 1866 平方千米，其主要支流有马蹄河（35 公里）、龙图河（46 公里）、岑峰河、神光河（江西境内 35 公里）；贝岭水又叫定南水，是源区的另一主要支流，其发源于寻乌县境西北大湖嶂山岭间，主河长 93 公里，江西省境内集水面积约 1658

平方千米。源区内河网密布，平均河流密度为0.72公里/平方千米[①]，有一级支流7条，二级支流106条，三级支流179条。据土壤普查资料表明，源区内的土壤随海拔高度不同而异，呈现出四种类型：800米以上海拔的中低山地带是山地黄壤和山地草甸土；500—800米海拔的低山地带是山地黄红壤；300—500米海拔的高丘地带是高丘红壤；300米海拔以下的低丘地带是低丘红壤。东江源区内保留了大量珍贵的第三纪植被与植物区系，其中，维管束植物物种有126科384属，约1170种[②]；木本植物有661种；野生动物400多种；森林覆盖率为75.3%，森林活立木蓄积量为1500万立方米。矿产资源丰富，特别是钨、铅、锌、钼和稀土等矿产资源丰富，素有"世界钨都、稀土王国"之称，年采矿能力可达2574万吨。[③] 东江源多年平均降雨量为1700毫米，其中，每年雨季的4—6月份降雨量最多，达725.6毫米，占全年降雨量49%[④]；干旱比较频繁，强度干旱6—8年一次、中度干旱2—3年一次、轻度干旱几乎年年出现；24小时最大降雨量，10年一遇为172.6毫米，20年一遇为205毫米。[⑤]

水资源总量约44.0亿立方米，输入珠江三角洲的29.21亿立方米，占东江年平均径流量的10.4%。通过东深供水工程实现了跨流域引水供水，经2003年8月28日改造后，供水规模可以达到每年24.23亿吨，其中供给中国香港11亿吨，占其淡水供应总量的80%；供给深圳8.73亿吨、东莞沿线乡镇4亿吨。[⑥] 通过东深供水工程，江西省40来年累计输送给香港110多亿立方米的清洁用水。[⑦] 服务对象人口数约为4828.74万人，服务区域内生产总值65956.77亿元（2015年数据）。东江源主要受水区和水源地经济发展水平与人口及其对比情况如表2-4所示。

---

① 李群：《东江流域水源保护区生态补偿机制的研究》，西北民族大学硕士学位论文，2007年。

② 刘青：《江河源区生态系统服务价值与生态补偿机制研究》，南昌大学博士学位论文，2007年。

③ 曹洪亮：《东江源地区土地利用与覆被时空特征分析》，江西师范大学硕士学位论文，2010年。

④ 刘观香：《江西东江源区生态补偿研究》，南昌大学硕士学位论文，2007年。

⑤ 陈晓岭、孙治仁：《东江水源区水土资源可持续利用的问题和对策》，《亚热带水土保持》2005年第4期。

⑥ 胡小华、方红亚等：《建立东江源生态补偿机制的探讨》，《环境保护》2008年第2期。

⑦ 叶全胜、李希昆：《东江源生态补偿机制的理论及实践思考》，《水污染防治立法和循环经济立法研究——2005年全国环境资源法学研讨会论文集》（第一册），2005年8月。

表2－4　东江源主要受水区和水源地 2015 年经济发展水平与
人口及其对比情况①②③④⑤⑥⑦⑧⑨

地区名称	生产总值（亿元）	人均GDP（元）	城镇居民可支配收入（元）	农民人均纯收入（元）	常住人口（万人）	备注
河源市	810.08	26401	20016	10803	307.35	
惠州市	3140.03	66231	30057	15830	475.55	
东莞市	6275.06	75616	39793	24225	825.41	
广州市	18100.41	134066	46734.6	19323.1	1350.11	
深圳市	17502.99	157985	44633.30	—	1137.89	
中国香港	20128.20	175514	—	—	732.43	
合计	65956.77				4828.74	
寻乌县	55.81	19055	20304	7597	32.82	
安远县	52.40	15128	19675	7537	39.86	
定南县	62.02		22838	6804	21	

说明：①部分人均GDP 根据表中生产总值与人口计算而得到，可能存在误差；②寻乌县与安远县均采用户籍人口数。

①　河源市统计局、国家统计局河源调查队：《2015 年河源市国民经济和社会发展统计公报》，2016 年 3 月 29 日，见 http：//www. heyuan. gov. cn/T/2016－04－01/Article_ 73480_ 1. shtml。

②　惠州市统计局、国家统计局惠州调查队：《2015 年惠州国民经济和社会发展统计公报》，《惠州日报》2016 年 4 月 11 日。

③　东莞市统计局、国家统计局东莞调查队：《2015 年东莞市国民经济和社会发展统计公报》，《东莞日报》2016 年 4 月 20 日。

④　广州市统计局、国家统计局广州调查队：《2015 年广州市国民经济和社会发展统计公报》，2016 年 3 月 10 日，见 http：//www. gzstats. gov. cn/tjgb/。人均GDP 按地区GDP 与常住人口相除得到。

⑤　深圳市统计局、国家统计局深圳调查队：《2015 年深圳国民经济和社会发展统计公报》，《深圳特区报》2016 年 4 月 24 日。

⑥　香港 2015 年生产总值、人均GDP、人口数量来源于：中国报告大厅（www. chinabgao. com），2016 年 3 月 7 日。港元按照 2015 年 12 月 31 日中国银行外汇牌价 100 元港元兑换 83.78 元人民币计算，24025.06 亿港元GDP 折合为 20128.20 亿元人民币；328854 港元人均GDP 折合为 175514 元人民币。

⑦　寻乌县统计局：《寻乌县 2015 年国民经济和社会发展统计公报》，2016 年 3 月 16 日，见 http：//www. xunwu. gov. cn/zwgk/tjsj/201603/t20160316_ 170684. html。

⑧　安远县统计局：《安远县 2015 年国民经济和社会发展统计公报》，2016 年 3 月 28 日，见 http：//www. ay. gov. cn/xxgk/tjxx/201603/t20160328_ 404214. html。

⑨　吴建平：《定南县人民政府工作报告》，2016 年 1 月 31 日，见 http：//www. dingnan. gov. cn/zwgk/zfgzbg/201603/t20160302_ 386129. html。人口数来自于定南县县情简介作者，更新时间 2016 年 3 月 1 日，见 http：//www. dingnan. gov. cn/zjdn/xqjs/。

东江源区的经济发展落后，三县贫困人口占总人口的42%，安远县和寻乌县属于国家级重点扶贫县，定南县是省级重点扶贫县。[1] 在人均GDP上，水源区贫穷的安远县仅为深圳市的9.58%；城镇居民可支配收入上，水源区贫穷的安远县仅为广州市的42.1%；在农民人均纯收入上，水源区贫穷的定南县仅为东莞市的28.09%。

东江源区的主要生态环境问题是水土流失与水环境污染严重。据调查，东江源区三县2005年的水土流失面积85370公顷；2001年测得库内淤积量153万立方米，占蓄水库容的86%。据寻乌县斗晏水电站统计，寻乌县1990年以前的年均径流量是15.12亿立方米，2007年则为14.21亿立方米，平均径流量减少了6%。[2]

东江源区水源保护的最大问题是因贫穷而导致的投入不足、财力不足和机会成本巨大。连平县委副书记黄远程在采访中说："本级财政收入3亿元仅够发工资，无法保证水资源保护工程的巨大投入。"因此，规划的污水处理厂无法开工建设，部分乡镇的生活废水和垃圾未经处理直接排入各支流，影响了水质。东江源区三县"十五"期间的生态环境保护投入为13490万元，相当于其2004年财政收入的55.2%。[3] 东江源区发展的机会成本巨大，寻乌县先后关闭污染矿点100多个，25%以上坡地的果林全部还林，使全县每年减少财政收入1000多万元，还要给林业部门补助200万元。河源市审核了21个行业重点企业的清洁生产，400多个500多亿元有污染性的投资项目被拒绝。[4]

尽管如此，水源区还是从大局出发承担着越来越重的水源保护任务。江西省赣州市及源区三县确定了"既要金山银山、更要绿水青山"的发展方针与"保东江源一方净土、富东江源一方百姓、送粤港两地一江清水"的努力目标。2002年，国家批准东江源区建成特殊生态功能保护区，通过《江西省

---

① 胡小华、史晓燕等：《东江源省际生态补偿模型构建探讨》，《安徽农业科学》2011年第15期。

② 徐新麒、刘逊、刘良源：《发展东江源区生态产业的方略探讨》，《企业经济》2010年第4期。

③ 胡小华、方红亚等：《建立东江源生态补偿机制的探讨》，《环境保护》2008年第2期。

④ 贺林平：《东江水源保护面临尴尬——地方经济不能放手发展，生态补偿又难以落实》，《人民日报》2011年4月28日。

东江源国家级生态功能保护区建设规划》对源头片区的生态保护进行统筹规划；同年5月，由江西省环保局与香港《文汇报》等单位联合发起组织了"香港东江源论坛"，得到了社会和政府的普遍关注；2003年和2004年，先后颁布实施了《关于加强东江源区生态环境保护和建设的决定》和《关于加强东江源区生态环境保护和建设的实施方案》，使东江源区水源保护的制度框架形成，在其后的生态保护与建设中投入了大量的人力和物力。[①] 与此同时，广东省也积极探索东江源的生态保护，2006年成立了广东省东江流域管理局，2008年成立了由副省长担任主要领导的广东省流域管理委员会，使东江流域的管理有了机构保障。在制度建设上，广东省先后颁布了《广东省东江水系水质保护条例》（1997）、《广东省生态公益林建设管理和效益补偿办法》（1998）、《广东省东江水系水质保护经费使用管理细则》（2000）、《广东省跨行政区域河流交接断面水质保护管理条例》（2006）、《广东省东江西江北江韩江流域水资源管理条例》（2008）等多项事关东江流域水质保护、生态建设、水资源利用管理等方面的法规。[②] 2011年颁布的《广东省东江流域新丰江枫树坝白盆珠水库库区水资源保护办法》第九条明确禁止在水库库区保护范围内"从事破坏水资源的采石、开矿、取土、陡坡开荒、毁林开垦、大规模禽畜养殖等活动"[③]。在国家层面上，2012年，国务院正式出台了《关于支持赣南等原中央苏区振兴发展的若干意见》，把东江源源头保护列入了国家规划，建设"中国南方地区重要的生态屏障"[④]。在水资源短缺越来越严重的背景下，东江源区的生态保护任务加重，生态补偿也随之提上议事日程。前国务院副总理曾培炎在2004年1月新华通讯社的《国内动态清样》上亲笔批示："东江源生态环境问题应予重视。要结合东江源生态功能保护区的建设统

---

① 胡小华、方红亚等：《建立东江源生态补偿机制的探讨》，《环境保护》2008年第2期。

② 吴箐、汪金武：《完善我国流域生态补偿制度的思考——以东江流域为例》，《生态环境学报》2010年第3期。

③ 《广东省东江流域新丰江枫树坝白盆珠水库库区水资源保护办法》，国务院法制办公室，见 http://www.chinalaw.gov.cn/article/fgkd/xfg/dfzfgz/201110/20111000351927.shtml，2011年10月26日。

④ 王剑、艾永全：《东江源保护列入国务院规划，赣粤港4000万人受益》，中国新闻网，2012年7月10日/2013年2月20日。

筹考虑，加以推进"①。为了落实批示意见，国家发改委和环保总局提出在东江源区"建立'责任、监督、补偿'有机结合的生态补偿机制"。随后，有关的研究课题、提案建议、合作倡议等不断出现，特别是把江西省提出的"推动建立流域生态利益共享机制"倡议写入《泛珠三角区域环境保护合作协议》，更进一步地推动了该问题的研究与实践。在实践上，根据赣州市发改委《关于要求建立东江源头区域生态资源补偿机制的报告》，水源区的寻乌、安远、定南三县投入2亿多元资金加强水土保持、流域治理与生态移民工作。

与此同时，作为受水区的广东省也对东江源生态补偿进行实践上的积极探索，第一，对东江水库移民的生态补偿。新丰江水库开始建设的1958年起一直到2002年都坚持给水库移民每人每年100元以内的补偿。② 2002年和2003年进行了调整，实行"电厂利润省市二八分成和税收返还"措施，所得资金以解决水库移民遗留问题，一方面向7座省属水库水电厂征收0.005元/千瓦时的水土保持费和水资源费对源区库区的水土保持和水源涵养进行补偿；另一方面，省财政安排1亿元/年的专项资金用于水库移民。第二，对东江源流域公益林的生态补偿。在2003年12月，广东省在江西赣州市举行了"培育水源涵养林"捐助仪式，向源区三县的水源涵养林培育捐赠了100万元；随后又出台文件，按照150元/公顷标准对公益林进行生态补偿，其中的管护费用占25%，余下的75%直接补偿给受损对象。第三，东江流域生态保护的项目补偿。就是针对东江源区的水土保持、水源涵养林建设、水质监测、环境基础设施建设等设立专项经费，以财政转移支付和项目运作方式进行补偿。③ 广东省从1995年起每年安排2000万元资金专项支持河源市经济建设，从2002年起该标准被提高到了3000万元/年。广东省自2006年起，从东深供水工程水费中每年支付1.5亿元资金用于

---

① 赣州市环境保护局：《建立国家级生态功能保护区申报书》，见 http：//www.gzhb.gov.cn/Item/661.aspx。

② 方红亚、刘足根：《东江源生态补偿机制初探》，《江西社会科学》2007年第10期。

③ 郭梅、彭晓春、滕宏林：《东江流域基于水质的水资源有偿使用与生态补偿机制》，《水资源保护》2011年第3期。

寻乌、安远和定南三县的生态环境保护。[1]

四、新安江流域的综合生态补偿模式

新安江，其源头在安徽省黄山市黄山山脉南麓，是钱塘江水系的正源、千岛湖（又名新安江水库）的主要水源、富春江的主要支流、浙江省最大的入境河流，在安徽省内仅次于长江、淮河而成为第三大水系，是安徽省黄山市和浙江省杭州市的水上连接通道。安徽省境内的新安江干流长 242.3 千米，大小支流有 54 条。新安江的流域面积为 11640 平方千米，其中安徽省境内有 6440 平方千米（其中黄山市 5830 平方千米，宣城市620 平方千米），占 55.33%；浙江省境内有 5200 平方千米，占 44.67%。新安江上游地区属于中低山丘陵地貌，包括黄山市的屯溪区、徽州区、歙县、休宁县、黟县及黄山区、绩溪县和祁门县部分；街口以下为下游地区，包括浙江省境内的杭州市及其富阳市、临安市和桐庐县。安徽浙江两省交界断面（街口断面）的多年平均径流量为 65.3 亿立方米，占千岛湖多年平均入湖总量的 68% 以上。[2] 新安江流域的地理概况图示如图 2 - 6所示。[3]

新安江流域上游水质优良、稳定，是目前国内为数不多的健康流域之一。在黄山市段，例行监测的 8 个断面水质均达到或优于Ⅲ类水标准，100% 达标。除个别河段在非汛期有轻度污染外，其余出境水质优良。以全年均值评价来看，Ⅰ类水占 77.6%、Ⅱ类水占 21.1%、Ⅲ类水占 1.3%。其水质现状具体情况见表 2-5。

---

① 李群：《东江流域水源保护区生态补偿机制的研究》，西北民族大学硕士学位论文，2007 年。

② 刘玉龙、阮本清等：《从生态补偿到流域生态共建共享——兼以新安江流域为例的机制探讨》，《中国水利》2006 年第 10 期；刘玉龙、胡鹏：《基于帕累托最优的新安江流域生态补偿标准》，《水利学报》2009 年第 6 期。

③ 贺海峰：《新安江跨省生态补偿试点调查》，《决策》2012 年第 7 期。

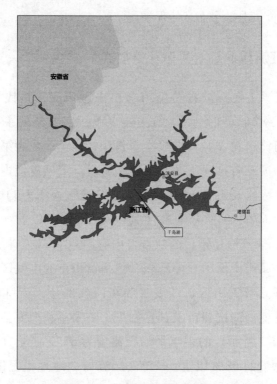

图 2 - 6　新安江流域地理概况

表 2 - 5　安徽省新安江流域水质状况统计

时段		全年	汛期	非汛期	时段		全年	汛期	非汛期
评价测站数		20	6	20	评价河长（km）		496	253	496
I类	河长（km）	384.9	169	229.2	IV类	河长（km）	0	0	0
	测站数	15	3	13		测站数	0	0	0
	站评价河长（%）	77.6	67	46.2		站评价河长（%）	0	0	0
II类	河长（km）	104.9	77.2	104.9	V类	河长（km）	0	0	0
	测站数	4	2	4		测站数	0	0	0
	站评价河长（%）	21.1	30.6	21.1		站评价河长（%）	0	0	0
III类	河长（km）	6.2	6.2	161.9	劣V	河长（km）	0	0	0
	测站数	1	1	3		测站数	0	0	0
	站评价河长（%）	1.3	2.5	32.6		站评价河长（%）	0	0	0

资料来源：白燕：《流域生态补偿机制研究》，安徽大学硕士学位论文，2011 年。

上游黄山市对新安江流域的源头保护作出了很多努力，先后制定和实施了《中共黄山市委黄山市人民政府〈关于加强生态市建设的决定〉》（黄字〔2005〕19号）、《中共黄山市委黄山市人民政府关于建设生态文明展示区的实施意见》（黄字〔2009〕16号）、《黄山市生态市建设规划》（2009年10月26日）、《中共黄山市委黄山市人民政府〈关于加快新安江流域综合治理的决定〉》（2011年6月27日）、《中共黄山市委办公厅黄山市人民政府办公厅〈2011年新安江流域生态补偿机制试点工作要点〉》（2011年6月27日），这一系列文件的出台和政策措施的实施为新安江源头保护奠定了制度基础。与此同时，安徽省也先后出台了《安徽省人民政府关于印发安徽生态省建设总体规划纲要的通知》（皖政〔2004〕14号）、《安徽省新安江流域水土保持生态修复规划》《安徽省淮河上游水土保持规划》等文件，为新安江流域源头保护和生态建设提供了政策保障。

安徽省把黄山市划为四类地区，以生态环境保护和现代服务业为考核重点，取消工业指标考核；新安江流域也成为国家财政部和环境保护部联合确定的国内第一例跨省流域生态补偿机制试点，进行重点建设。财政部和环保部下拨了5000万元专项资金专门用于试点工作。[1] 黄山市实施了5年时间投资500个、400亿元的综合治理项目。2011年就投入88亿元，在水利、林业、截污、民生等领域实施了143个综合治理项目；重点推进了农业面源整治、工业点源污染整治、城镇截污与垃圾处理、生态修复、水环境治理、河道治理等生态保护。[2] 这些项目的实施促进了黄山市的发展、保护了流域的生态环境、探索了跨流域生态补偿经验。[3] 黄山市同时执行着严格的产业政策，关停和淘汰部分污染企业。2011年，停产整治了8家铅超标企业、否决了部分有污染的建设项目，100%地执行环评政策，使环保"三同时"执行率达到90%以上。[4] 黄山市在2008年完成封山育林345.5千公顷；造林6.19千公顷，其中新造林2.26千公顷；完成退耕还林补植补造3.93千公顷；退耕还

---

[1]　吴江海：《新安江流域生态补偿机制启动》，《安徽日报》2011年3月10日。

[2]　袁玉灵：《新安江流域生态补偿机制试点工作积极推进》，《黄山日报》2012年5月7日。

[3]　祁俊：《新安江流域生态补偿机制有望取得进展》，《黄山日报》2007年9月23日。

[4]　袁玉灵：《新安江流域生态补偿试点工作步履铿锵》，《黄山日报》2012年3月9日。

林 48.7 千公顷，其中坡耕地完成 23.67 千公顷，荒山荒地造林 16.0 千公顷，封山育林 8.40 千公顷。[①] 经过生态保护和环境建设，使森林覆盖率达到了82.9%，"新安江流域总体水质状况为优，8 个监测断面水质均为Ⅱ～Ⅲ类，地表水环境功能区达标率 100%"[②]。

上游黄山市致力于生态环境保护，现建有"国家级生态乡镇 26 个、国家级生态村 4 个，省级生态乡镇 57 个、省级生态村 115 个。国家级自然保护区2 个、省级自然保护区 7 个"[③]。增加了生态保护与建设成本，其中，2003—2008 年林业建设投入 17010.62 万元，水土流失治理投入 14872.78 万元；2000—2004 年污染防治投入 33386 万元。同时，丧失了许多发展机会，根据调查资料，截至 2004 年，黄山市关闭了 147 家污染企业和厂矿，减少 21048个工作岗位，损失 2.58 亿元利税；拒绝 56 个涉及 9.1 亿元投资的污染项目，损失 5525 个工作岗位和 2.36 亿元利税。2008—2010 年的 3 年中，又关闭 100多家污染性企业，停建近百个有污染性的生产项目，减少投资 80 多亿元、税收 4 亿元/年。[④] 直接投入成本和机会成本的增加使上下游之间的发展差距拉大。2015 年黄山市人均 GDP 38793 元、城镇人均可支配收入 26226 元、农村居民人均纯收入 11872 元，而杭州市的各项指标则分别为 112268 元、48316元、25719 元，杭州市分别是黄山市的 2.89 倍、1.84 倍和 2.17 倍。[⑤] 新安江流域上游的生态保护与建设，产生了巨大的生态效益，例如防洪效益、发电与供水效益、涵养水源效益、纳污效益、旅游景观效益等。[⑥] 因此，无论是成本投入、机会损失、发展权的公平还是效益分享，都必须给以相应的生态补偿，才能使水源保护得以持续。

---

① 王慧：《新安江流域生态补偿机制的建立和完善》，合肥工业大学硕士学位论文，2010 年。
② 黄山市统计局、国家统计局黄山调查队：《2015 年黄山市国民经济和社会发展统计公报》，2016 年 4 月 5 日，见 http：//zw. huangshan. gov. cn/IndexCity/TitleView. aspx？ ClassCode = 140200&Id = 399964。
③ 黄山市统计局、国家统计局黄山调查队：《2015 年黄山市国民经济和社会发展统计公报》2016 年 4 月 5 日，见 http：//zw. huangshan. gov. cn/IndexCity/TitleView. aspx？ ClassCode = 140200&Id = 399964。
④ 白燕：《流域生态补偿机制研究》，安徽大学硕士学位论文，2011 年。
⑤ 杭州市统计局、国家统计局杭州调查队：《杭州市 2015 年暨"十二五"时期国民经济和社会发展统计公报》，《杭州日报》2016 年 2 月 26 日。
⑥ 王慧：《新安江流域生态补偿机制的建立和完善》，合肥工业大学硕士学位论文，2010 年。

新安江流域的生态补偿具有综合性。中国水利水电研究院副总工程师、全国人大代表何少苓提出，在新安江流域的生态保护上要上下游协调，都公平公正地享有生存权和发展权，先后在全国人大十届三次会议和 2006 年全国"两会"上提出了《关于在新安江流域建立国家级生态示范区和构架"和谐流域"试点的建议》和《关于在新安江流域建设生态共建共享示范区的建议》。2007 年 7 月确定为国家跨省流域生态补偿试点，"按照约定，财政部直接划拨安徽省 3 亿元补助资金，用于新安江流域水环境治理。一年以后，若两省交界处的新安江水质达到一定标准，由浙江省补偿给安徽省 1 亿元；若水质达不到标准，安徽省则补偿给浙江省 1 亿元"[①]。在 2011 年 4 月，国家正式启动试点工作，同时从环保专项经费中拨付 2 亿元作为首批生态补偿试点资金；从 2012 年起，中央财政将每年拿出 3 亿元资金、浙江安徽财政各拿出 1 亿元资金用于生态补偿[②]；安徽省也于 2012 年从国家开发银行融资 200 亿元用于新安江流域综合治理；"黄山市也决定从 2011 年起，用 3—5 年的时间，实施新安江流域综合治理重点项目 500 个以上、总投资规模突破 400 亿元。到 2011 年 12 月底，启动试点项目 8 大类 61 个，总投资 11.6 亿元，完成投资 3.54 亿元，61 个项目全面开工"[③]。

新安江流域的生态补偿除了中央财政专项和浙江省的转移支付、千岛湖旅游门票的部分收入，国家、省、市用于污水处理、垃圾打捞处理、生态公益林、封山育林、植树造林等项目资金外[④]，还通过异地开发建立了金磐扶贫经济技术开发区，实现了"造血型"生态补偿。[⑤] 1994 年，金华市委市政府响应浙江省委省政府关于"支持贫困县、贫困乡镇建立异地扶贫经济开发区"的政策决定，在金华市经济技术开发区内设立了 3.8 平方千米的金磐扶贫经济开发区。金磐开发区累计引进工商企业 229 家，其中工业企业 98 家，商

①　贺海峰：《新安江跨省生态补偿试点调查》，《决策》2012 年第 7 期。
②　歙县人大办公室：《关于新安江流域生态补偿试点机制工作的调研报告》，见 http://sxrd.ahshx.gov.cn/DocHtml/681/2013/2/22/4093030613942.html。
③　朱磊：《新安江跨省流域生态补偿开始操作》，《人民日报》2012 年 1 月 31 日。
④　吕晋：《从减轻经济活动强度的立场设计水源保护区的生态补偿》，复旦大学硕士学位论文，2009 年。
⑤　黄宏、陈一波：《异地开发的试验田——金磐扶贫经济开发区为磐安群众打开致富之门》，《浙江日报》2009 年 6 月 18 日。

业、服务、建筑房地产企业 105 家，其他企业 26 家，企业注册资本 12.67 亿元。累计为磐安提供就业岗位 7000 余人，培养各类创业人才 1000 余人，接收下山移民 500 余人；累计捐款、捐物 1000 多万元支持磐安的社会事业和新农村建设。[①] 开发区现有工商企业 450 多家，2014 年，财政收入超 4 亿元，亩均税收达到 18 万元。[②]

五、南水北调工程生态补偿实践

我国水资源的空间分布不均衡，呈现出南多北少格局，其中，黄淮海流域资源型缺水十分严重，占有全国人口数、GDP、工业产值、粮食产量与有效灌溉面积三分之一强的地区，水资源量仅占全国 7.2%，人均水资源量是全国的五分之一，仅为 462 立方米。严重缺水导致了水资源的超负荷开发利用，黄淮海三大河流水资源的开发利用率已高达 67%、60% 和 95%，超采地下水和超负荷开发水资源导致水污染、河流断流和缺水性生态环境危机，如河湖干涸、河口淤积、湿地减少、土地沙化、地面沉陷、海水入侵等。即使在充分挖掘各种潜力条件下，预计 2030 年的缺水将达到 320 亿—395 亿立方米。2001 年 3 月 15 日全国第九届人民代表大会第四次会议批准的全国"十五"规划纲要就"加紧南水北调工程前期工作，'十五'期间尽早开工建设"。因此，南水北调工程的根本目标就是缓解北方缺水局面、改善和修复北方地区的生态环境。按照规划，东线工程和中线工程一共涉及 7 个省市的 44 个地级以上城市，供应 39 个地级以上城市、245 座县级市（区、县）与 17 个工业园区的生产、生活与生态用水。南水北调是解决我国水资源分布空间不均衡的重大战略性决策，通过东、中、西三线调水，以缓解北方水资源严重短缺的局面。规划区人口 4.38 亿人；调水总规模为 448 亿立方米，其中，东线 148 亿立方米，中线 130 亿立方米，西线 170 亿立方米；能解决 700 多万人长期饮用高氟水和苦咸水的问题。总体上来看，东、中、西三线联结长江、黄河、

---

① 金华市委、市政府：《金磐扶贫经济开发区异地发展的成功实践》，2009 年 7 月 17 日，浙江在线新闻网站，见 http://zjnews.zjol.com.cn/05zjnews/system/2009/07/17/015678148.shtml。

② 金磐开发区：金磐开发区简介，见 http://jpkfqj.panan.gov.cn/zjjp/kfqjj/201507/t20150724_127906.html。

淮河和海河构成"四横三纵、南北调配、东西互济"的水资源调配格局[①]。

　南水北调西线工程（以下简称"西线工程"）从长江上游的干支流调水入黄河上游，以补充黄河水资源不足的跨流域重大调水工程，是解决西北地区干旱缺水的战略性举措。西线工程的源头在青藏高原上，从通天河、雅砻江和大渡河引水。三条河的最大可调水量约为200亿立方米/年（其中，通天河可调水100亿立方米/年，雅砻江可调水50亿立方米/年，大渡河可调水50亿立方米/年），供水范围涉及青海、甘肃、宁夏、陕西、内蒙古和山西六省区的黄河上中游地区、渭河关中平原和甘肃河西走廊地区，可满足3000万亩农地的灌溉用水、提供90亿立方米的城镇生活和工业用水。其引水线路如图2-7所示。

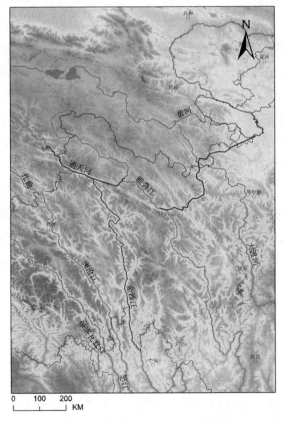

图2-7　南水北调西线工程路线图

_____

① 水利部南水北调规划设计管理局：《南水北调工程总体规划内容简介》，《中国水利》2003年第2期。

　　黄河水资源短缺及断流现象的出现，对国民经济与社会发展形成了严重制约。黄河多年平均径流量 580 亿立方米，人均水资源占有量仅为全国的 25%、耕地亩均供水量仅为全国的 17%，根本不能满足流域内生产、生活用水需要。"黄河以其占全国河川径流 2% 的有限水源，承担本流域和下游引黄灌区占全国 15% 的耕地面积、12% 的人口及 50 多座大中城市的供水任务"①。黄河流域的水资源开发利用率已经达到 60% 以上，远远超过国际上 40% 的用水限度。

　　径流量的减少和过度开发使黄河出现了断流，并呈现出加剧趋势。黄河下游河段断流情况也越来越严重，一是断流天数延长，1979 年仅 21 天，1997 年达到最长，为 226 天；二是断流长度延长，1978 年是 104 千米，1997 年就达 704 千米；三是断流的严重程度加剧，如渭河、汾河、伊洛河、沁河、大汶河等主要支流都出现过断流，在 20 世纪 90 年代沁河年均断流达 228 天，大汶河还曾出现过全年断流情况。这就使入海水量降低，排沙水量减少。据黄河近海河段的利津水文站实测径流量统计，1950—1959 年年均 480 亿立方米，1960—1969 年年均 492 亿立方米，1970—1979 年年均 311 亿立方米，1980—1989 年年均 286 亿立方米，1991—2000 年年均 120 亿立方米。径流量减少的同时，水资源供需缺口却在进一步加大，据预计到 2050 年，黄河流域的人口将由现在的 1.07 亿增至 1.36 亿；城市化率将由 23.4% 提高到 50%，工业总产值将由 6015 亿元增至 128748 亿元，这将会导致即使节水条件下，生活用水、生产用水和生态用水的供需缺口会进一步拉大，预计黄河中上游的青海、甘肃、宁夏、内蒙古、陕西、山西 6 省（自治区），在正常来水情况下，2020 年将缺水 80 亿立方米、2030 年将缺水 110 亿立方米、2050 年将缺水 160 亿立方米，要是出现枯水季节将会使缺口更大。

　　正是在这样的背景下，论证实施南水北调西线工程。工程分三期进行，共投资 3040 亿元，其中，第一期 469 亿元、第二期 641 亿元、第三期 1930 亿元。长江上游丰富的水资源向西北干旱、半干旱地区输水，将带来巨大经济效益、社会效益和生态效益，预计一期工程调水 40 亿立方米，到 2020 年能产生 248 亿元的经济收益；远期到 2050 年调水 170 亿立方米，能产生 993 亿

---

　　① 水利部黄河水利委员会：《南水北调西线工程规划简介》，《中国水利》2003 年第 1 期。

元的经济收益。①

中线工程的源头在汉水上游，从丹江口水库引水，多年平均可调水 141.4 亿立方米，一般枯水年也可调出 110 亿立方米。可供给唐白河平原和黄淮海平原西中部 15.5 万平方千米范围的用水，其中，可供给工业和城市生活用水 64 亿立方米、农业用水 30 亿立方米。其引水供水线路图如图 2-8 所示。

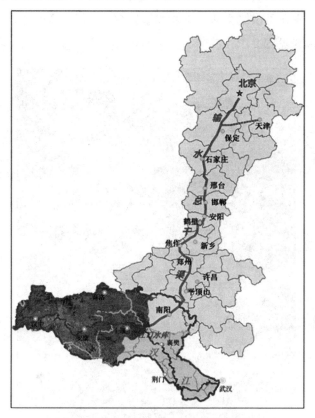

图 2-8 南水北调中线工程示意图

作为我国政治、经济、文化中心和工农业生产基地的京津华北平原，水资源十分短缺，"人均、亩均水资源量仅为全国平均值的 16% 和 14%"，而其利用率却高达 90% 以上。严重的缺水导致了水质恶化，生产、生活和生态用水不足。中线工程的实施将补充该区域的水资源供给，调控空间配置、缓解供求矛盾、促进可持续发展。按 2000 年市场价格预算，中线工程静态总投资

① 水利部黄河水利委员会：《南水北调西线工程规划简介》，《中国水利》2003 年第 1 期。

920 亿元，而其供水和防洪所产生的直接效益初步估算为 456 亿元/年。①

东线工程的源头在长江下游的扬州，从长江中抽水，通过京杭大运河及其平行的河道逐级提水向北输送，与洪泽湖、骆马湖、南四湖和东平湖连通调蓄。南水北调东线工程的起点在长江下游的江都，终点在天津。沿途可供给天津、济南、青岛、徐州等 25 座地市级及其以上城市，可供给 143.3 亿立方米水量，其中，可供给生活、工业和航运 66.56 亿立方米用水、农业 76.76 亿立方米用水（见图 2 - 9）。

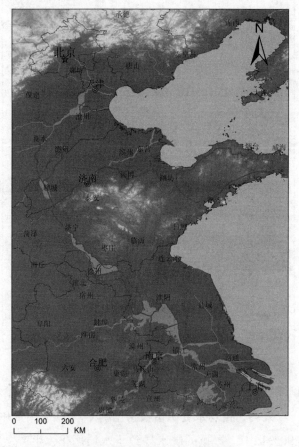

图 2 - 9　南水北调东线工程路线图

---

① 水利部长江水利委员会：《南水北调中线工程规划（2001 年修订）简介》，《中国水利》2003 年第 2 期。

　　整个工程分三期进行，一期主要供给江苏省和山东省用水，抽江规模为500 立方米/秒，多年平均抽江水量 89.3 亿立方米；二期供水范围扩大到河北、天津，抽江规模为 600 立方米/秒，多年平均抽江水量 105.86 亿立方米；三期满足全部供水范围，抽江规模为 800 立方米/秒，多年平均抽江水量148.17 亿立方米。主体工程投资总额约为 420 亿元（2000 年价格水平），其中，一期投资 180 亿元 6 年完成、二期 124 亿元 3 年完成、三期 116 亿元 5 年完成，同时，在一二期投入治污治理资本 240 亿元。工程完成后，按净增供水量和综合经济效益指标估算，可获得经济效益 420 亿元。[①]。东线工程于2016 年 1 月 8 日正式通水[②]，根据调水方案，"2015—2016 年度南水北调东线抽江控制水量 41.86 亿立方米，向山东省供水量计划为 4.42 亿立方米"[③]。

　　南水北调工程的生态补偿实践探索主要在三个层面展开：一是国家层面的财政转移支付；二是各省市开展的生态补偿与赔偿实践；三是省（市）际之间的横向转移生态补偿。2008 年中央财政拨付南水北调生态补偿资金 40 个县 14.46 亿元[④]，2009 年增加到 43 个县 17.88 亿元[⑤]，水源区的各省市县都得到了相应的补偿，河南省 5 年来，累计获得中央生态转移支付资金 21.26 亿元[⑥]。陕西省 2008—2010 年获得中央财政拨付的南水北调中线水源地生态补偿资金分别为 10.96 亿元、12.5 亿元和 15.38 亿元，合计 38.84 亿元。[⑦] 陕西省汉中市从 2008 年获得国家 4.4 亿元财政生态补偿转移支付补助开始逐年增长，2009 年 4.96 亿元，2010 年 6.07 亿元，2011 年 6.43 亿元，2012 年达到

　　① 水利部淮河水利委员会、水利部海河水利委员会：《南水北调东线工程规划（2001 年修订）简介》，《中国水利》2003 年第 2 期。

　　② 《南水北调东线山东段开始调水，正式通水后可为 13 市 58 县（区）提供保障》，《北京日报》2016 年 1 月 9 日。

　　③ 赵永平：《南水北调东线实现全线供水》，《人民日报（海外版）》2016 年 3 月 2 日。

　　④ 《财政部关于下达 2008 年三江源等生态保护区转移支付资金的通知》（财政部财预〔2008〕495 号）。

　　⑤ 《财政部国务院南水北调办对丹江口库区及上游生态补偿转移支付进行检查和调研》，见 ht-tp：//www.nsbd.gov.cn/zw/zqxx/hjym/201012/t20101208_ 158088.html。

　　⑥ 黄伟：《丹江口水源区生态转移支付资金下发南阳今年获 6.12 亿元》，《南阳日报》2012 年 10 月 25 日。

　　⑦ 《陕西省环境保护厅对省十一届人大四次会议第 527 号建议（林亚卓等代表：《关于建立省内"南水北调"生态保护补偿和保护长效机制的建议》）的复函》（陕环函〔2011〕294 号），2011 年 4 月 18 日。

7.66 亿元①, 2013 年 7.9 亿元②, 2014 年 8.7 亿元③, 2015 年 8.81 亿元④,
"十二五"累计获得中央财政生态补偿转移支付补助资金 39.5 亿元, 湖北省
竹溪县已累计获得中央财政生态补偿转移支付补助资金近 3 亿元。⑤

各省市也积极开展生态补偿与赔偿实践, 江苏省徐州市在南水北调东线
率先推行水质达标区域补偿的生态补偿新机制。在京杭运河徐州段、房亭河、
复新河、沛沿河、徐沙河和奎河等生态补偿考核断面, 按水污染防治要求、
治理成本和水质单因子超标情况, 将补偿金分为 30 万元、50 万元、100 万元
和 200 万元 4 个等次, 所缴纳补偿资金专项用于区域水污染治理、生态修复
和水环境监测能力建设。⑥ 2010 年, 陕西省对市县生态补偿的转移支付 273 亿
元, 支持陕南地区污水处理厂、垃圾处理场等环保基础设施、水土流失治理、
污染企业关闭等建设。⑦ 北京市从 2014 年起到 2020 年每年支付河南、湖北两
省各 2.5 亿元的南水北调对口协作补偿。⑧

省（市）际之间的横向转移生态补偿也得到专家的大力呼吁和政府的积
极努力, 特别是国务院《丹江口库区及上游地区经济社会发展规划》,"以促
进水源区经济社会发展、确保调水水质安全、实现水源区与受水区双赢为目
标", 北京、天津将筹资专项支持水源区生态保护和经济社会发展。规划包括
了"河南、湖北、陕西 3 省的 43 个县（区、市）", 规划期到 2020 年。将对
南水北调中线工程水源区产生长远的影响⑨。国家发改委和南水北调办联合印

---

① 孙春芳:《汉江治理: 生态保护的经济账》,《21 世纪经济报道》2013 年 2 月 22 日。
② 汉中市财政局:《关于汉中市 2013 年财政预算执行情况暨 2014 年财政预算草案的报告》,
2014 年 3 月 21 日, 见 http://czj. hanzhong. gov. cn/index. php? view = article&id = 1243: 20132014。
③ 汉中市财政局:《汉中市 2014 年财政预算执行情况和 2015 年财政预算草案的报告》, 2015 年
2 月 27 日, 见 http://czj. hanzhong. gov. cn/index. php? option = com_ content&view = article&id = 1645:
20142015&catid = 63: 2012 - 05 - 11 - 06 - 36 - 27&Itemid = 14。
④ 汉中市财政局:《汉中市 2015 年财政预算执行情况和 2016 年财政预算草案的报告》, 2016 年
2 月 26 日, 见 http://czj. hanzhong. gov. cn/index. php? option = com_ content&view = article&id = 2360:
20152016 - &catid = 23: 2012 - 03 - 30 - 01 - 41 - 35&Itemid = 14。
⑤ 郭军、柯玉根:《湖北竹溪累计获南水北调生态补偿近 3 亿元》, 人民网 2013 年 2 月 20 日。
⑥ 范圣楠、李莉等:《南水北调东线实施生态补偿》,《中国环境报》2012 年 3 月 27 日。
⑦ 《陕西省环境保护厅对省十一届人大四次会议第 527 号建议（林亚卓等代表:《关于建立省内
"南水北调"生态保护补偿和保护长效机制的建议》) 的复函》(陕环函〔2011〕294 号), 2011 年 4
月 18 日。
⑧ 《"反哺"南水北调水源区每年投 5 亿》,《京华时报》2014 年 10 月 25 日。
⑨ 王帅:《陕南三市有了国家定位北京天津筹资专项支持》,《陕西日报》2013 年 3 月 13 日。

发了《丹江口库区及上游地区对口协作工作方案》，天津、陕西编制的《对口协作规划》和《对口协作工作实施方案》获准实施，"确定了2014年、2015年每年2.1亿元，'十三五'期间每年3亿元的对口协作资金规模"①，使横向生态补偿也得以积极实践和常态化推进。

根据《南水北调工程投资计划进展情况》通报，截至2015年11月底，"南水北调东、中线一期工程投资2617.8亿元，其中，中央预算内投资254.2亿元"，累计完成工程建设项目投资2579亿元，其中东线累计完成324亿元工程投资、中线2136.8亿元工程投资。② 南水北调中线工程于2014年9月29日宣布"全线通水验收，具备通水条件"③，提前完成了建设任务，2014年12月12日正式通水，截至2016年2月21日，"南水北调中线一期工程向北京、天津、河北、河南四省市调水超30亿立方米，工程运行安全平稳，水质稳定达标"④。

第四节　汉江水源地生态补偿实践模式构建

从生态补偿额度确定视角，我们可以将生态补偿的模式分为四类：投入型生态补偿、效应型生态补偿、预期型生态补偿和综合型生态补偿。

一、投入型生态补偿模式

投入型生态补偿模式就是生态补偿标准的确定以生态修复、生态保护、生态建设工程中的各种投入为依据，从而实现生态补偿资金的价值补偿、生态资源的实物替换，推动生态保护与经济发展的协调与可持续。环境成本，也叫环境保护成本，即"本着对环境负责的原则，为管理企业活动对环境造

---

① 梁潇：《一江清水跨省"共治"——南水北调中线工程通水一周年调查》，《陕西日报》2016年1月15日。

② 见 http://www.nsbd.gov.cn/zw/gg/201512/t20151218_407265.html。

③ 林晖：《南水北调中线一期工程通过验收已具备通水条件》，新华社，2014年9月29日，见http://www.nsbd.cn/xwzx/zxyw/27828.html。

④ 李慧思：《南水北调中线工程向北方调水超30亿立方米》，http://www.nsbd.gov.cn/zx/mtgz/201602/t20160223_436025.html。

成的影响而被要求采取的措施成本，以及因企业执行环境目标和要求所付出的其他成本"[1]。美国管理委员会认为环境成本包括四个方面：环境损耗成本，即环境污染所造成的成本或支出[2]，如有害废水对养鱼业的损害、有害气体引起的呼吸道疾病等；环境保护成本，即为保护自己而隔离、减少或消除污染或环境损害所需要的费用；环境事务成本，即管理环境而发生的各种成本，如环境信息收集、污染程度测定、防治政策制定执行监督费用等；环境污染消除成本，即消除环境污染所发生的费用，如建立垃圾处理厂、污水处理厂等费用。[3]

生态环境保护工作的内容主要包括在三个层面，即生态正常运行的维护、破坏生态的修复、生态培育与开发，因此环境成本也主要有以下三个方面。

1. 生态正常运行的护持成本

就是保证现有生态资源效应和生态设施作用的发挥，所需要的各种维持维护费用及其相应的投入。按照《陕西省汉江丹江流域水质保护行动方案（2014—2017年）》（陕政发〔2014〕15号），汉江出境水质要保持在Ⅱ类，丹江保持在Ⅲ类，并向Ⅱ类水质提升。为此必须"杜绝建设无排污指标的生产类项目""严格控制新上造纸、化工、果汁加工、电镀、印染等高耗水、高污染项目"。"2014年10月前，陕南28个县（区）污水处理厂全部建成并运行；2015年年底，列入国家《水污染防治规划》的17个重点镇污水处理厂和14个重点镇垃圾填埋场全部建成并投运；纳入循环经济的产业园区建设污水处理设施并实现园区污水全收集全处理；移民集中居住区建设要做到环保设施同步规划同步建设同步使用"。"2015年年底完成列入国家《水污染防治规划》中75个水土保持项目、48.9万公顷的水土治理任务"。根据汉中市环境保护局提供的数据，汉中市为汉江水源的保护，每一年的废水治理设施运行费用分别为2010年6479.7万元、2011年5106.7万元、2012年6334.6万元、2013年6313.5万元；同时，相应年度的废气治理设施运行费用分别为

---

① 陈敏圭：《环境会计和报告的第一份国际指南——联合国国际会计和报告标准政府间专家工作组第15次会议记述》，《会计研究》1998年第5期。

② 王建明、叶青松：《关于企业绿色成本及其会计核算的一些探讨》，《重庆环境科学》2003年第9期。

③ 李连华、丁庭选：《环境成本的确认和计量》，《经济经纬》2000年第5期。

13252.7 万元、13964 万元、21949.3 万元、27396.4 万元，也就是说，汉江水源保护污染治理的运行费用合计为 2010 年 19732.4 万元、2011 年 19070.7 万元、2012 年 28283.9 万元、2013 年 33709.9 万元。对于国家级贫困县占72.7% 的地级市来说，这个数字无疑是巨大的。

2. 已破坏生态环境的修复成本

已破坏生态的修复既需要自然的作用，又需要人力的强制，如水体的自净、人工林的培育，前者是自然作用的结果，后者则是人类强制力的运用。但是，由于自然、生态或环境的自我修复需要一个过程，且不得超过其生态承载、自我修复、自我净化的阈值，逾此而无法自我修复完善，必须有外力的推动或注入。严格来讲，已破坏生态的自我修复、完善、发展能力也随着其被污染、被破坏而降低了或下降了，这就需要人的外力强制修复，就像水土流失的治理、沙漠化的修复、生态资源的培植等，由此而产生的各种投入就是已破坏生态环境的修复成本。以汉中市为例，为了积极落实和推进《陕西省汉江丹江流域水质保护行动方案》，汉中市也出台了《汉中市汉江流域污染防治三年行动计划》（汉办发〔2014〕1 号），完成环保投资 4.47526 亿元，其中工业污染治理项目投资 1.66798 亿元。其中，2011 年 14077.6 万元、2012 年 19224.4 万元、2013 年 11450.6 万元。商洛市也加大了环保投入，商洛市环保局吕国强总工程师介绍，2013 年完成丹江等流域污染防治投资 5.1 亿元，项目 45 个；2014 年计划完成 15.8 亿元投资、102 个项目[①]，这些巨大而经常性的投入需要有外部的注入性补偿才能确保生态保护的持续进行和有序推进。

3. 生态开发与培育成本

生态资源的开发是要让其产生经济利益或社会效应，给人类的生产、生活带来便利或收益；生态资源培育是为了未来开发利用所采取的增植（新种植、嫁接等）、储存、养护等，以使其能够在未来开发、利用中带来利益或效应。这些效益或效应既有可能是自然资源或生态环境本身就具有的，如良好的生态环境、优美的自然风光可以带来生态旅游收入增加；还可能来自于对

---

① 刘锦、张江舟：《向京输水，陕南准备好了？——南水北调中线工程将正式调水》，《陕西日报》2014 年 5 月 30 日。

已有自然或生态资源的消耗，如采煤采油使其储量减少、伐木销售造成森林资源的毁坏等，在给人们带来经济利益的同时却破坏了生态、消耗了资源。对于前者需要的是保护，因为游客的大量增加必然使美好的生态"受伤""失色"；后者则需要不断地培植新的资源来补偿或补充已经消耗掉的资源，从而实现其实物上的递补或替换。栽树得要树苗钱、治污得有污水处理费，以及相应的人工费，这是必不可少的补偿内容。

投入型生态补偿的额度确定方法为：投入型生态补偿总额 $S = C + \bar{P}$，其中，S 为生态补偿总额、C 为投入成本、$\bar{P}$ 为投入成本的平均利润。由于生态保护投入所产生的效应存在代际之间的分配和延期发生的问题，因此其投入成本也应该在代际之间或当期与延期之间进行分割，因而投入成本可用公式表示 $C + C_L + C_P$，其中，C_L 为当期生态效应成本，C_P 为延期生态效应成本。当期生态效应成本的决定公式为：$C_L = C_{L1} + C_{L2} + C_{L3}$，其中，$C_{L1}$ 由环境污染者或者生态破坏者的生产成本和污染治理成本组成；C_{L2} 为环境污染或生态破坏给他人或社会造成的直接损失；C_{L3} 为环境污染或生态破坏者给他人或社会造成的间接损失。也就是说，当期生态效应成本中必须同时考虑自然资源和生态环境的正负双重效应。C_P 的决定分三种情况：①污染治理或生态培植的一次性投入，直接由其投入成本决定，即 $C_P = C_{K0}$，其中，C_{K0} 为污染治理或生态培植的一次性投入成本。②污染治理或生态培植的等成本投入，其延期生态效应成本决定公式为：$C_P = C_K \left(\frac{1+r}{r} \right) \left[(1+r)^n - 1 \right]$，其中，$C_K$ 为每年的定额投入成本，为银行利率，为投入的年限。③污染治理或生态培植的不等额投入，其延期生态效应成本决定公式为：$C_P = C_{P1}(1+r)^n + C_{P2}(1+r)^{n-1} + C_{P3}(1+r)^{n-2} + \cdots + C_{Pn}(1+r)$。

其中，C_{P1}、C_{P2}、$C_{P3} \cdots C_{Pn}$ 分别为第一、第二、第三到第 n 年的污染治理或生态培植投入成本。投入成本的平均利润 $\bar{P}$ 由工业资本的投入产出关系决定，在一定程度上是部门之间竞争的结果。

任何资源的开发、生态的利用都必须遵循利润最大化原则，在这里就是投资净收益大于或等于生态补偿金额时进行投资、开发、培植才是合理的、可行的。但是，当前生态保护投入机制一个重要弊端是"过分强调污染、破坏生态的修复投入，而忽视了对较好生态的护持、培育与开发，以及生态保护者当地居民的经济利益，从而出现了为引起社会高度重视和支持，把好的生态也人为污染；或者闲置各种污染治理设施，使其流于形式，不发挥任何效应"①。这就是为什么有些污水处理厂会"晒太阳"，甚至由处理厂变成"排污厂"②的原因。因此投入成本生态补偿既是对生态保护、修复、培植投入成本的价值补偿，生态、资源或设施的实物替换补偿，以实现其再生产或可持续性生产；又是生态资源公平分配的体现，通过投入成本生态补偿，使生态资源的外部性收益（损失）转移给生产者、护持者（破坏者），形成生态资源利益与成本的互惠共享分担机制。

二、效应型生态补偿模式

效应型生态补偿模式就是生态补偿标准的确定以生态资源的效应，或没有该项生态资源将会带来的损失为依据。如果说投入型生态补偿是其补偿额度确定低限的话，那么效应型生态补偿则可视为其高限。但是，它却反映的是自然资源、遗传资源的互利共享与利益分配问题，是生态资源区际分配、跨区生态补偿的重要依据。生态资源的效应主要体现在以下三个方面。

（一）生态资源的经济效应

生态资源的经济效应是指某区域既定量的生态资源对其所有者、开发利用者带来的直接或间接收益，如优美自然景观的旅游开发收益、水能发电收入、绿色无污染食品的超额收益等，它是生态资源的纯粹所有或利用收益，为培植、储存、保护、开发和增强生态效应所需要的各种投入（资本与劳动投入及其相应的利息利润应该通过成本补偿或前置扣除）；也包括因生态资源数量的增加、生态效应或功能的提升所带来的经济损失减少，即负损失，也相当于收益的增加。据研究，20世纪90年代中期，我国每年的水污染经济损失为1439亿元，占各种环境问题经济损失总和的76.2%，相当于当年GNP

---

① 胡仪元：《西部生态经济开发的利益补偿机制》，《社会科学辑刊》2005年第2期。
② 叶含勇等：《谁在妨碍"一江清水北流"——南水北调污患防治最新调查》，《半月谈内部版》2005年第8期。

的 2.51%[①]；李善同在《南水北调与中国发展》中指出，南水北调工程北方受水区在水平年的缺水经济损失占其国内生产总值的 22.9% 左右[②]。一定生态资源的供给增加、重新配置、保持维护所带来经济损失减少，收益增加，都应该得到相应的补偿，这既是对水源区增加水资源供给的"投入"补偿、牺牲水能资源自我开发利用与消费的"储蓄"报酬，还是受水区损失减少（收益增加）利益分享的公平与公正体现。国内学者对我国环境污染损失的研究见表 2 - 6。

表 2 - 6 中国环境污染经济损失一些不同水平和层次上的研究结果

研究者（时间）	评估方法	评估范围	计算年份	评估结果（亿元/年）	占 GNP 百分比（%）
刘文等（1989）	成果参照专家估算市场价值计算	全国环境污染损失 其中：水污染损失 大气污染损失 固废污染损失 噪声污染损失	1980	444 294 85 40.5 24.2	10.44 11.9 2.0 0.95 0.55
		全国生态破坏	1980	265	6.23
		全国环境污染损失	2000	968	5.5
过孝民张慧勤（1990）	市场价值法机会成本法工程费用法修正人力资本法	全国环境污染损失 其中：水污染损失 大气污染损失 固废污染损失 农药污染损失	1981—1985	381.56 156.62 124.00 5.74 95.20	6.75 2.77 2.19 0.10 1.68
		全国生态破坏损失	1981—1985	497.52	8.9
曲格平（1992）		全国环境污染损失 其中：水污染损失 大气污染损失 固废、农药污染损失		950 400 300 250	6.75

① 陈莹、张雷：《河流水污染的经济损失研究初探》，《水利科技与经济》2011 年第 10 期。

② 李善同、许新宜：《南水北调与中国发展》，经济科学出版社 2004 年版，第 41 页。

续表

研究者 （时间）	评估 方法	评估范围	计算 年份	评估结果 （亿元/年）	占 GNP 百 分比（%）
李金昌 （1994）	综合评估	全国生态环境成本	1994	2000	20
金鉴明、 汪俊三等 （1994）	市场价值法 替代市场法 恢复费用法 影子工程法	全国生态破坏损失 四川生态破坏损失 山东生态破坏损失 宁夏生态破坏损失	1987	831 102 29 1.5	19.37
徐寿波 （1986）	分项估算法 综合估算法	全国大气污染损失	1980 2000（预测）	44 200	1.2 1.2
司金鉴 （1996）	资料汇总 外推法	全国环境污染损失 全国生态破坏损失	1991—1995 1991—1995	1330 905	
郭土勤等 （1994）	市场价值法	全国环境污染造成 的农业损失	1988	125	
徐方、 王华敏 等（1992）	医药费用法 人力资本法	部分地区乡镇企业 污染对人体健康的 损害	1989	0.093	
苗凡举、 徐文等 （1985）	市场价值法	北京大气污染 损失	1983	4.96	3.6
葛吉琦 （1992）	市场价值法	太湖地区水 污染损失	1985—1988	10.08	3.12
吴刚、 章景阳 等（1994）	市场价值法	酸雨对重庆 森林的损害	1993	1307 元/ 公顷·年	

续表

研究者 （时间）	评估 方法	评估范围	计算 年份	评估结果 （亿元/年）	占 GNP 百 分比（%）
王晓京、 陈国阶 （1993）	旅行费用法 调查评价法	三峡景观使用价值 三峡景观存在价值	1990 1990	8.43 26.34	
夏光 （1998）	市场价值法 机会成本 法等	全国环境污染损失 其中：水污染损失 大气污染损失 固体废物占地损失	1992	986.1 356.0 578.9 51.2	4.04

资料来源：叶兆木：《环境损失与环境成本评估研究进展、问题及展望》，《四川环境》2007 年第 1 期。

（二）生态资源的健康效应

生态资源的健康效应就是一定生态资源对人的健康甚至生存的影响。这种影响主要体现在以下三个层面。

1. 生态资源的人类存在价值

生态资源与环境是人类生存，生产与生活的基本条件，是不可或缺的必备条件。正像人必须吃穿住一样，没有这些物质条件是不可能生存的。如恩格斯所说："人们首先必须吃、喝、住、穿，然后才能从事政治、科学、艺术、宗教等等；所以，直接的物质的生活资料的生产"① 是人类社会发展的（经济）基础。我们很难想象：一个人离开了水会存活多久？没了土地、石油等生产生活资料我们消费的物质从哪里来？拥有美好的生态环境就是拥有最珍贵的资源、就是巨额的财富，随着生态破坏的加剧、生态资源供给的稀缺，这个财富会进一步地升值。南水北调水源保护的要求使水源区的经济发展减缓了、物质财富减少了、货币收入降低了，但收获的蓝天白云、青翠山河无疑是一笔巨大的财富，是对生活于生态破坏、污染环境中的人们的一个巨大吸引。

---

① 恩格斯：《在马克思墓前的讲话》，《马克思恩格斯选集》第 3 卷，人民出版社 1991 年版，第 574 页。

2. 生态资源的健康影响效应

不同生态资源与环境质量对人的意义与影响是不同的，表现在经济利益上就是收益与损失的绝对差别。拥有良好的生态环境可以有益于人们的身心健康，相反，破坏了的生态、污染了的环境给人们带来的就是危害和健康损伤。就像污染空气特别是严重的雾霾增加了呼吸系统疾病的发生，"据世界银行初步估计，如空气质量能够达到国家二级标准，每年能避免约 178000 例过早死亡"[1]。根据王倩对济南市的研究，二氧化硫（SO_2）日浓度每增长 10%，呼吸系统疾病患者增加造成的健康经济损失为 705 万元；PM10 日浓度每增长 10%，呼吸系统疾病患者增加造成的健康经济损失为 5881 万元。[2] 根据有关报道，"过去 30 年我国人群恶性肿瘤标化死亡率由 75.6/10 万上升至 91.24/10 万，与生态环境、生活方式有关的肺癌、肝癌、结直肠癌的死亡构成呈明显上升趋势"[3]。疾患增加所导致的医疗费用开支增加实际上是人们实际收入或财富的减少，相反则相当于人们的实际收入增加了一个相同的数额，生态环境所带来的健康效应一负一正差距甚大。

3. 生态资源对人生活质量的影响

追求健康生活是社会进步的表现和趋势。人们对资源占有数量、对生态环境消费的数量与质量是其生活水平高低的标志。从表面上看，收入水平与收入分配的公平程度似乎是人们生活质量的标志，这是长期以来所形成的"货币＝财富"观念和货币收入可以购买进而占有较多资源的错觉所造成的，而真正的财富还是资源和实物财富，一个拿有大量货币的人在物资极端缺乏的条件下也只能过着穷困的生活，甚至可能连一碗粥都买不到——不是因为没钱买，而是因为没人愿意卖连自己都短缺的东西。因此，当人们的收入水平很低的时候，温饱是第一位的，生活质量在其次，而一旦收入水平提高，就必然对生活质量提出巨大和更高要求。在当前生态供给越来越困难的条件下，对生态资源的占有、对绿色产品的需求就是生活质量提高最集中的体现。

---

① 唐孝炎：《我国环境污染、环境健康、环境经济与发展战略》，《市场与人口分析》2005 年第 2 期。

② 王倩：《济南市空气污染对人体健康造成经济损失的评估》，山东大学硕士学位论文，2007 年。

③ 孙秀艳：《污染影响健康，如何防范风险——一些与环境污染相关疾病的死亡率或患病率持续上升》，《人民日报》2014 年 11 月 15 日。

根据有关调查资料，"当家庭人均月收入在 300 元以下时，即处于贫困或温饱阶段时，他们对绿色产品的购买欲望很小；而家庭人均月收入大于 1000 元时，则购买欲望显著增强，选择绿色产品消费的比例上升"①。2015 年全国城镇居民人均可支配收入为 31195 元②，汉中也达到 23625 元③，根据 2015 年 12 月 31 日 1 美元兑换 6.4936 元人民币的汇率水平计算④，全国城镇居民收入水平 4803.96 美元，月收入约为 400.33 美元；汉中也分别达到 3638.20 美元、303.18 美元，月均收入都已超过 300 美元，应该说是处于逐步脱离温饱后对绿色产品和生态需求不断扩大的阶段。

（三）生态资源的生态平衡效应

生态资源的生态平衡效应是指各生物及其物种之间的相互依赖、依存关系所形成的一种平衡结构或图式。在正常运行下它是一种稳态，而在被打破的情况下则会出现失衡及其所带来的一系列恶果，如某个区域某种食物链的中断会造成某些生物的衰减或死亡，进而影响到邻域生物或生态资源的衰退，甚至产生连锁反应，例如，森林滥伐造成水土流失，进而造成水源涵养能力下降、水资源减少等连锁状况或灾难的出现。布罗日克说："不仅生活环境中生态平衡状态的破坏将威胁到人的生存，而且生活环境中的社会因素的平衡状态的破坏，以及它们的交互作用的平衡状态的破坏，也将威胁到人类的生存"⑤。恩格斯曾指出："美索不达米亚、希腊、小亚细亚以及其他各地的居民，为了想得到耕地，把森林都砍完了，但是他们梦想不到，这些地方今天竟因此成为荒芜不毛之地，因为他们使这些地方失去了森林，也失去了积聚和贮存水分的中心。阿尔卑斯山的意大利人，在山南坡砍光了在山北坡被十分细心地保护的松林，他们没有预料到，这样一来，他们把他们区域里的高

---

① 万后芬等：《绿色营销》，湖北人民出版社 2000 年版，第 176 页。

② 中华人民共和国国家统计局：《中华人民共和国 2015 年国民经济和社会发展统计公报》，2016 年 2 月 29 日，见 http://www.stats.gov.cn/tjsj/zxfb/201602/t20160229_1323991.html。

③ 汉中市统计局：《汉中市 2015 年国民经济和社会发展统计公报》，2016 年 3 月 29 日，见 http://www.hanzhong.gov.cn/xxgk/gkml/tjxx/tjgb/201603/t20160329_320783.html。

④ 中国外汇交易中心：《人民币汇率中间价公告》，2015 年 12 月 31 日，见 http://www.pbc.gov.cn/zhengcehuobisi/125207/125217/125925/2998134/index.html。

⑤ ［捷］弗·布罗日克：《价值与评价》，知识出版社 1988 年版，第 4 页。

山畜牧业的基础给摧毁了；他们更没有预料到，他们这样做，竟使山泉在一年中的大部分时间内枯竭了，而在雨季又使更加凶猛的洪水倾泻到平原上"①。调水以后，汉江中下游的水文条件将发生很大变化，最明显的是多年平均流量大大减小，损失率一般在35%—40%左右，最大为42.5%（襄樊）。在污染负荷不变的情况下，河流水质也将变差。其中襄樊段高锰酸盐指数的浓度将由3.72毫克/升增加为4.26毫克/升，"大多数江段水质保持在Ⅱ类，个别江段接近Ⅲ类。相应的，在多年平均流量情况下，调水145亿立方米方案对汉江中下游各江段水环境容量均构成了较大的负面影响，使总的环境容量减少10.9万吨/年，损失率为32.37%"②。因此，保护汉江水源地的水资源及其相应的生态环境，重在保护这里的生态平衡，否则，破坏的不仅仅是当地的生态环境、水资源的供给，而是打破了当地甚至整个秦巴山区的生态平衡。这个生态资源存在及其对周边生态平衡的贡献或效应也应该得到一定的分享，获得生态补偿。

三、预期型生态补偿模式

预期型生态补偿模式就是生态补偿标准的确定以某项生态资源未来进行实物培植、修复或替换时所需要的成本，或者其在未来消费时所能发挥的效应为依据，具体包括两类。

（一）预期成本型生态补偿模式

预期成本型生态补偿是指其生态补偿的标准就是某项生态资源当期消费、使用或消耗，在未来重置该资源或进行实物替换时所需成本的现值，或者替代该资源的新资源、新能源所需生产成本的现值。按照劳动价值理论原理，商品的价值取决于生产和再生产该商品所需要的劳动时间，马克思曾指出，"每一种商品（因而也包括构成资本的那些商品）的价值，都不是由这种商品本身包含的社会必要劳动时间决定的，而是由它的再生产所需要的社会必要

---

① 《马克思恩格斯选集》第3卷，人民出版社1972年版，第517—518页。
② 方芳、陈国湖：《调水对汉江中下游水质和水环境容量影响研究》，《环境科学与技术》2003第1期。

劳动时间决定的。这种再生产可以在和原有生产条件不同的、更困难和更有利的条件下进行。如果改变了条件再生产同一物质资本一般需要加倍的时间，或者相反，只需要一半的时间，那末货币价值不变时，物质资本价值及利润加倍或减半"[1]。因此，"无论是可再生资源还是可耗竭资源，在一定时期和一定范围内，都是有限的。为了维持社会生产的持续进行，消耗掉的自然资源也应该得到补偿或替代"[2]。这个补偿或替代就是生态补偿的价值形态或实物形态。按照经济学的最大化原理，只有某项生态资源重置成本或替代资源生产成本现值小于或等于当期开发或使用所带来的收益时才能允许其被开发、使用或消耗。如果我们要求该项资源的所有者或使用者放弃当期的使用就必须给以补偿，以减少其当期不使用的"储蓄"行为所造成的损失，补偿的额度就是其成本现值。

我们假定某项生态资源处于完全竞争市场，且生产成本为零（即大自然本身形成的结果），该资源的社会需求量为 D 单位/年，资源可使用总量为 S 单位，则其使用的最大年限为 T = S/D 年。在 T + 1 年资源消耗尽时，我们的选择只有两个：修复该资源以继续维持每年 D 单位的需求量；生产新的替代品消费。对于可修复的、可再生的生态资源而言，假定其修复、重置或再生成本为 C_1，那么当期交易中就应该把该成本换算成现值给以补偿，即补偿金额或当期资源价格为 $P_0 = C_1 / (1 + r)^T$。

对于不可再生的、可耗竭资源而言，就只能依靠替代品的生产来满足人们的需要，这些替代品生产（含研发等开发成本）的成本现值就必须得到相应的补偿。当然，还有一种情况：就是当替代品的生产成本小于生态修复成本的时候，人们会选择替代品的生产而不是去修复生态资源，就像合成橡胶成本低于天然橡胶成本，使人们选择了人工合成生产的替代方法，而不是去培植大量的橡胶林。假定替代品生产的成本为 C_2，那么，其补偿金额或当期资源价格则为 $P_0 = C_2 / (1 + r)^T$。

（二）预期效益型生态补偿模式

预期效益型生态补偿是指生态补偿额度的确定以所培植生态资源未来的

---

[1] 《马克思恩格斯全集》第 25 卷，人民出版社 1975 年版，第 158 页。

[2] 罗丽艳：《自然资源的代偿价值论》，《学术研究》2005 年第 2 期。

预期效益为基准。生态资源的培植必须要有利益推动，恩格斯就曾经指出："每一个社会的经济关系首先是作为利益表现出来的"①。在生态保护问题上，特别是在社会主义的中国，不可能出现为了利益无止境投机的情形，也不允许因过度的利益投机而造成严重的收入分配不平衡，出现两极分化。但是，这也反映出了利益激励的重要性，没有利益激励的奉献式的生态保护是不具有持续性的，其中投入成本补偿是最基本的要求。人们投资于生态资源的培植就是希望得到相应的报酬，因此，必须建立生态资源有偿使用的机制，以政策杠杆把需要培植的生态资源效益转化为相应的经济利益，以激发人们的生态资源培植动力。一般而言，某个投资者预期到某项生态资源未来效益（转化或估算成经济效益）的现值是远远大于当前培植时的成本时，就可以进行先期投资，等到未来使用时就可以通过生态效益的货币化、外部效益的内部化转化成投资者的收益，从而获得利润。但是，对于生态资源的公共产品特性、巨额资本投入和长周期投资要求及其所带来的各种不确定风险，弱化了人们的投资积极性，这就需要生态补偿资金的引导和激励。也就是说生态补偿额度在投入成本的下限和生态资源效益的上限之间寻求一个平衡点，只要是高于下限低于上限就可以起到既以利益刺激激励投资，又能增加生态资源总量和提升生态服务功能。

四、综合型生态补偿模式

综合型生态补偿模式就是在生态补偿额度确定时，综合地考虑投入成本、生态效应与预期三项因素，既使生态保护的投入成本得以补偿和替换，又使生态资源的供给者、维护者参与生态资源效应的利益分享，其重点是要解决好以下几个问题。

（一）生态资源终端使用者的支付额度确定

生态资源的终端使用者，从区域上来说，既可能是生态资源的生产区，又可能是消费区或效应发生区（当生产区与消费区或效应发生区出现分离时）；从功能上说，既可能是满足了居民的生产需要，又可能是满足了居民的

---

① 《马克思恩格斯选集》第2卷，人民出版社1972年版，第537页。

生活需要，还可能是满足了大家的公共需要；从效应上来说，既可能是生态资源的消耗，又可能是对生态资源的培植，还可能是生态资源本身效应的自然发生。总之，都是生态资源效应的享受者。根据收益与成本对等的经济学原则，必须支付相应的费用作为生态补偿基金。具体包括生态资源生产与护持的成本补偿，生态资源使用的利益和利润（或损失减少）分成，生态资源公共效应利益的财政转移支付补偿。也就是说生态资源终端使用者的支付额度，作为生态补偿基金的总供给，由三部分组成：投入成本补偿金、利益分成补偿金和公共效应的财政转移支付基金。

（二）不同位势区的生态补偿利益分割

联合国环境规划署第 15 届（1989）理事会通过的《关于可持续发展的声明》，强调了生态补偿的两个"协调"，即"代际协调"——"既满足当代的需要，又不损害后代人满足需要的能力的发展"；"区际协调"——"要达到可持续的发展，涉及国内合作及跨越国界的合作"[1]。朱镕基在 2002 年的"地球高峰会议"上指出："实现可持续发展要靠各国共同努力……有关国际、区域组织和机构应加强与各国特别是发展中国家的合作"[2]。习近平总书记曾指出，水资源保护要"节水优先、空间均衡（水资源全国配置，地表与地下兼顾，地下漏斗的危害逐步减小，大西线调水科学研究）、系统治理（山水林田湖、湿地）、两手发力（政府和市场）"[3]。由于生态资源禀赋的差异，不同的地区在生态资源的赋存量、生态资源品质和生态功能发挥上所产生的效应和拥有的地位是不同的，也往往存在"建设者与受益者经常是两个不同地区的主体[4]"，这就需要进行利益分割。其中，生态资源的效应发挥区重在资源的消费与利用，作为生态资源的使用和消费主体，既要注重资源使用上的节约，又

① 厉以宁：《区域发展新思路——中国社会发展不平衡对现代化进程的影响与对策》，经济日报出版社 2000 年版，第 270—277 页。

② 张铁钢、王敬中：《朱镕基在可持续发展世界首脑会议上发表讲话》，《人民政协报》2002 年 9 月 4 日。

③ 《水利部党组学习贯彻习近平总书记关于保障水安全重要讲话精神》，2014 年 4 月 25 日，见 http://www.mwr.gov.cn/slzx/slyw/201404/t20140425_558077.html。

④ 顾岗、陆根法、蔡邦成：《南水北调东线水源地保护区建设的区际生态补偿研究》，《生态经济》2006 年第 2 期。

要突出付费消费理念，支付相应的生态补偿资金；生态资源的生产区重在资源的保护、培植、护持与开发，作为生态资源的供给主体，既要保护好生态资源，保证所供给生态资源的质与量，又应凭借其供给成本获得生态补偿和资源效益参与生态效应的利益分享。可见，在生态资源的使用区和供应区，生态补偿资金的价值流向是使用区流向供应区，生态资源的生产者处于优势地位。

（三）生态资源供应区不同利益相关者的补偿利益分割

从区域概念上来讲，同是供应区的相关利益者也有不同的身份和地位。有使用、消耗，甚至破坏生态资源的补偿资金支付主体；也有培植和保护生态资源的补偿资金接受主体。问题是接受主体之间如何进行补偿资金的利益分割。根据性质可以把接受主体分为三类进行补偿利益的分割："劳动者获得劳动报酬和必要的奖励津贴，体现出生态保护行为的有偿性和环保劳动的鼓励性；投资者获得利润，并在资本获取（贷款）等方面享受一定的优惠；公共利益主体（政府是集中代表）把生态资源的公共效应利益补偿金集中起来，以投资基金或生态投资奖励基金的形式投放出去，确保生态资源的存在和增长，及补偿基金本身的保值与增值。"[①]

综上所述，汉江水源地生态补偿的实践模式，应该从四个方面来构建，其中，投入型生态补偿强调的是投入成本的价值补偿及其进一步的实物替换，目的是确保生态生产的连续性、生态资源供给的持续性；效应型生态补偿强调生态资源的共享及其利益分享，是公平性生态伦理观的体现，目的是提高生态资源供给地或水源地居民水源保护与供给的积极性；预期型生态补偿强调生态培植、保护的时间价值，是对其投资预期成本与收益的考察，强调的是某项生态资源是现在消费或培植，还是未来消费或培植的决策，目的是确保人们对未来生态资源供给的投资和现在生态资源的"储蓄"；综合型生态补偿强调的是对不同生态位势、不同性质（贡献）主体的利益分割，强调源头保护的重要性，目的是实现生态补偿投入与产出、付出与收益的平衡。综合这四种生态补偿实践模式，为汉江水源地生态补偿构建一个实现机制[②]。

---

① 胡仪元：《西部生态经济开发的利益补偿机制》，《社会科学辑刊》2005 年第 2 期。
② 胡仪元：《汉水流域生态补偿研究》，人民出版社 2014 年版。

第三章　生态补偿的理论依据

莱斯特·布朗曾说："经济赤字是我们彼此之间的借贷，生态赤字却是我们取自子孙后代"，如果大自然的平衡被破坏，我们的经济将会"由盛转衰，江河日下，终致崩溃"①。《国务院关于落实科学发展观加强环境保护的决定》（国发〔2005〕39 号）强调"要完善生态补偿政策，尽快建立生态补偿机制。……建立遗传资源惠益共享机制"，"建立和完善环境保护的长效机制②"。《中共中央关于全面推进依法治国若干重大问题的决定》（2014 年 10月 23 日中国共产党第十八届中央委员会第四次全体会议通过）强调要"建立健全自然资源产权法律制度，完善国土空间开发保护方面的法律制度，制定完善生态补偿和土壤、水、大气污染防治及海洋生态环境保护等法律法规，促进生态文明建设"。《中共中央关于制定国民经济和社会发展第十三个五年规划的建议》提出了"绿色发展"理念，强调要"强化激励性补偿，建立横向和流域生态补偿机制"，"筑牢生态安全屏障"，要求把"把保障人民健康和改善环境质量作为更具约束性的硬指标"。《中共中央国务院关于打赢脱贫攻坚战的决定》强调"坚持保护生态，实现绿色发展。牢固树立绿水青山就是金山银山的理念，把生态保护放在优先位置，扶贫开发不能以牺牲生态为代价，探索生态脱贫新路子，让贫困人口从生态建设与修复中得到更多实惠"。那么，为什么要进行生态补偿、建立生态补偿机制呢？生态补偿实际上就是从支付者的行为约束和接受者的激励两个方面构筑生态保护的长效机制。从支付者的角度来看，就是通过增加资源消费者、使用者和破坏者的边际成本，促使其形成资源有价、使用付费的观念，以节约资源的使用或消费，甚

---

① ［美］莱斯特·布朗：《生态经济：有利于地球的经济构想》，东方出版社 2002 年版，第 21 页。
② 《国务院关于落实科学发展观加强环境保护的决定》（国发〔2005〕39 号），《光明日报》2006 年 2 月 15 日。

至从使用者、破坏者转变成供给者、保护者；从接受者的角度来看，就是通过生态补偿资金弥补其投入成本、提高其生态保护的收益，激励其保护生态环境，形成持续保护动力。

本书在总结学界理论研究成果基础上，提出从物质补偿和价值补偿两种类型，自然补偿、经济补偿和社会补偿三个领域来说，生态补偿的理论依据可以概括为：从自然资源本身的平衡性及其与人类社会的协调发展而言，生态补偿的理论依据就是生物的共生性原理，强调的是自然资源及其与人类社会的物质性补偿与平衡；从成本与收益平衡的经济学原则出发，生态补偿的理论依据就是劳动价值理论、外部性理论和资源所有权，强调的是经济利益上的价值补偿与平衡；从社会视角下的正义与公平而言，生态补偿的理论依据是环境正义的公平伦理观，要通过物质补偿和价值补偿实现生态资源供给与使用的代内、代际、区际平衡（见表 3－1）。通过生态补偿理论依据的探讨，为生态补偿及其资金分配提供理论上的依据、机制设计上的指导和实践上的引导。

表 3－1　生态补偿的依据与类型

补偿视角	补偿理论依据	补偿类型
自然资源视角	生物共生性原理	物质补偿
经济学视角	劳动价值理论； 外部性理论； 资源所有权	价值补偿
社会学视角	环境正义的公平伦理观	物质补偿 价值补偿

第一节　生态补偿理论依据研究现状

随着生态补偿问题研究的开始就必然涉及理论依据问题，其研究取得了丰硕的成果。沈满洪率先提出了生态补偿机制的三大理论基石，即外部效应理论、公共产品理论、生态资本理论。生态补偿机制实际上就是"通过一定的政策手段实行生态保护外部性的内部化，让生态保护成果的'受益者'支付相应的费用；通过制度设计解决好生态产品这一特殊公共产品消费中的'搭便车'现象，激励公共产品的足额提供；通过制度创新解决好生态投资者的合理回报，激励人们从事生态保护投资并使生态资本增殖"①。其后，孟春阳②、张建肖③、马丹④、李小苹⑤、田淑英⑥、褚正中⑦、缪吉兵⑧等都坚持了生态补偿三大理论依据观点。鲁士霞提出外部性理论是现代环境经济政策的理论支柱。⑨ 王青云认为，外部性是生态补偿的理论依据，生态保护的外部性必须内部化，生态保护的受益人应该向生态产品提供者支付费用以补偿其外部性损失，避免带来生态环境的不断恶化⑩。李文国指出，公共产品理论解决了为什么需要生态补偿的问题，外部性理论提供了解决生态补偿问题的思路，生态资本理论从原理上提供了计算补偿额度的方法，可持续发展理论描绘了生态补偿的最终目标。⑪

王丰年认为生态补偿的经济学理论依据主要包括外部效应理论、公共产品理论、自然资本理论和消费补偿理论⑫；俞海等人考察了资源环境利用不可逆性、产权界定、公共物品属性、外部性、自然资源环境资本论等生态补偿的 5 个理论依据⑬，"中国生态补偿机制与政策研究课题组"提出了生态环境

---

① 沈满洪、杨天：《生态补偿机制的三大理论基石》，《中国环境报》2004 年 3 月 2 日。

② 孟春阳、王晋嵩：《生态补偿制度的理论依据分析》，《河南司法警官职业学院学报》2008 年第 4 期。

③ 张建肖、安树伟：《国内外生态补偿研究综述》，《西安石油大学学报》2009 年第 1 期。

④ 马丹、高丹：《矿产资源开发中的生态补偿机制研究》，《现代农业科学》2009 年第 2 期。

⑤ 李小苹：《生态补偿的法理分析》，《西部法学评论》2009 年第 5 期。

⑥ 田淑英、白燕：《森林生态效益补偿：现实依据及政策探讨》，《林业经济》2009 年第 11 期。

⑦ 褚正中：《生态补偿理论研究述评》，《现代农业》2009 年第 12 期。

⑧ 缪吉兵：《生态补偿研究》，《魅力中国》2009 年第 31 期。

⑨ 鲁士霞：《流域生态补偿制度初探》，《法制与社会》2009 年第 12 期（下）。

⑩ 王青云：《关于我国建立生态补偿机制的思考》，《宏观经济研究》2008 年第 7 期。

⑪ 李文国、魏玉芝：《生态补偿机制的经济学理论依据及中国的研究现状》，《渤海大学学报（哲学社会科学版）》2008 年第 3 期。

⑫ 王丰年：《生态补偿的原则和机制》，《自然辩证法研究》2006 年第 1 期。

⑬ 俞海、任勇：《生态补偿的理论依据：一个分析性框架》，《城市环境与城市生态》2007 年第 2 期。

价值论、外部性理论、公共物品理论的生态补偿理论依据。[①] 谢维光和陈雄认为生态补偿的理论依据是公共物品理论、外部性理论、生态系统服务价值理论。[②] 曹明德和王凤远认为生态补偿的理论依据有自然资本论、外部性理论、公共物品理论等。[③] 宗臻铃等提出的生态补偿理论依据是生态环境资源有偿使用理论，效率与公平理论。[④] 杨巧红把生态补偿的理论依据概括为经济人假设等 6 个方面。[⑤] 赵玉娟认为，价值理论、耗竭性理论及可持续发展财富观理论是生态补偿的理论依据。[⑥] 李凤博认为，从环境经济学理论看，生态补偿的理论依据是公共物品与经济外部性；从生态学理论看，生态补偿的理论依据是生态系统服务。[⑦] 俞雅乖把生态补偿理论概括为公共产品理论等 5 个方面。[⑧] 许连忠认为，生态补偿的理论依据是溢出效应（外在性）理论、公共产品理论、受益原则、成本原则、支付能力原则、环境资源价值理论。[⑨] 阮本清认为生态补偿理论依据是资源公共物品属性、资源有偿使用理论、外部成本内部化理论、效率与公平理论。[⑩] 王志凌提出生态补偿的四大理论依据，"俱乐部产品"理论、区域外部性内部化、区域可持续发展理论、财政转移支付理论。[⑪] 孟召宜认为，生态系统的自组织演化与反馈、恢复机制是生态补偿的自然依据；可持续发展是生态补偿的经济伦理基础；外部性理论、公共物品理

①　中国生态补偿机制与政策研究课题组：《中国生态补偿机制与政策研究》，科学出版社 2007 年版。

②　谢维光、陈雄：《国内外生态补偿研究进展述评》，《2008 中国可持续发展论坛论文集（2）》，2008 年。

③　曹明德、王凤远：《跨流域调水生态补偿法律问题分析》，《中国社会科学院研究生院学报》2009 年第 2 期。

④　宗臻铃、欧名豪、董元华等：《长江上游地区生态重建的经济补偿机制探析》，《长江流域资源与环境》2001 年第 1 期。

⑤　杨巧红：《西部生态环境建设的前沿问题研究——中国西部经济发展报告（2005 年）》，社会科学文献出版社 2006 年版。

⑥　赵玉娟、盛勇：《矿产开发中资源生态补偿机制的理论依据研究》，《经济研究导刊》2009 年第 26 期。

⑦　李凤博、徐春春等：《稻田生态补偿理论与模式研究》，《农业现代化研究》2009 年第 1 期。

⑧　俞雅乖：《生态补偿机制的理论依据与实现路径》，见 http：//www. nbast. org. cn/1120/tools/institute/discourse_ read. php？ id＝20。

⑨　许连忠、匡耀求、黄宁生：《生态补偿理论研究》，中国可持续发展研究会 2006 学术年会，2006 年。

⑩　阮本清、许凤冉、张春玲：《流域生态补偿研究进展与实践》，《水利学报》2008 年第 10 期。

⑪　王志凌、谢宝剑、谢万贞：《构建我国区域间生态补偿机制探讨》，《学术论坛》2007 年第 3 期。

论和生态资本理论是解释生态补偿存在原因的三大经济理论。[①] 史宇提出生态补偿的理论基础是复合生态系统理论、产权理论、资源价值理论、外部经济效益理论、公共产品理论、公平理论和生态伦理理论。[②] 孙继华认为生态补偿的五大理论依据是：产权明晰理论、环境资源价值理论、环境经济学理论、"市场失灵"理论、马克思的劳动价值理论。[③] 卢艳丽与丁四保考察了生态补偿的"外部性理论、公共物品理论、生态资本理论、生态服务功能价值理论"等理论依据。[④] 曲勃认为，从经济学角度生态补偿的理论依据是福利经济学理论、外部不经济理论、生态资本理论和公共产品理论；从社会学角度生态补偿的理论依据是可持续发展理论、环境公平理论和生态伦理观理论。[⑤]

本书在研究中专门考察了劳动价值论与外部性两个生态补偿理论依据。认为"生态补偿的理论依据首先是劳动价值和价格理论，正是经过人类劳动——对资源的培植、修复、保护等在资源及其产品中凝结了价值，在这个价值决定的价格基础上，加入由资源所有权垄断而决定的那部分价格，构成了资源价格的全部内容。但在具体的交易过程中，还存在一个基于供求关系状态和交换双方对未来预期的讨价还价过程，而使其价格的决定和形成更为复杂"。同时，外部性理论也是生态补偿的理论依据。外部性是生态环境问题的重要成因。一方面，具有外部经济性的生态资源未得到有效补偿而导致供给不足；另一方面，污染等外部不经济行为未得到有效控制而导致生态破坏严重。生态资源供给不足和破坏严重加速了生态环境问题。生态补偿是对生态资源外部效应的矫正。对具有正外部性效应的生态资源，必须对其提供者给予补贴，增加其收益，鼓励增加该生态资源的供给；相反，对于存在负外

---

① 孟召宜、朱传耿等：《我国主体功能区生态补偿思路研究》，《中国人口·资源与环境》2008 年第 2 期。

② 史宇、余新晓、毕华兴：《水土保持生态补偿机制建立的理论依据分析》，《水土保持研究》2009 年第 1 期。

③ 孙继华、张杰：《中国生态补偿机制概念研究综述》，《生态经济（学术版）》2009 年第 2 期。

④ 卢艳丽、丁四保：《国外生态补偿的实践及对我国的借鉴与启示》，《世界地理研究》2009 年第 3 期。

⑤ 曲勃：《矿产资源开发补偿的理论依据探讨》，《消费导刊》2009 年第 11 期。

部性的污染制造、生态破坏等行为，就应该采取征税、罚款、收污染费等措施，以提高其边际成本，减少供给或该行为的发生，形成以制度强制约束或激励企业的生态外部性行为。

第二节　自然资源视角下生态补偿的理论依据
——生物共生性原理

生态补偿的首要原因是生物共生性原理，正是这种共生性决定了人们必须通过实物补偿方式，保持生物资源之间的种际、区际平衡。否则，共生性效应会导致因某种生物资源减少或过多而带来种群之间的相互抑制，进而引起该区位生态环境恶化，甚至整个生态系统的衰退或功能弱化。

一、生物共生性原理

与区位间相互依存一致，生态资源间也是相互依存的，存在着共生现象。"共生"一词源于希腊语，是德国真菌学家德贝里在1879年率先提出的，原属生物学范畴，系"指不同生物种属按某种物质联系而生活在一起，是生物在长期进化过程中，逐渐与其他生物走向联合，共同适应复杂多变的环境，互相依赖，各能获得一定利益的一种生物与生物之间的相互关系"[1]。《辞海》的定义是"共生是生物间普遍存在的一种种间关系，泛指两个或两个以上有机体生活在一起的相互关系，一般指一个生物在另一个生物体内或体外共同生活互为有利的关系"[2]。生态资源间的相互依存、依赖、共同成长、进化就是一种共生关系，它们既表现为区际间的生态资源分布平衡，又表现为区际内的生物种群平衡。

---

① A. E. Douglas, *Symbiotic Interactions*, Oxford University Press, 1994, pp. 1 – 11.

② 马永俊、胡希军：《城镇群的共生发展研究——以浙中金华城镇群为例》，《经济地理》2006年第2期。

（一）区域之间的共生

从区际平衡而言，一个区域的生态资源为其生产、生活提供了最基本的要素，还为邻域区位提供生态屏障。一个区域的生态资源就是以另一个区域生态资源的存在为其自身存在的前提或基础，其自身的存在又为另一区域生态资源的存在提供条件。防风林、防沙林就是最显明的例子，其存在保护了周围生态环境免受自然力破坏，而其自身成长也必须建立在周围生态环境的保护之下。具体来说，独木难成林，孤独的一棵树、一片林都难以抵挡住风、沙袭击，只有在其向周围不断扩展延伸，庇护了周围树木，并被周围林木庇护时才能得以生存和壮大。事实上，林木本身就是以其自己的"身体"阻挡风、沙，使其减弱或改向来完成生态功能的。

（二）种群之间的共生

从种群角度看，几乎所有生物都是相互依存的，可以说，世界上没有一种生物能够离开其他生物而单独生存和繁衍。如蜜蜂利用果树的花粉养育自己，果树由于蜜蜂的授粉而增加结实率；"藻与菌的结合形成地衣；豆科、兰科、杜鹃花科、龙胆科中的不少植物都有与真菌共生的特性，如黑接骨木对云杉根的分布有利，皂荚、白蜡与九里香等在一起生长时，互相都有显著的促进作用等"。事实上，一种生物可能是有益的，能促进生物之间的发展；也有可能是有害的，会抑制生物之间的发展，如澳大利亚的仙人掌，美国的葛藤，泰国的凤眼莲，中国沿海地区的大米草等，就是一种破坏力或负生产力[1]，其存在引起了其他生物生长发育的抑制或弱化。当然，在生物世界也存在着一种相克或相互制约的现象，专门抑制那些有害生物，如白花草（藿香蓟）防治杂草和害虫，"胡桃分泌出一种叫胡桃醌的物质，能抑制其他植物的生长，因此胡桃树下的土表层中一般是没有其他植物的"[2]。也就是说，利用生物之间的相益共生，可以促进两种甚至更多生物的成长和发展；利用生物

---

[1] 腾有正：《环境经济问题的哲学思考——生态经济系统的基本矛盾及其解决途径》，《内蒙古环境保护》2001年第3期。
[2] 张晓婧：《生态学在现代风景园林设计中的应用》，《蓝天园林》2008年第1期。

之间的相抑共生，就可以用一种生物来抑制另一种生物的破坏力。

（三）人类社会的共生

自然系统是一个和谐共生的统一体，人类社会也是这样。"任何人都生活在人与人、人与自然的共生系统之中。共生关系不止存在社会某个方面，而是遍布人类社会的经济、政治、文化、社区、社群、家庭等所有领域，其表现更是形形色色，千姿百态。没有共生，也就没有人的存在"①。社会共生不仅在于每个个人离开他人就不成其为人，不构成社会，也不能存在和发展，马克思在《关于费尔巴哈的提纲》中就提纲挈领地指出："人的本质并不是单个人所固有的抽象物。在其现实性上，它是一切社会关系的总和"②。而且在于作为社会的人——人类社会，必然处于政治、经济、文化等一系列相互影响、制约或促进的关系体系之中，这些关系的相互依存是人类共生体系的重要内容或集中体现。

（四）人与自然的和谐共生

人与自然之间也是这样，二者也是在相互依存中共生的：一方面，人类发展是建立在自然物质系统的强大支撑之下的，没有自然物质，不能解决人类生存的物质与能量需要，连人的立身容栖之地都没有了，甚至人作为一个物质体都是不存在的；另一方面，在自然的系统演进中，受到人力介入后，其自身平衡、和谐的自我调节机制就会受到影响和侵蚀，这就需要人给以维护、修复和保护，以使其维持在承载力范围内或恢复到平衡状态。

因此，生物共生性及其效应广泛地存在于自然内部的生物种群之间、生物资源的区际平衡之间、人类社会，以及人与自然之间。正是这种共生性决定了人、自然与社会的和谐共处与持续发展，以及维持这种共生性的必要性和重要性。

---

① 胡守钧：《让我们倡导"社会共生"——胡守钧教授在复旦大学的讲演》，《文汇报》2007 年 2 月 17 日。

② 《马克思恩格斯选集》第 1 卷，人民出版社 1972 年版，第 18 页。

二、基于生物共生性的生态补偿

根据自然系统、社会系统及其相互之间和谐共生的原理，只有各自及其相互间的系统平衡被限定在其承载能力范围内，才能和谐共生。对于社会经济系统与生态环境系统而言，只有"经济发展系统对生态环境系统的破坏在生态环境系统的承载力之内"，两系统间才是可以协调发展的。[①] 在共生体中，系统中的整体功能不仅取决于其要素功能，而且取决于要素之间相互作用而形成的结构功能。[②] 生态与人类社会之间共生系统的结构功能是由类似于木桶原理（或短板效应，即一只水桶的最大容积由其最短的那块木板决定）的要素功能决定的，也就是由其最弱的要素功能决定，累积或加成效应会放大弱要素的功能，并得以不断传递。因此，在生态问题上不仅要"扶强"，促其发展，更重要的是要"补短"，提升生态的整体承载能力，为人类社会的持续发展提供强大支撑。

生态资源的共生性决定了遭受破坏或被抑制了的生态资源，甚至某一生物物种，必须通过生态补偿的方式给予弥补。从目的上来说，这种补偿是针对生态系统的弱化（相对于人类社会而出现的生态恶化），抑或生物物种的弱化（相益或相抑生物中的某一极物种的生态功能降低）通过补偿而使生物物种的自我更新、进化能力提升，促进各生物之间的共同繁荣、发展，进而整个生态系统对人类社会的承载能力增强，使人与自然达到和谐相处、共生发展。但从手段上来说，只能是给予人的生态补偿，只有这种利益调节引导人们的行为：把破坏生态的行为变为保护生态的行为，把无意识的保护行为变为自觉自为的保护行为。因此，"生态补偿虽然表现为对从事恢复、维持生态功能活动的单位和个人的补偿，即在形式上表现为对人的补偿，主要是人与人的利益分配关系；但其根本目标是人对生态环境的补血、补能、补功，即是人类对生态环境的补偿"[③]。也就是说，生态修复、保护只能是生态补偿利益

---

① 沈满洪：《全国生态经济建设理论与实践研讨会综述》，《经济学动态》2003 年第 4 期。
② 胡仪元：《生产力的系统结构——兼论协作的生产力性质》，《怀化学院学报》2003 年第 1 期。
③ 宋敏、耿荣海等：《生态补偿机制建立的理论分析》，《理论界》2008 年第 5 期。

引导下的人类中心主义的结果①，即在利益调节下，人们认识、掌握、运用自然规律去控制和调节自然对人类的影响，使二者达到平衡与协调。正如恩格斯所指出："事实上，我们一天天地学会更正确地理解自然规律，学会认识我们对自然界的习常过程所作的干预所引起的较近或较远的后果。特别是自本世纪自然科学大踏步前进以来，我们越来越有可能学会认识并因而控制那些至少是由我们的最常见的生产行为所引起的较远的自然后果。如果说我们需要经过几千年的劳动才多少学会估计我们的生产行为的较远的自然影响，那么我们想学会预见这些行动的较远的社会影响就困难得多了。……但是就是在这一领域中，经过长期的、往往是痛苦的经验，经过对历史材料的比较和研究，我们也渐渐学会了认清我们的生产活动的间接的、较远的社会影响，因而我们也就有可能去控制和调节这些影响"②。"三北防护林""平原农田防护林""长江中上游防护林""沿海防护林"等工程就是人主动抑制、约束自身行为，保护、和谐自然的表现。

区位共生性也必须得到补偿，这是由区位外部性效应造成的。区域位置贡献使得我们不能无视邻域生态环境的保护，输出生态破坏因子就会导致邻域生态功能受损，并把这种被弱化了的生态效应"传回来"，影响到自身；相应地，输出优质生态因子就会给邻域的生态环境保护带来促进作用，并向下一邻域传递或回传给自己，使区位之间的生态功能得到不断强化。正是基于这样的效应，必须友善地对待自己的"邻居"，其生态保护行为必须给予适当的补偿，承认其生态保护贡献，激励其生态保护行为。

三、结论

自然系统是一个有机统一体，生态资源存在相互促进或相互抑制的共生特性，根据生态资源的共生性原理，必须加强生态补偿，既要对弱化的生态环境进行实物补偿，通过补血、补能、补功提升生态资源的功能及其生态服务能力；又要对具有良好生态资源优势的地区给予补偿，使其生态破坏的成本远远大于其保护或生态产业开发的成本。通过利益调节改善恶化生态、阻

① 常永军、刘本洁：《论环境危机与价值观教育》，《吉林师范大学学报》2005年第5期。
② 《马克思恩格斯选集》第4卷，人民出版社1995年版，第384—385页。

止人们对良好生态的破坏。汉水流域生态资源的特殊性及其作为南水北调中线工程水源地的重要生态地位，决定了必须给予生态补偿，以此激励人们积极参与保护其良好的生态环境和优质的水源，否则，在当地居民贫困约束下，会通过利益博弈加大对现有生态资源开发，造成严重的水土流失和水源污染。汉水流域的生态环境一旦遭受破坏，水土流失就会加剧，植被等恢复就存在很大困难，并无法在短期内获得相应的生态功能。

第三节　经济学视角下生态补偿的理论依据
——劳动价值论、外部性理论、资源所有权理论

经济问题的核心是利益问题，司马迁早在 2000 多年前就说过："天下熙熙，皆为利来；天下攘攘。皆为利往"①，马克思也说，"追求利益是人类的一切社会活动的根源"②，还引用英国评论家登宁的话来说，"资本害怕没有利润，或利润太少，就像自然界害怕真空一样。一旦有适当的利润，资本就胆大起来。如果有 10% 的利润，它就保证到处被使用；有 20% 的利润，它就活跃起来；有 50% 的利润，它就铤而走险；为了 100% 的利润，它就敢践踏一切人间法律；有 300% 的利润，它就敢犯任何罪行，甚至冒绞首的危险。如果动乱和纷争能带来利润，它就会鼓励动乱和纷争。走私和贩卖奴隶就是证明"③。

因此，以经济学的视角来看，生态补偿就是一种利益平衡，以这种平衡来实现生态产品供给与需求在实物量与价值量上的平衡、当前需求与未来需求之间的平衡。而其前提则是经济权利，它包括占有权、使用权、收益权和处分权，正是这些经济权利决定了一定经济行为的发生。经济权利的形成有两个路径，一是制度性安排，一是市场自发形成，无论什么路径所形成的经济权利组成一个经济权利结构，这就是一国的经济结构。生态补偿是经济权

---

① 王利器：《史记注释》，三秦出版社 1997 年版。
② 《马克思恩格斯全集》第 1 卷，人民出版社 1956 年版，第 82 页。
③ 《资本论》第 1 卷，中共中央马克思恩格斯列宁斯大林著作编译局译，人民出版社 2004 年版，第 871 页。

利在物质利益上的实现，遵循"谁开发谁保护、谁受益谁补偿"原则，以生态补偿的方式，一是体现生态保护者的劳动付出，二是把生态资源的外部性内部化，实现生态产品供给上的私人成本与社会成本的平衡，三是体现生态资源所有权利益。因此经济学视角下生态补偿的理论依据包括劳动价值论、外部性理论和资源所有权理论。

一、劳动价值论生态补偿理论依据

生态补偿首先是对生态保护投入的成本补偿，其中最首要的投入成本无疑是劳动耗费，因而，劳动价值理论是生态补偿首要的理论依据。

（一）自然资源的价值源泉

马克思劳动价值理论明确了商品价值就是生产商品的劳动，抽象劳动的凝结形成了商品价值的质——共同的无差别的人类劳动力的耗费；抽象劳动的耗费量——生产商品的劳动时间，社会必要劳动时间——决定了商品的价值量。同理，自然资源或生态产品的价值也决定于生产或再生产该资源或产品的劳动耗费及其所需要的社会必要劳动时间。

自然资源本身及其所开发的物质产品和工具资料是人类生存、发展和享受的基本物质条件，是人与外界进行物质能量交换或循环的媒介工具和对象系统。马克思就说："土地（在经济学上也包括水）最初以食料，现成的生活资料供给人类，它未经人的协助，就作为人类劳动的一般对象而存在。所有那些通过劳动只是同土地脱离直接联系的东西，都是天然存在的劳动对象。例如从鱼的生活要素即水中，分离出来的即捕获的鱼，在原始森林中砍伐的树木，从地下矿藏中开采的矿石……土地是他的原始的食物仓，也是他的原始的劳动资料库。例如，他用来投、磨、压、切等等的石块就是土地供给的……土地本身又是这类一般的劳动资料，因为它给劳动者提供立足之地，给他的过程提供活动场所。"① 基于自然资源或生态环境的基础性地位，维持其存在和利用其创造财富与价值同等重要，在资源有限性约束下，甚至前者

———————
① 《马克思恩格斯全集》第 23 卷，人民出版社 1972 年版，第 202—203、205 页。

比后者还要重要，因为没有资源就谈不上利用资源、没有生态环境就没有了生存的空间，更别说创造财富与价值了，因此，保持、保护原生自然资源或加工、再造人化自然资源①以维持自然资源的存在或供给具有十分重要的意义。那么，怎样才能维持和保证自然资源的存在呢？这就需要劳动的投入。马克思说："整个所谓世界历史不外是人通过人的劳动而诞生的过程，是自然界对人说来的生成过程……因为人和自然界的实在性，即人对人说来作为自然界的存在以及自然界对人说来作为人的存在，已经变成实践的、可以通过感觉直观的。"② 也就是说，正是人的劳动，也只能是人的劳动实现了已消耗自然资源的重置，通过实物补偿或替换延续和维持了其存在，从而为自然资源的永续存在、人类生产的资源持续利用，以及人类社会的可持续发展奠定资源或物质基础。由此可见，人类劳动维持了自然资源的物质性存在，是其价值的源泉。自然资源的劳动价值源泉存在于两个方面。

1. 直接劳动耗费的价值创造

与商品价值的决定一样，自然资源的维持、保护与开发需要耗费人类劳动，这些劳动耗费的凝结形成了自然资源的价值，马克思说："劳动被使用，被推动，因而工人的一定量体力等等被耗费了，结果是工人筋疲力尽。但是劳动不仅被消费，而且同时从活动形式转变为对象形式，静止形式，在对象形式中被固定，被物化。"③ 也就是说，劳动的消耗过程就是价值的创造、凝结过程，过程的结束或结果就是价值，或说成其为价值。这个过程作为二重性的结果，一方面生态保护、资源培植与管护等具体的有形的有用劳动（具体劳动）决定了在什么上创造价值、创造的是什么价值，以及最后的结果是什么，也就是说，栽树劳动培植的是林业资源、水土保持与污染治理保护了水资源等；另一方面，这些有形劳动所耗费的体力与脑力支出在对象上凝结或物化，就可以按照劳动同质性进行抽象、比较和交易，从而形成资源及其产品的价值，也就是说人工培植的林木有价值、土地等级改造有价值、水源保护也是有价值的。我们必须承认这个价值，并给予等价交换或补偿，否则，

---

① 陈征福：《自然资源价值论》，《经济评论》2005 年第 1 期。

② 《马克思恩格斯全集》第 42 卷（上），人民出版社 1979 年版，第 131 页。

③ 《马克思恩格斯全集》46 卷（上），人民出版社 1972 年版。

就不会有人去培植资源、改造土地和保护水源了，最终必然是可怕的资源枯竭和社会的衰败，甚至灭亡。

2. 重置劳动耗费的价值创造

自然资源需要不断地被重置出来（即再生产出来），或者通过新资源的发现替代（用一种新发现的资源代替现有资源消费）与人工再造替代（用人工合成方法生产出新的产品代替原有资源性产品的消费）。但是，无论怎样替代都必须要有资源的耗费，以及所消耗资源的重置生产，否则也是不可持续的，就像天然气代替石油作为能源消耗使用，那就得考虑天然气的替代以及为此所需要耗费的找寻成本、研究成本、开发成本、储存成本、运输成本等。而对于水资源则更为严重了，没有水了我们能干什么？我们消费什么替代品呢？目前似乎还没有这方面的研究成果出现或解决的方法，因而水源的保护应该更为严格、更为重要和迫切。因此，"无论是可再生资源还是可耗竭资源，在一定时期和一定范围内，都是有限的。为了维持社会生产的持续进行，消耗掉的自然资源也应该得到补偿或替代"①。

当然，我们不能忽视和低估大自然或自然资源本身的自我修复与繁殖能力，如树木种子的自我繁育和迁转（需要风力、野生动物的传送或携带帮助）、水体自净能力等等。但是，这得分为两种情况：一是可再生资源的再生问题。正常情况下，可再生资源完全可以依靠自己的再生能力实现自我繁育，就像几年不去的耕地不仅会长出草来，还会长出树木来。但是，当资源被破坏以后，生态的自我保护、修复与繁殖能力也就一同被削弱了，这就需要人力的强制修复，就像水体有自我净化和污染物冲刷稀释能力，但是，水量减少或垃圾过多都是无可避免地造成水源的污染、枯竭，这时投入人力资源进行水土保持、水源涵养与垃圾处理就是必不可少的；同样地，沙漠化后会不断地向前推移和蚕食，使邻近的绿地不断被沙化；等等，对于这些情况如果没有人力的强制修复就不可能解决其再生产问题，即使是可再生资源也是这样，就像在沙漠中栽一棵树不但不能挡风、固沙固水，反而会被沙漠吞噬，所以不仅得栽还得要人力保护。当资源或生态的承载能力或自我修复能力恢复以后才能产生效应，一棵树挡不住风沙，但一片树林就可以了。二是可耗

---

① 罗丽艳：《自然资源的代偿价值论》，《学术研究》2005 年第 2 期。

竭资源的替代问题。可耗竭资源的储量有限性决定了在持续性的消费或消耗下，随着时间推移必有枯竭的一天，这就必须依靠节约消费延缓其枯竭的到来或者开发替代品满足消费需求。因此，无论是可再生资源还是不可再生资源都必须通过资源的重置来实现其再生产，相应的劳动、资本等投入成本也必然成为生态补偿的内容和价值组成部分。其中，可再生资源的重置包括两类：复原型重置和更新型重置，前者是指通过生态修复把资源或生态的质量与水平恢复到原来的状态；而后者则使修复后的生态或资源质量与水平远远超过重置前的状态。不可再生资源只能进行替代性重置，就是发现、研究一种新的资源或产品替代原有资源或产品的消费。

综上所述，自然资源的价值源泉也是活劳动的结果，包括了直接劳动耗费的价值创造，也包括了重置劳动的价值创造，现期交易必然也必须考虑预期重置劳动的耗费价值，并折算成现值进行比较决策，自然资源的价值决定是"在现有生产条件下，再生产资源而消耗的人类劳动决定的"①。

（二）自然资源价值的补偿模式

在经济发展的四个驱动轮子中，劳动是最核心的，这不仅因为它是资源和生态及其产品的价值源泉，更重要的是人这个生产要素的主动性和创造性。生态环境问题源自于人类中心主义，但是，其问题的解决更需要人类中心主义的理念——主动地贪欲抑制、行为约束、生态修复。可以说，没有人的主动自我抑制，即使再多的资源、再好的生态、怎样的培植可能都是无济于事的，都赶不上人的破坏欲望与破坏能力。那如何才能让人有这样的积极性呢？还是需要物质利益的激励，这个激励手段就是生态补偿，只要补偿金额大于其消耗资源、破坏环境所带来的收益，就会主动地转换自己的行为：由生态破坏者变成生态修复者、资源消耗者变成资源供给者。机会成本和所有权价格的制约是其与一般商品价值或成本补偿的重要区别。

机会成本实际上是一种选择成本而不是真实成本，说明在一系列可能性选择中，当前的选择是最优的、收益最大的。自然资源的机会成本意义重大：它决定了持有者的买卖时点——当前出售还是未来出售？这个决定改变了当

---

① 额尔敦扎布、莎日娜：《自然资源价值辨析》，《当代经济研究》2006 年第 7 期。

前和未来的供求状况，进而影响了当前或未来的价格。就可再生资源来看，资源存量状况取决于使用或消耗数量与实物补偿数量之间的关系，当实物补偿数量大于消耗数量时，资源存量增加；相等时，资源存量不变；小于时，资源存量就减少。任何可再生资源的实物补偿都必然受到投入成本、生物生长周期的约束，加之资源或生态的公共产品特性所引起的搭便车行为，致使其投入与产出不足、实物补偿滞后，因此，人们会毫不例外地作出资源面临着不断减少的趋势判断，于是作出未来消费或供给的决定，这就直接导致当期的供给减少价格上升，由这种价格上升所带来的损失便成为稀缺性成本。这时，要维持自然资源的供给量就必须通过生态补偿机制，使其稀缺性成本得到补偿，这就意味着所有者现在供给和未来供给的收益是一样的，就会主动转化为当期供给，为了获得更多的生态补偿就会进一步扩大当期供给和未来供给（同时扩大），生态保护与资源培植的积极性就产生了。就不可再生资源来看，在没有替代品情况下，人们只能通过当前使用的节约来尽可能地延长其使用期限，但不管怎样节约，其不断消耗、减少的趋势是不可更改的、最终的枯竭也就成为必然，因此，其市场价格必然高于劳动价值成本而出现"溢价"，这个溢价实际上也是稀缺成本的表现，并呈现出越来越高的局面。要想起到鼓励节约使用不可再生资源的效果，可以通过生态补偿方式对人们的节约行为及其效率给以奖励。在有替代品的条件下，替代品的发现、研究、开发、生产等一系列成本必须得到补偿，可以通过这些预期成本换算成现值并分解到耗竭前的各个年度以生态补偿方式给以提前提取，否则，到真正耗竭时却没有了可替代消费的资源，准确地说是没有了对替代品开发与生产的成本投入，这将是可怕的、灾难性的。

　　所有权是商品交易的前提，一个人不能拿着别人的商品去出售并获利。资源所有权对其生态补偿的方式方法同样产生重要影响，一是在私有产权下，所有者可以凭借其私有权垄断获取高额垄断利润，这就会产生双重的效果：一方面，所有者为了获得高额垄断利润会主动限制当期供给，通过数量控制而获益；另一方面，在巨大利润刺激下，所有者不仅会增加当期供给，而且会为未来获得更多更大的利益而加速资源培植，增加未来供给数量。这种双重效应在总体上有助于资源培植和生态环境保护，但并不排除资源所有者的短视行为、未来的消极预期，以及所有者相互之间的竞争而导致当期资源的过度开发、过度消耗；加上生态效应的扩散和溢出效应使严格的产权边界模糊，投入和产出，或成本与收益的对等性被破坏，所有者或经营者往往又更倾向于当前的消费或见利，这就促成了资源开发或消耗的过快增长与生态的叠加的根本原因，也就是说，人们明明知道树砍多了会产生水土流失、煤采多了会出现地陷、水污染了会致病等，但还是屡禁不止地发生。因此，需要在产权制度设计和资源当期价格上做适度限制，让人们主动把当期资源延期开采或消耗。二是在公有或国有、集体产权下，产权主体在多次或多级委托下出现"虚位"，国家或集体产权最终都得通过国家的直属单位，或者省市县镇层层委托，最后行使权力的主体已经脱离了产权主体最初的目标——资源或资产效益最大化逐步转变成为"位子保卫战"，必然出现权力真空或断点，国有资产的流失、集体产权的损害等问题就不可避免地出现，甚至出现监守自盗、自己破坏自己所管理对象的行为，通过对上欺瞒和哄骗而出现名实不符状况等。公有产权的另外两个问题就是公共产品的搭便车行为与产权侵害，这对于资源产品而言，无论是可再生的还是不可再生的都会导致过度开发而出现当期供给过剩，这实际上也是当前我国资源价格过低的原因之一。根据有关资料，"我国农民用水通常是免费的，城区平均每吨水价1元多，为南非水价的1/3，德国水价的1/10"，又如"2004年山西大同计划内煤炭出矿价格169.20元/吨，而到了浙江电厂，煤炭的实际进货价格高达373.90元/吨，其中流通费用204.70元，占煤炭实际进货价格的55.75%"①。这样的资源价格和价格结构根本就无法对资源供求状况起到调节作用。

　　基于以上分析，劳动价值论应该是生态补偿首要的理论依据，人们对于自然资源和生态环境的培植、修复、保护或治理耗费了劳动，这些劳动在其产品中的凝结（或附着）形成了价值；特别是资源或生态的重置劳动耗费是其价值创造的重要形式或突出特点。耗费劳动所凝结的价值成为资源或生态产品交换价格决定的原始基础，但是，在预期作用下，人们会通过机会成本和所有权垄断作出当期供给或未来供给的时点抉择，从而影响供求关系变化，以及由此所带来的价格波动和价格差额成为其当期供给还是未来供给（当期的培植、修复、保护或治理就是未来供给）的重要调节器。劳动价值必须得

①　胡仪元：《生态补偿理论基础新探——劳动价值论的视角》，《开发研究》2009年第4期。

到相应补偿，才能起到生态保护行为的持续激励，作为投入成本中最重要的内容得不到补偿会产生反向激励：生态保护者转变成破坏者、资源培植者转变成消耗者，使生态问题越来越严重、越来越恶化。

二、外部性生态补偿理论依据

外部性的存在导致了成本与收益不对等，商品供给者支付了成本却因为搭便车行为、产权界定不清或约束不力等问题，而不能获得全部收益；相应地，消费者却存在不付费消费的可能，而使其实际享受到的消费效用远远大于其支付意愿，直接后果就是供给不足和需求过剩问题。特别是在自然资源和生态环境上，由于其效应的溢出使成本与收益之间的不对等性更为突出，最常见的表现就是生态资源供给不足，而污染却大为加剧，使本来就不平衡的资源或生态环境供求更加失衡，这就需要通过生态补偿手段把这种外部性内部化，以保证生态资源供给增加，为社会永续发展提供资源环境条件，给资源与生态环境的提供者和消费者建造更为公平的交易平台。

（一）外部性的内涵考察

英国著名经济学家马歇尔在其《经济学原理》一书中写道："我们可以把因任何一种货物的生产规模之扩大而发生的经济分为两类：第一是有赖于该产业的一般发达所形成的经济；第二种是有赖于某产业的具体企业自身资源、组织和经营效率的经济。我们可把前一类称作'外部经济'（Externale Economics），将后一类称作'内部经济'（Internale Economics）"[1]，这是外部性问题的最早阐述。但是，约翰·克拉彭却把马歇尔的外部性概念看成是没有现实事实对应的"空盒子"[2]。布坎南与斯塔布尔宾用函数关系式表达了外部性内涵，即"外部性可以表达为：X 表示 A 的个人效用，它依赖于一系列的活动（X_1, X_2, …X_n），这些活动是 A 自身控制范围内的，但是 Y，是由另外一个人 B 所控制的行为，B 被假定为社会成员之一"[3]。詹姆斯·E. 米德在

①　Marshall A., *Prineiples of Economics*, London：Maemillan, 1920, 8, p. 266.

②　Clapham, J. H., "On Empty Economic Boxes", *Economic Journal*, 1922, p. 305.

③　Buchanan, J. M. and Stubblebine, W. E., Externality, *Economic*, 1962, p. 371.

《效率、公平与产权》中把外部性定义为："一种外部经济（或外部不经济）指的是这样一种事件：它使得一个（或一些）在做出直接（或间接地）导致这一事件的决定时根本没有参与的人，得到可察觉的利益（或蒙受可察觉的损失）"①。美国经济学家丹尼尔·F. 史普博在《管制与市场》中把外部性界定为没有交易的商品提供，他说，"某种外部性是指在两个当事人缺乏任何相关的经济交易的情况下，由一个当事人向另一个当事人所提供的物品束"②。美国经济学家保罗·萨缪尔森认为，外部性是一种未在市场上交易的非自愿的强加成本或利润。③ 美国经济学家斯蒂格利茨也认为，外部性是一种未交易的"额外成本"或"额外收益"。④

可见，外部性就是成本与收益不对等所造成的额外收益或额外成本。具体有两种情况：获得了收益却没有付出成本，典型的例子如海上灯塔给过往船只带来便利、蜜蜂授粉给果园带来的收益增加等，这是对别人有"好处"，因而是正的外部性或有益外部性，是外部经济行为；另一种情形是给别人带来了损失，造成了危害，例如上游排污对中下游水质的影响、噪声对周围居民的影响等，这就是负外部性或有害外部性，是外部不经济行为。自然资源与生态环境具有典型的外部性——自然资源的存在和生态环境的改善给人们带来了巨大的生态效应具有正外部性效益，而其损毁或破坏则造成了巨大危害而形成负的外部性。

（二）外部性的经济学意义

交换及其交易成功是商品价值实现的重要途径，马克思把它比喻为"惊险的跳跃"，他说，"商品价值从商品体跳到金体上……是商品的惊险的跳跃。这个跳跃如果不成功，摔坏的不是商品，但一定是商品所有者"⑤。没有交易或者交易不成功都不可能实现商品价值，也就没有了商品所有者的收益，更

---

① ［英］詹姆斯·E. 米德：《效率、公平与产权》，施仁译，北京经济学院出版社1992年版，第302页。
② ［美］丹尼尔·F. 史普博：《管制与市场》，上海三联书店、上海人民出版社1999年版，第56页。
③ ［美］保罗·萨缪尔森：《经济学》（第16版），华夏出版社1999年版，第267页。
④ ［美］斯蒂格利茨：《经济学》，中国人民大学出版社2001年版，第138、465页。
⑤ 《资本论》第1卷，人民出版社1972年版，第124页。

别说成本的补偿了。那么有了交换和交易成功就一定是公平的吗？也不一定。这是因为，经济学要求的是成本与收益对等的公平。我们以有益外部性供给不足的例子来说明（有害外部性的供给过多情形与此相反而已，不再赘述），如图 3 - 1 所示。

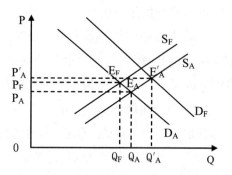

图 3 - 1 有益外部性导致供应不足

横轴表示产量，纵轴表示价格、成本或收益，需求曲线 D 向右下方倾斜，表明消费数量与消费品价格呈反向变动关系，这里的需求曲线有两条：实际消费需求曲线，用 D_F 表示；市场交易需求曲线，用 D_A 表示。在这里，前者高于后者，说明在有益外部性下，人们的实际消费量是高于通过市场交易实现的消费量，因为存在搭便车消费。在搭便车消费的示范效应下，更多的人会选择不付费消费，从而使交易消费数量进一步萎缩，表现在图形上来说，就是市场交易需求曲线不断下移，市场均衡交易数量减少。相应地，供给曲线也是两条：可能供给曲线，用 S_A 表示，它是既定资源所能实现的最大供给数量，是商品供给量的可能性边界；实际供给曲线，用 S_F 表示，就是厂商实际提供的商品供给数量。同样，二者也是背离的，实际供给曲线小于可能供给曲线，而在其左后方，这是因为在搭便车消费下，厂商有部分成本无法弥补，因而不愿意提供其最大商品供给数量，一个社会的搭便车消费行为越严重，厂商损失越大提供的数量也就越小，二者的背离也就越大。

四条曲线形成了三个可能性均衡点，即 E_A、E'_A 和 E_F，分别为生产者最大化均衡、社会效率最大化均衡和实际市场均衡。从图中可以看出 E'_A 均衡点的社会效率最大，其产出水平和资源利用效率最高。但是，由于存在搭便车行为使厂商实际能够实现的交易是 Q_A，有部分商品出售不出去，根据利润最大化原则，厂商会选择在 E_A 点进行商品供给，此时厂商实现了平均收益 AR（就是 D 曲线，$AR = P$）等于边际成本 MC（就是 S 曲线，供给曲线就是厂商停止营业点之上的边际成本曲线）的均衡，由于 $MR < AR$，也就可以说厂商实现了 $MR = MC$ 的利润最大化均衡。但这并不意味着厂商真的实现了利润最大化，因为按正常供求关系所生产出来的商品还有 $Q_A Q'_A$ 数量的商品未出售出去，因此，不得不减少商品供给数量，把其最初的可能供给曲线向后调整 $Q_A Q'_A$ 数量，即移动 $Q_A Q'_A$ 距离，此时就得出了厂商的实际供给曲线 S_F，而其新均衡点也就变成了 E_F，也就是说，市场的实际均衡点只能是市场交易的需求曲线与厂商实际供给曲线的交点，消费者不愿意付费的需求和厂商不愿意提供的供给部分都是不会实现的，$Q_F Q'_A$ 数量的商品出现了社会效率损失（社会可提供的最大产出与实际产出之间的差额）；同样，购买者也因为厂商减少供给而使价格上升，遭受了社会福利损失。自然资源和生态环境具有典型的外部性特征，原始森林、天然矿脉、水资源、空气质量与气候等，在区位固定性下，供给者被固定在一定区域内，而其效应则覆盖了区域内的非供给者和非本区域范围内人员，因而出现了跨越区位甚至国家界限，这就使成本担负者与受益者不对等，甚至出现付出成本无收益、受益者不付出成本局面，这种情况下供给不足似乎是无法避免的常态。

相应地，由于存在外部不经济特性，商品供给者的部分成本，甚至全部成本被他人或社会分担，企业的实际成本下降，利润空间扩大，企业就可以供给更多的商品数量，从而导致商品供给数量过多；同时，从需求上来看，消费惯性和示范消费效应下，消费者始终保持着对该商品的高需求量，供给者也会扩大供给规模，并在扩大供给下通过价格下降所产生的替代效应和收入效应，促使市场在一个较大数量水平上均衡。不履行污水处理义务的钢铁、造纸、制药等企业所带来的水、空气、噪声等污染通过外部性转嫁给其他主体就是典型表现。

（三）外部性视角下的生态补偿

1. 生态资源外部性的体征

外部性是生态环境问题的重要成因，因而也就成为生态补偿的依据。自然资源与生态环境的外部性主要体现在两个方面：

第一，资源或生态环境的效应外部性。自然资源或生态环境的效应具有外部性，如前所述，资源与生态具有给他人带来"好处"、受益的正外部性，造成了供给者不能向所有消费者或受益者收取费用而出现"独担成本共享受益"的不平衡局面。在搭便车行为示范下，供给者的收益可能连成本都无法弥补，这就是一些落后的边缘地区、重要的生态功能区，拥有丰富的生态资源却不得不贫困落后地生活着的原因，"捧着金饭碗要饭""富饶的贫困"，造成了他们在生态资源保护、供给、修复等方面的不积极、不作为，有的甚至人为破坏。与此同时，资源的开发、生态破坏还具有负外部性，这是"由于传统生产中存在的生产观念上的唯利益论（只强调经济利益或利润）、生产过程中的人类中心主义（从人自身的利益和需要出发，把自然仅仅当作人所征服的对象而无度索取）和技术缺陷（即在人类中心主义理念下，缺乏对尊重自然、保护、和谐自然的技术设计）等问题，使环境污染越来越大、越来越严重"①。前者造成了资源与生态供给的不足，后者引起了资源与生态的破坏加速、需求扩张，供求失衡加剧，生态环境问题更为严重。

第二，资源或生态环境的区位外部性。资源或生态环境的区位外部性主要是指一定区位的存在、生态辐射或改善对邻近区位的影响，好的优势生态区位对邻近区位传递着正的外部性效应，差的劣势生态区位就只能传递着负的外部性效应。这就是资源或生态环境的生态区位贡献，具体包括三个方面。

首先是资源或生态环境的区域位置贡献。地球统一性规律决定了任何一个区位都是地球不可分割的一部分，其上所有的资源与生态环境也是整个资源与生态环境系统中不可分割的一部分，这些区位及其所承载的资源相互依赖、相互作用，因此，任何一个区位的存在本身就是一种生态贡献，因为没有它就是不完整的，也无法实现区位之间的生态功能传递，就像走到悬崖边上无路可走一样，"断崖"中断了路的连续性，区位"缺失"造成了区位之间生态功能传递的障碍，就像"断崖"一样不可逾越。对于一定区位而言，这就是其所能拥有的最大资源，成为其发展的资源条件，如中国香港的发展不是资源的作用而是区位的便利。水源区的发展也必须建立在其作为水源区的区位存在与贡献上，并得到认同、支持和帮助。

---

① 胡仪元：《西部生态支柱产业的制度构建》，《环境保护》2005 年第 13 期。

其次是资源或生态环境的生态辐射效应贡献。自然资源是人类生存所必不可少的生活资料和生产资料；生态环境为我们提供了生存空间和相应的生态平衡、环境保护、防灾减灾、净化美化环境等一系列生态功能服务；对邻域传递着生态功能，对外来生态侵蚀与破坏进行拦截、优质生态资源与效应进行吸收和融合等。也就是说，它既是一道生态屏障，保护着区内生态环境以及生存于其中的人类社会，又是一个生态功能传递的桥梁或连接器，把自身和从其他区位吸纳来的生态功能效应传递出去，并与邻近区位自身的生态效应重叠，产生加成、协合或集肤作用。① 因此，不能无视每一块生态区位的存在，都需要大力气的生态保护投入，特别是水资源，涓涓源头细流吸纳、汇聚了沿途无数支流才形成了磅礴入海的气势，不保护好涓涓细流又哪来的中下游水资源？这是问题的核心。

再次是资源或生态环境的生态改善效应贡献。大自然的客观实在性决定了其不具有生态功能传递内容的筛选功能或说主动筛选能力，因此，好的生态环境传递的就是优质生态效益，对接受区位的生态功能起到了加强、提升作用，但是，对于恶化生态或劣质环境就起到了推波助澜的作用，就像沙漠蚕食草地一样，把恶化生态的效应加倍、加速传递给了下一个区位。这就是生态脆弱区的生态功能承接与传递，因此，必须给予修复与改善。从成因上看，它包括两种类型：输入性生态脆弱与源发性生态脆弱。前者是指生态脆弱的"源"在邻近或其他区位上，在传输过程中被近邻区位或自身给层层强化，就像运动会中的接力棒一样连续传递，并把这种恶化效应加强地或弱化地传递给下一区位；后者则是指该区位就是生态恶化效应生成的"源头"，仅仅把自身恶化或脆弱的生态效应传递给下一个区位，并形成向外扩散的局面，在没有外力作用条件下，这种扩散也会自我加速和不断强化。因此，脆弱生态的辐射传递必须依靠外力的注入，通过人工修复、重建生态功能，消灭生态破坏"源"、斩断对外传递链条，才能从根本上解决问题。这就像我们衣服上的一个破洞，不去管它会越来越大一样；不及时修复破坏或脆弱生态环境受伤害的不仅仅是生态脆弱区，它的邻域一样遭殃。

---

① 何妍、周青：《边缘效应原理及其在农业生产实践中的应用》，《中国生态农业学报》2007 年第 5 期。

2. 生态补偿矫正了生态资源的外部性

良好生态环境需要保护、脆弱生态环境需要修复；保护生态环境需要激励、破坏生态环境需要赔偿，这是生态文明建设的重要举措。通过对污染者付费、保护者补偿措施，就有益外部性资源和生态环境提供者给以生态补偿，以奖励其生态保护行为；而对有害外部性资源和生态环境提供者以罚款、征收排污费等措施，起到对生态资源外部性的矫正作用。根据有关资料和数据，排污费征收和环境污染治理投资双管齐下对我国的环境污染治理发挥了重要作用（见表3－2）。

表3－2　全国环境污染治理投资与排污费情况统计表

（单位：亿元,%）

年度	全国环境污染治理投资								环境污染治理投资占当年GDP比重	排污费征收金额	排污费占污染治理投资比率
	工业污染源污染治理投资		建设项目"三同时"环保投资		城市环境基础设施建设投资		合计				
	金额	增长率	金额	增长率	金额	增长率	金额	增长率			
2001	174.5		336.4	29.4	595.7	6.1	1106.6	4.3	1.15	62.2	5.62
2002	188.4	8.0	389.7	15.8	785.3	31.8	1363.4	23.2	1.33	67.4	4.94
2003	221.8	17.7	333.5	-14.4	1072.0	36.5	1627.3	19.4	1.39	73.1	4.49
2004	308.1	38.9	460.5	38.1	1140.0	6.3	1908.6	17.3	1.40	94.2	4.94
2005	458.2	48.7	640.1	39.0	1289.7	13.1	2388.0	25.1	1.31	123.2	5.16
2006	485.7	6.0	767.2	19.1	1314.9	1.9	2567.8	7.5	1.23	144.1	5.61
2007	552.4	13.7	1367.4	78.2	1467.8	11.6	3387.6	31.9	1.37	173.6	5.12
2008	542.6	-1.8	2146.7	57.0	1801.0	22.7	4490.3	32.55	1.49	185.2	4.12
2009	442.5	-18.5	1570.7	-26.8	2512	39.5	4525.2	0.8	1.35	172.6	3.81
2010	397	-10.3	2033	29.4	4224.2	68.2	6654.2	47.1	1.67	188.2	2.83
2011	444.4	11.9	2112.4	3.9	3469.4	-17.9	6026.2	-9.4	1.27	189.2	3.15
2012	500.5	12.6	2690.4	27.4	5062.7	45.9	8253.6	37	1.59	188.2	2.29
2013	849.7	69.8	2964.5	10.2	5223.0	3.2	9037.2	9.5	1.59	204.8	2.27
2014	997.7	17.4	3113.9	5.0	5463.9	4.6	9575.5	6.0	1.51	186.8	1.95

资料来源：中华人民共和国环境保护部：历年《全国环境统计公报》，见 http://zls.mep.gov.cn/hjtj/qghjtjgb/201510/t20151029_315798.htm;《环境统计年报》，见 http://zls.mep.gov.cn/hjtj/nb/2013tjnb/。

根据表 3 - 2 中数据，我国环境污染治理投资总额从 2001 年的 1106.6 亿元，增加到了 2014 年的 9575.5 亿元，增长了 765.3%，其中，建设项目"三同时"环保投资增长最快，达 825.7%；其次是城市环境基础设施建设投资，增长 817.2%；工业污染源污染治理投资，增长 471.7%。2008 年以来，出现过一段时间的负增长，说明这段时间对生态环境保护有所弱化，投资减少。但是，在 2012 年又出现了快速增长局面。全国污染治理投资额占当年 GDP 的比重维持在 1.15%—1.67% 左右。排污费占污染治理投资的比例 2008 年前始终在 5% 左右徘徊，从 2009 年开始逐步下滑，但其绝对额却从 2001 年的 62.2 亿元增长到了 2013 年的 204.8 亿元，增长了 229.3%，成为环境保护资金投入的重要来源。

生态外部性矫正主要包括以下三个方面。

一是有益外部性的矫正。有益外部性本身就存在过剩需求，要求有较多供给，但是，却因搭便车行为而使商品或服务提供者不愿意多供给，形成供给不足与需求过剩矛盾。这时就需要通过生态补偿机制的作用消解其矛盾、实现二者平衡：一方面对过剩需求挤水分，以消费或使用付费方式提高其消费或占用成本，促使虚假的过剩需求向真实的实际需求回归，从而把因无费用或低费用消费的虚假需求水分挤出去，以减少资源或生态的过度需求或占用；另一方面增强供给者的积极性，以生态补偿方式提高资源或生态提供者的边际收益，不仅要弥补他们在保护、修复、培植资源或生态中的劳动和资本等投入，实现劳动价值论的等价交换原则，而且要有相应的利润激励，通过经济利益激励手段发挥资本逐利本能效应，会使供给不足状况有效改观。

二是有害外部性的矫正。有害外部性则刚好相反，由于他人甚至社会承担了部分或全部基于外部性引起的成本，如污水、垃圾的社会集中处理使其制造者无须承担任何的费用，从而造成了供给过多局面。这也需要通过生态补偿机制来修正和解决：第一是产权途径，就是对外部不经济行为的提供者实施罚款、征税、产权界定、企业合并等多措并举，提高其边际成本，减少外部不经济行为发生。第二是付费机制，建立污水、垃圾等外部不经济问题的双向选择处理机制，企业可以选择在其内部建立相应的处理设施，自我消化其所产生的外部性问题，并承担相应的成本或费用；也可以选择建立较大较多公共处理设施，根据企业的排污数量进行收费集中处理，这样就实现了有害外部性提供者的外部成本或社会成本的自我负担，使其实际成本上升、供给曲线回移，消除其供给过多和他人或社会承担成本的不公平，也有助于实现资源或生态代际共享平衡。

三是生态效益区位平衡的矫正。生态区位是资源或生态的集中提供区，作为综合体既会是有益外部性的提供者，又会是有害外部性的提供者；既要获取生态补偿又要支付生态保护成本。但是，不同区位的生态功能及其地位是不同的：优势区位提供生态服务需要获得补偿、受益区位接受生态服务必须支付补偿；劣势区位的生态修复也需要国家、其他区位或个人的帮扶，否则"无力修复"所造成的生态危机也会被其他区位无法避免地"共享"，就像黄沙可以蔓延到北京一样被"共享"。因此"对于具有生态资源优势的区位，通过生态补偿既可以体现该区域人民为保护良好生态环境所付出的劳动等代价，又可以提升其从事生态破坏的机会成本，使既有生态资源得以持续保护和永续利用。对于生态脆弱的区位，生态补偿就是一种资本注入，可以提升其生态恢复、修复的能力，改善生态环境"①。

三、生态补偿的资源所有权理论依据

（一）所有权的基本含义及其理解

我国《民法通则》（71 条）规定："财产所有权是指所有人依法对自己的财产享有占有、使用、收益和处分的权利"。因此，所有权是基于所有人对自己财产的一种权利，这种权利包括占有权、使用权、收益权和处分权。关于所有权，本书从以下五个方面来界定。

1. 所有权首先是一种权利

一方面表示所有者对其所有物的占有、使用、收益和处分权力，也就是说，所有者对其所有物拥有绝对的支配权力，它是不受外界阻挠的，而不管这个所有者是单个的个人，还是集体、国家，甚至整个人类。另一方面，这

---

① 胡仪元：《生态补偿的理论基础再探——生态效应的外部性视角》，《理论探讨》2010 年第 1 期。

种所有必然给他带来利益，不带来利益或不为获取利益的所有毫无意义。因此所有权的取得、使用、维护和交易等行为都必须遵循经济学的利润最大化原则，也就是说所有权的取得、拥有不是目的，其真正目的在于能够自主使用满足自己的需要、交易（租赁或出售）而获得利益、持有而保持资产价值或赠与（捐赠与遗赠等）以获得地位与尊敬等。正如马克思曾经指出的："实际的占有，从一开始就不是发生在对这些条件的想象的关系中，而是发生在对这些条件的能动的、现实的关系中，也就是这些条件实际上成为主体活动的条件"[1]。可见，只有利用经济条件实现物质利益，产权关系才是现实的和真实的。[2] 因此，取得、持有、交易所有权的"收益"是决定其行为的首要要素。如果说从法律意义上，所有权的保护是禁止了他人的干涉、阻碍，而不管所有者选择什么样的行为方式对待自己的所有物[3]；而从经济学意义上来说，仅仅禁止他人的干涉、阻碍对所有者来说意义不大，因为他关心更多的是自己对该财产的所有能否带来利益，能带来多大利益，对于所有者来说，取得、确认、保护、交易自己对某一财产所有权的真正目的就是追求利润及利润的最大化，如果拥有一项财产给所有者带来的是损失而不是收益，那他绝对不会去取得，反而会主动放弃。就像人们绝对不会去购买会大跌的股票、要倒闭的企业一样，除非他有不可告人的目的。

2. "所有物"是所有权的承载体

也就是所有权的对象，是指"能够为人力控制并具有价值的有体物。能够为人力控制并具有价值的特定空间视为物。人力控制之下的电气，亦视为物"[4]。没有具体的、可界定的、可掌控的物就没有所有权，也就是说，所有权必须是也只能是对具体物的所有权。

3. "制度"是所有权实现的保障

所有权是一项制度安排，而不管这个制度是依靠约定俗成的惯例（国家出现之前，甚至今天在某些领域还起着一定的作用）还是国家政权与法律制

① 《马克思恩格斯全集》第46卷（上），人民出版社1979年版，第493页。
② 葛敬豪：《我国现代产权制度的马克思主义支点》，《中共中央党校学报》2010年第2期。
③ 鄢一美：《"所有制"概念及其理论考源》，《法大评论》2001年第1期。
④ 梁慧星：《中国物权法草案建议稿——条文、说明、理由与参考立法例》，科学文献出版社2000年版，第6页。

度的强制来维系的。那么，所有权如何通过制度安排来实现通过所有权获取相应的收益？所有权的实现就是所有权的占有、使用、收益和处分四项权能的实现，也就是四项所有权权能能够得到实实在在的体现，这就需要有四种具体权能的实现方式。其权能实现方式的要件包括两个：所有权权能实现的第一个要件就是法律制度的保护，一方面，法律对所有权的范围及其相应的权能进行了界定，如《中华人民共和国物权法》就对各所有权客体的国家、集体或私人所有进行了界定，并对占有、使用、收益和处分等权能的具体内涵作出了明确规定；另一方面，在所有权不受侵害原则下，对所有权取得、继承、抵押，以及相应的违法责任、处理等设计了一套完整的程序和措施，为所有权实现的保护提供了法律制度保障。所有权权能实现的第二个要件就是产权交易市场，没有完善的产权交易制度和市场体系，就无法取得所有权，也无法把持有的所有权转让出去。一项所有权不能依靠自用、租借、抵押、转让、继承等措施或手段满足所有权人的需要，就失去了取得和拥有所有权的一切意义。可见，法律与制度是所有权实现的重要保障。

4. "排他性"是所有权的本质特征

即"这个物是我的"，说明某物属于某人并由此人直接行使对该物的归属权。[①] 所有权人确认了对某物的所有权，也就排斥了别人对该物的所有权。

5. 所有权的取得和护持是要付出成本的

产权的"'制造'与运行就必然要耗费经济资源或成本，例如产权的界定、实施、交易，以及产权制度的变迁，都要付出成本"[②]。所有权的取得有两种方式：交易和非交易。所有权交易取得就是通过购买方式取得对某一财产的所有权，作为一个等价交换过程，其成本就是购买时所支付的成本或代价，包括购买时的货币价格支付以及由购买行为所产生的询价、合同、簿记等成本，它以所有权取得的直接成本和辅助成本形式存在。所有权非交易取得就是以交易之外的方式取得所有权，它包括继承、赠与、掠夺等具体方式，继承与赠与实际上是购买成本的转移支付而已，是被继承人或赠与人支出或

---

① ［意］桑德罗·斯奇巴尼选编：《物与物权》，范怀俊译，中国政法大学出版社 1993 年版，第 3 页。

② 杨飞群、林龙：《产权界定：价值规律向导下的市场准则——马克思主义与新制度经济学关于产权理论比较分析》，《牡丹江教育学院学报》2006 年第 4 期。

承担了某一财产所有权的购买成本；掠夺方式如战争、抢劫、强占、偷盗等方式取得的所有权，一方面是所有权失去者的损失，是他人或社会付出了成本或代价；另一方面取得者还得支付诸如战争费用等成本，这类成本以间接成本或社会成本形式存在。也就是说任何所有权的取得都必须支付成本、付出代价。所有权的护持成本就是在取得所有权之后的保持、维持成本，如专利的维持费用，自有财产的看护、维修、保护、经营成本等。如果没有所有权的护持成本，该所有权所依托的财产将会出现资产价值损失，甚至消失，就如一片树林，不去看护而任由别人砍伐的话将消失得一无所有，一块地不去耕种不但不会带来收益还会造成土地品质下降。

(二) 资源所有权的含义与特殊性

什么是资源？《辞海》解释为："资财的来源，一般指天然的财源。"[①] 联合国环境规划署定义为："所谓资源，特别是自然资源是指在一定时期、地点条件下能够产生经济价值，以提高人类当前和将来福利的自然因素和条件。"[②]《现代汉语词典》解释为："生产资料和生活资料的天然来源。"[③]《英国大百科全书》定义为："人类可以利用的自然生成物以及生成这些成分的环境功能。"[④] 英国著名资源经济学家阿兰·兰德尔认为："资源是由人们发现的有用途和有价值的物质。自然状态的未加工过的资源可被输入生产过程，变成有价值的物质，或者也可以直接进入消费过程给人们以舒适而产生价值。"[⑤] 中国资源经济的创始人刘书楷教授将资源定义为："人类可以利用的，天然生成的物质和能量，它是人类生存的物质基础、生产资料和劳动对象。"[⑥]

根据以上定义，资源主要是指自然资源，是社会生产活动的各种物质要素，它包括两类：自然资源和人化资源，前者指未经人类劳动、作用过的各种天然要素，如大自然提供的水、土地、矿藏、空气、阳光、森林、草原、

---

① 夏征农：《辞海》，上海辞书出版社 2000 年版，第 1738 页。
② 高镔：《西部经济发展中的水资源承载力研究》，西南财经大学博士学位论文，2008 年。
③ 李国炎等：《新编汉语词典》，湖南人民出版社 1990 年版，第 1 页。
④ 李金昌：《资源经济学新论》，重庆大学出版社 1995 年版，第 1 页。
⑤ 代根兴、周晓燕：《信息资源概念研究》，《情报理论与实践》1999 年第 6 期。
⑥ 马平：《能源纵横》，化学工业出版社 2009 年版。

动物等，能直接成为人类劳动的对象或资料，成为人类生产和生活资料的来源。人化资源则是经过人类活动或劳动之后注入了人类活动足迹或痕迹的生产要素，也就是我们通常所说的加工资源①，如人造林等。资源可以从各个不同角度进行分类，从资源的再生性角度可以分为再生资源和非再生资源，前者可以在人类参与下重新生产出来，后者则是可耗竭性资源；从资源利用可控性程度可分为专有资源和共享资源；从人类开发利用目的角度可分为经济资源和非经济资源；从资源物质存在形态角度可分为土地资源、矿产资源、森林资源、海洋资源、石油资源等各种具体资源。

自然资源具有以下四个特性。一是分布不平衡性。自然资源都是与一定区位相联系的，与区位的固定性一致，自然资源也是固定在一定区位上的资源，除了具有这种固定性不可移动外，还由于区位本身的特性而使其存在分布不均衡特性，从而出现不同区位之间资源丰裕程度差异，也正是这种差异造成了区位之间产业结构、生产效率以及产业发展方向上的不同。

二是有限性。一直以来，人们都认为自然资源是无限的。但事实上，资源永远都是稀缺的，尽管大自然总是那样的神秘莫测，但是，真正能够满足我们需要，能为我所用的资源却是有限的，茂密的森林未能阻挡住风沙的侵蚀、石油煤炭等大量的能源也未能满足人类日益增长的需求。从发展角度来看，永远没有也不可能发展到什么都不缺、什么需要都能被满足的地步或程度，这是资源约束造成的，如果真的达到产品和财富的极大丰富，就意味着资源供给也应该是无限的，否则就无法满足无限扩张的生产发展需求。人类不断发展、进步所需求的生产、生活资料是依靠科技进步不断开拓资源的结果，也就是说，每一个时代、每一个时点上的资源供给总是有限的，尽管科技进步在不断解决发展中出现的问题。

三是系统性。正如生物共生性一样，自然资源是一个系统的整体，一方面，自然资源本身是一个完整的系统，其中的任何一个物种、任何一个物质、任何一个区域都是相互联系的，破坏一个就会影响到另一个，开发一个就会影响一片。如滥伐会引起水土流失、沙漠化、水资源减少甚至枯竭；采矿会带来生态环境破坏，包括土地资源、地质、森林资源、水资源的破坏，以及

① ［英］门德尔：《经济学解说》，经济科学出版社2000年版。

环境污染特别是空气污染、生活污染和尾矿污染，对可持续发展的制约等。矿产资源开采也容易造成采空地面塌陷、地裂缝、滑坡、崩塌、泥石流等地质灾害，从而引发一系列生态问题：一是土地荒漠化加剧；二是草原退化、沙化、盐碱化日趋严重；三是林地面积减小，布局和树种结构不合理；四是湿地面积萎缩，生物多样性遭到破坏。另一方面，人也是整个自然系统中的一部分，人既是自然界长期演化的结果，又是自然和谐共生体中的一部分，没有人，自然可以照常运行，就像原始大森林的存在一样，没有人类的"打扰"反而更茂盛；而没有自然，人则是寸步难行，别说发展就连生存也是不可能的。

四是价值性。国际著名生态伦理学家霍尔姆斯·罗尔斯顿曾经指出，"人们不可能对生命大加赞叹而对生命的创造母体却不屑一顾，大自然是生命的源泉，这整个源泉——而非只有诞生于其中的生命——都是有价值的，大自然是万物的真正创造者"[①]，因此自然有价值。这种价值性体现在两个方面：一是哲学意义上的价值，即自然资源作为物，作为客体满足人，满足主体需要，"因为它能满足主体的需要、符合人的利益。……自然事物能够起到维持生态平衡的作用，因而被人们认为是有价值的，恰恰是因为生态平衡符合人类的利益和需要"[②]。二是经济学意义上的价值，即劳动创造的价值。在自然资源或生态环境的培植、修复、保护与开发中付出了劳动、增加了投入，也就产生了相应的价值凝结。可再生资源的劳动价值取决于生产和再生产该项资源所需要的劳动价值，尤其是重置该项资源时的预期劳动耗费，反映了当期消费未来再重置是否划算或值得；不可再生资源的价值取决于当期生态保护的劳动成本和其他投入，更是由其替代品生产的价值决定。[③]

资源所有权的内涵与所有权的一般内涵是一致的，是指所有权人依法独占资源，并表现为占有、使用、收益和处分四种权能。[④] 但是，自然资源的所有权也有其特殊性。

---

① ［美］霍尔姆斯·罗尔斯顿：《环境伦理学：〈大自然的价值以及人对大自然的义务〉》，杨通进等译，中国社会科学出版社2000年版。
② 汪信砚：《生态平衡与和谐社会的哲学价值论审视》，《社会科学辑刊》2006年第3期。
③ 胡仪元：《生态补偿理论依据新探——劳动价值论的视角》，《开发研究》2009年第4期。
④ 陈俊源：《论我国自然资源所有权制度的完善》，《法制与社会》2008年第26期。

第一，国家和集体二元所有权制。自然资源所有权在我国的宪法、物权法以及相应的单行法律，如土地、水、森林、草原、矿产、煤炭野生动植物等都作出了明确规定。其重要特点是国家所有和集体所有的二元所有权制结构。如《中华人民共和国物权法》第46—49条分别就矿藏、水流、海域，城市土地，森林、山岭、草原、荒地、滩涂、野生动植物资源的国家所有作了明确规定。第58条对集体所有的不动产和动产作了界定。这种二元所有权结构以及国家所有权在执行上的困难，决定了必须有一个实实在在的执行主体，一方面，因资源的使用、收益和处分而产生的一切行为都必须有相应的执行主体，即要有相应的人去执行这些权力，并保证执行者的目标与所有者目标一致。另一方面，一个重大的障碍是如何在国家和集体所有权下实现个人的所有权利益，即国家、集体和个人之间如何为自然资源的开发与保护进行有效的利益分割，也就是说，既要保证国家或集体的所有权利益，又要为居民个人的生态保护行为赢得利益，甚至需要生态补偿激励人们的生态保护行为、奖励人们不污染破坏生态的行为。

第二，自然资源所有权实现的当地化。自然资源区位的固定性决定了其开发和价值实现必须立足于资源所在地，因此，其占有、使用、收益和处分权的权能必须有一部分集中在资源所在地，而不像商品所有权和其他资源所有权，四项权能可以完整地集中在占有者手中。自然资源区位固定性及其开发影响的长期性决定了当地居民必须分享该资源带来的效益。一片国有林的采伐或一座国有矿山的开采，就会带来当地生态环境的破坏，因此，自然资源所有权的实现必须立足于当地。一是资源的保护需要当地居民具体实施和执行；二是开发后的修复或恢复必然是留给当地居民的；三是当前开发实际上是剥夺了以后开发给他们及其子孙带来的效益，既包括经济利益又包括生态效益，这不仅仅是代际之间的不公平，就是代内也未必能实现公平，甚至无法判断一项资源开发的影响到底有多大有多深远，现有开发的价值是否能弥补未来的修复成本。因此，自然资源所有权的当地化（国有产权的委托、分解或集体所有权的承包）有利于与当地居民建立起以资源有效利用和生态效应充分发挥为核心的利益机制；有利于最有效地对资源进行管理和监督；有利于在利益机制推动下实行低成本开发与保护。这就决定了一项自然资源特别是不可再生自然资源的开发必须首先建立一个利益分享机制，从资源所有权上分享其开发利益。

第三，自然资源所有者给予生态补偿的特殊性。所有权的真正目的在于能够满足所有者的需要，如自主使用、交易（租赁或出售）、持有保值或赠与等。无论是自然资源的国家所有还是集体所有，都必须能给其带来利益，由于自然资源特别是原生自然资源具有未经人类作用而天然生成的特性，及其生态效益的外部性，决定了其生产上的成本与收益不对等，本来属于所有者的收益反而需要有国家的生态补偿来平衡这种不对等，这是自然资源所有权的重要特殊性。

（三）基于资源所有权的生态补偿：含义与实现路径

基于资源所有权的生态补偿是指资源所有权是生态补偿的重要原因或理论依据之一，所有权必须给所有者带来利益，不管是实实在在的经济利益，还是占有、使用、处分等权力。既然所有权是所有者获取利益的一种权能，所有权客体就是所有权权能的物质载体，失去这个物质载体也就失去了获得所有权利益的可能性，也就是说，没有客体的所有权是毫无意义的。

那么，所有者就必须维持其所有权客体的存在，要维持其存在就必须支付相应的费用，即保护其所有权存在的护持费用。生态补偿实际上就是自然资源所有者为维持其资源的存在而付出的护持费用或代价。不论所有者是谁，也不管维护其资源存在的劳动主体是自己还是他人，同样也不管这种护持劳动是什么性质的劳动——生态资源的培植性劳动、管护性劳动还是修复性劳动，按照劳动价值论的观点，只要发生了相应的劳动行为，就在对象中凝结了价值，就应该得到相应的劳动报酬。[①] 自然资源所有权保护劳动的支出行为可以是个人也可以是集体，但是，其报酬的支付必然是针对劳动者个人的，就像一个老板必须给帮他运货的人支付运费一样是天经地义的，自然资源的所有者必须给维持其资源存在的劳动者支付报酬，从自然资源的生态效应角度来看，这个报酬就是生态补偿。

现在，就出现了两个问题：第一，所有者本来是要依靠其所有权客体获取利益的，现在却反而先支付了所有权客体的护持费用，那他为什么要支付

---

① 胡仪元：《生态补偿理论依据新探——劳动价值论的视角》，《开发研究》2009 年第 4 期。

呢？这不是失去了其持有所有权的意义或初衷了吗？

　　回答当然是否定的，支付生态补偿费用正是为了更有效地持有所有权。首先，不付出劳动，不加以保护，现有生态资源将出现衰退甚至消失，因此，通过生态补偿激励人们的生态保护行为，就是对生态资源所有权的维护、延续、保持或强化。其次，人们通过所有权持有某项资产是为了未来获得更大的收益，而不是现在，这就使人们要把自己的所有权保存到未来能发挥效益、获取利益的时候，就得付出劳动付出代价，就像一个文物不加保护必然被风化、腐蚀、破坏、损毁，而不复存在。再次，自然资源国家或集体所有权不同于商品或一般的资源所有权，就在于它除了给所有者带来利益外，更多的是社会利益、公共性利益，即在生态效益外部性下的效应溢出，还包括为当代人、为后代人的社会责任。这是作为政府这个公共主体的必然责任，作为自然资源所有权者与作为公共主体的合二为一，往往容易造成二者在职能上的混淆，也就是说，为了解决生态资源保护劳动价值和外部性效应的生态补偿既包含了作为资源所有权者为维护其所有权客体存在所支付的护持费用，也包括了为解决其公共产品效应与社会公平——在生态资源享用上的代内代际公平——的公共资源分配效应。

　　第二，所有者如何支付这笔补偿费用，如何对这种支付给予有效的量化？从所有权客体护持费用角度来看，生态补偿实际上是要解决三个问题，或说要从三个角度确定补偿内容与份额：首先，保护生态资源的劳动报酬，就是所有权主体支付给保护其所有权客体的劳动价值①，国家作为所有权主体就必须支付人们保护生态资源的报酬，就像天然林保护、退耕还林还草、水土流失治理等工程的实施费用一样，没有这样的措施，任由人们破坏而没有相应的修复行为后果将是不可想象的。其次，破坏后的修复代价，由于各种不可预期性因素的存在，破坏一项生态资源特别是原始自然资源和不可再生资源，其影响到底有多大、能否被恢复等一系列问题都是难以准确评估和预期的，那最重要最明智的行为就是不去破坏它，或破坏、使用、开发的速度在其再生范围内。但是，由于国家所有权主体的虚位、国家和集体所有权主体监督上的困难，以及生存至上（当地居民为了生活而不得不破坏生态环境以维持

① 胡仪元：《生态补偿理论依据新探——劳动价值论的视角》，《开发研究》2009年第4期。

生存）和利益第一①的原则，导致当地居民在开发利用上处于优势地位，甚至出现非授权的违法采伐。为了有效预防这种事情的发生，除了法律制度上的完善、委托代理等管理制度上的创新外，生态补偿是有效的方法之一。用生态补偿和生态税的组合，提高人们在生态资源破坏上的边际生产成本，促使人们把破坏性行为转化为生态保护行为。同时，赋予生态破坏后的修复责任。再次，生态资源效应的分享价值。从公平角度讲，资源效益应该得到分享，通过生态补偿机制，把生态效应受益者的收益在不同生态区域、不同主体之间根据生态位势、生态贡献和生态保护成本等要素进行利益分割。②

第四节　社会学视角下生态补偿的理论依据
——环境正义的公平伦理观

一、环境正义研究的现状概述

环境公平问题的最早提出是在 20 世纪 80 年代的美国。当时发生了一场以黑人为主体的新民权运动，目的是反对在黑人和少数民族社区建设污染严重的危险化学品生产工厂和有毒废弃物填埋场。③ 沃伦是美国北卡罗来那的一个县，居民主要是非裔美国人和低收入白人，是整个北卡罗来那州有毒工业垃圾的倾倒和填埋点。1982 年，几百非裔妇女、孩子和少数白人围成人墙，阻止有毒垃圾车通过，进而引发美国国内有色人种和穷人的系列抗议活动，这就是著名的"沃伦抗议"（Warren County Protest）④。

"沃沦抗议"引发了人们对少数民族社区环境问题的广泛关注和深入调

---

① 《资本论》第 1 卷，中共中央马克思恩格斯列宁斯大林著作编译局译，人民出版社 2004 年版，第 871 页。

② 胡仪元：《西部生态经济开发的利益补偿机制》，《社会科学辑刊》2005 年第 2 期。

③ 晋海：《美国环境正义运动及其对我国环境法学基础理论研究的启示》，《河海大学学报（哲学社会科学版）》2008 年第 3 期。

④ 侯文蕙：《20 世纪 90 年代的美国环境保护主义和环境保护主义运动》，《世界历史》2000 年第 6 期。

查。美国审计总署 1983 年的调查报告显示：南方一些州的黑人社区附近，20% 的人口却有四分之三的工业有毒废料填埋场。[①] 1987 年，联合基督教会种族正义委员会就少数民族和穷人小区面临的环境问题展开调查。在题为《有毒废弃物与种族》的研究报告中指出，"白人美国一直在把垃圾堆放在黑人的后院里"，"在有色人种小区建造商业性有毒废物填埋场的可能性是白人小区的 2 倍；大约 60% 的非洲裔、西葡裔美国人生活在建有被禁有毒废物填埋场的小区；全国 5 个最大的有毒废物填埋场中的 3 个，容量占全国所有填埋场的 40%，建在非洲裔美国人占绝大多数的小区里；一千五百万非洲裔、八百万西葡裔美国人生活在有一个以上有毒废物填埋场的小区"[②]；有毒废物填埋场最多的 6 个城市中，黑人均多于白人，分别是孟菲斯市（黑人占 43.3%，173 座）；圣·路易斯市（黑人 27.5%，160 座）；豪斯汀市（黑人 23.6%，152 座）；克利夫兰市（黑人 23.7%，106 座），芝加哥市（黑人 37.2%，103 座）；亚特兰大市（黑人 46.1%，94 座）。[③] 同年，一本题目为《必由之路：为环境正义而战》的小册子，介绍了沃沦居民示威活动情况，首次提出"环境正义"一词，并很快得到广泛采用。

1991 年，美国召开第一届全国性"有色人种环境领袖会议"，会议达成了 17 条"环境正义基本信条"，内容主要包括："1. 环境正义确认地球之母的神圣性，生态调和，物种间的互赖性以及它们免于遭到生态摧残的自由。2. 环境正义要求公共政策是基于所有人种的相互尊重与正义而制订，去除任何形式的歧视与偏见。3. 环境正义要求我们基于人类与其他生物赖以维生的地球永续性之考虑，以伦理的、平衡的以及负责的态度使用土地及可再生资源。4. 环境正义呼吁普遍保障人们免于受核子试爆及采取、制造和弃置有毒废弃物与毒品之威胁；这些威胁侵犯了人们对于享有干净的空气、土地、水及食物之基本权利。5. 环境正义确认所有族群有基本的政治、经济、文化与环境之自决权。6. 环境正义要求停止生产所有的毒素、有害废弃物及辐射物

---

① ［美］约翰·贝拉米·福斯特：《生态危机与资本主义》，耿建新、宋兴无译，上海译文出版社 2006 年版，第 56 页。
② 苑银和：《环境正义论批判》，中国海洋大学博士学位论文，2013 年。
③ 文同爱：《美国环境正义概念探析》，《2001 年武汉大学环境法研究所基地会议论文集》，2001 年。

质，而过去及目前的生产者必须负起全责来清理毒物以及防止其扩散。7. 环境正义要求在所有决策过程的平等参与权利。8. 环境正义强调所有工人享有一个安全与健康的工作环境，而不必被迫在不安全的生活环境与失业之间做一个选择的权利。它同时也强调那些在自家工作者免于环境危害的权利。9. 环境正义保障环境不正义的受害者收到完全的赔偿，伤害的修缮以及好的医疗服务。10. 环境正义认定政府的环境不正义行为是违反联合国人权宣言及联合国种族屠杀会议（Convention on Genocide）的行径。11. 环境正义必须认可原住民透过条约、协议、合同、盟约等与美国政府建立的法律及自然关系来保障他们的自主权及自决权。12. 环境正义主张我们需要都市与乡村的生态政策来清理与重建都市与乡村地区，使其与大自然保持平衡。尊重所有小区的文化完整性，并提供公平享用所有资源的管道。13. 环境正义要求严格执行告知（被实验/研究者）而取得其同意的原则，并停止对有色人种施行生育、医疗及疫苗的实验。14. 环境正义反对跨国企业的破坏性行为。15. 环境正义反对对于土地、人民、文化及其他生命形式实施军事占领、压迫及剥削。16. 环境正义呼吁基于我们的经验及多样文化观，对目前及未来世代进行社会与环境议题的教育。17. 环境正义要求我们个人做出各自的消费选择，以消耗最少地球资源及制造最少废物为原则；并立志挑战与改变我们的生活形态以确保大自然的健康，供我们这一代及后代子孙享用"[1]。

美国环境保护署在1990年成立环境公平工作组，开始与环境正义运动倡导者进行对话，并于1992年7月发表《环境公平：为所有社区减少风险》研究报告，同年12月设立环境公平办公室，后来更名为环境正义办公室。[2] 1997年10月首次"环境正义"国际会议在澳大利亚墨尔本大学召开，吸引了33个国家的200多位学者和民间团体参加。

美国学者对环境公正（正义）进行了深刻研究，代表性人物有布赖恩特、布勒德和温茨等。班杨·布赖恩特（Bunyan Bryant）的代表作《环境正

---

① Hofrichter, Richard (ed.), *Toxic Struggles: The Theory and Practice of Environmental Justice*. Philadelphia: New Society Publishers, 1993, pp. 236–239.

② Feng Liu, *Environmental Justice Analysis: Theories, Methods, and Practice*, Lewis Publishers, 2001, p. 3.

义——问题、政策和解答》① 对环境正义的政策与执行、美国房屋政策对弱势
族群与低收入户的偏见、污染防治费用可提供的就业机会、以税来抵制污染、
废水排放标准参考、环境问题的严重性、国际环保问题与解决方法等问题进
行了探讨。② 罗伯特·布勒德（Robert Bullard）在《美国南部的倾废：种族、
阶级和环境》③ 中认为，环境问题与种族和阶级问题密不可分，种族和阶级等
社会因素是美国环境不公正现象发生和存在的主要原因。彼得·S. 温茨（Pe-
ter S. Wenz）在《环境正义论》中提出同心圆理论，认为"我们与某人或某
物的关系越亲近，我们在此关系中所承担的义务数量就越多，并且/或者我们
在其中所承担的义务就越重，亲密性与义务的数量以及程度明确相关"④。因
此，我们要"在生活中的行为减少对于环境的负担，并对自己从环境所来的
收益予以相应的补偿"⑤。

海德格尔从哲学角度把环境正义实现规定为"当环境善物停止向环境恶
物的不断转变，环境正义才有可能实现"，把环境正义破坏的社会根源归结为
"本体的异化"和"存在的遮蔽"⑥。印度生态主义者古哈在《激进的美国环
境保护主义和荒野保护——来自第三世界的评论》中分析了印度的环境问题，
一是指出"穷人、无地的农民、妇女和部落"是印度环境问题的主要受害群
体；二是生存问题大于环境问题，解决了温饱问题才能考虑生活质量问题；
三是"印度环境问题的解决涉及平等问题以及经济和政治资源的重
新分配"⑦。

国内学者从中国国情出发探讨了环境正义，马晶博士从法哲学角度探讨
了环境物品的分配问题，包括分配的范围、内容和如何分配的逻辑体系。⑧ 曾

① Bunyan Bryant：*Environmental Justice – Issues，Policies，and Solutions*，Island Press，1995.
② see http：//www. fengtay. org. tw/paper. asp? page =2002&num =146&num2 =42.
③ Bullard，Robert D.，*Dumping in Dixie：Race，Class & Environment*，Boulder：Westview Press，1994.
④ ［美］温茨：《环境正义论》，朱丹琼、宋玉波译，上海人民出版社 2007 年版，第 402 页。
⑤ 姜梦婷：《环境正义论的一种新思路——彼得·温茨的环境正义体系》，湖北大学硕士学位论文，2013 年。
⑥ 孙越：《海德格尔环境正义思想研究》，《科学技术哲学研究》2014 年第 6 期。
⑦ 古哈：《激进的美国环境保护主义和荒野保护——来自第三世界的评论》，参见张岂之主编：《环境哲学前沿》，陕西人民出版社 2004 年版。
⑧ 马晶：《环境正义的法哲学研究》，吉林大学博士学位论文，2005 年。

建平从发展中国家与发达国家的对比中探索了环境正义的国际差异与实现形式。① 宋涛利用湖北 L 县四村的实证调研材料，探讨了污染设施选址所引发邻避环境冲突问题，指出环境不正义是引发邻避环境冲突的根本原因，因此应加强宣传、沟通、信任和监督，实现环境公平、公正。② 郁乐等从道德与利益关系角度探讨了环境代际正义③，人们还研究了城乡环境正义④、环境正义下的生态文明建设⑤等问题。

二、环境正义的含义

"正义"的词源是拉丁语的 justitia，由拉丁语"jus"一词演化而来，其含义有公正、公平、正直、法、权利等。法文"droit"、德文"recht"和意大利文"diritto"等词均有正义、法和权利含义。演化到英文"justice"一词，更是具有了"正义、正当、公平、公正"等内涵。⑥ 汉语中"正义"一指"公正的、正当的道理"，《韩诗外传》卷五："耳不闻学，行无正义。"二指"正确"，汉代桓谭《抑讦重赏疏》："屏群小之曲说，述五经之正义。"三指"公道的、有利于人民的、有利于社会的"。汉代王符《潜夫论·潜叹》："是以范武归晋而国奸逃，华元反朝而鱼氏亡。故正义之士与邪枉之人不两立之。"四指旧时经史的注疏。如唐代孔颖达等有《五经正义》等。

关于环境正义，P. Wenz 将环境正义界定为分配正义，指出"环境问题很特殊，为全球所关注。所以可将分配正义论与环境问题联系起来，一体考虑他们的包容能力"⑦；美国国家环保局定义为"在环境法律、法规、政策的制定、遵守和执行等方面，全体人民，不论其种族、民族、收入、原始国籍

---

① 张斌、陈学谦：《环境正义研究述评》，《伦理学研究》2008 年第 4 期。

② 宋涛：《环境正义与环境风险接受研究——基于湖北省 L 县垃圾处理设施周边四村的调查》，华中农业大学硕士学位论文，2014 年。

③ 郁乐、孙道进：《谁之后代，何种正义——环境代际正义问题中的道德立场与利益关系》，《思想战线》2014 年第 4 期。

④ 张辰：《论农村环境污染侵权救济的完善——基于环境正义的视角》，《陕西农业科学》2014 年第 9 期。

⑤ 杨娟：《以环境正义看生态文明建设》，《法制与社会》2014 年第 20 期。

⑥ 刘云生：《道德祛魅与人性张扬：民法人格价值论纲》，《西南民族大学学报（人文社科版）》2004 年第 3 期。

⑦ Peter S W, *Environmental Justice*, New York：CA1bamy State University Press，1998，p. 12.

和教育程度，应得到公平对待并卓有成效地参与"①；布勒德将环境正义分为
"程序正义、地理正义和社会正义"② 三种类型。

国内对环境正义内涵的研究。靳乐山从经济学角度把环境公平定义为
"每个人享有其健康和福利等要素不受侵害的环境的权利，任何个人或集团不
得被迫承担和其行为结果不成比例的环境污染后果"③。张长元分别从伦理学、
政治学和经济学角度提出了三种环境公平观。④ 王忠武从环境道德规范角度强
调"环境资源享用的机会和利益的平等性"⑤，并将其区分为代内公平和代际
公平。朱玉坤将其定义为"人人都应享有清洁环境之益而不受不利环境之害
的权利，也有保护和促进环境改善的义务，主张权、责、利相对称"⑥。李培
超等认为，环境公平就是要"建立可持续发展的环境公正原则，实现人类在
环境利益上的公正，期望每个人都能在一个平等的限度上享受环境资源与生
存空间"⑦。

环境正义实际上就是人们在环境资源问题上的公平使用，这种公平包括
在种群之间、国家之间、地区之间、民族之间。从种群角度讲，世界上任何
种群作为一种客观存在都有生存和发展的权利，每个种群都有权依赖于别的
群体、享受别的群体带来的各种效应。人也是大自然中的一个种群而已，因
此，不能因人的主动性、能动性而抑制或剥夺了别的种群生存和发展的权利
与自由。正是人类中心主义理念的误导，强化了人类活动的力量，超越了自
然资源再生的速度和能力，引来了大自然的无情报复。从国家和地区角度讲，
地理上的任何国家或地区都是地球统一性规律下不可分割的部分，每一个国
家或地区有权优先享受本国或地区土地上的资源，这是资源环境的主权原则
要求，但是，作为统一资源和共享资源，每一个国家或地区都没有权利破坏
本国或地区领土内的自然资源，从而把资源环境破坏带来的消极效应转嫁给

① 张斌、陈学谦：《环境正义研究述评》，《伦理学研究》2008 年第 4 期。
② 文同爱：《美国环境正义概念探析》，《2001 年武汉大学环境法研究所基地会议论文集》，2001 年。
③ 靳乐山：《关于环境污染问题实质的探讨》，《生态经济》1997 年第 3 期。
④ 张长元：《环境公平释义》，《中南工学院学报》1999 年第 3 期。
⑤ 王忠武：《论当代环境道德建设的方法论原则》，《福建论坛》2000 年第 22 期。
⑥ 朱玉坤：《西部大开发与环境公平》，《青海社会科学》2002 年第 6 期。
⑦ 李培超、王超：《环境正义刍论》，《吉首大学学报（社会科学版）》2005 年第 4 期。

别的国家、地区或他人。从民族角度讲，人不分种族、民族、肤色、党派、性别、时代等，都有平等享受资源环境效应的权利，也要公平分担环境负效应带来的损失，特别是当代人没有权力把环境资源破坏的效应留给后代人偿还，因为在当代人的谈判桌上后代人永远是缺位者。

环境正义的实现有法律、政治、伦理和经济四个途径。法律途径就是以明确的法律文本形式规定人们在资源与环境上的权利与义务，实现法律上的权力与义务对等。这种法律法规可以是国际性的、国家性的或地方性的。政治途径就是以政治谈判手段实现国家之间、地区之间，甚至不同主体之间在资源环境权利与义务分担上的责任，实现人权、事权与物权对等。伦理途径就是强化人们对资源环境问题危害性的认识，在主体自省基础上，形成共同的环境资源道德范式，通过自警、自省、自我约束方式，善待、保护、修复自然环境，达到人与自然的和谐共处。经济途径就是通过物质利益机制引导，实现资源环境或生态供给与需求，或生态生产与消费之间的利益平衡，形成生产者、保护者受益，消费者、破坏者付费机制。

三、基于环境正义的生态补偿

环境与正义紧密相连[①]，"我们眼中的环境是与整个社会的种族的和经济的正义交织在一起的……在我们看来，环境就是我们生活、我们工作和我们玩耍的地方。环境为我们提供发表评论我们时代各种问题的讲坛。军事和防御政策的问题、宗教自由、文化生存、能源的可持续开发、我们城市的未来、运输、住房、土地和主权、自决权、就业"[②]。环境正义是基于环境资源使用的不公平提出的，也正是这种不公平需要通过补偿的方式给予弥补。环境资源使用不公平主要表现在三个方面。[③]

（一）资源环境破坏与责任承担的不平衡

资源环境的破坏一般有三个原因：自然原因，就是自然力作用所造成的

---

① 王向红：《美国的环境正义运动及其影响》，《福建师范大学学报（哲学社会科学版）》2007年第4期。
② 侯文蕙：《雨雪霏霏话杨柳》，《读书》2001年第6期。
③ 潘岳：《环境保护与社会公平》，《绿叶》2004年第6期。

资源损毁或环境破坏，如地震等自然灾害造成的影响。生产原因，就是人们在生产过程中产生的各种污染性排泄物，一方面各种排泄物挤占了人的空间，垃圾和各种废弃物充斥于人们生活的各个角落；另一方面，随着生产活动的扩大，资源的消耗也加大，使自然资源的存量越来越少，人与自然的关系越来越紧张。消费原因，就是人们的不当消费习惯造成了资源的浪费式消费，未能实现资源的高效利用、循环利用、节约利用，以及生产和生活消费中的高碳排放。其中，生产和消费原因造成的资源环境污染与损害是主体，也是依靠生产模式或生活习惯等人力因素可以改变的。

由于生产和消费原因造成了人们在资源环境上的消费与责任不均等，一部分人是资源环境问题的制造者，却承担了较小的保护与修复责任，特别是发达国家的环境损害与环境责任极不匹配[①]，例如"美国是世界上最大的温室气体排放者，而且自 1990 年以来比任何其他国家的年增长都要快：美国比印度多排 22 倍的 CO_2，是巴西的 11 倍，中国的 8 倍"[②]。在这样的不同消费和排放水平下谈环境保护责任是不公平的。

（二）地理区位上的不平衡

从环境正义与公平角度看，环境资源具有二重性：一方面，任何资源环境都是整个地区、国家甚至人类的财产，所有人都有享用的权利，当地人没有破坏和独享的权力，也就是说，是所有人共同享用和保护的权利与责任。另一方面，在区位固定特性下，一定区位上的人具有优先享用的权利和重点保护的责任、是环境破坏的直接受害者，也是环境保护的直接受益者。

但是，由于区位和资源开发原因，优势生态、资源与环境区域往往是生产或发展的落后地区，在生态环境保护责任下，良好生态环境不得被破坏，为保护环境还不得不牺牲自我发展，就像汉江水源地为了保证"一江清水供北京"，必须限定部分生产活动，原来具有一定优势的产业如黄姜的生产也不得不被关停，换句话来说，就是生态与资源环境的优势区位反而

---

① 刘溪：《马克思主义生态观与当前生态环境问题研究》，安徽大学硕士学位论文，2011 年。

② Dale Jamieson、王小文：《环境主义的核心》，《南京林业大学学报（人文社会科学版）》2005年第 1 期。

承担了更大的环境保护责任，"富有反而是罪"，导致了"富饶的贫困"。而已经开发并发展起来的国家或地区在溢出性效应下，不仅扩张着其对资源的消耗，而且扩大着环境污染和污染转移，造成了区域间在生态与经济上的巨大反差。

（三）成本分担上的不平衡

环境成本分担上也存在着三个不平衡：即环境成本的穷国承担，环境成本的穷人承担，环境成本的乡村承担。

1. 环境成本的穷国承担

所谓环境成本的穷国承担，就是说发达国家的生产扩张造成了大量的资源消耗、高水平消费占用了更大的环境空间、更多的废弃物排放，是环境损害的最大制造者。以美国为例，人口仅占世界总人口的5%，却消费了全球约20%—25%的资源。[1] 广大发展中国家，在资本约束、技术水平和个人素质约束下，为加快发展和尽快提高生活水平而加大了资源开发力度，造成了单位资源消耗、单位能耗和单位排放的居高不下，环境破坏在加速加剧，据此环境破坏和环境责任便成了限制发展中国家发展的口实，环境标志和标准等绿色贸易壁垒就成了发达国家的特权，不仅如此还通过（污染）产业转移和直接污染物转移，把环境损害成本转嫁给发展中国家。英国在1997—2005年的8年间向中国运送的垃圾数量涨了158倍，由最初的1.2万吨增长到了190万吨。[2] 一家荷兰公司通过代理公司在科特迪瓦居民区倾倒了数百吨有毒工业垃圾，造成至少7人死亡，近3万人前往医院就诊。[3] 有关统计资料显示，"美国目前每年产生电子垃圾70亿—80亿吨，其中仅淘汰的旧电脑就有约3亿台。这些高度危险的电子垃圾都被输往亚洲国家，其中80%偷运到了印度、中国和巴基斯坦"[4]。据统计，1989—1994年间，经合组织国家向非经合组织

① 蒋国保：《论环境正义的基本类型》，《青海师专学报》2004年第3期。
② 阮晓琴：《往中国的垃圾8年增158倍 发达国家责任心何在》，《上海证券报》2007年1月20日。
③ 新华社/法新社：《科特迪瓦毒垃圾事件引发骚乱，政府辞职政局动荡》，见 http://info.westpower.com.cn/cgi-bin/Ginfo.dll? DispInfo&w=westpower&nid=1515985。www.sciencenet.cn/m/user_content.aspx? id=…2010-10-3。
④ 周宏燕：《中国对外开放过程中的环境问题研究》，《经济师》2005年第11期。

国家输出了 2611677 公吨有害废弃物。[1] 2014 年，我国实际进口废物 4960 万吨。[2] 为此，联合国环境规划署在 1989 年专门召开了"制定控制危险废物越境转移及其处置公约"专家组会议和外交大会，达成了《巴塞尔公约》，即《关于有害废物越境转移及其处置的巴塞尔公约》。[3]

有资料显示，发展中国家每天约有 2.5 万人死于环境污染所造成的各种疾病[4]，这是不公平的。"先污染"这个罪责是发达国家必须承担，并应付出代价、给以补偿的。如果没有发达国家的生态补偿就不可能完全解决发展中国家的生态保护投资，或者是牺牲了发展中国家的利益，让其陷入贫困的累积效应中；没有发达国家的技术支持，发展中国家也是难以彻底解决环境问题的；在主权原则、国别利益与地方保护驱动下，污染破坏环境是必然的，结果必然是"劣币驱逐良币"效应在生态环境问题上的恶化，形成环境恶化的推进机制。

2. 环境成本的穷人承担

所谓环境成本的穷人承担就是在穷人与富人的资源环境消费和成本分担上，富人始终是处于优势地位的。一是富人有更多资本谋求环境利益，资本优势使他们把更多的环境利益廉价地纳入自己利益最大化的创造过程中。[5]"老板赚钱、群众受害、政府埋单"就是对许多企业疯狂开采资源，偷偷排污造成严重生态环境问题和环境治理困境的形象概括。[6] 二是富人消耗了大量资源，是生态环境问题的主要制造者。"富人们频繁地驾驶汽车或乘坐飞机旅行，居住在大型别墅里，消耗了更多的化石燃料用于供热和冷却"。[7] 世界上，仅占四分之一的富人消费了世界 60%—80% 的资源，而占世界四分之三人口的穷人则只消费了世界 20%—40% 的资源。[8] 2000 年，我国

① Greenpeace, *The Database of Known Hazardous Waste Exports from OECD to Non – OECD Countries*, 1989 – *March 1994*, Greenpeace, Washington, D. C., 1994. 转引自 Michael K. Dorsey, *Environmental injustice in international context*, http://population. wri. org.

② 鞠红岩：《我国废物进口现状和趋势分析》，《资源再生》2015 年第 12 期。

③ 《20 世纪环境警示录》，来源于人民网，2001 年 12 月 26 日。

④ 蒋国保：《论环境正义的基本类型》，《青海师专学报》2004 年第 3 期。

⑤ 张怡、王慧：《实现环境利益公平分享的环境税机理》，《税务与经济》2007 年第 4 期。

⑥ 周生贤：《不许"老板赚钱、群众受害、政府埋单"》，《中国·城乡桥》2007 年第 10 期。

⑦ 森林：《美科学家称应对气候变化新策略应从富人着手》，人民网 – 环保频道，2009 年 7 月 14 日。

⑧ 曾贵：《消费异化的危害分析》，《中南论坛》2010 年第 4 期。

23 个省份发生了 891 起农业污染事件，直接经济损失达 2 亿元。[1] 世界自然保护同盟主席拉夫尔指出："在那些人类辛勤劳动超出自己维持生存需要的地方，他们大概都是在为满足富人们的巨大欲望而吃苦受累。妇女们在斯里兰卡采摘茶叶，农民们在牙买加装运香蕉，伐木工人在印度尼西亚砍伐森林，矿工在赞比亚开采铜，渔民们在太平洋捕捞金枪鱼——他们和自己的伙伴们，靠着地球的恩惠，在富人的领地内辛勤劳动"[2]。三是维权成本使富人获得了更多的环境利益分享机会。环境利益是公民受法律保护的权利，但是"环境利益鉴定的复杂性和多变性导致寻求环境利益分享正义伴有高昂的成本，所以富人最大化自身的环境利益分享时，穷人却针对侵蚀自身环境利益的行为无计可施"[3]。四是富人可以跨空间寻求环境利益。一般而言，富人都是资源开发的受益者、环境损害的制造者，因而凭借其收益和资本实力可以在更大的空间范围内寻求新的环境利益，而穷人则只能在环境退化下被动移民搬迁。

3. 环境成本的乡村承担

所谓环境成本的乡村承担就是环境成本在城市与乡村之间分配的不平衡，农村沦为城市的垃圾场。一是农村面临严重的生态环境问题。中国环境与发展国际合作委员会"新农村环境建设"专题政策研究小组通过调研发现，新农村建设有四大突出环境问题。第一，农村水资源短缺、饮水安全保障程度低。我国是全球人均水资源最贫乏的国家之一，有资料显示，我国正常年份的农业灌溉缺水 300 亿立方米，约有 8000 万农村人口、6000 万头牲畜存在饮水困难。农村自来水普及率尚不到 40%，仅有 14% 的村庄有供水设施。水质问题严重，目前，"中国有 1.9 亿农村人口饮用水有害物质含量超标，且有增加趋势，6300 多万人饮用高含氟水，3800 多万人饮用苦咸水，饮水含氟量大于 2 毫克/升的人口数约占病区总人口数 40%，还有 200 万人受到饮用水砷污

---

① 黄艳群、王易净：《重金属污染转移视角下农民权益保护问题的思考》，《法制博览》2016 年第 2 期。

② ［美］施里达斯·拉夫尔：《我们的家园——地球》，中国环境科学出版社 1993 年版，第 97—98 页。

③ 张怡、王慧：《实现环境利益公平分享的环境税机理》，《税务与经济》2007 年第 4 期。

染影响"①。第二，农村环境基础设施落后，环境卫生状况差。"据调查，每个农民每年平均产生约 220 公斤生活垃圾、500 公斤粪尿和 1.3 吨生活污水"②。垃圾的露天堆放、污水的直接排放对水源造成了极大污染。第三，种植养殖废物产生量大，综合利用效率效益低，我国"每年畜禽粪便总量为 25 亿—30 亿吨，而畜禽粪便还田率仅为 30%—50%，畜禽粪便有机肥生产在最发达的地区也仅有 2%—3%。农作物秸秆年产量 7.8 亿吨，60% 以上未被有效利用或还田，而是随处堆放或就地焚烧，不仅造成了资源浪费，地力损伤，环境污染"③，同时，极易引起火灾和交通事故。第四，水体和土壤环境恶化，生态破坏严重。④ 农村工业污染已使全国 16.7 万立方千米的耕地遭到严重破坏，占全国耕地总量的 17.5%。⑤ 我国 40% 的国土面积受到了酸雨影响，2000 万公顷土地被重金属污染、1300 万—1600 万公顷土地有农药污染、13 万公顷土地被固体废弃物毁损，"农田退化面积占农田总面积的 20%"⑥。二是在生态环境保护上的重城市轻农村，使农村生态环境问题严重累积。长期以来，环境保护工作的"重城市，轻农村；重工业，轻农业；重点源污染防治，轻面源污染防控"问题使农村环境污染没有得到足够重视和系统控制。在农村累积了严重的生态环境问题，根据陕西省农村污染源普查结果，农村污染负荷占全省污染负荷的 33%，部分地区达到 70% 以上，且有逐年加重态势。⑦ 三是城市对农村的空间挤占。城市扩张带来了农村空间的萎缩，特别是对耕地的盲目开发、乱占、滥用。据统计，我国现有耕地 1.35 亿公顷，人均不足 0.1 公顷（按 2015 年年末全国 13.7 亿人口计算），不到世界人均水平的一半；从耕地质量上来看，15—25 度的坡耕地 1065.6 万公顷，占 7.9%；25

---

① 《新农村灌溉》，见 http://wenku.baidu.com/view/3a8c7f6c561252d380eb6e69.html，2012 年 8 月 19 日。

② 庄俊康：《农民腰包鼓了，村庄环境差了》，《甘肃经济日报》2011 年 8 月 19 日。

③ 翁伯琦、张伟利、王义祥：《东南地区循环农业发展的路径探索与对策创新》，《农业科技管理》2013 年第 3 期。

④ "新农村环境建设"专题政策研究小组：《新农村建设中的环境问题及对策研究》，2006 年 11 月 10—12 日，见 http://www.china.com.cn/tech/zhuanti/wyh/2008-01/10/content_9512880.htm。

⑤ 陈柳钦、卢卉：《农村城镇化进程中的环境保护问题探讨》，《当代经济管理》2005 年第 3 期。

⑥ 邓岳南、李佳：《农村生态环境公地悲剧产生的原因及预防》，《农业经济》2011 年第 8 期。

⑦ 《洪峰副省长在全省农村环境保护暨生态创建工作会议上的讲话》，《陕政通报》2009 年 6 月 4 日。

度以上的坡耕地 549.6 万公顷，占 4.1%。[①] 在国家退耕还林政策下，可耕地进一步减少，会对粮食生产产生重大影响。四是污染转移。污染转移不仅存在于国家间，而且存在于一国内的城市向农村的转移。城市环境污染不断向农村转移和扩散，使农村环境状况越来越恶化，"一些人可能会倾家荡产，一些人要经常地甚至每日每时地忍受着煎熬，一些人患上了绝症甚至早已离开了这个世界。而为避免和逃离污染……一些人被迫抛弃家园而成为真正意义上的'环境难民'"[②]。污染转移类型包括了工艺和生产线的转移，废物、危险品的转移，对资源密集型产业粗放型开发的投资。[③] "随着城市环保护意识的逐步增强，部分高能耗、高污染的工业生产项目逐步向农村转移。……这些企业产生的有害气体和工业污水，很多没有采取有效的治理措施，直接排放，对周边的土壤和水质环境造成严重污染"[④]。污染源跨省转移成为当前环保"短板"。[⑤] 因此，环保总局等八部委联合发文，要求"防止城市污染向农村地区转移、污染严重的企业向西部和落后农村地区转移"[⑥]。

以环境正义视角看，生态补偿就是消除三个不平衡实现环境公平的手段，一是每一个（代）人、每一个国家（地区）、每一届政府都要切实地负起环境保护责任，不把生态保护和环境污染治理的责任留给别人（后代）、别的国家（地区）或下一届政府。二是要实现环境资源分配上的公平，让每一个人都能获得最基本的生存和发展所需要的资源和碳排放。三是实现环境责任与收益的平衡，在环境保护上的责、权、利统一。生态补偿遵照"谁污染谁治理、谁开发谁保护、谁破坏谁恢复、谁利用谁补偿、谁受益谁付费"原则，实现生态环境资源"在种群之间、国家之间、地区之间、民族之间"[⑦] 的公

---

① 国土资源部、国家统计局、国务院第二次全国土地调查领导小组办公室：《关于第二次全国土地调查主要数据成果的公报》，2013 年 12 月 30 日，见 http://www.mlr.gov.cn/zwgk/zytz/201312/t20131230_1298865.htm。
② 张玉林、顾金土：《环境污染背景下的"三农问题"》，《战略与管理》2003 年第 3 期。
③ 杨昌举、蒋腾、苗青：《关注西部：产业转移与污染转移》，《环境保护》2006 年第 3 期。
④ 程君：《工业污染悄悄向农村转移?》，《南方日报》2015 年 4 月 21 日。
⑤ 吴杭民：《污染源跨省转移的警示》，《杭州日报》2015 年 11 月 24 日。
⑥ 《关于加强农村环境保护工作的意见》（国办发〔2007〕63 号）。
⑦ 李亚：《论经济发展中政府的生态责任》，《中共中央党校学报》2005 年第 2 期。

平分配，有助于消除环境资源破坏与责任承担的不平衡、地理区位上的不平衡和成本分担上的不平衡。其实现路径有四个，一是法律路径，就是以明确的法律文本形式规定人们在资源与环境上的权利与义务，实现法律上的权利与义务对等。这种法律法规可以是国际性的、国家性的或地方性的。二是政治路径，就是以政治谈判的手段实现国家与国家、地区与地区，甚至不同主体之间在资源环境权利与义务分担上的责任，实现人权、事权与物权的对等。三是伦理路径，就是强化人们对资源环境问题危害性的认识，在主体自省的基础上，形成共同的环境资源道德范式，通过自警、自省、自我约束的方式，善待、保护、修复自然环境，达到人与自然的和谐共处。四是经济路径，就是通过物质利益机制的引导，实现资源环境或生态供给与需求或生态生产与消费之间的利益平衡，形成生产者、保护者受益，消费者、破坏者付费机制。其核心是建立全覆盖的生态补偿框架。

（1）建立跨国补偿机制。各个大国和"先污染"国家要切实负起责任来，落实里约环发大会关于发达国家应使其对发展中国家的官方发展援助（ODA）达到国民生产总值的 0.7% 要求。① 一是建立官方援助机制。以生态补偿资金注入的方式解决落后国家、生态保护任务重的国家在生态环境保护与污染治理上的资本与技术投入困难。二是建立协同管理机制。所有国家携起手来，共同确立和遵守共同保护原则、污染物就地处理原则，抑制污染的跨国转移；解决跨国界资源分享、污染治理与生态环境资源争端等问题。三是建立责任共担机制。发达国家有义务主动抑制自己的能源消费量；发展中国家有义务降低自己的生产能耗、水耗及各种污染物排放，形成各国共同保护地球家园的格局。

（2）建立统一、完善的生态补偿体系。生态与资源的公共产品特性"决定了政府作为公共主体参与生态活动补偿的必然性和重要性"② 。因此，必须从政府管理的角度构建统一相对完善的生态补偿体系，以规范生态补偿行为、统筹生态补偿要素、促进跨区保护与城乡发展统筹。一是建立以法律制度为

---

① 曲格平：《从斯德哥尔摩到约翰内斯堡的道路——人类环境保护史上的三个路标》，《环境保护》2002 年第 6 期。

② 胡仪元：《西部生态经济开发的利益补偿机制》，《社会科学辑刊》2005 年第 2 期。

核心的财政转移支付体系。生态补偿法律制度体系的构建是生态补偿活动实施的前提和关键，它既决定了为什么要补偿（法律依据）、怎么补偿（法定或制度程序）、补偿多少（法定补偿标准）等问题，更是以强有力的法制约束保证生态补偿活动的开展或实施。"因此必须有健全的法律制度，对破坏环境而损害人们长远利益的人，进行强制性的约束，以阻止人们在法律道德与短期利益之间博弈，这也是给生态经济建设提供一个方向和依据"①。在法律制度规范的框架体系内，逐步完善生态补偿的财政转移支付体系，包括纵向财政转移支付和横向财政转移支付。一要构建以中央财政转移支付为核心的纵向财政转移支付体系，既能保证补偿资金到位，又能在全国范围内统筹生态保护与生态补偿要素；二要构建以省级财政转移支付为核心的横向财政转移支付体系，由省级政府统筹省内地区间的生态补偿和省际之间的生态补偿，既有助于提高横向转移支付的谈判分量和统筹能力，又有助于提高其资金保证率和政策执行力。二是建立生态补偿核算体系。补偿标准是生态补偿的核心问题。依据什么标准和程序确定生态补偿是环境正义实现的保证。需要统筹考虑生态资源类别，如流域、矿山、森林、湿地等不同类别的生态资源其保护要求、资金用途都是不同的，需要设计不同的评价体系和补偿标准。其次是要充分考虑区位因素开展区际之间的补偿，特别是针对流域源头、原始森林、脆弱湿地等核心或关键要素在补偿标准确定的赋值中得到加强。最后是要综合考虑生态或资源的质与量要素，突出对生态保护绩效的集中展现和公正评价。三是建立统一的补偿资金支付机制、监督机制与评价机制。生态补偿的实现需要相应的机制设计，其中，支付机制确保了资金使用的及时准确，是支付效率的保证；监督机制确保了资金使用的公正公平，是政策执行公正性的保证；评价机制确保了补偿资金使用的效率，是政策执行科学性的保证。

（3）建立市场化的生态补偿体系。生态补偿光有政府的财政转移支付、政策优惠和行政管理等措施是不行的，还必须有强有力的市场力量推进，实际上"政府的职能应该是搞好规划和管理，如果能够拿出一个比较具体的、

---

① 胡仪元：《生态经济开发的运行机制探析》，《求实》2005 年第 5 期。

可行的、带有战略性的规划蓝图，许多事让民间去做，可能做得更好"①。因此，生态补偿也需要充分发挥市场和计划两个手段的作用，建立市场化的生态补偿体系。一是充分发挥市场的主体作用，探索多元化的生态补偿模式。全面而持续的生态环境保护需要巨量的资金保证，有限的财政资金只能是诱导、牵引或撬动作用，以"四两拨千斤"的效应带动全社会的资本运动、产业发展和生态保护。积极探索市场主体之间生态保护与补偿的协作和谈判制度，形成社会法人或自然人相互之间的生态补偿交易或捐助资助；探索不同区域之间、不同主体之间的多元化补偿措施，形成资源购买、异地开发、邻域合作、对口协作、排污权交易、湿地银行存款等多种模式。二是形成能够充分反映资源价格的市场交易制度。充分发挥价格的杠杆效应，无论是生态产品还是生态服务都建立一个合理的定价机制，既反映出生态保护者或资源提供者的成本与收益，又能警示其他人破坏生态环境所产生的代价或机会成本。三是给企业或个人以利润空间，形成生态保护的产业化发展。借鉴美国湿地银行制度经验，形成以政府为主要购买方的生态资源或服务提供的市场交易体系，推动生态保护的产业化发展。

---

① 王忠锋、林海、胡仪元：《政府机制是生态企业投资的根本约束机制——西部企业投资与发展环境状况的调查》，《开发研究》2004 年第 6 期。

第四章　生态补偿标准核算及其实证研究

流域上下游是一个整体①，特别是上游，以其存在而决定了下游的存在，有了水源就得顺势而流，没有渠也得冲出一条沟、一道洞，遇到高山就绕道走。与此同时，在地理区位和行政区划作用下，上下游又被分割为不同的行政隶属关系和相对独立的经济利益区域，每个区域都以自身的利益最大化为目标和价值导向，从而引起区域之间的竞争和利益冲突。特别是上下游之间，在经济发展和环境保护上存在"实施主体与受益主体不一致"的矛盾。②③ 因此，必须构建一套既符合实际且相对完善的生态补偿标准核算方法，获得流域上下游都能认可的生态补偿标准，既能使上游保护者受到足够激励，提高其生态保护积极性，又能使下游生态补偿支付者的经济能力可以承受，促进生态补偿的持续运行，从而维持生态环境正外部性的持续发挥，保障南水北调中线工程长期的效应发挥。

第一节　生态补偿标准核算方法研究现状

一、理论研究现状

（一）国外生态补偿标准核算方法研究的理论现状

在国外，生态补偿标准核算方法的研究起步较早，且相对成熟。最早的

---

① 邓伟根、陈雪梅、卢祖国：《流域治理的区际合作问题研究》，《产经评论》2010 年第 6 期。
② 钱水苗、王怀章：《论流域生态补偿的制度构建——从社会公正的视角》，《中国地质大学学报（社会科学版）》2005 年第 5 期。
③ 虞锡君：《建立邻域水生态补偿机制的探讨》，《环境保护》2007 年第 2 期。

研究成果可见于 1997 年，科斯坦萨（Costanza）等人[1]发表了《世界的生态系统服务功能和自然资本的价值》（"The Value of the World's Ecosystem Services and Natural Capital"）一文，首次计算出全球生态系统每年的服务价值为 16 亿—54 亿美元，平均为 33 亿美元，引起了学术界震动和争议，极大地促进了生态补偿核算方法中生态系统服务价值计算方法的研究与应用，出现了许多研究成果。如威尔逊（Wilson）等[2]总结了美国淡水生态系统服务的经济价值，重点研究了河流生态系统的娱乐功能价值；卢米斯（Loomis）等[3]用条件价值评估法对恢复美国普拉特河生态系统服务（水质净化、侵蚀控制、鱼和野生生物生境、休闲旅游功能）的总经济价值进行了研究；艾伟德（Aylward）等[4]研究了农业、城市和工业用水的经济价值；埃琳娜（Elena）等[5]应用空间多准则分析方法探讨了意大利都灵佩里切（Pellice）河流域生态系统服务的环境价值。

　　国外生态补偿标准研究一般都是建立在市场经济基础上，将生态补偿中的补偿者和受偿者看作交易双方，二者根据补偿意愿及经济能力，对所需生态系统服务价值进行付费，从而实现补偿，如水权交易和碳排放交易等，政府只在其中起导向作用。典型事例有："哥斯达黎加埃雷迪市征收'水资源环境调节费'时，以土地的机会成本作为对上游土地使用者的补偿标准，而在对下游城市用水者征收补偿费时，实际征收额只占他们支付意愿的一小部分"[6]。法国天然矿泉水公司毕雷矿泉水公司（Perrier Vittel S. A）认识到保护

①　Costanza R，d'Arge R，de Groot R，et al.，"The Value of the World's Ecosystem Services and Natural Capital"，*Nature*，Vol. 387，No. 15（1997），pp. 253–260.

②　Wilson M A，"Carpenter S R. Economic Valuation of Freshwater Ecosystem Services in the United States：1991–1997"，*Ecological Applications*，Vol. 9，No. 3（1999），pp. 772–787.

③　Loomis J，Paula K，Strange L，et al.，"Measuring the Total Economic Value of Restoring Ecosystem Services in an Impaired River Basin：Result from A Contingent Value Survey"，*Ecological Economics*，Vol. 33（2000），pp. 103–117.

④　Bruce Aylward，Harry Seely，Ray Hartwell，et al.，"The Economic Value of Water for Agricultural，Domestic and Industrial Uses：A Global Compilation of Economic Studies and Market Prices"，*Ecosystem Economics LLC*，USA，may 2010.

⑤　Elena Comino，Marta Bottero，Silvia Pomarico，et al.，"Exploring the Environmental Value of Ecosystem Services for A River Basin Through A Spatial Multicriteria Analysis"，*Land Use Policy*，Vol. 36（2014），pp. 381–395.

⑥　Chomitz K，Brenes E，Constantino L，"Financing Environmental Services：the Costa Rican Experience and its Implications"，*The Science of the Total Environment*，Vol. 240（1999），pp. 157–169.

水源比建立过滤厂或不断迁移到新的水源地在成本上更为合算，于是投资约901万美元购买了水源区1500平方公里农业土地，并将土地使用权无偿返还给那些愿意改进土地经营措施的农户，发展以草原为基础的乳品农业、实施动物废弃物处理改良技术、禁止种植玉米和使用农用化学品等方法保护水源地。莫拉尼亚（Morana）和麦克维蒂（McVittie）[①] 使用支付意愿法对苏格兰（Scotland）地区的生态补偿情况进行调查，认为苏格兰地区为保护环境，愿意以收入税形式进行生态补偿。

（二）国内生态补偿标准核算方法研究的理论现状

在国内，生态补偿核算方法的研究依然是生态补偿的核心问题，解决的是生态补偿资金筹集、支付与分配的依据和量度，是生态补偿机制运行的前提。该研究主要集中在四个方面：生态补偿标准研究的意义、生态补偿标准确定的依据、生态补偿标准确定的计量模型和生态补偿标准模型的应用分析。本书主要从生态补偿标准确定方法、各具体领域生态补偿标准确定两个方面对国内生态补偿标准核算方法的理论研究成果进行梳理和总结。

1. 生态补偿标准确定方法的理论研究

从生态补偿标准确定方法上来看，李晓光、苗鸿等人以"生态系统服务功能价值理论""市场理论"和"半市场理论"为依据，总结了生态系统服务功能价值法、生态效益等价分析法、市场法、意愿调查法、机会成本法和微观经济学模型法六种生态补偿标准确定方法。[②] 李怀恩等人在对国内外流域生态补偿标准计算方法文献梳理基础上，考察和对比分析了支付意愿法（WTP）、机会成本法（OC）、费用分析法、收入损失法、水资源价值法和总成本修正法。[③] 唐增等人探讨了最小数据法在生态补偿标准确定上的应用，对石羊河流域上游的民勤县进行了实证分析。[④] 樊皓等人介绍了层次分析方法，

---

① Morand, Mcvittiea, Allcroftdj, et al., "Quantifying Public Preferences for Agri‑environmental Policy in Scotland: A Comparison of Methods", *Ecological Economics*, 2007, 63（1）: 42253.

② 李晓光、苗鸿等：《生态补偿标准确定的主要方法及其应用》，《生态学报》2009年第8期。

③ 李怀恩、尚小英、王媛：《流域生态补偿标准计算方法研究进展》，《西北大学学报（自然科学版）》2009年第4期。

④ 唐增、徐中民等：《生态补偿标准的确定：最小数据法及其在民勤的应用》，《冰川冻土》2010年第5期。

并运用于生态补偿范围确定的研究与分析。[①] 李云驹等人运用生态服务功能价值法和意愿调查法对云南省滇池松华坝流域的生态补偿标准进行了计算，计算结果是，前一种方法计算的补偿标准是 2.69 万元/公顷，这是上限；后一种方法计算的补偿标准是 1.28 万元/公顷。[②] 张乐勤等人分析了小流域生态补偿标准估算的条件价值法和机会成本法，以安徽省秋浦河为例进行了实证分析。[③] 黄立洪从生态系统服务价值评估、成本、获利、损失、生态足迹和意愿六个视角探讨了生态补偿标准的确定方法，建立了生态补偿量化方法模型，以福建省莆田市为例对其耕地类型与草地类型的生态补偿量进行了实证计算。[④] 刘燕妮从机会成本角度提出生态补偿的最低额度应能"弥补损失工业增长机会所导致的地方财政收入及其他相关收益的减量（之和）"，以此为据对广东省佛冈县生态补偿的最低额度进行了实证计算。[⑤] 郑德凤等人运用突变级数法对"生态系统服务功能价值进行分析与评价"，构建了"各类土地生态系统服务功能价值转换因子、均衡因子和生态补偿标准动态核算模型"，计算出吉林省 2012 年"耕地、林地、草地、湿地、水域和未利用地的生态补偿标准分别为 1.5349 万元/公顷、2.0185 万元/公顷、1.6821 万元/公顷、2.0949 万元/公顷、1.8268 万元/公顷和 0.8236 万元/公顷"[⑥]。

刘玉龙等人从直接成本与间接成本入手，"通过引入水量分摊系数、水质修正系数和效益修正系数，建立了流域生态建设与保护补偿测算模型"[⑦]，并对新安江流域的生态补偿进行了实证分析。王彤等人对现有生态系统服务功能价值补偿标准、生态保护建设总成本补偿标准、机会成本补偿标准、意愿价值评估法（CVM）补偿标准、下游水量和水质需求补偿标准、水资源价值补偿标准六种生态补偿标准计算方法进行了梳理和分析，提出要从水量分摊和水

---

① 樊皓、葛慧等：《层次分析法在生态补偿机制研究中的应用》，《人民长江》2011 年第 2 期。

② 李云驹、许建初、潘剑君：《松华坝流域生态补偿标准和效率研究》，《资源科学》2011 年第 12 期。

③ 张乐勤、荣慧芳：《条件价值法和机会成本法在小流域生态补偿标准估算中的应用——以安徽省秋浦河为例》，《水土保持通报》2012 年第 4 期。

④ 黄立洪：《生态补偿量化方法及其市场运作机制研究》，福建农林大学博士学位论文，2013 年。

⑤ 刘燕妮：《基于机会成本的生态补偿标准研究》，暨南大学硕士学位论文，2013 年。

⑥ 郑德凤、臧正、苏琳：《基于突变级数法的吉林省生态补偿标准核算》，《生态与农村环境学报》2013 年第 4 期。

⑦ 刘玉龙、许凤冉等：《流域生态补偿标准计算模型研究》，《中国水利》2006 年第 22 期。

质修正两个方面构建流域生态补偿标准测算的方法体系。[①] 刘桂环等人把我国流域生态补偿分为"跨界流域生态补偿、跨界流域污染赔偿与水源地保护生态补偿三种实践类型，提出了跨界断面水质水量生态补偿和水源地保护生态补偿两种生态补偿方法，以北京密云水库为例进行了补偿额度确定的实证分析"[②]。杨桐鹤建立了"水污染损失赔偿标准和水资源保护补偿标准"两种生态补偿标准的计算模型，并以太湖流域为例进行了实证分析（见表4-1）。[③]

表4-1　生态补偿标准（范围）确定或计算方法汇总

序号	方法名称	内涵简摘	实证案例
1	生态系统服务功能价值法	运用市场价值法、机会成本法、基本成本法、人力资本法、生产成本法和置换成本法等方法估算出生态系统服务功能的价值，利用估算出的价值确定生态补偿标准	Whitehead：美国肯塔基州湿地服务功能价值4000美元/英亩；Costanza：全球每年生态功能的经济价值33万亿美元；Robles：美国马里兰州Chesapeake Bay 海岸林的潜在价值为60934美元/公顷
2	生态效益等价分析法	对以"负债"（指发生的环境服务实际损害）和"信用"（补偿性修复的环境服务增量）所表示的损害和补偿进行分析测算。建立"负债"和"信用"等式，计算补偿生境的大小以及相应价值，即损失值	某河突发水污染的生态损害为10810万元

---

① 王彤、王留锁：《水库流域生态补偿标准测算方法研究》，《安徽农业科学》2010年第26期。

② 刘桂环、文一惠、张惠远：《流域生态补偿标准核算方法比较》，《水利水电科技进展》2011年第6期。

③ 杨桐鹤：《流域生态补偿标准计算方法研究》，中央民族大学硕士学位论文，2011年。

续表

序号	方法名称	内涵简摘	实证案例
3	市场理论方法	以生态系统服务功为商品，以生态补偿支付者和接收者为生态补偿市场的供给者和需求者，形成一个市场交易制度。市场法确定生态补偿标准的典型做法是水资源协议补偿和碳排放权交易	哥伦比亚农民协会发起的 PES 项目；纽约的清洁水供应；浙江省东阳和义乌的水权协议；北京官厅和密云水库区的生态补偿等
4	支付意愿法或意愿调查法或条件价值法	询问被调查者对于改善或保护环境的支付意愿	Loomis：巴西东北部森林生态系统保护的价值评估；Holmes：美国西北部森林保护价值评估；Karin Johst：白鹳保护生态补偿的定量研究；Kalpana Ambastha：湿地保护区居民补偿意愿研究
5	机会成本法	生态系统服务功能提供者为保护生态环境所放弃的经济收入、发展机会等，包括土地利用成本和人力资本	尼加拉瓜草牧生态系统补偿；哥斯达黎加 PES 项目；西藏水生态系统服务功能补偿；美国环境质量激励项目；纽约流域管理项目；美国保护准备金项目；中国退耕还林工程
6	微观经济学模型法	以微观经济学原理为基础，通过对相关个体的偏好研究确定生态补偿标准	厄瓜多尔生物多样性保护；哥斯达黎加森林生态补偿、农民自愿提供生态系统服务研究；荷兰高速公路生态补偿、生态林补偿需求估算；德国国家公园生态补偿
7	总成本修正模型	流域上游地区生态建设投入汇总基础上，引入水量分摊系数、水质修正系数和效益修正系数，建立流域生态建设与保护补偿测算模型，以计算出生态补偿量	新安江流域生态补偿实证分析结果是 2000—2004 年间，下游地区共分担上游生态建设与保护投入 5.26 亿元

续表

序号	方法名称	内涵简摘	实证案例
8	收入损失法	利用流域水生态变化对健康影响及其相关货币损失来测算流域水生态服务价值	
9	费用分析法	以水源涵养区为维持和保护流域生态所需费用为基础确定受益区对供水区的生态补偿额度	
10	水资源价值法	参照市场价格把流域生态服务（如洁净水资源）价值货币化，以确定生态补偿额度	
11	层次分析方法	对一些较为复杂、模糊的问题进行的不完全定量分析，通过建立递阶层次结构、构造判断矩阵、层次单排序及一致性检验、层次总排序及一致性检验4个步骤，以确定生态补偿范围	以丹江口水库库区为例，确定了其生态补偿的客体顺序是农田生态系统、森林生态系统、淡水生态系统和草地生态系统
12	最小数据法	以补偿对象的微观决策机制为基础，考虑个体间差异，模拟其经济行为，从而确定在特定生态恢复目标下的生态补偿补偿标准	以甘肃民勤县为例，其退耕耕地补偿标准为6327元/公顷·年
13	跨界断面水质水量补偿法	以跨界水质达标情况、污染物排放通量、环境监管技术水平、流域社会经济发展水平等因素为依据确定跨界断面水质水量生态补偿标准	以河北省和辽宁省跨界断面的COD水质监测因子为据，确定跨界COD超标倍数的补偿标准
14	水源地保护补偿法	以生态保护与建设成本的投入和上游地区因保护水源地生态环境而导致发展权损失和生态系统服务价值3个方面确定补偿额度	以密云水库为例，2008年生态保护与建设成本约413亿元，上游地区发展权损失140191亿元，生态系统服务价值151185亿元

续表

序号	方法名称	内涵简摘	实证案例
15	水污染损失赔偿标准计算模式	以受偿区因水污染所造成的经济损失作为补偿量，通过水污染经济损失模型计算出水污染损失赔偿标准。	以太湖流域为例，与总损失量相当的补偿量总和为 37.97 亿元
16	水资源保护补偿标准计算模型	以一定原则和方法对水源区水资源保护成本或价值进行分配以确定水资源保护补偿标准	以新安江水库供水区为例，下游的建德、桐庐、富阳和杭州市区应承担的补偿量合计 4.66 亿元

资料来源：①李晓光等：《生态补偿标准确定的主要方法及其应用》，《生态学报》2009 年第 8 期。②李怀恩等：《流域生态补偿标准计算方法研究进展》，《西北大学学报（自然科学版）》2009 年第 4 期。③唐增等：《生态补偿标准的确定：最小数据法及其在民勤的应用》，《冰川冻土》2010 年第 5 期。④樊皓等：《层次分析法在生态补偿机制研究中的应用》，《人民长江》2011 年第 2 期。⑤张乐勤等：《条件价值法和机会成本法在小流域生态补偿标准估算中的应用——以安徽省秋浦河为例》，《水土保持通报》2012 年第 4 期。⑥刘玉龙等：《流域生态补偿标准计算模型研究》，《中国水利》2006 年第 22 期。⑦王彤等：《水库流域生态补偿标准测算方法研究》，《安徽农业科学》2010 年第 26 期。⑧刘桂环等：《流域生态补偿标准核算方法比较》，《水利水电科技进展》2011 年第 6 期。⑨杨桐鹤：《流域生态补偿标准计算方法研究》，中央民族大学硕士学位论文，2011 年。⑩郑鹏凯等：《等价分析法在环境污染损害评估中的应用与分析》，《环境科学与管理》2010 年第 3 期。

2. 生态补偿标准确定研究

从各领域生态补偿标准确定角度来看，李国平等人①在评述了当前的直接成本法、机会成本法、条件估值法（支付意愿法）、选择实验法、市场价值法、成本（费用）分析法等生态补偿标准主要评估方法后，从外部性出发分析了正外部性内部化和负外部性内部化生态补偿标准确定的测算方法。从流域生态补偿标准确定上来看，冯艳芬等②对流域、矿产资源、森林、自然保护

---

① 李国平、李潇、萧代基：《生态补偿的理论标准与测算方法探讨》，《经济学家》2013 年第 2 期。

② 冯艳芬、王芳、杨木壮：《生态补偿标准研究》，《地理与地理信息科学》2009 年第 4 期。

区、退耕还林还草等领域生态补偿标准确定进行了探讨，指出"生态补偿模式单一资金不足、依据不全计算不完整、空间差异的存在、核算方法有待改进"等是生态补偿标准低的原因。程滨等①从实践视角对流域生态补偿及其标准确定依据进行了探讨，总结了流域生态补偿标准确定的三种实践模式，即"基于流域跨界监测断面水质目标考核的生态补偿标准模式、基于流域跨界监测断面超标污染物通量计量的生态补偿标准模式、基于提供生态环境服务效益的投入成本测算的生态补偿标准模式"。中国21世纪议程管理中心②分森林、农牧业、流域、矿产资源、自然保护区五大领域对生态补偿的特点、方式、经验等进行了案例研究，设计了治理机制和国际合作机制。黄炜③认为，我国流域生态补偿在实践上出现了"生态产权模糊、权责不明""生态补偿标准科学性、合理性不足""生态补偿模式以政府财政转移为主导、市场化功能不强""生态补偿空间范围局域化、缺乏全流域整体协同""生态补偿方式单一"等不足，提出"构建以基于市场的横向补偿为主、财政纵向转移支付为辅的新型动态复合生态补偿模式"。王军锋等④对我国流域生态补偿的主要生态环境产品识别、责任主体和客体界定、补偿标准选择、补偿资金来源选择、补偿资金使用管理和实施保障等基本环节进行了分析，提出建立上下游政府间协商交易、上下游政府间共同出资、政府间财政转移支付、基于出境水质的政府间强制性扣缴流域生态补偿等生态补偿模式。赵卉卉等人⑤对当前理论界的生态系统服务功能价值法、生态保护总成本法、水质水量保护目标核算法、水资源价值法、支付意愿法和水足迹法等生态补偿标准确定方法的研究进展进行了对比分析。对于流域生态补偿标准的确定而言，主要探讨了流域

① 程滨、田仁生、董战峰：《我国流域生态补偿标准实践：模式与评价》，《生态经济》2012年第4期。
② 中国21世纪议程管理中心编著：《生态补偿的国际比较：模式与机制》，社会科学文献出版社2012年版。
③ 黄炜：《全流域生态补偿标准设计依据和横向补偿模式》，《生态经济》2013年第6期。
④ 王军锋、侯超波：《中国流域生态补偿机制实施框架与补偿模式研究——基于补偿资金来源的视角》，《中国人口·资源与环境》2013年第2期。
⑤ 赵卉卉、张永波、王明旭：《中国流域生态补偿标准核算方法进展研究》，《环境科学与管理》2014年第1期。

生态补偿标准确定的方法[1][2][3][4]、计量模型[5][6][7]和设计依据；对主体功能区[8]（自然保护区[9]）生态补偿标准、区域生态补偿标准[10][11][12][13][14]、水资源保护生态补偿标准[15]、森林生态补偿标准[16]等不同领域生态补偿标准的确定方法与实证计算进行了研究。

3. 核算方法分类研究

有关流域生态补偿标准核算方法的研究集中出现在 21 世纪，并随着南水北调等大规模调水工程的实施，逐渐成熟，已成为我国在更大范围内开展流域生态补偿实践的重要前提。虽然目前国内关于流域生态补偿标准核算方法的研究很多，但是大多集中在两个方面[17]：① 以上游地区生态环境保护成本为依据进行核算的生态补偿标准，"此'成本'包括两部分：一是为维持、保

① 李怀恩、尚小英、王媛：《流域生态补偿标准计算方法研究进展》，《西北大学学报（自然科学版）》2009 年第 4 期。

② 刘桂环、文一惠、张惠远：《流域生态补偿标准核算方法比较》，《水利水电科技进展》2011 年第 6 期。

③ 禹雪中、冯时：《中国流域生态补偿标准核算方法分析》，《中国人口·资源与环境》2011 年第 9 期。

④ 刘俊威、吕惠进：《流域生态补偿标准测算方法研究——基于水资源与水体纳污能力的利用程度》，《浙江师范大学学报（自然科学版）》2012 年第 3 期。

⑤ 刘玉龙、许凤冉、张春玲、阮本清、罗尧增：《流域生态补偿标准计算模型研究》，《中国水利》2006 年第 22 期。

⑥ 闫旭：《流域污染生态补偿标准模型研究》，吉林大学硕士学位论文，2012 年。

⑦ 傅晓华、赵运林：《湘江流域生态补偿标准计量模型研究》，《中南林业科技大学学报》2011 年第 6 期。

⑧ 代明、刘燕妮、陈罗俊：《基于主体功能区划和机会成本的生态补偿标准分析》，《自然资源学报》2013 年第 8 期。

⑨ 魏晓燕、毛旭锋、夏建新：《我国自然保护区生态补偿标准研究现状及讨论》，《世界林业研究》2013 年第 2 期。

⑩ 吴明红、严耕：《中国省域生态补偿标准确定方法探析》，《理论探讨》2013 年第 2 期。

⑪ 吴明红：《中国省域生态补偿标准研究》，《学术交流》2013 年第 12 期。

⑫ 刘嘉尧、陈思涵：《西部地区生态补偿方式与补偿标准研究》，《新疆社会科学》2012 年第 6 期。

⑬ 李彩红：《水源地生态补偿标准核算研究》，《济南大学学报（社会科学版）》2012 年第 4 期。

⑭ 张家荣：《南水北调中线商洛水源地生态补偿标准研究》，《中国水土保持》2014 年第 2 期。

⑮ 李怀恩、肖燕、党志良：《水资源保护的发展机会损失评价》，《西北大学学报（自然科学版）》2010 年第 2 期。

⑯ 张媛、支玲：《我国森林生态补偿标准问题的研究进展及发展趋势》，《林业资源管理》2014 年第 2 期。

⑰ 杨桐鹤：《流域生态补偿标准计算方法研究》，中央民族大学硕士学位论文，2011 年。

护流域生态环境所付出的直接成本，二是放弃发展机会的机会成本。以上述计算成本为基础，按照上下游的生态受益程度和生态支付意愿，在相关行政区之间进行分摊，确定各行政区的生态补偿标准"。②以下游地区获得的生态环境效益为依据进行核算的生态补偿标准。"上游地区的生态环境保护行为对下游地区具有明显的环境正效益，下游地区应以上游地区带来的环境效用价值作为补偿依据，并采取重置成本法和损失赔偿法等进行生态补偿标准的测算"。

关于第一类核算方法的研究有：刘玉龙等①对"新安江流域各项投入进行计算与加总，并引入水量分摊系数、水质修正系数和效益修正系数，使用总成本修正模型对新安江地区生态建设与保护的总成本进行了估算，计算结果为下游对上游生态建设与保护投入补偿5.26亿元"。沈满洪②用"机会成本法计算了淳安县水生态保护的补偿价格，具体以库区县市居民收入与参照县市的收入水平的差异进行确定"。钟华③等以甘肃省渭源县为例，"计算了渭源县2005年生态保护各项工程总成本即直接成本796万元，机会成本即间接成本3.7785亿元，并根据支付能力、取水量和排污量确定了各主体的补偿分担系数，最终确定了渭源县应得到的水资源保护补偿量为3.8834亿元"。蔡邦成等④以南水北调东线工程为例，"从生态补偿工程投资和机会成本的角度出发，综合生态建设成本和效益，提出了根据生态服务效益分担生态建设成本的补偿标准分析思路，并计算出南水北调东线水源地保护区外部区域对建设区域的补偿标准为每年1.11亿元"。徐大伟等⑤首次尝试应用"综合污染指数法"进行流域补偿的水质评价，并在此基础上提出跨行政区界的生态补偿测

① 刘玉龙、许凤冉等：《流域生态补偿标准计算模型研究》，《中国水利》2006年第22期。
② 沈满洪：《水生态保护的补偿机制研究》，《生态补偿机制与政策设计国际研讨会论文集》，2006年。
③ 钟华、姜志德、代富强：《水资源保护生态补偿标准量化研究——以渭源县为例》，《安徽农业科学》2008年第20期。
④ 蔡邦成、陆根法等：《生态建设补偿的定量标准——以南水北调东线水源地保护区一期生态建设工程为例》，《生态学报》2008年第5期。
⑤ 徐大伟、郑海霞、刘民权：《基于跨区域水质水量指标的流域生态补偿量测算方法研究》，《中国人口·资源与环境》2008年第4期。

算方法。江中文[①]使用"机会成本法、费用分析法、水资源价值法对南水北调中线工程汉江流域水源保护区的生态补偿标准进行计算，并将三种结果进行对比，认为水资源价值法的 10 亿元比较合适；在此基础上计算水资源保护工程和生态补偿工程的总费用，共计 457.1185 亿元，以期得到较为完善的补偿标准"。毛占锋等[②]以南水北调中线工程的水源地安康市为例，"分别以支付意愿法、机会成本法、费用分析法对该区域跨流域调水的生态补偿标准进行定量评估，计算结果分别为 4.1362 亿元，6.31 亿元，7.41 亿元，并认为基于费用法的补偿标准接近水源地生态保护的真实价值"。张乐[③]以安徽省淠史杭流域为研究对象，"构建了以溢出效益法和成本核算为依据的流域生态补偿标准核算体系，运用溢出效益法计算出的生态补偿标准为 7.05 亿元，运用成本法计算出的生态补偿标准为 2.43 亿元"。郭志祥等[④]以大汶河流域为例，"提出基于水质水量修正模型来确定流域逐级补偿标准，以探讨相邻区域之间补偿和被补偿的问题"。

　　关于第二类核算方法的研究有：徐琳瑜等[⑤]运用"生态服务功能价值计算方法，通过政府补贴和征收附加水费方式，确定厦门市莲花水库工程的生态补偿标准为 1.29 亿元"。刘青[⑥]初步估算出"东江源生态系统 8 类服务功能价值及其总价值每年约为 81 亿元"。刘晓红等[⑦]以水生态"恢复成本"作为补偿依据，定量分析了上游污染对下游进行补偿的金额。耿涌等[⑧]基于水足迹理

---

　　①　江中文：《南水北调中线工程汉江流域水源保护区生态补偿标准与机制研究》，西安建筑科技大学硕士学位论文，2008 年。

　　②　毛占锋、王亚平：《跨流域调水水源地生态补偿定量标准研究》，《湖南工程学院学报》2008 年第 2 期。

　　③　张乐：《流域生态补偿标准及生态补偿机制研究——以淠史杭流域为例》，合肥工业大学硕士学位论文，2009 年。

　　④　郭志祥、葛颜祥、范芳玉：《基于水质和水量的流域逐级补偿制度研究——以大汶河流域为例》，《中国农业资源与区划》2013 年第 1 期。

　　⑤　徐琳瑜、杨志峰、帅磊等：《基于生态服务功能价值的水库工程生态补偿研究》，《中国人口·资源与环境》2006 年第 4 期。

　　⑥　刘青：《江河源区生态系统服务价值与生态补偿机制研究——以江西东江源区为例》，南昌大学博士学位论文，2007 年。

　　⑦　刘晓红、虞锡君：《基于流域水生态保护的跨界水污染补偿标准研究——关于太湖流域的实证分析》，《生态经济》2007 年第 8 期。

　　⑧　耿涌、戚瑞、张攀：《基于水足迹的流域生态补偿标准模型研究》，《中国人口·资源与环境》2009 年第 6 期。

论，结合"水资源生态服务功能与人类对水资源的占用，计算生态补偿标准"。戚瑞[①]以辽东半岛碧流河流域为例，"运用水足迹计算结果，得出2002—2006年大连对盖州的补偿费总额为7509.02万元"。白景峰[②]根据南水北调中线河南水源区的生态服务价值，结合实际状况适当修正，"测算出水源地每年应得到外部生态补偿4.145亿元"。

（三）现有理论研究述评

综上所述，目前生态补偿标准核算的方法多种多样，从而使核算结果没有统一标准和额度，"用意愿调查评估法直接评价调查对象的支付意愿或受偿意愿，理论上应该最接近边际外部成本的数值，但结果却存在着产生各种偏倚的可能性；机会成本法计算出来的标准往往会高于补偿者的支付意愿，甚至超出他们的支付能力，而且水源保护区损失的效益全部由受水区承担也是不公平的，因为水源保护区在保护过程中也获得了一定的生态环境效益；费用分析法核算过程简洁、容易理解、便于操作，但水源保护区所支出的费用具有不确定性，计算费用时需全面考虑，在具体实施过程中也有一定的技术难度；水资源价值法简单易行，但计算中参数的取值对结果影响较大"[③]。因此，现有生态补偿标准核算方法存在以下问题：一是数据来源渠道的准确性和可信度有待提高。目前的数据获取主要有四个途径：统计公报、问卷调查、实地访谈、专家走访，需要把不同渠道获取的数据统筹起来，全面地、综合地反映生态补偿意愿（支付意愿与接受意愿），保证生态补偿标准确定方法、程序与额度的科学性、合理性。二是重复计算问题。有些成果对生态补偿标准的核算存在重复，"例如一些研究将生态环境保护成本分为退耕还林成本和水土保持成本两部分，其中退耕还林成本主要是包括退耕补偿和造林补偿，水土保持成本主要来源于进行植树造林等生物措施的改造费用。两者中均包括植树造林的费用，即在补偿中对同一区域的植树造林费用进行了重复计算，

---

① 戚瑞：《基于水足迹的流域生态补偿标准研究》，大连理工大学硕士学位论文，2009年。
② 白景峰：《跨流域调水水源地生态补偿测算与分配研究——以南水北调中线河南水源区为例》，《经济地理》2010年第4期。
③ 李怀恩、尚小英、王媛：《流域生态补偿标准计算方法研究进展》，《西北大学学报（自然科学版）》2009年第4期。

这样就使整个生态补偿标准的客观性和准确性产生了误差"①。三是指标体系不完备。当前，常用的水资源价值法、机会成本法等生态补偿标准核算方法在数据可获得性和计算可操作性约束下，一般都采用了简化处理、替代处理（完全替代，就是用一个可获得数据替代另一个难以获得数据进行计算；局部替代，就是用一个数据替代应该由一组数据表达的问题，或者是一个或一组数据代替另一个或一组数据进行计算），这样做的结果难免存在偏差。四是不同流域或同一流域不同河段之间的地位差异未能体现。作为个性很强的流域而言，其生态补偿标准的确定也应该有所差异或差别，有些河流源头是荒无人烟的原始林区，就是补偿又该给谁？而有些河流则有大量的人口在源头或沿流域居住，长期以来就是以该流域的水资源生产和生存的，这就需要有大量的补偿去帮助他们改变长期以来形成的高耗水、浪费性用水习惯，关停污染性产业或企业，树立水源保护意识、增加生态保护投入、开展生态保护行为。特别是在南水北调中线工程中，上游地区的生态保护极为重要，必须凸显，这既是由源头地位重要性决定的，又是由上游地区贫穷落后的强烈发展需求（发展权利）决定的，还是由上游地区自然地理特性的特殊性决定的（山大沟深坡陡的地貌决定了其在生态保护上破坏起来容易、修复起来难）。

二、我国生态补偿实践的现状

近年来，在理论研究推进和全社会呼吁的基础上，生态补偿的法规建设与实践运作得以实现，山东、福建、浙江等10多个省份先后出台了流域生态补偿的法规，内容主要涉及流域生态补偿的原则、目标、标准、措施和管理等方面，其中一部分省份更是明确了流域生态补偿标准的核算方法，并开展了相应的生态补偿实践。

（一）山东省的生态补偿实践

山东省以省政府《在南水北调黄河以南段及省辖淮河流域和小清河流域开展生态补偿试点工作的意见》和省财政厅《小清河流域生态补偿试点资金

---

① 李小燕、胡仪元：《水源地生态补偿标准研究现状与指标体系设计——以汉江流域为例》，《生态经济》2012年第11期。

管理办法》两个文件为指导开展了生态补偿实践。

1. 山东省关于《在南水北调黄河以南段及省辖淮河流域和小清河流域开展生态补偿试点工作的意见》（鲁政办发〔2007〕46 号，以下简称《意见》）

山东省政府在其发布和实施的《意见》中，对生态补偿的对象和标准进行了规定："（1）对退耕（渔）还湿的农（渔）民，在湿地发挥经济效益前，按农（渔）民的实际损失给予补偿。实施退耕（渔）还湿第一年度，原则上按上年度同等地块纯收入的 100% 予以补偿；第二年度按纯收入的 60% 进行补偿；第三年后不再补偿。（2）对达到国家排放标准的企业，因实施工业结构调整而造成企业关闭、外迁的，由试点市从补偿资金中安排一部分资金，并结合其他资金，统筹给予补助。（3）对流域内进入城市污水管网实施'深度处理工程'的，按每年度缴纳污水处理费的 50% 补偿；对实施'再提高工程'的，按'再提高工程'所削减污染物处理成本的 50% 给予补偿。（4）对按治污规划新建污水垃圾处理设施的，通过贷款贴息或建成奖励的办法给予一定补偿，加强流域内环境基础设施建设。（5）支持企业采取先进、适用的新技术、新工艺防治污染，进一步减少污染物排放总量。"[1]

2. 山东省财政厅关于《小清河流域生态补偿试点资金管理办法》（鲁财建〔2007〕34 号，以下简称《办法》）

2007 年，山东省财政厅制定《办法》对生态补偿资金筹集、使用主体与内容进行了补充规定，具体内容体现在《办法》第 5—8 条中。

"第五条　补偿资金由省及试点市、县共同筹集。第六条　省级资金主要包括省级预算安排的环保专项资金、排污费及城市污水垃圾处理专项资金等。第七条　各市补偿资金来源：预算内安排的环保专项资金、排污费及其他资金。第八条　试点市应筹集的年度补偿资金，由省根据试点市行政区内各试点县（市、区）上年度所排放 COD、NH_3-N 两种主要污染物总量和国家公布的处理成本（2006 年 COD 处理成本 3500 元/吨、NH_3-N 处理成本 4375 元

---

① 　山东省人民政府办公厅：《关于在南水北调黄河以南段及省辖淮河流域和小清河流域开展生态补偿试点工作的意见》（鲁政办发〔2007〕46 号），《山东政报》2007 年第 14 期。

/吨）计算出的总处理成本，按20%核定。"[1]

（二）浙江省生态补偿的实践

2008年，浙江省人民政府制定和实施了《浙江省生态环保财力转移支付试行办法》（浙政办发〔2008〕12号），对生态补偿的指标设置、权重分配和计算方法等内容进行了明确规定。

1. 指标设置

"按照生态功能保护、环境（水、气）质量改善等两大类因素设置相关指标：（1）生态功能保护类两项指标：省级以上生态公益林面积，大中型水库面积；（2）环境质量改善类两项指标：主要流域水环境质量，大气环境质量。"

2. 权重分配

"（1）生态功能保护类50%，其中：省级以上公益林面积30%，大中型水库面积20%；（2）环境质量改善类50%，其中：主要流域水环境质量30%，大气环境质量20%"。

3. 考核系数和计算方法

（1）生态功能保护类。"① 省级以上生态公益林面积：根据省林业厅确认的各市县考核年度省级以上公益林面积占全省面积的比例计算。② 大中型水库面积：根据省水利厅确认的大中型水库折算面积占全省面积的比例计算，但每个市、县（市）可得数额最多不超过该项分配总额的20%。"

（2）环境质量改善类。"对主要流域出境水质和大气环境分别设立警戒指标，即水环境的警戒指标为水环境功能区标准，大气环境的警戒指标为API值低于100的天数占全年天数的比例不低于85%，质量高于警戒指标的，每提高一个级别给予一定的补助奖励，低于警戒指标的，每降低一个级别给予一定的扣补处罚。① 主要流域水环境质量。根据省环保局监测确认的各市、县（市）主要流域交界断面出境水质和省水利厅确认的多年平均地表水径流

---

① 山东省财政厅：《关于印发〈小清河流域生态补偿试点资金管理办法〉》的通知》（鲁财建〔2007〕34号），公文发布日期：2007年7月30日，见 http://govinfo.nlc.gov.cn/sdsfz/xxgk/sdsczt/201009/t20100929_ 396646.htm? classid＝456；416。

量，分别不同情况计算并考核。a）凡市、县（市）主要流域交界断面出境水质全部达到警戒指标以上的，给予 100 万元的奖励资金补助。同时，对出境水质达到三类水标准的设定系数为 0.6；达到二类水标准的，系数为 0.8；达到一类水标准的，系数为 1。有多条河流、多个交界断面的，按其对应标准的系数加权平均。补助资金按照各市、县（市）系数与其多年平均地表水径流量的乘积占全省的比例进行分配。b）根据各市、县（市）主要流域交界断面出境水质考核年度较上年度的变化情况，实行水质提高或降低的奖罚机制，即再对四类水、五类水和劣五类水分别设置系数为 0.4、0.2 和 0.1，并按上述方法分别计算出各市、县（市）考核年度和上年度的总系数并进行比较，凡考核年度较上年每提高 1 个百分点，给予 10 万元的奖励补助；反之，每降低 1 个百分点，则扣罚 10 万元补助，以此类推。② 大气环境质量。根据省环保局监测确认的各市、县（市）空气污染指数（API 值）计算并考核。a）凡 API 值小于 100 的天数占全年天数的比例（设为 X 值）达到警戒指标标准（85%）及以上的市县，将配置一定数额的奖励资金补助。当 X 值等于 100% 时，设系数为 1，每降低 2 个百分点，计算应补助的系数递减 0.1，以此类推。b）根据各市、县（市）大气环境质量考核年度较上年度的变化情况，实行大气质量提高或下降的奖罚机制，即：当 X 值较上年每提高 1 个百分点，奖励 1 万元；反之，X 值较上年每降低一个百分点，扣罚 1 万元，以此类推。"①

（三）江苏省生态补偿的实践

2007 年，江苏省人民政府制定并实施了《江苏省环境资源区域补偿办法（试行）》（苏政办发〔2007〕149 号），涉及生态补偿标准的内容有：

"第十条按照水污染防治的要求和治理成本，环境资源区域补偿因子及标准暂定为：化学需氧量每吨 1.5 万元；氨氮每吨 10 万元；总磷每吨 10 万元。单因子补偿资金 =（断面水质指标值 - 断面水质目标值）×月断面水量×补

---

① 浙江省人民政府办公厅：《关于印发浙江省生态环保财力转移支付试行办法的通知》（浙政办发〔2008〕12 号），2008 年 2 月 28 日，见 http：//www.zj.gov.cn/art/2013/1/4/art _ 13012 _ 67077.html。

偿标准。补偿资金为各单因子补偿资金之和。"①

（四）山西省生态补偿的实践

2009 年，山西省环保厅制定并实施了《地表水跨界断面水质考核生态补偿机制》（晋政办函〔2009〕177 号），在 2011 年进行了修订（晋环发〔2011〕109 号）。涉及生态补偿标准的内容有：

1. 对水质断面不达标的市扣缴生态补偿金

（1）"考核断面水质 COD、氨氮监测浓度均不超过考核标准时，不扣缴生态补偿金；当有监测指标超过考核标准时，按照水质差的一项指标扣缴，超过考核目标50%（含）及以下，按照50 万元标准扣缴生态补偿金；超过考核目标50%至100%（含）时，按照 100 万元标准扣缴生态补偿金。超过考核目标100%以上时，按照 150 万元标准扣缴生态补偿金。同一市范围内，所有考核断面生态补偿金按月累计扣缴。"

（2）"无入境水流影响时，数据采用 COD、氨氮实测监测结果进行考核；有入境水质影响时，按照下列公式对考核断面实际监测浓度进行折算，扣除入境水质影响后进行考核。"

$$C_{折算} = C_{实测} - \frac{\sum_{i=1}^{n}(C_{i入境} - C_{i入境标})Q_{i入境}}{Q_{实测}} \qquad （式 4-1）$$

其中，$C_{折算}$——考核断面扣除上游来水影响后的折算浓度；$C_{实测}$——考核断面实际监测浓度；$C_{i入境}$——上游第 i 条支流入境断面实际监测浓度；$C_{i入境标}$——上游第 i 条支流入境断面目标浓度（按照出境考核断面目标计算）；$Q_{i入境}$——上游第 i 条支流入境断面的实测流量；$Q_{实测}$——考核断面的实测流量。

（3）"考核断面断流时，本月不计考核。因河道复杂、意外事故等特殊情况引起的水质变化，由相关市提供有效证明，经省环保厅进行核实并技术评估后根据实际情况减免扣缴，发生事故责任单位由有关部门按照相关法律进

---

① 江苏省人民政府办公厅：《关于印发江苏省环境资源区域补偿办法（试行）》（苏政办发〔2007〕149 号），2007 年 12 月 6 日，见 http://www.110.com/fagui/law_ 348161.html。

行处理。"

（4）"因人为导致考核断面采样监测时断流、改道、结冰等情况引起水量、水质发生变化，干扰考核工作的，一经核实，当月扣缴该考核断面200万元。省环保厅每月不定期对地表水水质污染严重的流域进行明察暗访，发现问题依法处理，情节严重时限期治理并全省通报。"

2. 对水质改善明显的市进行奖励

（1）"在无入境河流时所考核断面COD、氨氮的实测浓度值（或有入境水流时扣除入境水流影响后的COD、氨氮折算浓度值）与功能区目标相比保持或改善的断面给予奖励。同一市范围内，对所有考核断面按月累计奖励。"

（2）"上年实现水质目标（有来水时折算浓度值），连续三个月维持上年水质目标的，奖励10万元。"

（3）"当月比上年同期实测浓度（有来水时折算浓度值）实现水质级别改善时，跨一级别奖励50万元。"

（4）"其他应该奖励的特殊情况，由相关市提交奖励申请，经专家组技术评估认可时给予奖励。"

（5）"国控考核断面国家考核时未达到国家标准时，扣除该断面全年奖励。"

（6）"发生水污染事故的市、水污染防治执法不到位，整改措施不落实，限期治理不完成者，除执行相应法规处罚外，对该市减免奖励。"[1]

（五）河南省生态补偿的实践

2010年，河南省人民政府制定并实施《河南省水环境生态补偿暂行办法》（豫政办〔2010〕9号），2012年根据"十二五"要求进行了补充（《省环保厅省财政厅省水利厅关于河南省水环境生态补偿暂行办法的补充通知》（豫环文〔2012〕50号）），2014年得到进一步完善（《河南省人民政府办公厅关于进一步完善河南省水环境生态补偿暂行办法的通知》（豫政办〔2014〕3号）），关于生态补偿标准确定的规定主要有：

---

[1] 山西省人民政府办公厅：《关于实行地表水跨界断面水质考核生态补偿机制的通知》（晋政办函〔2009〕177号），2009年9月28日，文件索引号：012150620/2010 - 00928。

第四条"按照省政府与省辖市政府签订的年度环保责任目标，考核因子为化学需氧量、氨氮和总磷。根据水质变化及实际需要，考核因子可适当增加"。

第五条"根据水污染防治要求和治理成本，确定生态补偿标准为：化学需氧量目标值小于等于 30 毫克/升时，执行标准为 3500 元/吨；化学需氧量目标值大于 30 毫克/升且小于等于 40 毫克/升时，执行标准为 4500 元/吨；化学需氧量目标值大于 40 毫克/升时，执行标准为 5500 元/吨。氨氮目标值小于等于 1.5 毫克/升时，执行标准为 8000 元/吨；氨氮目标值等于 2 毫克/升时，执行标准为 10000 元/吨；氨氮目标值大于 2 毫克/升且小于等于 5 毫克/升时，执行标准为 14000 元/吨；氨氮目标值大于 5 毫克/升时，执行标准为 20000 元/吨。总磷执行标准为 5 万元/吨"。

第六条"生态补偿金由各考核监测断面的超标污染物通量与生态补偿标准确定，超标污染物通量由考核断面水质浓度监测值与考核断面水质浓度责任目标值的差值乘以周考核断面水量确定。全省水环境考核断面水质浓度责任目标值设置方案另行印发。根据断面水质超标程度和考核断面流量，按照以下方法计算生态补偿金：（一）考核断面水质浓度责任目标值的化学需氧量浓度小于或等于 40 毫克/升、氨氮浓度小于或等于 2 毫克/升时，单因子生态补偿金按照"（考核断面水质浓度监测值－考核断面水质浓度责任目标值）×周考核断面水量×生态补偿标准"计算；（二）考核断面水质浓度责任目标值的化学需氧量浓度大于 40 毫克/升、氨氮浓度大于 2 毫克/升时，单因子生态补偿金按照'（考核断面水质浓度监测值－考核断面水质浓度责任目标值）×周考核断面水量×生态补偿标准×2'计算"。

第七条"对于饮用水水源地跨行政区域的省辖市，当饮用水水源地水质考核断面全年达标率大于 90% 时，对下游省辖市扣缴水源地生态补偿金，全额补偿给上游饮用水水源地省辖市。水源地生态补偿金按照'下游省辖市每年度利用水量×0.06 元/立方米'计算"。

第十一条"省财政部门依据核定的各考核断面生态补偿金，会同省环境保护行政主管部门对有关省辖市进行生态补偿和奖励。（一）扣缴金额的 50% 用于上游省辖市对下游省辖市的生态补偿。（二）扣缴金额的 50% 用于对水环境责任目标完成情况较好省辖市的奖励、水污染防治和水环境水质、水量监测监控能力建设等。（三）奖励办法如下：1. 河流水质为Ⅰ—

Ⅲ类水质，化学需氧量和氨氮的达标率均大于 90% 时，省政府当年对该河流断面考核的省辖市奖励 100 万元。2. 河流水质为Ⅳ、Ⅴ类水质，化学需氧量和氨氮的达标率均大于 90% 时，达标率比上年度每增加 1 个百分点，省政府当年对该河流断面考核的省辖市奖励 20 万元；连续两年以上均为 100% 时，当年对该河流断面考核的省辖市奖励 100 万元。3. 河流水质为劣Ⅴ类水质，化学需氧量和氨氮的达标率均大于 90% 时，达标率比上年度每增加 1 个百分点，省政府当年对该河流断面考核的省辖市奖励 10 万元；连续两年以上均为 100% 时，当年对该河流断面考核的省辖市奖励 50 万元。4. 年度内发生重大水污染事故的，取消对该省辖市的奖励。同时，按照有关规定另行处罚。（四）省财政扣缴的生态补偿金用于对各省辖市的生态补偿和奖励不足时，从省级环保专项资金中弥补"①。在 2014 年修改为"扣缴金额的 50% 用于对《河南省水环境功能区划》确定的水质目标完成情况较好的省辖市的奖励"②。

上述五省生态补偿管理办法均对生态补偿标准进行了规定，有些省份还提出了具体核算方法，归纳起来可分为两类：污染赔偿和奖励补偿。在污染赔偿中，通常选用化学需氧量和氨氮作为考核指标，如果考核指标的浓度超过标准值，视超标倍数扣缴一定数量的补偿金；在奖励补偿中，如果水环境质量状况达到一定标准，可得到专项资金补助。

不论哪种方法，都是"从成本或价值的角度进行补偿。对于污染赔偿，可以根据超过允许排放量的污染物治理成本确定上游地区应该给予下游地区的补偿量，或者根据污染物超标排放对下游地区造成的经济损失确定补偿量，这种方法可以视为根据水污染对水环境价值的影响确定赔偿量。对于保护补偿，可以根据水资源保护的直接或间接成本确定下游地区应该支付给上游的补偿量，也可以根据水资源保护产生的价值确定补偿量"③。

---

① 河南省人民政府办公厅：《关于印发河南省水环境生态补偿暂行办法的通知》（豫政办〔2010〕9 号），2010 年 1 月 27 日，见 http：//www. henan. gov. cn/zwgk/system/2010/02/11/010179254. shtml。

② 河南省人民政府办公厅：《关于进一步完善河南省水环境生态补偿暂行办法的通知》（豫政办〔2014〕3 号），2014 年 1 月 14 日，见 http：//www. henan. gov. cn/zwgk/system/2014/02/11/010450503. shtml。

③ 禹雪中、冯时：《中国流域生态补偿标准核算方法分析》，《中国人口·资源与环境》2011 年第 9 期。

第二节　生态补偿标准核算方法概述

生态补偿资金的重要作用在于"将生产和消费行为中正的生态环境效益体现在经济行为主体的私人收益中，以缩小和弥补在生态环境保护中私人收益与社会收益之间的差距"[①]。"从外部性的角度来看，水源保护区生态补偿标准的理论值应该是上游地区在进行生态建设和环境保护中外溢的那部分外部收益"[②]。生态服务外溢很难定量衡量和评估，所以生态补偿标准的核算方法也有多种，因此，本研究从生态保护成本与生态价值两个方面探讨其核算方法（见图 4-1）。

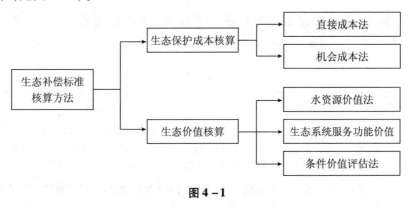

图 4-1

一、生态保护成本核算方法

水源区经济社会发展落后，还得承担较大的生态保护与环境建设任务，牺牲自己发展为其他地区提供生态服务。这不仅加大了投入成本，还因为产业限制而丧失了投资、引资机会，发展受限进一步抑制了发展能力和生态保护投入能力，经济发展与生态保护的矛盾加剧。因此，水源区生态补偿标准应从投入成本与效益分享两方面确定，同时要考虑预期成本与预期效益分享

[①]　中国生态补偿机制与政策研究课题组：《中国生态补偿机制与政策研究》，科学出版社 2007 年版。

[②]　张乐：《流域生态补偿标准及生态补偿机制研究——以潕史杭流域为例》，合肥工业大学硕士学位论文，2009 年。

问题。在投入成本上，不仅包括了生态保护设施、劳动等投入补偿，还包括了因发展机会损失所带来的机会成本补偿。[1] 按照生态保护成本计算的生态补偿标准应为生态补偿最低值。

（一）直接成本法

1. 直接成本法的核算体系

直接成本是指"上游地区为保护和建设流域生态环境而直接投入的人力、物力和财力"[2]。包括三类：一是生态环境保护和建设成本，二是污染物综合治理成本，三是其他成本。其中，生态环境保护和建设成本包括生态林建设成本、水土保持成本、水利工程成本、生态移民成本和自然保护区建设成本；污染物综合治理成本包括点源污染治理成本、面源污染治理成本和环境监测监管成本；其他成本包括生态农业建设成本、节水措施成本和相关科技成本。[3] 具体释义如表4-2所示。

表4-2　直接成本核算体系

成本类型	序号	指标	指标释义
生态环境保护和建设	1	生态林建设成本	流域上游地区为涵养水源、提高森林覆盖率投入费用，包括退耕还林、公益林建设、封山育林、林业资源保护、森林病虫害防治等投入
	2	水土保持成本	流域上游地区进行水土保持项目建设和水土流失综合治理投入费用，包括小流域治理、治坡工程、治沟工程等投入
	3	水利工程成本	流域上游地区为更好地开发利用水资源而修建工程投入费用，包括引水工程、提水工程、蓄水工程及地下水资源工程等投入
	4	生态移民成本	流域上游地区为缓解水源涵养区的自然生态压力，将位于生态脆弱区和重要生态功能区的人口向其他地区迁移所发生的费用，包括移民补偿款、基础设施损失和建设投入费用
	5	自然保护区建设成本	流域上游地区为保护重要生态功能区和建设自然保护区投入费用，包括这些区域建设、运行和维护费用

---

① 刘萍：《东江流域水源保护区生态补偿机制研究》，山东大学硕士学位论文，2013年。
② 杨光梅、闵庆文等：《我国生态补偿研究中的科学问题》，《生态学报》2007年第10期。
③ 段靖等：《流域生态补偿标准中成本核算的原理分析与方法改进》，《生态学报》2010年第1期。

续表

成本类型	序号	指标	指标释义
污染物综合治理	6	点源污染治理成本	流域上游地区治理点源污染投入费用，包括城镇污水和垃圾、工业废水的相关配套设施建设及其处理费用
	7	面源污染治理成本	流域上游地区治理点源污染投入费用，包括农业面源污染、畜禽养殖污染及农村居民生活垃圾和生活污水处理费用
	8	环境监测监管成本	流域上游地区环保职能部门在对流域环境监督管理工作投入费用，包括水质水量监测、环境监察队伍建设、核与辐射环境监管、环境科研水平以及环境信息和宣教能力提升等投入
其他成本	9	生态农业建设成本	流域上游地区进行生态农业建设投入费用，包括沼气设施建设、秸秆资源化建设、农村垃圾资源化技术、有机肥和生物农药的开发和研制以及农用化学品管控等投入
	10	节水措施成本	流域上游地区为保证水量进行的节水改造、提高用水效率等投入费用，包括小型蓄水设施建设、集中供水工程建设、工业企业节水设施改造、节水农田灌溉设施建设、农业渠道防渗等费用
	11	相关科技成本	流域上游地区为改善生态环境进行的科研经费投入，包括科研项目、科普活动等投入

2. 直接成本法的核算方法

　　直接成本的核算方法相对简单，可通过直接市场评价法确定，也可通过查阅相关资料获得数据，因此直接成本法核算结果的准确性主要取决于核算体系的科学性。直接投入成本的核算有静态和动态两种核算方法，区别在于是否考虑投入资本本身的时间成本。直接成本静态核算就是仅把某区域一定时间内的环境保护与生态建设投入，加总求和直接求出成本额；动态核算的直接成本则要考虑到投入从开始发生到获得生态补偿时间差内的时间成本，即生态保护投入资本的时间机会成本[①]，由于生态保护投入所造成的资本占用，丧失了其他投资机会更使本来就发展滞后的水源区受到了更大的资本约束。

---

　　① 段靖、严岩、王丹寅等：《流域生态补偿标准中成本核算的原理分析与方法改进》，《生态学报》2010 年第 1 期。

（二）机会成本法

1. 机会成本法内涵

在流域生态补偿中，机会成本一般指水源地为了全流域生态环境而放弃的部分资源利用、产业开发所遭受的最大收益损失。主要包括两个层面：一是在水源保护和严格的环境标准约束下，所遭受的污染企业关停并转带来的损失，以及具有一定污染性的企业引资限制损失，具体包括原有企业关停或限产带来的产值损失、失业损失、地方财政收入损失，引资限制所造成的预期产值损失、预期就业损失、预期财政收入损失等。二是在加大生态环境保护投入条件下，造成了生产性资本减少，以及由此带来的利润和发展机会损失，如污水处理、水土保持工程建设等投入占用了资本，就挤占或剥夺了该资本被用于其他产业开发，既使可投入可使用的资本量减少，资本短缺矛盾进一步被激化；又使水源保护区投资项目减少、收益减少，对当地居民和企业发展造成了更大限制。

所以，为确保水源地生态环境保护工作的长期顺利实施，必须对被"限制"或"禁止"发展（主要针对工业）的特定区域得到最基本的经济补偿，其标准足以弥补因限制或放弃发展机会而付出的机会成本。

2. 机会成本的核算方法

机会成本作为一种潜在收益损失或发展机会丧失，不像商品生产或提供服务那样有直接的投入成本付出或收益收入下降，因此，计算起来比较困难，也存在较多争议，但是，存在损失是实实在在的，也是一致认同。其补偿额度确定一般采取调查法或间接替代计算法核算，前者是根据人们的补偿意愿和相关统计数据确定其实际应补偿额度；后者则是通过一定的参照对象进行对比分析确定出间接损失额度。本书采用间接替代计算方法进行核算，其计算公式为：

$$P = (G_0 - G) \times n \qquad (式4-2)$$

式中，P表示补偿金额（万元/年）；G_0表示参照地区人均GDP（万元/人）；G表示水源保护区人均GDP（万元/人）；n表示水源保护区总人口（万人）。

这种模型考虑因素较少，便于计算。但正因为考虑的因素少，导致所得机会成本额可能没有反映真实补偿情况，如仅计算了GDP差异，无法准确计算因生态保护而失去的资源开发和项目引进带来的收益损失，而这些又是机会成本的重要组成部分。因此，在实际操作中，需要分析生态补偿中机会成本的各组成部分，从而对机会成本法进行修正。

机会成本的核算还可以按照受损主体不同，从企业、居民、政府三个层面进行归集。企业机会成本可分为三类：一是因关闭、停办所产生的损失；二是因合并、转产带来的利润损失；三是迁移过程中发生的迁移成本和新建厂房成本。居民机会成本包括种植业收入损失和非种植业收入损失。政府机会成本包括直接税收损失和潜在税收损失。[1]

所以，水源区生态保护机会成本是企业、居民户和政府三方主体机会成本的总和，核算公式为：

$$OC = EOC + IOC + GOC \qquad (式4-3)$$

式中，OC 表示某区域生态保护机会成本总额；EOC 表示某区域内企业发展受限所遭受的损失，承担的机会成本；IOC 表示某区域居民户个人因投资领域或项目制约等所遭受的损失，承担的机会成本；GOC 表示某区域地方政府因生态环境保护所需要的各种额外投入增加所遭受的损失、承担的机会成本。

（三）总成本修正模型

总成本模型对水源区的各项直接投入成本与机会成本进行加总，再通过"水量分摊系数、水质修正系数和效益修正系数"对核算出来的总成本适当修正，从而测算出总成本额度。其计算公式为：

$$Cd_t = C_t \times K_{Vt} \times K_{Qt} \times K_{Et} \qquad (式4-4)$$

式中，Cd_t 表示生态补偿标准；C_t 表示总成本；K_{Vt} 表示水量修正系数；K_{Qt} 表示水质修正系数；K_{Et} 表示效益修正系数。

$C_t = DC_t + IC_t$ 式中，DC_t 表示直接成本；IC_t 表示间接成本。

总成本法较全面地涵盖了生态保护建设成本，且对其进行了水质水量系数修正。但在生态补偿中仅考虑其建设成本显然是不够的，这无法满足生态

---

[1]　李彩红：《水源地生态保护成本核算与外溢效益评估研究——基于生态补偿的视角》，山东农业大学博士学位论文，2014年。

补偿的实际需要。且其尚未考虑各项工程的运营费用及折旧，这些问题在实际补偿中都是十分重要的，因而需要对总成本法进行修正方能计算出合理的补偿金额。

二、生态价值核算方法

水源保护区对流域生态环境的保护，使流域的生态价值有所增加，包括水量增加、水质改善、稳定水文、调节气候、保护土壤等，下游地区享受到这些生态增值，势必应该对水源保护区进行补偿，而生态增值的价值就是生态补偿标准，可作为生态补偿的最高值。生态价值核算方法较多，本研究只介绍较为常用的水资源价值法、生态系统服务功能价值和条件价值评估法。

(一) 水资源价值法

长期以来，水资源低价甚至无价使用导致需求过度膨胀，造成了水资源严重浪费，也加剧了由此导致的多种经济社会矛盾[1]。由于水资源具有不可替代性和稀缺性，这就决定了可以运用经济手段对水资源进行管理，以实现其合理流动和有效配置，

在流域生态补偿中，水源区或上游地区为了保障供水的数量和质量，促进水资源供给和水源区生态环境保护的可持续性，进行了大量的人力、物力和财力投入，这才确保了水资源外部经济性效应的持续发挥。因此，对水资源价值进行科学计算既是生态补偿标准确定的基础，也是流域上下游之间水权交易的重要组成部分。[2]

目前，水资源价值的定价方法很多，主要有影子价格模型[3][4]、边际机会

---

① 卢亚卓、汪林等：《水资源价值研究综述》，《南水北调与水利科技》2007 年第 4 期。

② 李怀恩、庞敏、肖燕：《基于水资源价值的陕西水源区生态补偿量研究》，《西北大学学报（自然科学版）》2010 年第 1 期。

③ 姜文来：《水资源价值论》，科学出版社 1998 年版。

④ 袁汝华、朱九龙等：《影子价格法在水资源价值理论测算中的应用》，《自然资源学报》2002 年第 6 期。

成本模型[1]、模糊数学模型[2][3]、CGE 模型[4]、环境选择模型[5][6]、供求定价模型[7]、水资源价值运移传递模型[8]、条件价值评估法等。在计算生态补偿标准时，可以根据水资源的市场价格，基于水质情况，运用水资源价值法对生态补偿额进行估算，其计算公式为：

$$P = Q \times C \times \delta_Q \qquad\qquad （式 4 - 5）$$

式中，P 表示补偿额；Q 表示调水量；C 表示水资源市场价格；δ_Q 表示水质修正系数。

水资源价值法可以清晰地反映水资源价值，简单易用，但在实际补偿中往往因缺少市场公允价值而无法进行有效计算。

（二）生态系统服务功能价值

1. 生态系统服务功能的内涵

从某种意义上讲，生态补偿可以理解为是对生态系统服务功能的一种购买。所谓生态系统服务功能是指生态系统及其要素（或说其中的元素），其存在或利用给人类生存与发展所带来的效益或效果。前者如森林的存在本身就具有吸收二氧化碳释放氧气、阻挡风沙、维护或保持生物物种与遗传多样性[9]、吸尘净化空气等功效，水的存在可以湿润土地与空气、河流可以稀释有毒物质、冲洗河道等，这都是由其存在而决定的效能或效应，根本不需要人力"帮助"就会发生；后者如引水灌溉使农业丰收，矿物开采获得了资源，植物提取或合成了药物、材料与原料等，与前者的区别在于，它需要人的加

---

① 李金昌：《资源核算论》，海洋出版社 1991 年版。

② 顾圣平、林汝颜、刘红亮：《水资源模糊定价模型》，《水利发展研究》2002 年第 2 期。

③ 韦林均、包家强、伏小勇：《模糊数学模型在水资源价值评价中的应用》，《兰州交通大学学报（自然科学版）》2006 年第 3 期。

④ 王浩、阮本清、沈大军：《面向可持续发展的水价理论与实践》，科学出版社 2003 年版。

⑤ Blamey R，Gordon J，Chapman R，"Choice Modeling Assessing The Environment Values Of Water Supply Options"，*The Australian Journal of Agricultural and Resource Economics*，Vol. 43，No. 3（1999），pp. 337 – 357.

⑥ Bennet J，Russell B.，*The Choice Modeling Approach to Environmental Valuation*，Massachusetts Edward Elgar Publishing Inc.，2001，pp. 37 – 69.

⑦ 李永根、王晓贞：《天然水资源价值理论及其实用计算方法》，《水利经济》2003 年第 3 期。

⑧ 阮本清、张春玲：《水资源价值流的运移传递过程》，《水利学报》2003 年第 9 期。

⑨ 骆世明：《生态系统服务功能与资产定价》，《普通生态学》2005 年第 2 期。

工、修饰、转化与开发。世界物质性本性决定了人对物质资料的依赖，决定了人的生存与发展必须与物质世界进行物质、能量的交换互动，也就决定了一定区域和人口发展的基础与潜力、产业结构与发展特色，并为其经济社会的可持续发展提供支撑。康斯坎茨（Constanza）等人曾将生态系统服务区分为 17 个类型[①]，如表 4 - 3 所示。

表 4 - 3 生态系统服务功能分类

序号	生态系统服务	生态系统功能	举例
1	气体调节	调节大气化学组成	CO_2/O_2 平衡、O_3 防紫外线、硫化物水平
2	气候调节	对气温、降水的调节以及对其他气候过程的生物调节作用	温室气体调节以及影响云形成的 DMS（硫化二甲酯）生成
3	干扰调节	对环境波动的生态系统容纳、延迟和整合能力	防止风暴、控制洪水、干旱恢复及其他由植被结构控制的生境对环境变化的反应能力
4	水分调节	调节水文循环过程	农业、工业或交通的水分供给
5	水分供给	调节水文循环过程	农业、工业或交通的水分供给
6	侵蚀控制和沉积物保持	生态系统内的土壤保持	风、径流和其他运移过程的土壤侵蚀和在湖泊、湿地的累计
7	土壤形成	成土过程	岩石风化和有机物的积累
8	养分循环	养分的获取、形成、内部循环和存储	固氮和氮、磷等元素的养分循环
9	废弃物处理	流失养分的恢复和过剩养分有毒物质的转移与分解	废弃物处理、污染控制和毒物降解
10	授粉	植物配子的移动	植物种群繁殖授粉者的供给

---

① Costanza R, d' Arge R, de Groot R, et al. , "The Value of the World' s Ecosystem Services and Natural Capital", *Nature*, Vol. 387, No 15 (1997), pp. 253 - 260.

续表

序号	生态系统服务	生态系统功能	举例
11	生物控制	对种群的营养级动态调节	关键种捕食者对猎物种类的控制、顶级捕食者对食草动物的消减
12	庇护	为定居和临时种群提供栖息地	迁徙种的繁育和栖息地、本地种区域栖息地或越冬场所
13	食物生产	总初级生产力中可提取的食物	鱼、猎物、作物、果实的捕获与采集，给养的农业和渔业生产
14	原材料	总初级生产力中可提取的原材料	木材、燃料和饲料的生产
15	遗传资源	特有的生物材料和产品的来源	药物、抵抗植物病原和作物害虫基因、装饰物种（宠物和园艺品种）
16	休闲	提供休闲娱乐	生态旅游、体育、钓鱼和其他户外休闲娱乐活动
17	文化	提供非商业用途	生态系统美学的、艺术的、教育的、精神的或科学的价值

2. 生态系统服务功能价值的内涵

生态系统服务功能价值不是其存在价值、理论价值或意义价值，而是生态系统服务的量化价值，也就是对生态系统服务所带来效益效应大小的价值量化，不管是其单纯的存在、还是被利用被开发所带来的效益效应价值量化。由于生态系统及其服务方式的特殊性，决定了其价值核算的特殊性，一是以虚拟估算为主而不是商品价值的确定以交易的实现价值为主；二是生态系统的不同服务方式，其价值量化的方式方法各不相同。刘玉龙等人认为，"生态系统服务功能的价值主要包括直接使用价值、间接使用价值、选择价值和存在价值"[①]。

（1）直接使用价值。生态系统的直接使用价值是指生态系统的直接利用或生态资源的直接使用所产生的价值。包括农业（种植业和野生动物）、林

---

① 刘玉龙、马俊杰、金学林：《生态系统服务功能价值评估方法综述》，《中国人口·资源与环境》2005 年第 1 期。

业、畜牧业、渔业、医药业和部分工业产品加工品的直接使用价值,还包括生物资源的旅游观赏价值、科学文化价值、畜力使用价值等。

(2) 间接使用价值。生态系统的间接使用价值是指生态系统通过一定的中介系统或介质系统间接地为人类社会的生存与发展所产生的价值或效益,如生命支持系统相关的生态服务,像"光合作用与有机物的合成、CO_2 固定、保护水源、维持营养物质循环、污染物的吸收与降解"[1] 等,其对人生存、生产与生活的量化价值大小无法直接判断和核算,但可以从没有该项资源所带来的影响中明显地感受到,就像没有空气我们无法呼吸一样,尽管我们并不为呼吸的任何一点空气付费,因而,也就可以通过没有该项服务的价值损失大小和生产具有该项功能替代效应的资源所需成本进行虚拟估算。

(3) 选择价值。生态系统服务的选择价值就是人们对该资源使用时间的抉择,如果现在使用就会因其价值发挥而使其未来的直接利用价值、间接利用价值、存在价值等丧失;而留待未来使用,不仅其未来使用时的直接利用价值、间接利用价值、选择价值和存在价值依然存在[2],并在现在到未来利用期间发挥着其存在价值。这种资源储存就像把钱存入银行一样具有效应、产生利益。

(4) 存在价值。生态系统服务的存在价值是指生态资源存在本身所产生的效益或效应,这种效益或效应直接或间接带给人们影响,产生效益或效应。人们为了确保能够持续获得这种效应或效益,会主动地支付一定的费用以对其进行培植和保护,从而形成维持生态资源存在的自愿价值支付。由生态系统服务所产生的存在价值既可以通过前述的虚拟方式核算,也可通过人们的支付意愿核算。

3. 生态系统服务功能价值的核算方法

随着环境经济学的发展,许多学者在生态系统服务功能价值的核算方面做了大量研究,也形成了多种核算手段,大致可分为三类:直接市场价值法、替代市场价值法和模拟市场价值法[3],如表 4 - 4 所示。

---

① 马中:《环境与自然资源经济学概论》(第 2 版),高等教育出版社 2006 年版。

② 薛达元:《自然保护区生物多样性经济价值类型及其评估方法》,《农村生态环境》1999 年第 2 期。

③ 马中:《环境与自然资源经济学概论》(第 2 版),高等教育出版社 2006 年版。

表4-4 生态系统服务功能价值的主要核算方法

类型	序号	核算方法	核算特点
直接市场价值法	1	剂量—反应法	评价一定污染水平下服务产出的变化，并通过市场价格（影子价格）对这种变化进行价值评估
	2	生产率变动法	环境变化会对成本或产出造成影响，以这种影响的市场价值进行估算
	3	疾病成本法	以环境变化造成的健康损失进行估算
	4	重置成本法	以环境被破坏后将其恢复原状所需支付的费用进行估算
替代市场价值法	5	机会成本法	以其他利用方案中的最大经济效益作为该选择的机会成本
	6	影子价格法	以市场上相同产品的价格进行估算
	7	影子工程法	以替代工程建造费用进行估算
	8	防护费用法	以消除或减少该问题而承担的费用进行估算
	9	恢复费用法	以恢复原有状况需承担的治理费用进行估算
	10	资产价值法	以生态环境变化对产品或生产要素价格的影响进行估算
	11	旅行费用法	以游客旅行费用、时间成本及消费者剩余进行估算
模拟市场价值法	12	条件价值法	以直接调查得到的消费者支付意愿或消费者接受赔偿意愿来进行价值计量

（三）条件价值评估法

1. 概述

生态环境具有公共产品属性，其价值不能通过市场交易表现出来，因此多以条件价值评估法（Contingent Valuation Method，CVM）进行核算。所谓条件价值评估法就是通过市场模拟，以问卷或访谈方式，了解被调查者或被访谈者对某一项生态资源或环境质量的提供、保持或者享受所愿意接受的价格或支付的费用。在提供、保持生态资源与环境质量的条件下所愿意接受的价格就是生态保护者的受偿意愿（Willingness to Accept，WTA），相当于生态资源供给者在虚拟市场交易下，愿意生产和提供生态资源的价格，即生态资源的供给价格；在享受生态服务效益条件下所愿意支付的价格就是生态资源消费者或其外部效应享受者的支付意愿（Willingness To Pay，WTP），相当于生态服务购买者在虚拟市场交易下，愿意支付的生态资源价格，即生态资源的需求价格；通过这二者的平衡、拟合或讨价还价以估算出生态环境效益改善或环境质量损失的经济价值。这是典型的陈述偏好法，多用于估算生态系统中的存在价值和遗赠价值。

WTA 和 WTP 是从两个不同角度衡量生态与环境物品价值，在实际应用中，两者差异非常大，所以，"一般用 WTP 来评估生态环境的价值。原因在于：①受访者可能给出不真实的 WTA；②相对于 WTP 而言，同一个人可能会在不同时间对同一问题给出变化较大的 WTA；③WTA 数值太大，不真实"①。

2. 条件价值法评估的技术类型

条件价值法评估技术可通过直接询问调查对象的 WTA 或 WTP；间接或推断调查对象的 WTA 或 WTP；或者根据专家意见来评估生态或环境物品价值等途径或手段实现。其中，常用方法有三种。

（1）投标博弈法。投标博弈法就是根据既定假设条件，由被调查对象在不同水平下，对自己的生态或环境物品及其服务的支付意愿或接受赔偿意愿作出选择或评判。具体操作又分为单次投标博弈法和收敛投标博弈法。

（2）比较博弈法。比较博弈法也叫权衡博弈法，就是调查对象在不同的物品价值和相应的货币数量之间进行权衡和选择。所选定的货币数量实际上就是从意愿角度反映出来的生态或环境物品价值，从而估算或推算出人们对该生态或环境物品的支付意愿。

（3）无费用选择法。无费用选择法就是根据调查对象在不同生态与环境物品或服务之间的选择来估算生态或环境物品的价值。实际上是根据被调查者的偏好排序或效用排序进行的一种价值估算，不是也不需要真正的成本或价值支付，因此是无费用的价值估算或核算。

3. 条件价值法评估的基本步骤

（1）确定范围。在调查前，先对拟调查问题进行研究，并选择调查方向。同时，为保证样本的代表性和有效性，应确定调查范围、目标人群、样本数

---

① 赵进：《流域生态价值评估及其生态补偿模式研究》，南京林业大学硕士学位论文，2009 年。

量、引导技术等。

（2）设计问卷。合理设计调查问卷对数据的准确性和可靠性起着决定性作用。在设计调查问卷时，应做到文字通俗易懂，问题简洁有序，答案力求全面。如时间允许可先在小范围内进行预测试，以便及时找出问卷中存在的问题。

（3）调查走访。根据引导技术，在目标人群中随机发放问卷进行抽样调查，并保证争取较高的问卷回收率。

（4）数据分析。采用合适的统计方法来分析问卷数据，注意将偏差控制在可接受的范围内。

第三节　生态补偿量分摊方法

上游地区对流域生态环境的保护和建设，不仅能使下游受水区享有生态系统增值带来的好处，也能使上游调水区受益；而且在受水区之间，也应根据受益程度、经济水平不同而有所区别，所以调水区和受水区之间、调水区之间应建立公平合理的生态补偿量分摊方法。

一、流域生态环境建设的积极影响

（一）受水区

流域上游地区的生态环境建设对受水区产生了重要的积极影响。

1. 提供优质、充足的来水

调水工程最核心的任务就是将水源区的优质水源直接补充到缺水地区，缓解受水区的水源危机，满足其经济发展需要。加强上游地区的生态环境建设，不仅可以涵养水源，为受水区提供充足的水量，还可以通过流水的自净能力防止水体污染，保障受水区水质安全。

2. 提高河道生态功能

水具有流动性，能冲刷河床上的泥沙，起到疏通河道作用，也能运输营养物质，维系生态系统的生产力。受水区一般河流水量较少，径流降低，导致河道泥沙沉积、河床抬高，使调蓄洪水和运输能力大大降低。[①] 借助调水工程的水资源补充，可大大提高受水区河道的生态功能。

3. 改善区域环境

流域对维持区域内森林、草地、湖泊、湿地等自然生态系统功能具有不可替代的作用，如调节气候、净化环境、保持土壤、提供生境、补给地下水等。调水工程无疑可使受水区的区域环境得到极大改善。

（二）调水区

流域上游地区的生态环境建设也使其自身受益。[②]

1. 改善生态环境

由于调水工程对水质水量的要求较高，流域上游地区关停了大量污染严重的企业，使流域水质得到根本改善。同时，上游地区为涵养水源，大力开展退耕还林、生态林建设、水土治理等工程，使水源区森林覆盖率提高，抵御自然灾害能力增强，生态环境得到改善。

2. 调整经济结构

为保障水源涵养区的生态环境，流域上游一般都是限制发展区，高污染行业不能进入。表面来看，这是一种限制，制约了上游地区的经济发展；长远来看，这其实是一种契机，可以促进上游地区的产业升级、转型。上游地区的第一产业可以以污染较小的生态农业为主；适当降低第二产业比例，引入低能耗、低污染的高新企业，促进工业转型升级；大力发展第三产业，尤其是生态旅游业，使当地经济结构得到调整、优化。

二、生态补偿资金分摊量的确定方法

国外几乎不涉及生态补偿量的分摊，国内的研究相对较少，以下仅对几

---

① 王浩、陈敏建、唐克旺：《水生态环境价值和保护对策》，清华大学出版社、北京交通大学出版社 2004 年版，第 80—110 页。

② 史淑娟：《大型跨流域调水水源区生态补偿研究——以南水北调中线陕西水源区为例》，西安理工大学博士学位论文，2010 年。

种典型方法作出介绍。

（一）人均国内生产总值基准法

生态补偿标准的确定必须兼顾公平与效率，坚持受益者付费、污染破坏和使用者补偿、保护者受益原则，但也要考虑负担水平，即负得起问题，因此，可"用人均 GDP 作为计算指标，来确定各地的补偿系数"[①]。

设某受益地人均 GDP 为 G_i，所有受益区人均 GDP 平均值为 G_0，则：

$$\alpha_i = G_i/G_0 \qquad\qquad (式4-6)$$

其中，$\alpha_i > 1$，表示该地区经济水平高于受益区平均水平；$\alpha_i = 1$，表示该地区经济水平处于受益区平均水平；$\alpha_i < 1$，表示该地区经济水平低于受益区平均水平。

根据公平效益原则，一个地区或个人所承担的费用需与其能够承担费用的能力相适应，3 岁孩童负百斤行走是不可能的，一个贫穷落后地区的人把他的全部收入或绝大部分收入用于生态保护或支付生态补偿资金也是不可能的。因此，不同地区、不同个人所承担或分担的生态补偿费用应与其经济发展水平，进而人们的收入水平相适应，经济发展水平高的地区多承担一点，经济发展水平低的地区少承担一点。分担比例 β_i 计算公式：

$$\beta_i = \alpha_i \Big/ \sum_{i=1}^{n} \alpha_i \qquad\qquad (式4-7)$$

则各受益地区按比例分担生态补偿费用。

（二）受益程度、支付意愿和支付能力综合法

"福利水平均等化要求生态补偿额分担不仅要考虑下游受益区的受益程度，还应考虑其支付意愿和支付能力。"[②] 也就是说，通过受益程度、支付意愿和支付能力相结合的方法来确定生态补偿资金的分摊量，可以实现公平与效率的有机结合。用公式表达就是：

$$r_i = \frac{q_i W_i p_I}{\sum q_i W_i p_i} \qquad\qquad (式4-8)$$

[①] 张春玲、阮本清：《水源保护林效益评价与补偿机制》，《水资源保护》2004 年第 2 期。
[②] 姜曼：《大伙房水库上游地区生态补偿研究》，吉林大学硕士学位论文，2009 年。

式中，r_i——生态补偿资金分担率；q_i——受益程度系数；W_i——支付意愿；p_i——支付能力系数。

1. 受益程度

不同数量的生态资源或环境物品给相同或不同地区（个人）带来的效益（效应）存在程度上的差异，我们用受益程度表示。一般而言，人们的受益程度是与其所占有或享受到的资源数量成正比（不考虑边际效用递减规律作用，实际上，这种作用还是存在的，就像本来就水多的地方再输入水资源可能会泛滥成灾，本来就缺水的地方调出一部分水资源会使缺水问题更为严重）。所以，我们以引入水量（或分配水量）的多少为计算指标衡量人们的受益程度，也就是说，在假定引水量与受益区的受益程度成正比的条件下，可以直接用引水量指标衡量某地区（个人）的受益程度，则有：

$$q_i = Q_i \Big/ \sum Q_i \qquad (式4-9)$$

式中，Q_i——取水量。

2. 支付意愿

支付意愿是影响人们的生态补偿支付动力与支付水平的重要因素，更是影响生态补偿资金筹集能力的关键要素。一般而言，人们的支付意愿越高，支付的生态补偿资金就越多、越积极主动；反之则相反。影响支付意愿的因素较多，其中首要的是人们的收入水平从某种意义上讲，只有当人们的收入水平，进而生活水平达到一定程度后才会考虑生活质量和高层次需求满足问题，一个连基本生活都保证不了的人，根本就谈不上什么保护环境、生态环境投资与支付生态补偿资金的问题，相反，生活水平越高在生态与环境上支付的消费就越多，享受的权利就越大；其次是人们的受教育程度与生态环境保护意识，高素质者的决策会自觉地把未来预期与当前需求结合起来，会主动地抑制自己的行为给生态环境保护提供资本支持，形成生态补偿支付意愿。在这里，我们运用 Logistic 生长曲线模型，通过收入水平和消费结构来描述人们的生态补偿资金支付意愿：

$$y = \frac{k}{1 + ae^{-bt}} \qquad (式4-10)$$

式中，y——生态补偿支付意愿；k——生态补偿支付意愿（y）的最大值；t——用恩格尔系数倒数表达的生活水平；a、b——常数；e——自然对数的底。

假设 a、b、k 均为 1，则上述模型可简化为：

$$y = \frac{1}{(1 + e^{-t})}$$

则某一地区居民对生态环境价值的支付意愿为：

$$W_i = y_i = \frac{1}{(1 + e^{-1/En_i})} \qquad （式 4 - 11）$$

3. 支付能力

实际的生态补偿资金支付是人们的生态补偿支付意愿与支付能力的统一，前者说的是一定主体愿不愿意为生态保护付出代价、支付成本；后者说的是一定主体有没有能力支付生态补偿资金的问题。尽管没有支付意愿也不会有支付行为，形不成实际的生态补偿资金支付，但是，支付能力更是生态补偿资金筹集的关键性约束条件，收入水平的低下，会使人们对生态补偿资金的筹集"无能为力"和"不得已"破坏生态环境，那更是毫无意义。生态补偿资金支付能力衡量的关键指标是 GDP（区域）和可支配收入（个人），在这里我们用 GDP 作为支付能力系数的计算指标：

$$p_i = \frac{GDP_i}{\sum GDP_i} \qquad （式 4 - 12）$$

（三）单指标法

单指标法就是以用水量、生态服务功能价值或人均 GDP 等某一项指标为依据来确定生态补偿资金支付额度的方法。

1. 根据受益区用水量确定生态补偿资金分摊的方法

就是以受益地区的用水量为依据，确定各不同地区在生态补偿资金支付中的额度或分摊数额，其"受益系数由调水区和受水区两者从水源区的取水量比重来反映，依据各地区的受益量（如用水量等）采用平均成本定价方法进行分配"[1]。

$$c_i = \frac{C}{\sum\limits_{i=1}^{n}} q_i \qquad\qquad (式4-13)$$

式中，c_i 表示第 i 个地区的投资分担值；C 表示总补偿金额；q_i 表示第 i 个地区的用水量。

2. 根据生态服务功能价值生态补偿资金分摊的方法

按照成本与收益对等的原则，享受生态功能服务就应该付出成本、支付相应的价格。同理，支付的价格额度也该与其享受到的生态服务功能价值大小相匹配。一般而言，资源数量与该资源所产生的生态功能价值成正比，因而也就可以依据受水区所分得的水资源量确定其所应分担的生态补偿资金额度，其公式为：

$$E_i = \frac{w_i}{\sum\limits_{i=1}^{n} w_i} E \qquad\qquad (式4-14)$$

式中，E_i 表示第 i 个地区的生态补偿资金分担量；E 表示表示生态补偿资金总金额；w_i 表示表示第 i 个地区分享的生态服务功能价值。

3. 根据受益区有效支付能力确定生态补偿资金分摊的方法。

支付能力是实现生态补偿资金有效分摊的根本保证，而反映人们有效支付能力的指标主要是收入指标，在这里，我们用反映一个地区经济发展水平的人均国民生产总值来替代反映该区域居民的有效支付能力。其具体计算方法与人均国内生产总值基准法相同。

（四）综合指标法

综合指标法就是为消除单指标法分摊所造成的各种片面性或不合理性，通过专家打分等办法对各单项指标进行权重赋值，从而形成对生态补偿资金分摊量的综合考虑与合理分摊。一般而言，需要综合考虑的因素主要包括：

---

[1] 史淑娟：《大型跨流域调水水源区生态补偿研究——以南水北调中线陕西水源区为例》，西安理工大学博士学位论文，2010 年。

用水量、效益、支付能力等等。我们假定综合考虑的各因素的因子权重相等①，则有：

$$C_d = C_m \times \frac{P_n + Q_n + H_n}{3} \qquad (式 4-15)$$

其中：$P_n = \dfrac{P'_n}{\sum\limits_{i=1}^{2} P'_n}, Q_n = \dfrac{Q'_n}{\sum\limits_{i=1}^{2} Q'_n}, H_n = \dfrac{H'_n}{\sum\limits_{i=1}^{2}}H'_n$

式中，C_d 表示生态补偿资金分摊量；C_m 表示生态补偿资金总额；P_n 表示效益分摊系数；P_n 表示受益地区受益量分配；Q_n 表示水量分摊系数；P'_n 表示受益区域的用水量；H_n 表示水量分摊系数；H'_n 表示受益地区受益量分配。

（五）离差平方法

"离差平方法是一种加权综合法，不需要人为确定权重系数，而是以单个分摊方法接近多种分摊方法平均值的程度确定权重。"②

1. 离差平方法模型

离差平方法模型的基本原理就是根据某种分摊方法所确定的生态补偿资金分摊值与平均分摊值的关系来确定其权重系数，以对其补偿分摊量进行调节。一般而言，当某种分摊方法所确定的分摊值 x_i 偏离平均值分摊值较大时就确定较小的权重系数，反之，则确定较大的权重系数，从而使其分摊额度差距过大的状况得到改善。我们假定分摊方法有 n 种，分摊的平均值为，分摊权重系数函数为 w_i，则需有以下三个满足条件：

（1）$\sum\limits_{i=1}^{n} w_i = 1$

（2）利差平方 $(x_i - \bar{x})^2$ 与权重系数 w_i 呈反向变动关系，即 $(x_i - \bar{x})^2$ 较小时 w_i 则大，反之，$(x_i - \bar{x})^2$ 较大时 w_i 则小。

（3）以 C 表示综合分摊系数估值、x 表示期望综合分摊系数，则依概率 C 收敛于 x，其权重函数则为：

---

① 史淑娟：《大型跨流域调水水源区生态补偿研究——以南水北调中线陕西水源区为例》，西安理工大学博士学位论文，2010 年。
② 史淑娟、李怀恩等：《跨流域调水生态补偿量分担方法研究》，《水利学报》2009 年第 3 期。

$$w_i = \left((n-1) \cdot s^2 - (x_i - \bar{x})^2 \right) \Big/ \left((n-1)^2 \cdot s^2 \right)$$

式中，样本方差 $s^2 = \sum_{i=1}^{n} (x_i - \bar{x})^2 \Big/ (n-1)$；

综合分摊系数估值 $C = \sum_{i=1}^{n} w_i \cdot x_i$。

2. 权重函数满足条件的证明

对于条件（1）的证明：

$$\sum_{i=1}^{n} w_i = \sum_{i=1}^{n} \left((n-1) \cdot s^2 - (x_i - \bar{x})^2 \right) \Big/ \left((n-1)^2 \cdot s^2 \right)$$

$$= \left(n(n-1)^2 \cdot s^2 - (n-1)s^2 \right) \Big/ \left((n-1) \cdot s^2 \right) = 1$$

对于条件（2）的证明：

w_i 显然 $(x_i - \bar{x})^2$ 与存在反向变动关系，因此条件成立。

对于条件（3）的证明：

令 $y_i = n w_i x_i$，则有 $C = \sum_{i=1}^{n} y_i / n$。根据马尔可夫定理，随机变量 $y_1, y_2, \cdots, y_n$ 的数学期望 $E | y_i < \varepsilon$ 时服从大数定理，即存在任意小正数 ε，有下式成立：

$$\lim_{n \to \infty} P \left(\left[\left| \sum_{i=1}^{n} y_i / n - \sum_{i=1}^{n} E y_i / n \right| < \varepsilon \right] \right) = 1$$

$$\lim_{n \to \infty} P \left(\left[\left| \sum_{i=1}^{n} y_i / n - \sum_{i=1}^{n} E(n w_i x_i / n) \right| < \varepsilon \right] \right) = 1$$

$$\lim_{n \to \infty} P \left(\left[\left| \sum_{i=1}^{n} y_i / n - E(n x_i / (n-1)) - \sum_{i=1}^{n} (x_i - \bar{x})^2 x_i / (n-1) s^2 \right| < \varepsilon \right] \right)$$

$$= 1$$

由于各种分摊方法所存在的偏差均为随机性偏差，所以也就只存在引起这种偏差的随机性误差，因此，对于任意 i 值（i=1，2，…，n），均存在 $E x_i = x$，故而：

$$\lim_{n \to \infty} P \left(\left[\left| \sum_{i=1}^{n} y_i / n - x \right| < \infty \right] \right) = 1 \quad 可见 \ C \xrightarrow{P} x。$$

可见，离差平方法模型的三个条件均是成立或满足的。

第四节　生态补偿标准核算模型

本书按照成本补偿、效应分享、长效机制建设思路，以南水北调中线工程汉中水源地为例，从生态补偿的实际需要出发，构建出生态补偿标准核算的计量模型。该模型分为四个主要部分，分别是机会成本损失补偿、投入成本与运营费用补偿、经济红利分享、生态改善效应贡献补偿，其计量公式为：

$$M = OC + TC + EED + EEI \qquad (\text{式}4-16)$$

式中，OC 表示机会成本损失补偿；TC 表示投入成本与运营费用补偿；EED 表示经济红利效应分享；EEI 表示生态改善效应贡献补偿。

一、机会成本损失补偿

这里所说的机会成本并不是传统意义上的机会成本。在那里，机会成本仅仅是一项选择成本，而这里则是因为放弃了资源的使用与开发所遭受的各项实实在在的损失，即水源地为了全流域之生态环境而放弃的部分产业发展所遭受的平均收益损失（不是最大收益损失）。这种损失从表象上看是"PPE怪圈，即贫困—人口增长—环境退化的恶性循环"，从深层次上分析是对生态功能区或水源区居民发展权利的一种剥夺：为保护水源而陷入"拿着金饭碗要饭"的情形。其计量公式如下：

$$OC = L_{al} + L_i + L_{eu} \qquad (\text{式}4-17)$$

式中，L_{al}表示规划区内水源地坡耕地价值损失价值；L_i 表示引资增量损失价值；L_{eu}表示生态利用损失价值。

（一）水源地坡耕地价值损失价值（L_{al}）

作为水源地的陕南而言，大量的是坡耕地，山坡地占81%，其中 >25°的坡耕地就占到38%以上。山大、沟深、坡陡极易造成水土流失，且治理难度大。在坡耕地侵蚀中，汉中44.6%，安康53.0%，商洛66.1%，陕南平均侵蚀比例达 53.16%。[1] 汉中山地占总土地面积的 75.2%，其中高中山就占到 57.0%。[2] 为了有效保护水源、抑制水土流失，不得不限制坡耕地的耕种，这就使本来就有限的汉中耕地资源减少、人们的生产生活空间缩小、收入水平降低，因此，由限制坡耕地耕种所带来的各类作物收入损失应得到相应的补偿。其计量公式如下：

$$L_{al} = N \cdot R \qquad (式 4-18)$$

式中，N 表示规划区内水源地陡坡耕地面积；R 表示水源区或其某区域每平方千米主要农产品产出价值总和。

$$N = area_{规划面积} \times (area_{陡坡面积} \div area_{总面积}) \qquad (式 4-19)$$

式中，$area_{规划面积}$ 表示《丹江口库区及上游水污染防治和水土保持规划》（以下简称《水污染防治规划》）中规定的规划治理总面积；$area_{陡坡面积}$ 表示水源区或其某区域内坡度大于 25° 的陡坡面积，为水源区或其某区域内土地总面积。

$$R = \sum_{i=1}^{7} n_i \cdot x_i\% \cdot p_i \qquad (式 4-20)$$

式中，n_i 表示水源区或其某区域内每平方千米各类主要农产品产出量；$x_i\%$ 表示水源区或其某区域内各类主要农产品占总产出比例；p_i 表示水源区或其某区域内各类主要农产品当年价格。其中，i 从 1 至 7 分别为小麦、稻谷、玉米、大豆、油菜籽、花生、蔬菜。

（二）引资增量损失价值（L_i）

资本不足是一个永恒的话题，资本约束使一个区域、一个企业丧失了许多发展机会。作为国家集中连片特困区的汉中受资本约束更严重，在急需通过招商引资扩大生产的大背景下，却面临着因水源保护而不得不放弃一些有污染可能性的引资项目，这些资本所带来的收益应该得到相应的补偿，以体现当地居民主动限制污染企业所遭受的发展损失，这是为水源保护所作出的巨大贡献。这里没有考虑污染企业的关停并转所遭受的损失，其原因有三：一是关停污染企业是水源保护的前期工作，具体来说，应该在南水北调中线

---

[1] 胡仪元、杨涛：《南水北调中线工程汉江水源地生态保护及其对策调研》，《调研世界》2010 年第 11 期。

[2] 汉中市方志办：《汉中市概况（自然环境）》，2014 年 9 月 25 日，见 www.hanzhong.gov.cn。

工程和引汉济渭工程开始实施之时就开始了的事情，到正式引水（工程完工）时，水源地的污染产业与污染企业都应该成为一个过去式。二是从长效机制角度来看，不让污染企业落地是水源保护的源头和根本，只要不增加污染性企业就不会有新的污染源增加，这是一个长效做法。三是节约成本，如果我们一边引进污染企业、发展污染产业，一边进行关停限制，无疑会增加很多成本，是得不偿失的。从源头上限制污染企业落地所遭受的收益损失理所当然地成为机会成本补偿的一部分。其计量公式如下：

$$L_i = [AAI \div (HPI/TPI) - AI_{already}] \times [(AI_{already} - AI)/AI] \times p$$

（式 4 - 21）

式中，AAI 表示近三年来汉中市平均引进资本量；HPI/TPI 表示现有污染企业工业产值占工业总产值的比重；$AI_{already}$ 表示最近一年已经引进的资本量；AI 表示上一年引进的资本量；P 表示工业企业平均利润率。

此处拟使用全国污染密集型产业占工业生产总值的比重来代替汉中市现有污染企业工业产值占工业总产值的比重。工业企业平均利润率以第二产业增加值除以年度工业总产值概略估算，也就是说，这里不是招商引资损失问题，而是招商引资所造成的增加值损失。

（三）生态利用损失价值（L_{eu}）

生态已经是当今社会的一项紧缺资源、最为严重的短缺产品，特别是水资源的短缺给人们生产、生活和生态产生了诸多约束。加上空间固定性、分布不均衡、污染扩大、需求增加等一系列因素使该问题越来越严重。作为上游地区对水资源及其相关资源消耗、开发和污染的增加，必然带来其总量的减少和中下游地区短缺的加剧。汉中对水资源开发利用和污染的减少就是对中下游、对受水区的巨大贡献，应该得到相应的生态补偿。水资源利用减少是我们选择的第一个重要衡量指标，水资源利用的直接后果就是对中下游地区水资源的截流，导致其供给减少或不足，特别是在干旱气候下水资源的争夺尤为激烈和显著，也会加大对水源的污染。这些利用主要包括：①水电开发。丹江口水库上游陕西段已建、待建、筹建黄金峡、石泉、喜河、安康、旬阳、蜀河和白河等 7 座梯级电站①②，总兴利库容 18.63 亿立方米，总装机容量 2217.5 兆瓦，这对当地是一种能源开发和一项经济收入，而对南水北调中线和引汉济渭水源水量、水质、河道、水生生物等具有较大的负面影响。②生产生活耗水。特别是高水耗农作物的大量耕种会导致耗水量增加，出现与中下游争水吃的局面。从人类生产生活方式的演进角度看，人首先是从直接利用自然资源开始的，当地自然资源的富源导致了人们对该项资源的充分利用和过度依赖，在水资源丰富的地方也就缺少了节水意识，生产生活及其相应的技术支持都不是很注重节水问题，保护水源就得改变水源地居民的生产生活方式，降低水耗，也得开发节水技术、发展节水农业等等，既会增加投入也会降低某些产出。在汉江上游地区人口增加、城市扩张、经济活动能量增强等多因素作用下，对水资源开发利用量会进一步提高，必将使该问题逐步显性化、突出化。这些影响比较复杂，也难以通过预期准确估算，只能通过反映水资源供求状况的水价及其地区价差进行综合性估算。森林资源利用减少是我们选择的第二个重要衡量指标。森林资源除了具有净化空气、释放氧气、吸收二氧化碳等生态功能外，其直接的林木采伐也能带来相应的经济收入。作为水源地，水源涵养和水源培固的一项重要手段就是保护森林，这就使水源地居民不仅不能有效地采伐现有林木，还不得不扩大林地面积，提高森林覆盖率，为此而不仅使投入增加了，也使林业产值和居民收入减少了。为了方便计算，我们忽略对现有林木资源禁止采伐所带来的收益损失，仅仅考察增加林地的采伐价值损失（这里应该还有苗木投入成本，因其成本已经在"退耕还林工程费用、天然林保护工程费用"等各类工程费用直接成本中部分计量，故此忽略不计）。其计量公式为：

$$L_{eu} = L_{wu} + L_{fu} \qquad (式 4-22)$$

式中，L_{wu} 表示水资源利用损失。拟使用全国水资源利用系数与南水北调中线工程汉中地区调水量以及天津市与汉中市的水价之差（水价因用途不同分为生活用水、工业用水与生态用水）的乘积来估算汉中市每年的水资源利

---

① 黄强、孙晓懿等：《汉江上游梯级水电站合约电量确定及分解》，《水力发电学报》2011 年第 4 期。

② 周建华：《汉江上游梯级水电站开发模式研究》，西安理工大学硕士学位论文，2001 年。

用损失。此处需要从三个方面来加以说明：水资源利用损失的全部补偿额、受水区某区域（省、市、县等）补偿资金的分担额、供水区某区域（省、市、县等）受偿资金的分配额。

（1）水资源利用损失补偿总额计量公式：

$$L_{wuz} = \sum v_{z1} \times \overline{P}_{zw1} + \sum v_{z2} \times \overline{P}_{zw2} \qquad (式4-23)$$

式中，L_{wuz} 表示水资源利用损失的补偿总额；$\sum v_{z1}$ 表示受水区居民用水总量；$\overline{P}_{zw1}$ 表示受水区与供水区之间居民用水平均价格之差。$\sum v_{z2}$ 表示受水区非居民用水总量；$\overline{P}_{zw2}$ 表示受水区与供水区之间非居民用水平均价格之差。

（2）受水区某区域补偿资金分担额计量公式：

$$L_{wus} = v_{s1} \times p_{sw1} + v_{s2} \times p_{sw2} \qquad (式4-24)$$

式中，L_{wus} 表示受水区某区域补偿资金分担额；v_{s1} 表示某受水区调入的居民用水分配量；p_{sw1} 表示受水区与供水区之间居民用水价格之差。v_{s2}表示某受水区调入的非居民用水分配量；p_{sw2} 表示受水区与供水区之间非居民用水价格之差。

（3）供水区某区域受偿资金分配额计量公式：

$$L_{wug} = L_{wuz} \times \left(\frac{m_g}{m_z} \times q_1 + \frac{l_g}{l_z} \times q_2 + \frac{w_g}{w_z} \times q_3 \right) \qquad (式4-25)$$

式中，L_{wug}表示供水区某区域受偿资金分配额；m_g 表示某供水区流域面积，m_z 水源区的总流域面积；m_z 表示某供水区的河流长度，l_z 表示水源区的河流总长度；w_g 表示某供水区的出境水量，w_z 表示水源区出境总水量；p_1、p_2、p_3 分别表示为流域面积、流域河长、流域水量的权重赋值。

L_{fu}表示森林资源利用损失。拟使用汉中市新造林面积与单位面积林业产值之积来计算森林资源利用损失。

$$L_{fu} = A_{nf} \cdot V_{ua} \qquad (式4-26)$$

式中，A_{nf}表示每年新增林地面积；V_{ua}表示单位林地面积产值。

二、投入成本损失与运营费用补偿

成本补偿是社会资本运动的基本前提，是可持续发展的基本要求。成本补偿主要包括两部分：社会资本的价值补偿和实物补偿，前者体现在投入成本和运行费用的补偿上，如果生态保护设施的投入成本和运行费用无法得到持续的补偿，要么就无法形成有效的保护，如没有污水处理设施就不可能对污水进行处理，不加处理的排污无疑是水质的巨大损害；要么不能保证已经投资完成的生态保护设施得到有效利用，出现污水处理设施"晒太阳"情形。后者体现在固定资产的折旧上，缺乏必要的折旧，生态保护设施就不可能得到实物上的替换，从而导致其持续保护的中断，也就是说投资建设的污水处理厂在其设备更新时还有没有足够的钱买得起这些设备，保证其保护继续进行下去。作为水源地居民而言，水源污染所造成的危害更多地为中下游承担，因此其保护动力不足、积极性不高，这更需要做好相关的设备设施投入、更新和换代工作，因此这一部分的补偿更为重要。其计量公式为：

$$TC = IC + OC \qquad (式 4-27)$$

式中，TC 表示投入成本与运营费用的总和；IC 表示投入成本损失及其折旧；OC 表示运营费用。

（一）投入成本损失及其折旧（IC）

$$IC = \sum_{i+1}^{6} C_i + A \times r \qquad (式 4-28)$$

$$A = A(A_1 + A_2 + A_3) \times 100\% + A_4 \times 20\%$$

式中，C_i 表示各类工程费用直接成本（i 从 1 至 6 分别为生活污水处理厂建设成本、垃圾处理厂建设成本、退耕还林工程费用、天然林保护工程费用、小流域治理费用、企业环保投资费用）。A 表示固定资产投入原值，在六大类工程投资中，"生活污水处理厂、垃圾处理厂、企业环保设备"等投入中固定资产所占份额较大，可按 100% 计；而"退耕还林工程费用、天然林保护工程费用"多为一次性投入，需要的仅仅是年度的管护费用，在运营费用中计算。小流域治理费用所需要的堤坝维修费、清淤费等，可视同为固定资产折旧费，但其比例应该很低，可按照总投资 20% 的占比概数确定。其中，A_1 为生活污水处理厂建设成本、A_2 为垃圾处理厂建设成本、A_3 为企业环保投资、A_4 为小流域治理费用。r 表示折旧率。

（二）运营费用（OC）

$$OC + F_{wp} + F_{wd} + F_{fm} \qquad （式4-29）$$

式中，F_{wp} 表示污水处理费；F_{wd} 表示垃圾处理费；F_{fm} 表示森林管护费。

三、经济红利效应分享

水资源是一个社会最重要的生产要素和消费资料，其短缺会带来经济损失、生活不便和生态环境问题，相反，其利用、开发或状况改善都会带来相应的经济和生态效益。根据李善同等人在《南水北调与中国发展》一书中的资料，南水北调中线工程北方受水区在水平年，因缺水造成的经济损失占其 GDP 的比重为 22.9%；实施南水北调工程以后，到 2010 年，其国内生产总值增长收益可达到约 6846 亿元，财政收入增长收益可达到约 840 亿元。[①] 因此，南水北调中线工程和引汉济渭工程受水区因水资源的调入及其水环境改善，带来的经济收益和生态效益应该与供水区（水源地）进行分享。所带来的经济效应分享，即经济红利效应分享，通过调水后带来的 GDP 增量进行核算。其计量公式为：

$$EED = \Delta GDP_w \cdot \omega = （Q_民 \times P_民 + Q_非 \times \lambda） \cdot \omega \qquad （式4-30）$$

式中，ΔGDP_w 表示理论上受水区因调入水量带来的增量，它由调入水量中民用水量与水价、非民用水量与水资源弹性系数共同决定；ω 表示分享系数；$Q_民$ 表示调入水量中民用水量；$P_民$ 表示受水区民用水价；$Q_非$ 表示调入水量中非民用水量；λ 表示水资源增长对国内生产总值增长的弹性系数（简称水资源弹性系数）。

四、生态改善效应贡献补偿

水源地的生态保护措施对全流域的生态改善起到了巨大作用，这一生态改善效应应计入对水源地的生态补偿中。生态改善效应贡献补偿主要包括两个方面：一是受水区因水资源的调入而使其缺水的状况及相应的生态环境状况得到有效改善。根据李善同等人的研究，南水北调中线工程实施后所带来

---

① 李善同、许新宜：《南水北调与中国发展》，经济科学出版社 2004 年版，第41页。

的生态环境效益，在 2030 年可达到约 440.03 亿元[1]。生态改善带来的经济效益或收益需要根据其水量配置情况，同供水区进行分享，以实现供水区与受水区、水资源供给与需求、水源保护与水资源开发利用等相互之间的平衡、受益共享、互利双赢与持续合作动力。二是水源地居民对水源保护的贡献补偿。水源地居民通过水土流失治理、森林资源培植、污染治理、节水设施、管理措施等一系列手段促使水源供给数量和质量得到保障和提升，对水源地居民水源保护的积极性行为给予相应的奖励，就是水源地生态改善效益贡献补偿。其计量公式为：

$$EEI = EEI_1 + EEI_2 ; EEI_1 = EEI_r \times \omega ; EEI_2 = \delta_Q \cdot \delta_V \cdot EED \quad （式 4-31）$$

式中，EEI_1 表示受水区生态效应分享额。由受水区生态环境效益（EEI_r）与分享系数得到；EEI_2 表示水源地生态改善效益贡献补偿额；EEI_r 表示受水区生态环境效益；δ_Q 表示水质判定系数。根据《地表水环境质量标准》，水源地供水质量应该处于规定的三类（Ⅰ、Ⅱ、Ⅲ类）中，则若供水地出境水质达到或优于Ⅲ类水时，该判定系数为 1，即水质优于Ⅲ类水时，$\delta_Q = 1$；若供水地出境水质为Ⅲ类水时，该判定系数为 0，即 $\delta_Q = 0$；若供水地出境水质劣于Ⅲ类水时，该判定系数为 -1，即 $\delta_Q = -1$，以此作为生态补偿中水质的判定标准。δ_V 表示水量判定系数，$\delta_V = （Q_{实际调水} / Q_{任务调水}）\times 100\%$，$Q_{实际调水}$ 为实际调水量，$Q_{任务调水}$ 为任务规划调水量。调水量作为南水北调工程的重要因素，则调水量也应该作为衡量生态补偿大小的一个重要参考标准，本书拟将实际调水量与任务调水量之比的百分数作为水量判定系数，实际调水量越大，则水量判定系数也越大，应被补偿的金额也越多，反之，则越少。这符合汉水流域单一城市计算生态补偿时的实际情况。

第五节　汉江流域汉中水源区的生态补偿标准核算

根据《汶川地震灾后恢复重建对口支援方案》和国家南水北调受水区与水源地开展对口协作的重大部署，确定天津市为汉中市的对口协作或援助单

---

[1] 李善同、许新宜：《南水北调与中国发展》，经济科学出版社 2004 年版，第 310 页。

位，因此本文仅以汉中水源地的纵向补偿与汉中—天津横向补偿进行实证分析，不考虑其他受水区与水源地的其他地市。

一、汉中水源区机会成本损失补偿

（一）汉中市水源地坡耕地价值损失价值（L_{al}）

根据前述公式计算汉中市坡耕地价值损失计量公式为：

$$L_{al} = area_{规划面积} \times \frac{area_{陡坡面积}}{area_{总面积}} \times \sum_{i=1}^{7} n_i \cdot x_i\% \cdot p_i \qquad （式4-30）$$

规划内水源地坡耕地价值损失相关数据如表4-5和表4-6所示。

表4-5　水土流失治理措施规划表　（单位：公顷）

县名	小流域数量	土地总面积	水土流失治理面积	综合治理面积
汉台区	6	55600	15470	9645
南郑	36	165900	53789	33232
城固	61	226500	96827	39050
洋县	76	320600	147828	50874
西乡	67	287700	165894	52015
勉县	54	240600	130182	41030
略阳	27	81235	40507	19156
宁强	31	91855	66582	32246

资料来源：《丹江口库区及上游 水污染防治和水土保持规划》。

表4-6　2014年汉中市各类主要农作物价格、产出价值、产量及其比重表

	小麦	稻谷	玉米	大豆	油菜籽	花生	蔬菜	合计
总面积（平方千米）	440.104	787.355	738.74	149.343	723.355	38.557	628.087	
产量（吨）	131407	501801	212690	17222	173841	11336	2143397	
产量比重	0.0412	0.1572	0.0666	0.0054	0.0545	0.0036	0.6716	
价格（元）	2.00	4.80	2.25	4.70	5.09	11.2	4.90	
每平方千米产出价值（元）	24603.13	480899.93	43143.19	2926.78	66667.63	11854.33	11230254.06	11860349.05

资料来源：①汉中市统计局提供数据；②课题组调研数据。

根据《陕西省汉江丹江流域水质保护行动方案（2014—2017 年)》[1]与《丹江口库区及上游水污染防治和水土保持规划》[2]，其规定"将大于 25°的陡坡耕地大部分退耕还林还草"。则工程实施后该部分地区完全失去了耕地所带来的经济利益。但考虑到该区域内土地并不全是耕地，本书拟根据汉中市陡坡面积与汉中市土地总面积之比来推算该区域内陡坡耕地面积。

对于每平方千米主要农产品产出价值总和而言，考虑到工程内耕地实际情况，其农作物不是全部种植高经济价值的农作物，本模型为了避免传统机会成本法计算直接损失的过高结果，因而采用汉中市各类主要农作物产出占总产出之比来估算该区域内各类农作物所占比重及其产量，继而通过农作物当年价格推算出每平方千米内主要农产品产出价值总和。

已知，汉中境内规划治理总面积为 11394.92 平方千米（其中，水土流失治理面积 8131.97 平方千米，综合治理面积 3262.95 平方千米。所涉区域土地总面积 16358.39 平方千米。将汉中市境内坡度大于 25°的陡坡面积（8.56 万公顷，即 856 平方千米），代入计算可得，汉中市陡坡面积与汉中市土地总面积之比约为 0.0523。带入上述公式可知，规划内水源地陡坡耕地面积约为 596.27 平方千米。再由上表可知，汉中市每平方千米主要农产品产出价值总和为 11860349.05 元，即 0.12 亿元/平方千米。则：

L_{al} = 596.27（平方千米）×0.12 亿元/平方千米 ≈ 71.55 亿元。

因此，规划区内水源地坡耕地价值损失为 71.55 亿元。

（二）引资增量损失价值（L_i）

引资增量损失相关数据如表 4 - 7 所示。

---

① 《陕西省汉江丹江流域水质保护行动方案（2014—2017 年)》（陕政发〔2014〕15 号）。
② 丹江口库区及上游水污染防治和水土保持规划编制组：《丹江口库区及上游水污染防治和水土保持规划》，2014 年 5 月 9 日。

表4-7　近三年汉中市招商引资表

（单位：亿元）

年度	2012	2013	2014
引资额	316.5	350	417
平均引资额	361.2		

资料来源：汉中统计年鉴。

近三年汉中市平均引资额为361.2亿元，已经引进资本量为1083.5亿元，全国污染密集型产业占工业生产总值的比重为36.18%。汉中2014年度完成工业总产值1128.83亿元，第二产业增加值为457.92亿元，则工业企业平均利润率 p 为40.57%。将上述数据和相关计算结果带入公式：得 L_i = ［361.2/36.18% － 417］×［（417 － 350）/350］×40.57% = ［998.34 － 417］×0.19×0.4057 = 45.15（亿元），即引资增量损失约为45.15亿元。

（三）生态利用损失价值（L_{eu}）

1. 水资源利用损失价值补偿

表4-8　天津市近3年用水及其结构统计表

	2011		2012		2013	
用水量（亿吨）	23.10		23.127		25.1723	
其中：生活用水	3.57	15.5%	3.5918	15.5%	5.3215	21.1%
生产用水	18.40	79.7%	18.172	78.6%	17.5383	69.7%
生态用水	1.13	4.9%	1.3632	5.9%	2.3125	9.2%

资料来源：①天津市水务局：《2011年天津市水资源公报》，2012年1月1日，索引号：AAA22I-0215-2012-01367。②天津市水务局：《2012年天津市水资源公报》，2013年8月8日，索引号：AAA22I-0215-2013-00548。③天津市水务局：《2013年天津市水资源公报》，2013年12月23日，http://www.tjsw.gov.cn。

由表4-8中可以看出，天津市近3年平均来看，居民用水占整个用水的比重为：$(3.57 + 3.5918 + 5.3215) \div (23.1 + 23.127 + 25.1723) \times 100\% = 17.48\%$；相应地非居民用水的比重为 82.52%，即居民用水与非居民用水的分配比例为 17.48:82.52。根据天津市南水北调办公室副主任张文波在天津政务网的访谈介绍，南水北调中线工程一期通水给天津市的分配水量为 10.15 亿吨（陶岔渠首枢纽计量）。[①] 则其居民用水可分配量约为 1.77 亿吨，非居民用水可分配量约为 8.38 亿吨。按照 2013 年两地水价价差，居民用水天津为 4.4 元/吨，汉中为 1.9 元/吨，价差为 2.5 元/吨；非居民用水天津为 7.5 元/吨，汉中为 4.5 元/吨，价差为 3 元/吨[②③]；据此计算，居民用水差价损失 4.43 亿元，非居民用水差价损失 25.14 亿元，合计 29.57 亿元水资源利用损失补偿额。

2. 森林资源利用损失

汉中市森林覆盖率达 51.2%[④]，按照 27246 平方千米面积估算，其森林面积应为 13944.5 平方千米。2014 年林业产值 14.12 亿元[⑤]，则汉中每平方千米林地产值为 0.001 亿元，2014 年新造林地 19.2 万亩（即 128 平方千米）[⑥]，则每年汉中森林利用损失为 0.13 亿元。

水资源和森林资源生态利用损失补偿额合计为 29.7 亿元。

二、投入成本损失与运营费用

（一）投入成本损失及其折旧（IC）

投入成本损失相关数据如表 4 - 9 所示。

---

① 张令沛：《天津市南水北调工程建设有关情况》，2014 年 9 月 25 日，天津政务网，见 http://ms. enorth. com. cn。

② 天津市物价局：《关于调整非居民自来水价格的通知》，2014 年 5 月 6 日，见 http://www. cost168. com/information - basis/ff80808144cf85e00144d487858e36c5. html。

③ 汉中市物价局：《汉中市城市供水、电力销售、天然气销售价格》，2014 年 5 月 6 日，见 http://www. pricehz. gov. cn/HZ_ gs/shuidianqi. html。

④ 汉中市政府网站：http://www. hanzhong. gov. cn。

⑤ 汉中市统计局：《汉中市 2014 年国民经济和社会发展统计公报》，《汉中日报》2015 年 3 月 26 日。

⑥ 王建军：《汉中市人民政府工作报告》(2015 年 3 月 25 日)，见 http://www. hanzhong. gov. cn/xxgk/gkml/zfgzbg/szfgzbg/201504/t20150429_ 189429. html。

表 4 – 9　汉中市"十二五"重大项目建设表（生态保护相关项目）

（单位：万元）

	项目名称	建设起止年限	总投资	建设期	平均每年投资额
小流域治理	汉中市中小河流治理工程	2011—2015	50000	5	10000
退耕还林工程	巩固退耕还林成果建设	2008—2015	224950	8	28118.75
天然林保护工程	天然林保护工程	2001—2011	74200	11	6745.454545
生活污水处理厂	汉中市县级污水处理项目	2011—2015	91688	5	18337.6
	重点集镇污水处理工程	2011—2015	98000	5	19600
	城镇生活污水处理厂污泥稳定化处理项目	2011—2015	50000	5	10000
生活垃圾处理厂	汉中市县级城市生活垃圾处理工程	2011—2015	31824	5	6364.8
	重点集镇城市生活垃圾处理工程	2011—2015	29500	5	5900
重点工业企业污染治理	重点工业企业污染治理工程	2011—2015	28669	5	5733.8
	勉县等重点区域重金属污染防控项目	2011—2015	32800	5	6560
合计			711631		117360.4045

资料来源：汉中市人民政府：《汉中市"十二五"重大项目建设表（2013）》，2014年5月7日。

　　为了保护水源，汉中市垃圾处理、污水处理等六大领域进行了大规模的投入，各类工程投入费用总和为 711631 万元，约为 71.16 亿元。工程投资的重要特性是一次性投入，投资完成后会在较长时间内保持使用价值的完整性，并能正常使用，因此该项费用属于首次投入，不是严格意义上的补偿。但是，该项投资以及后续的新建、续建、扩建设施投资都必须进行支付，并建议以中央财政专项的方式支付。从法理角度讲，需求者购买付费是最基本的原则，受水区需水就应该投资这些设施，这是南水北调中线工程主体工程所必需的附属设施，如果没有这些附属设施，主体建设工程设施的功能或功效就会降低或失效，也就是说，源头不处理污染问题、不治理水土流失问题、不涵养水源，中下游必定没有良好的水质和充足的水量；从实施能力上讲，汉中市作为秦巴集中连片特困区，经济发展水平低、自我发展自我投资能力不足，在经济落后、发展任务重的背景下，再付费投资这些设施是不公平的，也会因为筹资能力不足存在延误投资的可能性，导致投资不到位、不及时而使生态保护工作受到制约。

首次投入后的折旧必须作为生态补偿给以支付，尽管这个费用也不是严格意义上的生态补偿，只是作为这些投入设施设备更新时的实物替换价值预留。按照前述的分析，固定资产投入原值 A ＝（23.9688 ＋ 6.1324 ＋ 6.1469）×100% ＋ 5.0 × 20% ＝ 36.2481 ＋ 1 ＝ 37.2481 亿元。按照 20% 的折旧率计算为 7.44962 亿元，因此每年应该补偿约 7.45 亿元作为固定资产折旧基金留存。

（二）运营费用（OC）

根据相关资料，预计每年污水处理费与垃圾处理费各约 500 万元[1]，每年森林管护费 1562 万元[2]，共计 0.2562 亿元，约为 0.26 亿元运营费用需要进行补偿。

三、经济红利效应分享

本书引用丁相毅提出的水资源贡献率计算方法[3]来计算汉中市调水量对天津市国内生产总值的贡献率，根据汪党献等[4]提出的国内生产总值增长对水资源增长的弹性系数"0.12—0.20"（则将其倒置即可得到水资源增长对国内生

---

① 陕西省发改委：《关于加快汉中市污水处理厂、垃圾处理场建设问题的提案的复函》，2014 年 5 月 8 日，见 http：//www. sndrc. gov. cn/view. jsp？ID ＝ 15742。

② 汉中市人民政府：《全市林业概况》，2014 年 5 月 8 日，见 http：//xxgk. hanzhong. gov. cn/nr. jsp？urltype ＝ egovinfo. EgovInfoContent&wbtreeid ＝ 2038&indentifier ＝ 01603379 － 8/2011 － 0307002。

③ 丁相毅：《水资源对国内生产总值计算方法》，《水科学研究》2007 年第 1 期。

④ 汪党献、王浩、马静：《中国区域发展的水资源支撑能力》，《水利学报》2000 年第 11 期。

产总值增长的弹性系数 5—8。即水资源使用量增加一倍，GDP 增长 5—8 倍。本书暂定为 5，用来估算理论 GDP 增量）。我们再运用全国水资源平均利用系数 0.45[①]，来估算天津市 10.15 亿立方米调入水实际发挥效益的水量为 10.15 × 45% = 4.5675 亿吨，其中居民用水为 0.798 亿吨；非居民用水为 3.7695 亿吨。再假定居民用水只是根据其价格进入国民收入序列，而非居民用水才通过水资源弹性系数对国民收入产生作用。据此，按照 2013 年天津市居民用水价格 4.4 元/吨计算，0.798 亿吨居民用水的售价为 3.5112 亿元，即天津市 GDP 的直接增量为 3.5112 亿元。按照水资源弹性系数为 5 来计量，则 3.7695 亿吨非居民用水所创造的 GDP 增量为 18.8475 亿元，二者合计为 22.3587 亿元。根据经验假定分享率为 0.5%，则：

$$EED = \Delta GDP_w \cdot \omega = 22.3587 \times 0.5\% = 0.1117935 \ 亿元 \approx 0.11 \ 亿元$$

四、生态改善效应贡献补偿

天津市受水区生态环境效益的衡量借用李善同在《南水北调与中国发展》一书中估算的 2010 年 389.98 亿元生态环境效益为基数参考，并根据分配水量进行地区分割。首期通水 95 亿立方米的水量，天津市的分配额度占整个调水量的 10.68%。则

$$EEI_1 = 389.98 \times 0.5\% \times 10.68\% = 0.208249（亿元）$$

水质判定系数（δ_Q）：根据《地表水环境质量标准》，水源地供水质量应该处于规定的三类（Ⅰ、Ⅱ、Ⅲ类）中，则若供水地出境水质达到优于Ⅲ类水时，该判定系数为 1，若供水地出境水质为Ⅲ类水时，该判定系数为 0，若供水地出境水质劣于Ⅲ类水时，该判定系数为 -1，以此作为生态补偿中水质的判定标准。

水量判定系数（δ_V）：调水量作为南水北调工程的重要因素，则调水量也应该作为衡量生态补偿大小的一个重要参考标准，本书拟将实际调水量与任务调水量之比的百分数作为水量判定系数，实际调水量越大，则水量判定系数也越大，应被补偿的也越多，反之，则越少。这符合汉水流域单一城市计算生态补偿时的实际情况。

---

① 田禹：《城市水资源管理》，中国环境科学出版社 2003 年版。

由表 4 - 10 可知，汉江汉中段水质类别均优于Ⅲ类水，则 $\delta_Q = 1$。由于本书撰写时，南水北调中线工程尚未发生调水，所以本书假设 2014 年的水量判定系数 $\delta_V = 1$。则：

$$EEI_2 = 1 \times 1 \times 0.1117935 = 0.1117935 (亿元)$$

$$EEI = 0.208249 亿元 + 0.1117935 亿元 \approx 0.32 亿元$$

表 4 - 10　2014 年汉中市汉江监测断面水质统计表

河流	断面名称	监测频次	水质类别
汉江	武侯镇	双月监测（6 次/年）	Ⅱ
汉江	洋县	双月监测（6 次/年）	Ⅱ

资料来源：汉中市统计局：《汉中统计年鉴》(2014)，2015 - 03 - 26。

现将各补偿项目计算结果汇总，如表 4 - 11 所示。

表 4 - 11　各部分补偿汇总表　　　　　　（单位：亿元）

补偿主项	补偿子项	补偿方式	补偿主体	补偿额	小计
机会成本损失	规划内水源地坡耕地价值损失	1. 纵向生态补偿转移支付　2. 横向生态补偿转移支付	1. 国家：南水北调工程　2. 陕西省政府：引汉济渭工程　3. 受水区地方政府	71.55	146.4
	引资增量损失			45.15	
	生态利用损失			29.70	
投入成本损失与运营费用	投入成本损失及折旧			7.45	7.71
	运营费用			0.26	
经济红利效应	经济红利效应			0.11	0.11
生态改善效应	生态改善效应			0.32	0.32
合计	154.54				

综上所述，本模型计算结果为 154.54 亿元。同时建议，在垃圾处理、污水处理等六大领域生态环境保护设施设备 71.17 亿元专项投资的基础上，每年按照一定比例（30%，即 21.35 亿元）对其进行新建、续建、扩建投资，以确保生态保护设施的完整性、生态保护行为的持续有效性。[①]

---

① 唐萍萍、胡仪元：《南水北调中线工程汉江水源地生态补偿计量模型构建》，《统计与决策》2015 年第 16 期。

第五章 生态补偿资金分配模型构建

第一节 生态补偿资金分配概述

一、生态补偿资金分配的概念

生态补偿资金是指通过生态补偿机制，以财政转移支付、行政事业收费、扶持补助、社会捐助等方式和渠道筹集到的，用于弥补生态保护成本、降低发展机会成本损失、分享生态资源效益或效应、体现生态保护贡献的，用于生态补偿的资金。其最终目的是激励生态保护行为、促进人与自然的和谐发展。生态补偿资金把"无偿"的资源利用、免费的生态效益和"贡献"式的生态保护变成"有偿"使用、分享和保护，通过生态效益与经济效益的有机结合和相互推动，实现生态环境保护与经济社会发展的良性循环与互利共赢。

生态补偿资金分配指在一定范围内对生态补偿资金进行分割和分派的过程。这里的"范围"指为生态环境改善和建设作出贡献的主体，以及因生态建设需要而使利益受损的主体[①]，具体包括：①进行生态建设的地方政府部门；②因提高污染物排放标准，实施工艺改造、节能减排的企业；③关停、限产、搬迁的企业；④因退耕还林还草而使耕地减少或因限制农药化肥使用而使农作物产量减少的农民；⑤生态移民。

二、生态补偿资金分配的原则

生态补偿资金的分配必须坚持保护者受益原则、公平合理原则、生态优

---

① 徐曼、田义文：《生态补偿对象之初探》，《大科技·科技天地》2010 年第 11 期。

先、效益优先原则和层级分配等原则。

（一）保护者受益原则

生态补偿资金分配的保护者受益原则是指生态保护行为者、实践者或劳动付出者必须获得生态补偿，这是对其生态保护行为付出劳动的认同和激励。最早提出该原则的是经济合作与发展组织（OECD）[1]，是针对生态环境保护者采取的重要激励原则。自然、生态或环境的公共产品属性使其存在正外部性效应，这就使人们很容易实现不付出生态保护代价而"搭便车"免费消费愿望，这种现象的扩大化、普遍化将使生态保护者也变成消费者、破坏者，使整个社会生态产品供给与需求失衡、生态环境恶化、社会发展质量下降。通过生态补偿资金分配机制，使生态保护行为者获得报酬不仅有利于增加生态破坏者的机会成本，而且有利于激励生态保护者，甚至促使其把生态保护发展成为能够获取固定收益的产业化道路，使生态保护成为常态化的行为或社会现象。生态保护者受益既是马克思劳动价值理论体现人们劳动贡献或劳动成本的要求，又是外部效应内部化的外部性原理的实践运用，毫无疑问也是汉江水源地生态补偿资金的首要分配原则。

（二）公平合理原则

生态补偿资金分配的公平合理原则[2]就是指在生态补偿资金分配中，各利益相关者的地位、机会都应该是平等的，相互间的利益分割必须是科学合理的。公平合理分配的标志是无嫉妒分配和权利不受侵害。前者是指每一个人对自己因生态环境保护所获得的报酬满意，认同自己的生态保护付出与获得报酬（补偿）是对等的、平衡的；后者是指不存在任何一方对另一方应获得报酬的侵占[3]，使其应得生态补偿收益减少或缩水。在整个生态补偿资金分配

① 程明：《首都跨界水源功能区生态补偿研究》，首都经济贸易大学硕士学位论文，2010年。
② 方丹：《重庆市耕地生态补偿研究》，西南大学硕士学位论文，2014年。
③ 程艳军：《中国流域生态服务补偿模式研究——以浙江省金华江流域为例》，中国农业科学院硕士学位论文，2006年。

过程中，重点在于协调好进行生态环境保护的各级地方政府之间[1]，政府、企业与居民个人之间的生态保护贡献与利益分配关系，使生态补偿资金的分配公平、公正、合理。

（三）生态优先原则

生态优先原则既是在生态环境及其保护上调整人们社会关系的法律准则，也是生态补偿及其资金分配的基本原则。[2] 从哲学上讲，生态环境是人类活动的客体，客体的客观性、被动属性，在地球统一性和区位固定性约束下，使其只能按照自身的规律生长、运行，而无法通过快速增长来适应人的需求增加和人口增长需要，也无法通过分布改变或其他措施实现有限生态资源的公平分配和代际协调，这就需要确立生态优先原则。一方面，生态保护与生态补偿必须把生态资源基础及其保护成效作为前置条件，不得超额分配和透支消费，生态补偿资金的分配额度必须建立在生态资源存量及其保护绩效上，如河道越长，流域治理的投入和保护水源的损失就越多，获得生态补偿资金分配的额度也就应该越多；另一方面，生态保护、生态补偿和补偿资金分配的根本目标在于改善生态环境，以生态环境质量的提高实现人与自然的和谐发展。因此，生态资源存量及其保护成效既应是生态补偿资金分配的前提和依据，又应是生态补偿资金运行效率考评的依据。这就是生态补偿资金分配的生态优先原则的真正含义。

（四）效益优先原则

《国务院关于进一步完善退耕还林政策措施》（国发〔2002〕10 号）指出："退耕还林要坚持生态效益优先，兼顾农民吃饭、增收以及地方经济发展；坚持生态建设与生态保护并重，采取综合措施，制止边治理边破坏问题；坚持政策引导和农民自愿相结合，充分尊重农民的意愿；坚持尊重自然规律，科学选择树种；坚持因地制宜，统筹规划，突出重点，注重实效。"效益优先

---

① 常亮、徐大伟、侯铁珊等：《跨区域流域生态补偿府际间协调机制研究》，《科技与管理》2013 年第 2 期。

② 曹明德、龙钰：《关于修改我国〈环境保护法〉的若干思考》，《〈中华人民共和国环境保护法〉修改专题研究》，科学出版社 2003 年版。

是生态补偿资金分配的重要原则，它包括三个效益优先：一是生态效益优先，就是生态补偿资金分配及其绩效考评必须以生态资源的保护及其效益发挥为依据，充分体现出生态资源存量及其效益上的优势，在资金分配上给予倾斜。二是经济效益优先，就是生态补偿资金的使用必须有效率、见效益，要对生态补偿资金所发挥出来的效益进行考评考核，并给予相应激励。三是社会效益优先，就是能够对社会的可持续发展起到推动和促进作用。重点支持生态保护效率、生态科技进步、资源节约与清洁生产型产业的发展等，让生态补偿资金充分发挥效益。

（五）层级分配原则

生态补偿资金的分配不能一竿到底，应根据不同利益相关方、重要度和需求度分配生态补偿资金。建立资金层级分配模式，如区际补偿资金分配模式及政府、企业、个人之间的主体补偿资金分配模式，确保资金利用率最大化。在发放补偿资金时，首先保障核心利益相关者的补偿资金优先发放，对于政府的资金补偿可以放在最后。

三、生态补偿资金分配的意义

（一）完善现有生态补偿体系的需要

大量调研资料表明，现有的生态补偿资金分配存在很多漏洞，一方面，资金分配的不公平导致那些真正为生态保护作出努力和牺牲的单位、个人没有得到相应的回报，极大地挫伤了他们保护生态环境的积极性，出现生态保护动力不足；另一方面，在现实中，生态补偿资金的实际到位率和利用率很低，导致资金流失，没有充分发挥出生态补偿资金的经济激励作用。

因此，为了将生态补偿工作落到实处、生态补偿资金发挥实效、生态保护行动见到实绩，就必须切实完善现有生态补偿体系，进一步探索新的生态补偿资金分配方式和方法。建立健全生态补偿的资金管理制度，确定生态补偿资金分配的原则，明确生态补偿资金分配的主体、分配标准及其确定方法、分配对象及其实施；确定生态补偿资金分配与使用的财务管理制度，畅通资金拨付渠道、规范资金使用范围，提高补偿资金的投放效率与产出绩效；建立生态补偿绩效考评制度，对生态补偿资金的管理者、使用者进行效率评价，为后续管理提供依据和借鉴；建立补偿资金管理与使用的监督制度，确保在生态补偿的各个环节都能用足政策、用对政策，分配好资金、管好资金、用好资金。①

（二）生态补偿研究的新趋势

从经济和利益角度看，生态补偿是促进生态环境改善、生态质量提升、统筹生态保护利益的重要手段，实现自然、经济与人类社会的协调和可持续发展。作为国内外学者研究的热点问题已经取得了一系列的研究成果。②③④⑤⑥⑦ 但就其具体研究内容而言，主要集中在生态补偿的机制设计、资金筹措筹集与分担等方面，而生态补偿受偿方之间的资金分配额度确定研究还处于起步阶段，缺乏相应的原则、机制与核算方法体系。⑧⑨⑩ 生态补偿资金分配效率和使用效益的提高需要有相应的管理措施和运行机制，因此，生态补偿资金分配的原则、机制、计量方法、额度的实证核算、运行监督、

---

① 王聪：《我国森林生态效益补偿资金管理的研究》，北京林业大学博士学位论文，2004 年。

② Wunder S，Engel S，Pagiola S，"Taking Stock：A Comparative Analysis of Payments for Environmental Services Programs in Developed and Developing Countries"，*Ecological Economics*，Vol. 65，No. 4（2008），pp. 834 – 652.

③ Engel S，Pagiola S，Wunder S，"Designing Payments for Environmental Services in Theory and Practice：An Overview of the Issues"，*Ecological Economics*，Vol. 65，No. 4（2008）.

④ Barton D. N，Faith D P，Rusch G M，et al.，"Environmental Service Payments：Evaluating Biodiversity Conservation Trade – offs and Cost – efficiency in the Osa Conservation Area，Costa Rica"，*Journal of Environmental Management*，Vol. 90，No. 2（2009）.

⑤ Farley J，Costanza R，"Payments for Ecosystem Services：From Local to Global"，*Economical Economics*，Vol. 69，No. 2（2010）.

⑥ 李文华、刘某承：《关于中国生态补偿机制建设的几点思考》，《资源科学》2010 年第 5 期。

⑦ 王兴杰、张骞之、刘晓雯等：《生态补偿的概念、标准及政府的作用——基于人类活动对生态系统作用类型分析》，《中国人口·资源与环境》2010 年第 5 期。

⑧ 王淑云、耿雷华、黄勇等：《饮用水水源地生态补偿机制研究》，《中国水土保持》2009 年第 9 期。

⑨ 耿涌、戚瑞、张攀：《基于水足迹的流域生态补偿标准模型研究》，《中国人口·资源与环境》2009 年第 6 期。

⑩ 刘强、彭晓春、周丽旋等：《城市饮用水水源地生态补偿标准测算与资金分配研究——以广东省东江流域为例》，《生态经济》2012 年第 1 期。

效益评估等一系列问题将无疑成为今后生态补偿研究的新趋势。本书通过对国内外生态补偿资金的分配方法进行总结，以汉江流域为研究对象，从理论和实践两方面对生态补偿资金分配作出系统的分析、论证和测算，以期为汉江流域乃至我国其他同类地区的生态补偿研究提供一定的参考。

（三）提高生态补偿效率

生态补偿资金分配研究有助于提高补偿资金使用效率，一是体现生态资源存量及生态效应，使优势生态资源、脆弱生态资源、人工生态资源的成本与生态贡献都得到有效补偿。二是生态补偿资金本身也必须具有投入产出的经济学效率，体现出生态补偿及其资金分配在培育生态保护积极性、促进生态效益享用的公平性、提高生态资源的供给能力、推动生态产业发展、引导居民生态产品消费等方面的作用与效率。生态补偿资金分配就是为了使生态补偿的使用实现效益最大化，并据此而使其激励效果达到最佳。三是突出生态补偿资金使用效益的长效化，就是以生态补偿资金为引擎，带动生态保护的常态化、生态资源的产业化、生态补偿的持续化，有效促进生态资源及其产品的供需平衡，最终实现生态、经济、社会的永续发展和和谐发展。

第二节　生态补偿资金分配的研究现状

一、国内外生态补偿资金分配的研究现状

近几年，国内外学者已逐渐将生态补偿的研究视角从定性的理论分析转向定量的模型计算，但多集中在生态补偿标准研究上；国外学者由于国情不同，几乎不涉及资金分配的研究。所以，现有的关于生态补偿资金分配的研究成果比较少，而且由于采用指标和方法不同使所得到的结果有很大差异，但这些研究结果仍然具有十分重要的借鉴价值和意义。

尽管生态补偿资金筹集与分配是生态补偿资金、进而整个生态补偿运动过程的两个环节：资金筹集是资金分配的前提，资金分配是资金筹集的运用

或结果；前者考虑的是应该支付多少，而后者则考虑的是应该得到多少，因此，二者有不同的决定条件、制约因素、考核标准和激励目标，但是，两者却因为同类项而相互联系、密不可分，这个同类项就是生态保护的成本。以成本补偿为核心的生态补偿模式、模型、生态补偿标准确定等方面的研究成果均可被本研究所借鉴。

在生态补偿标准研究上，张守平对国内外生态补偿标准研究的现状进行了梳理，认为生态补偿标准的确定有四种方法，即以生态服务价值确定的生态补偿标准是生态补偿额度的上限，以生态保护投入成本确定的生态补偿标准是生态补偿额度的下限，以及依据生态保护损失确定的生态补偿标准、条件价值评估方法确定的生态补偿标准[①]；李勇通过投入产出模型，提出了实施5%生态补偿费率的观点，并以神华集团、淮南市的煤炭平均售价为例进行可行性分析[②]；牛路青运用生态价值量方法对西安、铜川、宝鸡、咸阳和渭南五市的生态补偿额度确定进行了研究[③]；汪为青也是运用生态服务价值量方法对生态补偿标准确定进行了研究，计算了鄱阳湖的生态补偿标准[④]；黄君运用直接市场法、影子价格法、费用法等模型方法对淀山湖湿地的生态服务价值与补偿标准进行了核算[⑤]；春梅从耕地生态系统服务功能价值角度对内蒙古通辽市奈曼旗的耕地生态补偿标准进行核算[⑥]；张郁与苏明涛按照比例分摊法，以流域面积与入库水量为主要测算指标对大伙房水库输水工程受水区生态补偿资金分摊额度进行了核算[⑦]。

在生态补偿资金分配研究上，姜曼在实地调研基础上，综合分析了上游建设成本，下游受益程度、支付意愿和支付能力等因素，对大伙房水库上游

---

① 张守平：《国内外涉水生态补偿机制研究综述》，《人民黄河》2011年第5期。
② 李勇：《矿产资源开发生态补偿收费政策研究》，中国环境科学研究院硕士学位论文，2006年。
③ 牛路青：《基于生态价值量的关中地区生态补偿研究》，西北大学硕士学位论文，2008年。
④ 汪为青：《鄱阳湖湿地生态系统服务价值与退田还湖生态补偿研究》，江西师范大学硕士学位论文，2009年。
⑤ 黄君：《生态补偿机制的研究——以上海淀山湖湿地生态系统为例》，华东理工大学硕士学位论文，2010年。
⑥ 春梅：《沙漠化地区耕地生态补偿机制研究——以奈曼旗为例》，内蒙古师范大学硕士学位论文，2011年。
⑦ 张郁、苏明涛：《大伙房水库输水工程水源地生态补偿标准与分配研究》，《农业技术经济》2012年第3期。

地区的抚顺、新宾、清原三县的生态补偿分配额度进行了研究[①]；孙贤斌与黄润运用层次分析方法和 GIS 技术建立了生态补偿资金分配模型，并对六安市六县区的生态补偿资金分配额度进行了核算[②]；肖建红以皂市水利枢纽工程为例，构建了"5 个生态补偿主体受益评估模型和 8 个生态补偿对象受损评估模型"[③]，各生态补偿主体与补偿对象的分担额度与受偿额度分别为：中央政府和地方政府（分担调蓄洪水 51.19%、水力发电环境效益 16.8%、改善航道环境效益 0.06%）、水电开发业主（水力发电经济效益 26.58%）、用水灌溉的受益者（水库灌溉 5.05%）、改善航道航运受益者（改善航道经济效益 0.13%）和水库养殖受益者（水库养殖 0.18%）共同分担生态补偿资金；生态补偿受偿对象及其受偿比例为，河流生态系统（水库泥沙淤积 7.88%、移民安置区建设 6.66%、工程占据 2.41%）、移民（水库淹没 75.74%）、库区环境与健康保护基金会（水土流失 5.31%、工程施工能源消耗 1.24%、施工过程生产污水排放 0.04%、生产建筑材料水泥和钢材 0.71%）。

二、汉江水源地生态补偿资金分配的研究现状

2000 年，国家将汉江流域的丹江口水库及其上游地区作为南水北调中线工程的水源地，计划 2014 年调水 95 亿立方米，远期达到 130 亿立方米，以缓解京津冀地区长期以来用水紧张情况。[④] 2007 年，陕西省实施引汉济渭工程，计划每年从汉江上游调水 15 亿立方米，以满足关中地区重点城市的用水需求。[⑤] 随着两大工程的开工建设，汉江流域生态补偿方式、资金筹措及分配逐渐成为学术界的研究热点。

史淑娟从水源保护成本、受水区经济可承受能力、水资源价值、环境容

---

① 姜曼：《大伙房水库上游地区生态补偿研究》，吉林大学硕士学位论文，2009 年。

② 孙贤斌、黄润：《基于 GIS 的生态补偿分配模型及其应用研究——以安徽省会经济圈六安市为例》，《水土保持通报》2013 年第 4 期。

③ 肖建红、陈绍金等：《基于河流生态系统服务功能的皂市水利枢纽工程的生态补偿标准》，《长江流域资源与环境》2012 年第 5 期。

④ 水利部长江水利委员会：《南水北调中线工程规划（2001 年修订）简介》，《中国水利》2003 年第 2 期。

⑤ 陕西省环境保护局等：《陕西省渭河流域综合治理五年规划（2008—2012 年）》（陕政发〔2008〕38 号），2008 年 8 月 18 日，见 http://www.shaanxi.gov.cn/0/103/6120.htm。

量使用权损失价值四个方面分析了陕西水源区生态补偿量，并提出生态建设成本按照0.8∶0.2比例在受水区与水源区之间进行分担。① 杨国霞对丹江口库内不同主体的生态补偿标准进行研究，提出了四点建议：提高移民安置补偿标准，按照收益损失法确定非移民生态补偿标准，按照重置成本、机会成本等方法确定和落实库区达标企业的生态补偿标准，从"水源保护扶持项目、淹没公共设施补偿、发展补偿三个方面"确立库区政府长期补偿标准。② 白景锋提出按照生态服务价值与建设成本确定水源区的受偿标准、按照受水量和经济总量确定生态补偿资金支付的分担量、按照生态建设面积确定受偿区的生态补偿资金分配量，并对河南水源区的生态补偿受偿量，河南、河北、北京、天津4省（直辖市）的补偿资金支付分担量，西峡、淅川、卢氏、内乡、栾川、邓州6县市的生态补偿资金分配量进行了测算。③ 常晶晶以安康水源地为例，计算了其生态补偿受偿标准为123.69亿元/年，按照受水区的分配水量确定北京、天津、河南、河北等省（直辖市）的补偿资金分担额度。④

在政策支持层面上，汉江上游水源地只有十堰市于2010年5月出台了《关于加强南水北调生态补偿转移支付资金使用管理工作的通知》⑤，对生态补偿资金管理的责任主体、使用原则、重点领域、监督检查等内容提出指导意见，没有涉及资金分配。其他三市（汉中、商洛、安康）没有出台相关文件。

① 史淑娟：《大型跨流域调水水源区生态补偿研究——以南水北调中线陕西水源区为例》，西安理工大学博士学位论文，2010年。
② 杨国霞：《丹江口水库调水工程生态补偿标准初步研究》，山东师范大学硕士学位论文，2010年。
③ 白景锋：《跨流域调水水源地生态补偿测算与分配研究——以南水北调中线河南水源区为例》，《经济地理》2010年第4期。
④ 常晶晶：《跨流域调水生态补偿机制研究——以南水北调中线水源区（安康）为例》，陕西师范大学硕士学位论文，2011年。
⑤ 十堰市人民政府办公室：《关于加强南水北调生态补偿转移支付资金使用管理工作的通知》（十政办发〔2010〕46号），2010年4月19日，见http：//www.shiyan.gov.cn/SY/zwgk/zfwj/2010/05/content_ 32520.html。

第三节　生态补偿资金分配范围的确定

一、研究的区域范围

南水北调中线工程的直接引水地是丹江口水库，因此丹江口水库及其以上区域就是其水源地。而丹江口的入库水来源于汉江和丹江（其中汉江占90%），所以整个汉江上游段（源头—丹江口水库）以及丹江流域都是南水北调中线工程调水的水源区，也是本书的研究区域。该研究区域主要包括陕西省的西安、宝鸡、汉中、安康、商洛5市31个县区，以及湖北省十堰市7个县区（见图5－1），是南水北调中线工程水源涵养地和生态保护区，主要探讨生态补偿资金在主要水源涵养地的汉中、安康、商洛及十堰之间的分配。

图5－1　南水北调中线工程水源区范围

汉中市：汉江发源地。汉江发源于宁强县秦岭南麓的潘冢山，自西向东流经勉县、南郑县、汉台区、城固县、洋县和西乡县，"境内干流全长270千米，流域面积1.96万平方千米，占丹江口水库流域面积的20.6%，产水量占丹江口水库多年平均入库水量的 26.3%，位列安康、商洛、南阳、十堰四市之前"①。

安康市：汉江流经地。汉江经西乡县、石泉县交界处流入安康境内，经过石泉县、汉阴县、紫阳县、汉滨区和旬阳县，至白河县出境进入湖北省，干流长度约 343 千米，占其总长的 37%。

商洛市：丹江发源地。丹江发源于商洛西北部的凤凰山南麓，流经商州区、丹凤县、商南县出陕西后，到河南省南阳淅川县的荆紫关，随后向南，在丹江口与汉江交汇，注入丹江口水库，全长 443 千米。

十堰市：丹江口水库所在地。汉江进入湖北省十堰市境内，流经郧西县、郧县，在丹江口市汇入丹江口水库。丹江口水库是亚洲第一大人工淡水湖，也是南水北调中线工程水源地，坝顶加高后，蓄水位达 170 米，库容达 290.5 亿立方米，可缓解京津豫鄂 20 多个城市水资源严重短缺局面。研究区四市基本情况如表 5 - 1 所示。

表 5 - 1　汉中市、安康市、商洛市和十堰市 2015 年基本情况表

	面积（平方千米）	户籍人口（万人）	人均 GDP（元）	城镇居民人均可支配收入（元）	农民人均纯收入（元）
汉中市	27246	385.21	30971	23625	8164
安康市	23535	304.8	29193	27191	8196
商洛市	19292	251.01	26415	23509	7706
十堰市	23600	345.94	38431	24057	7779
陕西省平均	—	—	48023	26420	8689
湖北省平均	—	—	50500	27051	11844
全国平均	—	—	49351	31195	11422

资料来源：①中华人民共和国国家统计局：《中华人民共和国 2015 年国民经济和社会发展统计公报》，2016 年 2 月 29 日，见 http://www.stats.gov.cn/tjsj/zxfb/201602/

---

① 汉中市水利局：《汉中水资源关乎全国全省可持续发展大计》，《汉中日报》2010 年 3 月 19 日。

t20160229_ 1323991. html。②陕西省统计局、国家统计局陕西调查总队：《2015 年陕西省国民经济和社会发展统计公报》，《陕西日报》2016 年 3 月 15 日。③汉中市统计局：《2015 年汉中市国民经济和社会发展统计公报》，2016 年 3 月 29 日，见 http：//www. hanzhong. gov. cn/xxgk/gkml/tjxx/tjgb/201603/t20160329_ 320783. html。人均 GDP 由GDP 除以常住人口得到。④安康市统计局、国家统计局安康调查队：《2015 年安康国民经济和社会发展统计公报》，2016 年 4 月 5 日，见 http：//tjj. ankang. gov. cn/Article/sjzc/sjcx/201604/Article_ 20160407073452. html。⑤商洛市统计局：《2015 年商洛市国民经济和社会发展统计公报》，2016 年 4 月 13 日，http：//www. slstjj. gov. cn/index/ShowArticle. asp？ArticleID = 1667。⑥湖北省统计局、国家统计局湖北调查总队：《2015 年湖北省国民经济和社会发展统计公报》，2016 年 2 月 26 日，见 http：//www. stats – hb. gov. cn/tjgb/ndtjgb/hbs/112361. htm。人均 GDP 由 GDP 除以常住人口得到。⑦十堰市统计局、湖北省统计局十堰调查监测分局、国家统计局十堰调查队：《2015 年十堰市国民经济和社会发展统计公报》，《十堰日报》2016 年 4 月 5 日。

二、生态补偿资金分配的利益相关者分析

(一) 利益相关者

汉江水源地生态补偿的相关利益者主要包括水源地范围内的农民、生态移民、工业企业、政府职能部门等相关个人或群体。不同利益群体在生态补偿中的利益分配地位是不同的，因而对水源保护的贡献和生态补偿政策落实的影响程度不同，据此可分为核心利益相关者、次要利益相关者和边缘利益相关者三种类型。

核心利益相关者：包括水源区范围内的农民、生态移民、工业企业。

次要利益相关者：主要是水源区所在地的相关政府职能部门，如林业局、农业局、水利局、环保局等。

边缘利益相关者：包括水源区所在地的各级政府部门，如汉中市、安康市、商洛市、十堰市政府、36 个相关县区政府，以及陕西省政府和湖北省政府。

（二）各利益相关者的利益分析

1. 核心利益相关者的利益分析

核心利益相关者的利益是对流域内生态保护与生态补偿活动产生直接影响的利益主体，也是流域内生态环境状况的直接利益相关者（受益者或受损者）。

在生态补偿过程中，水源区农民既要承担植树造林、退耕还林（草）、水土保持建设等生态保护措施，还要避免农业生产过程中农药化肥对水体造成的污染，使得农作物产量减少，继而影响到农民收入。如果生态补偿标准不足以弥补生态保护对生计的影响，就会使水源区农民"守着青山绿水过清苦日子"，或者对生态保护与污染治理不作为。

汉江流域水源区是"限制开发区"，环保标准较其他地区更为严格，对一些污染大、能耗高、效益低的污染型企业实施搬迁、关停、并转，其他企业则需要在污水监测、治理方面加大投入，确保污染物排放总量达标，这大大增加了企业生产成本。

为保护汉江流域水源区的生态环境，将位于上游生态脆弱区和重要生态功能区的人口向其他地区迁移，目的在于消除贫困、发展经济和保护环境。但是，在生态移民项目中，仍有许多问题亟待解决，如移民过程中的产业开发、资金投入、科技扶持、迁入地新旧居民社区融合等问题。

2. 次要利益相关者的利益分析

次要利益相关者包括水源所在地的林业局、农业局、水利局、环保局等政府职能部门，这些部门是生态补偿政策的执行者。林业局主要负责天然林保护、退耕还林（草）工程等；农业局主要负责控制农业非点源污染；水利局主要负责河道管理和水土流失治理等；环保局主要负责污染控制等。流域生态补偿并没有影响到他们的生计问题，政治利益和社会效益是他们执行流域生态补偿政策的动力。其生态补偿政策执行情况与执行效率对于生态保护者的积极性，特别是核心利益相关者的利益有非常重大的影响，进而影响到生态保护的效率和生态环境质量，具体来说，是否有生态补偿，以及生态补偿是否切实落到受偿者手中，直接影响到汉江水源地居民的水源保护积极性，进而影响到水源的质与量。

3. 边缘利益相关者的利益分析

边缘利益相关者主要包括水源所在地的其他政府部门和相关机构与人员，他们在流域生态补偿过程中没有直接利益关系，也就是说不会在生态保护中投入，不一定在生态环境恶化中受损，也不会从生态补偿中受益，与水源保护的责任与义务似乎比较远。但是，其宏观调控、宣传教育、地方政策法规的制定与实施，深刻地影响着汉江水源地的生态保护与生态补偿政策的落实，影响着其他主体的生态补偿利益分配。就像没有省级政府的推动，汉中市、安康市、商洛市的努力再大也不一定得到其他省市和中央政府的支持，因为权力与地位不对等也就不可能有平等的对话和公平的利益分割。

第四节　生态补偿资金的分配模型

生态补偿无论是对生态保护投入的价值补偿，还是对自然资源损耗或破坏的实物补偿（修复与培植），无疑是解决汉江流域生态环境问题的根本手段，有助于实现水源保护的成本补偿，提高水源地经济、社会与生态的自我建设、自我发展与自我保护能力，逐步由初期的外部注入式（援助式）保护转化为自我保护需求与能力的有机统一。从实践上来看，陕南三市在2008年得到了国家10.9亿元的财政生态补偿转移支付，其中，汉中作为水源区的主体获得4.4亿元补偿，以此为基数逐年增加，2009年4.9亿元[①]，2010年6.07亿元，2011年6.43亿元，2012年达到7.66亿元[②]，2013年7.9亿元[③]，2014年8.7亿元[④]。生态补偿有两个操作性难题：一是补多少，就

① 王睿等：《生态补偿：10.9亿惠两江——汉中、安康南水北调生态补偿调查》，2009年1月14日，见http：//www.sei.gov.cn/ShowArticle.asp？ArticleID=171522。
② 孙春芳：《汉江治理：生态保护的经济账》，《21世纪经济报道》2013年2月22日第007版。
③ 汉中市财政局：《关于汉中市2013年财政预算执行情况暨2014年财政预算草案的报告》，2014年3月21日，见http：//czj.hanzhong.gov.cn/index.php？view=article&id=1243；20132014。
④ 汉中市财政局：《关于汉中市2014年财政预算执行情况暨2015年财政预算草案的报告》，2015年2月27日，见http：//czj.hanzhong.gov.cn/index.php？option=com_content&view=article&id=1645；20142015&catid=63；2012-05-11-06-36-27&Itemid=14。

是补偿标准，这是补偿资金的筹集与支付问题；二是怎么分，就是筹集起来的补偿资金如何分配给各具体主体。因此，"应通过生态补偿资金的合理、公平分配，实现大流域（全流域）与小流域（流域段）、生活保障与生产发展，以及政府企业个人之间补偿资金分配上的平衡，实现汉江水源地生态、经济、社会的持续发展，构建水源地生态保护的长效机制。本书根据投入成本、生态效应和预期成本，建立流域段之间的区际补偿资金分配模式、政府、企业、个人之间的主体补偿资金分配模式"①。据此，我们可以把生态补偿资金的分配模型确定为四个层级，如图5－2所示。一级生态补偿资金分配模型——省级生态补偿资金分配模型，是以生态资源本身（水量、水质）为主的分配模型，体现的是省际之间的资源禀赋优势与生态保护贡献的公正与平衡；二级生态补偿资金分配模型——省内各市（县、区）之间的生态补偿资金分配模型，是以生态保护成本为主的分配模型，体现的是省内各区际之间在生态保护投入上的公正与贡献；三级生态补偿资金分配模型——政府、企业、个人各主体之间的补偿资金分配模型，是以各主体对水源保护的贡献度和各主体为保护水源付出的努力大小为主的分配模型，体现的是一定区域内各主体生态保护效率的差异与贡献；四级生态补偿资金分配模型——各企业或个人应得的生态补偿资金，按生态移民、非生态移民、政府核准企业和非政府核准企业四种类型进行核算，是对各区域各主体生态资源禀赋优势、投入成本、保护绩效的综合衡量（见图5－2）。

---

① 马静、胡仪元：《南水北调中线工程汉江水源地生态补偿资金分配模式研究》，《社会科学辑刊》2011年第6期。

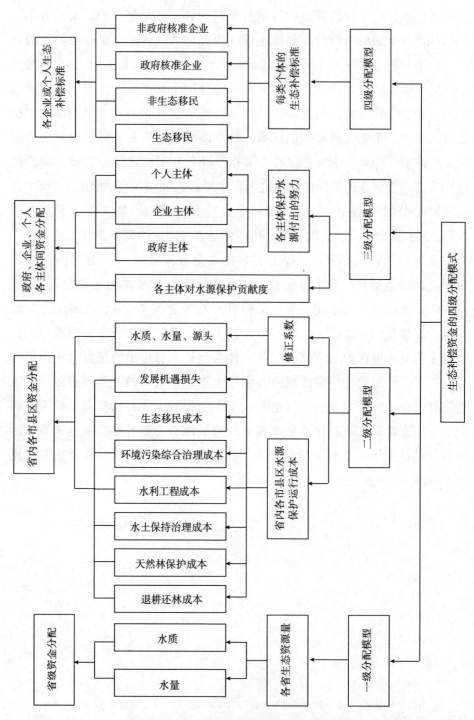

图5-2 汉江流域生态补偿资金的分配层级

一、汉江水源地生态补偿资金的一级分配模型

南水北调中线工程虽然跨越的省份较多，但是，河南南阳实际上仅仅是调水工程的渠首位置，真正的水源区应该是丹江口库区及其以上区域，那就是陕西的汉中市（汉江发源地）、安康市和商洛市（丹江）及湖北的十堰市，这些省市为水源保护付出了巨大代价。同时，作为同是水源地的不同区位也存在生产发展水平、生态技术水平差异，进而存在生态保护投入的需求强度与投入能力的差异。本书的实证调研结果也证实这种差异的存在，特别是水源地区（尤其是源头区域）需要有较大的生态保护投入和更多的水源（水质水量）保护。但是，其发展基础弱，生产能力和收入水平低，再加上水源保护所造成的发展机会损失，使其水源保护的实际投入能力下降，对水质保证与水源的持续保护构成了威胁。在陕西南部汉中、安康、商洛三市的许多县区，山大沟深坡陡的山地地貌特征明显，山谷沟壑发达、土层较薄、有较多的裸露岩石，森林覆盖率高但坡地、裸岩使水土极易出现流失。

同时，作为秦巴山区集中连片特困区，是国家扶贫攻坚的重点区域，其生态保护的投入能力不足。生态保护的资本投入贡献低，而其劳动投入、土地投入贡献和发展机会损失所作出的贡献要大得多，因此，依靠资本投入贡献进行生态补偿资金的分配对水源地而言是极不公平和极为危险的。一是生态位势重于生态保护的投入贡献。自然资源、地理区位、生态要素在其各自系统以及整个大自然系统中都有自己的地位——一个元素位、空间位或要素位，它们的相互作用而形成结构优化功能或相互制约效应，但是，其中总有一些关键"位"或核心"项"，不仅是缺一不可，而且能起到促进或推动作用。源头之水就是流域的关键位或核心项，不保护好源头的涓涓细流就不可能引来滔滔江水；同样地，不保护好源头区域就不可能有中下游的水质水量保证，也就是说没有上游就没有下游、没有源头就没有河流。因此，从位势角度讲，必须给源头加分，加大生态补偿资金分配的权重。二是发展权的逼迫作用重于奖惩的诱导功效。吃饭是人生存的头等大事，正是贫穷落后使山区居民不得不依靠森林资源采伐、矿产资源开发、坡地耕种谋生，从而导致水土频繁流失，以及由此引起的水源涵养能力降低，长此以往和屡禁不止必

将产生长期的消极影响。陕西移民搬迁工作特别是 240 万人陕南移民在一定程度上有了缓解，山上的人少了、坡地耕种的人少了、森林破坏的人少了，应该说是对汉江水源保护的战略性制度安排。三是投入需求强度特别是刚性需求强度决定了外部注入投资保障的重要性。流域保护需要全覆盖，流域面积越大，需要保护、修复和治理的投入就大；治理与修复难度大需要的投入也就多，有些可能仅仅需要自然的或生态的手段就可以恢复或修复，而有些可能则需要通过工程手段，如修筑或加固河堤、清淤等手段才能做到有效保护等，这就需要大量的资本投入。这些投入往往与其自身的投入承载能力不相匹配，因此，没有足够的生态补偿作为外援资金就根本达成不了生态保护的预期效果，也就不一定能实现"南水北调工程功在当代，利在千秋"的战略价值。四是水源保护需要协同作战、上下游齐心。效应发挥的延期性和异地性，使人们宁愿砍树收现钱也不管后代的资源需求，因此砍树的人比栽树的人多；污水的直接排放省钱（不付治污成本），送走了污物（流向了下游）省事，所以"致污"的人总比治污的人多，因此，必须要有全流域保护、全方位保护、长效性保护才能有效地避免水质性缺水和水量性缺水[1]问题的出现。

因此，省区之间生态补偿资金的一级分配要以水量、水质和生态位势为依据，突出生态补偿资金的贡献分配（资本和劳动的投入贡献、保护成效贡献、区位贡献），增强源头地区特别是上游贫困山区县域的水源持续保护能力。在一级分配模型中，应遵循的基本原则是：在水质符合标准的情况下，水资源量越大，所得补偿资金就应越多。

（一）一级分配模型公式

省区间生态补偿资金的一级分配模型为：

$$I_i = A_I \times \alpha_i \times \frac{Q_i}{\sum_{i=1}^{m} Q_i} \qquad (式 5-1)$$

其中，I_i指一级分配中各省区分配到的生态补偿资金额；A_I指一级分配

---

① 王燕鹏：《流域生态补偿标准研究》，郑州大学硕士学位论文，2010 年。

中可用于分配的生态补偿资金总额；a_i 指水质修正系数；Q_i 指各省区提供的水资源量；m 指参与生态补偿资金一级分配的个体数量。

（二）水质修正系数

可利用水资源量不仅取决于水量的大小，更与其水质密切相关。当然，水质保证必有一个最低的水量限制，低于最低水量就无法实现水的自我净化，而成为"致污之源""纳污之地"，失去了水资源的效能，更没有引水价值；同样，它也有一个最高的水量限制，就是河流或水渠的最大容纳量（实际上是河流或水渠中的最大容纳量，这是由木桶原理决定的），超过此量就会变成具有破坏性的洪水。在此范围内，水质越好其可开发利用的水资源量就大，反之则小，也就是说，水质决定了水资源的有效开发利用程度与价值。上游来水质量好，下游的可利用程度与价值就高；上游来水质量差，下游可开发利用的水资源就少、有效开发利用的价值就低，甚至会成为"输入型污染"，上游污水把下游的清水都污染了，而使其"完全丧失利用价值"。[1] 因此在一级分配模型中设置水质修正系数的目的在于，确保汉江流域上游水质达到调水要求。

根据《丹江口库区及上游水污染防治和水土保持"十二五"规划》（国函〔2006〕10 号），南水北调中线工程的水质目标是，"在 2014 年中线通水前，丹江口水库达到Ⅱ类、主要入库支流水质符合水功能区要求；2015 年年末直接汇入丹江口水库的主要支流水质不低于Ⅲ类"[2]。所以，本研究将Ⅱ类水质设为一级分配模型的基准，以环境保护领域中常用的水质指标——化学需氧量（COD）浓度作为流域上下游地区省级交界断面处的代表性指标。

根据环保部制定的《地表水环境质量标准》（GB 3838 - 2002），Ⅱ类水质的 COD 值应 ≤15mg/L，为方便计算，将 15mg/L 设为计算基准值。设省级交界断面处的水质 COD 值为 COD_i，则：若 $COD_i \leqslant 15mg/L$，说明省级交界断面水质达到基准要求，则 $\alpha_i = 1$；若 $COD_i > 15mg/L$，说明省级交界断面水质

---

① 孔凡斌：《江河源头水源涵养生态功能区生态补偿机制研究——以江西东江源头为例》，《经济地理》2010 年第 2 期。

② 陈磊：《"十二五"我国将投资 120 亿元确保南水北调中线调水水质安全》，《科技日报》2012 年 10 月 28 日。

没有达到基准要求，上游省应对向下游省区多排放的 COD 量进行赔偿，即在补偿资金分配中减少上游省区的分配额度转给下游省区，即 $\alpha_i = 15/COD_i < 1$。

二、汉江水源地生态补偿资金的二级分配模型

位于汉江上游水源地区的汉中、安康、商洛、十堰四市及其所辖县区，在南水北调中线工程水源保护上进行了污水处理厂建设，垃圾填埋场建设，水土流失护坡、河道护堤建设，等等，投入了大量的人力和资本，关停企业更是造成了直接的经济损失和劳动力失业，可谓代价巨大。这些投入成本（或损失）是各市区县分割生态补偿资金的重要依据。这些成本主要包括三个方面：第一，生态正常运行的护持成本投入，就是为确保现有生态资源效应的有效发挥、生态设施作用的正常运转所需要的资本、劳动与技术等投入，如陕南污水处理费收费标准是 0.8 元/吨，而其成本则约为 0.9—1.2 元/吨，存在较大缺口。[①] 第二，破坏生态环境修复的成本投入，如污染治理、水土流失治理、沙漠化的外力修复、水源涵养林培植等，都需要大量的人力、物力和财力投入。根据民革陕西省委员会的测算，陕南三市保护南水北调中线工程和引汉济渭工程水源的直接投入约为 0.7—1.1 元/立方米水。[②] 同时，陕南的坡耕地侵蚀严重，汉中约为 44.6%、安康约为 53%、商洛约为 66.1%，整个陕南地区的平均侵蚀比例达 53.16%[③]，这样的地理地貌进一步加大了生态保护成本。这就像污水处理厂的污水处理成本一样必不可少，也无疑成为生态补偿的内容和分配补偿资金的依据。第三，限制传统工业及发展机会而遭受损失的成本。治污、限污，力争污水零排放是水源地人民的历史重责和政治觉悟，这就使老企业增加了污染治理成本，甚至对严重污染企业进行关停，导致企业成本增加利润下降、市场竞争力减弱；新企业有污染就不得落地，招商引资受限，资本约束更大。近年来，"汉中市关停的黄姜皂素加工企

---

① 陕西省发展和改革委员会、陕西省住房和城乡建设厅：《对关于加快汉中市污水处理厂、垃圾处理场建设问题的提案的复函》（陕发改办函〔2011〕116 号），2011 年 6 月 15 日。

② 民革陕西省委员会：《关于丹江干流水资源保护对策的建议（提案）》，2010 年 3 月 31 日，见 http://www.sxmg.org/index.asp。

③ 贺素娣：《汉江流域水土流失特点及防治对策》，《长江流域资源与环境》1997 年第 3 期。

业和造纸企业年损失利税 7 亿多元"[①]。

(一) 成本核算

二级分配模型中的成本核算直接利用本书所建立的生态补偿标准核算模型，即：

$$M = OC + TC + EED + EEI \qquad (式 5-2)$$

式中，OC——机会成本损失补偿；TC——投入成本与运营费用补偿；EED——经济红利效应分享；EEI——生态改善效应贡献补偿。

(二) 二级分配模型公式

根据以上计算结果，省内各市（县、区）间生态补偿资金的二级分配模型为：

$$\text{II}_i = A_{\text{II}} \times F_i \qquad (式 5-3)$$

其中，II_i 指二级分配中省内各市（县、区）分配的生态补偿资金数额；A_{II} 指二级分配中可用于分配的生态补偿资金总额；F_i 为分配权重，$F_i = \varphi_i \times \delta_i$，$\sum_{i=1}^{n} F_i = 1$。$\varphi_i$ 指综合修正系数，$\varphi_i = \alpha_i \times \beta_i \times \gamma_i$，$\sum_{i=1}^{n} \varphi_i = 1$；$\delta_i$ 为成本分摊系数，$\delta_i = \dfrac{M_i}{\sum_{i=1}^{n} M_i}$，$\sum_{i=1}^{n} \delta_i = 1$；$M_i$ 指省内各市（县、区）为保护水资源而投入的成本；n 指参与生态补偿资金二级分配的个体数量。

(三) 综合修正系数

二级分配模型中的综合修正系数 φ_i 由水质修正系数 α、水量修正系数 β 和区位修正系数 γ 综合得出。

1. 水质修正系数

水质修正系数的计算方法与一级分配模型相同，以 II 类水质的 COD 指标（15mg/L）为计算基准值。若 $COD_i \leqslant 15mg/L$，说明省内各市（县、区）交界

---

① 马静、胡仪元：《南水北调中线工程汉江水源地生态补偿资金分配模式研究》，《社会科学辑刊》2011 年第 6 期。

断面水质达到基准要求，则 $\alpha_1 = 1$；若 $COD_i > 15mg/L$，说明省内各市（县、区）交界断面水质没有达到基准要求，上游地区应对向下游地区多排放的 COD 量进行赔偿，即在补偿资金分配中减少上游地区的分配额度转给下游地区，$\alpha_i = 15/COD_i < 1$。

2. 水量修正系数

设置水量修正系数的目的在于，在生态补偿资金二级分配中，虽然水量不作为分配的主要依据，但仍应作为影响因素考虑。本书选取流域面积作为水量修正系数测算指标，因为流域面积是河流的重要参数，流域面积大小决定了流域水量大小，实际上就是某区域的流域面积占整个计算流域面积的比重。设 WA 为计算流域的总面积，WA_i 为某区域流域面积，则计算公式为：

$$\beta_i = \frac{WA_i}{WA} \qquad\qquad （式 5-4）$$

3. 区位修正系数

设置区位修正系数的目的在于，河流发源地的生态保护对于河流的健康发展至关重要，没有优质的源头水，也就没有干净的河水。但是河流一般发源于深山密林，沟大坡深、地形复杂，生态保护难度极大；同时，由于经济落后、交通不便，源头所在地方政府和人民为生态保护较其他地区而言作出的牺牲更大，因此在生态补偿资金分配中应向源头地区予以适当地倾斜，以提高其生态保护积极性。

三、汉江水源地生态补偿资金的三级分配模型

三级分配模型主要是针对区际内不同主体之间的生态补偿资金分配，也就是说如何把区际之间分配得来的生态补偿资金再分配给各个具体的实施主体，具体来说就是一定区域内的地方政府、企业单位和居民个人之间的生态补偿资金分配。

生态补偿意愿形成的关键是生态资源效应的存在或发挥，水资源满足了人们生产用水、生活消费用水和生态用水的需要，甚至可以利用水资源获取直接利润，如加工成矿泉水（瓶装水）进行出售等。人们获得消费该资源的效用（满足）也愿意支付相应的费用，或者从自己的直接价值创造（如把水加工成瓶装水、净化水出售）与间接价值创造（耗水是生产所必须依赖的条

件）收益中分享部分利润，或者因为调入水资源使其生产损失减少了也愿意把部分收益支付给水资源提供者，从而形成水源保护的生态补偿支付意愿。依据水资源保护生态补偿支付意愿所形成的生态补偿资金，其分配必须充分考虑所提供水源的数量、质量、成本投入，以及其所能发挥的效应（优质还是劣质水资源），使政府水资源管理的绩效、企业单位和居民个人在生态资源提供与保护上的贡献等成为生态补偿资金分配的重要依据之一。也就是说，汉江水源地生态补偿资金三级分配的主要依据就是地方政府、企业单位和居民个人为保护流域水资源所作出的贡献，即生态贡献度。

（一）生态贡献度

生态贡献度是指汉江流域生态保护中各保护主体作用大小的程度。生态贡献度涉及的范围广，计算方法复杂，资料获取难度大。根据环保部要求，"十二五"期间我国主要污染物总量控制种类包括化学需氧量（COD）、氨氮（$NH_3 - N$）、二氧化硫（SO_2）和氮氧化物（NO_x）四类，其中 COD 和 $NH_3 - N$ 与流域水污染防治密切相关。因此，为简化计算、便于评价，选取 COD 和 $NH_3 - N$ 作为生态贡献度评价因子，以各主体对 COD 和 $NH_3 - N$ 的削减量作为各群体对流域生态环境保护的贡献。

设评价因子 COD 削减量和 $NH_3 - N$ 削减量的权重均为 0.5，那么各主体对流域生态环境保护的贡献度计算公式为：

$$E_i = 0.5 \times \frac{R_{COD-i}}{\sum_{i=1}^{r} R_{COD-i}} + 0.5 \times \frac{R_{NH-i}}{\sum_{i=1}^{r} R_{NH-i}} \qquad （式 5 - 5）$$

其中，E_i 指各主体的生态贡献度；R_{COD-i} 指各主体的 COD 削减量；R_{NH-i} 指各主体的 $NH_3 - N$ 削减量；r 指参与生态补偿资金三级分配的主体数量。

（二）成本核算

1. 成本核算指标

在三级分配体系中，除考虑政府、企业和个人在流域生态保护中的贡献度外，还应以各主体在生态保护中投入的成本为依据进行分配。则各主体的投入成本核算指标如表 5 -3 所示。

表 5 - 3　三级分配的成本核算指标体系

主体	编号	指标	指标释义
政府	1	退耕还林成本	上游地区政府为保护生态环境，将易造成水土流失的坡耕地有计划、有步骤地停止耕种，按照适地适树原则，因地制宜植树造林、恢复森林植被而投入费用，如退耕还林、荒山造林等成本
	2	天然林保护成本	上游地区政府为涵养水源、保护天然林不被破坏，维持其林分结构与生产力，并使其资源得以发展而投入费用，如生态公益林建设、森林管护、封山育林、森林病虫害防治等成本
	3	水土保持治理成本	上游地区政府进行水土保持项目建设和水土流失综合治理投入费用，如小流域治理、治坡工程、治沟工程等成本
	4	水利工程成本	上游地区政府为更好地开发利用水资源而修建工程投入费用，如引水工程、提水工程、蓄水工程及地下水资源工程等成本
	5	环境污染综合治理成本	上游地区政府为保护水质，进行点源和面源污染治理投入费用，如城镇生活污水、垃圾处理设施、环境监测监管等成本
	6	生态移民安置成本	上游地区政府为缓解水源涵养区的自然生态压力，将位于生态脆弱区和重要生态功能区的人口向其他地区迁移所发生费用，如移民补偿款、基础设施损失和建设投入等成本
企业	7	企业污染物综合治理成本	上游地区工业企业、规模化畜禽养殖企业等治理自身产生的污染物投入费用，如废水、废气和废物处理设施及其配套设施的建设、运行维护费用、监测设备投入等成本
	8	限产、关停企业造成的损失	上游地区为保障水质安全，对于生产工艺落后、污染物排放不达标的企业实施工艺改造、限产甚至关停，从而企业造成的损失

主体	编号	指标	指标释义
个人	9	生态移民搬迁成本	上游地区需要从水源区搬迁的移民在搬迁过程中投入费用，如房屋修建费、搬迁费、过渡时期生活费、经济林木损失费及后期扶持费用等成本
	10	生态环境建设投劳筹资	上游地区进行生态环境建设时，除国家补助资金、地方政府配套资金外，为解决资金不足而出现的群众投劳折资、筹资等投入。其中，投劳折资指在劳动力密集的工序中农民用劳动力完成的工程量，未按商品经济支付劳动力价值的那部分资金
	11	退耕还林造成的损失	上游地区因实施退耕还林工程使坡耕地面积减少，造成种植业收入减少，给当地农民带来的损失

2. 成本核算公式

为简化计算，在三级分配体系中均不考虑各主体的发展机遇损失。根据上表中三级分配的成本核算体系，政府、企业和个人为保护水源区生态环境的成本投入分别如下。

（1）政府投入主要包括退耕还林、天然林保护、水土保持治理、水利工程、环境污染综合治理和生态移民安置等成本，均为直接成本。则政府投入的成本核算公式为：

$Z_{政府}$ = 退耕还林成本 + 天然林保护成本 + 水土保持治理成本 + 水利工程成本 + 环境污染综合治理成本 + 生态移民安置成本　　　　（式5-6）

其中，$Z_{政府}$ 指上游地区政府为保护水源的成本投入。这6项指标的数据都可直接获得。

（2）企业投入主要包括企业污染物综合治理成本和限产、关停企业造成的损失，则企业投入的成本核算公式为：

$Z_{企业}$ = 企业污染物综合治理成本 + 限产、关停企业造成的损失（式5-7）

其中，$Z_{企业}$ 指上游地区企业为保护水源的成本投入。

进行"限产、关停企业造成的损失"计算时，除需计算因工艺改造、限产和停产给企业带来的直接损失外，还应计算因此减少的工作岗位及其带来的损失。

（3）个人投入主要包括生态移民搬迁成本、生态环境建设投劳筹资以及退耕还林造成的损失，则个人投入的成本核算公式为：

Z$_{个人}$ = 生态移民搬迁成本 + 生态环境建设投劳筹资 + 退耕还林造成的损失　　　　　　　　　　　　　　　　　　　　　　（式5-8）

其中，Z$_{个人}$指上游地区个人为保护水资源的成本投入。

（三）三级分配模型公式

为体现公平，三级分配体系中，既要兼顾各利益主体对生态环境保护的贡献效应，还应考虑各方为保护水源而投入的成本和牺牲的利益。所以，设各主体的生态贡献度和成本投入的权重均为0.5，那么政府、企业和个人间生态补偿资金的三级分配模型为：

$$\text{III}_i = A_{\text{III}} \times \left(0.5 \times \frac{E_i}{\sum\limits_{i=1}^{r} E_i} + 0.5 \times \frac{Z_i}{\sum\limits_{i=1}^{r} Z_i} \right) \qquad （式5-9）$$

其中，III_i指三级分配中各主体分配的生态补偿资金额；A_{III}指三级分配中可用于分配的生态补偿资金总额；E_i指各主体的生态贡献度；Z_i指各主体为保护水资源的成本投入；r指参与生态补偿资金三级分配的主体数量。

四、汉江水源地生态补偿资金的四级分配模型

生态补偿资金的四级分配就是具体到每一个企业或每一个人的生态补偿资金分配。从而使企业和个人得到的补偿资金与他们为流域生态保护付出的努力相等，以提高核心利益者生态保护积极性。由于各企业或个人的情况不同，导致个体差异很大，所以为准确而简单地计算出各个体应得的生态补偿资金，本书将参与汉江上游生态环境保护的个体划分为四类：①生态移民：为缓解汉江流域上游水源涵养地的自然生态压力，将位于生态脆弱区、自然保护区或水源涵养区范围内，因群众生产生活对生态环境产生潜在威胁和负面影响的村、户搬离原来的居住地，向其他地区迁移。②非生态移民：汉江流域上游地区大部分居民虽然不属于生态移民范畴，但是其利益在整个调水工程中受到损害，如退耕还林、农村沼气建设、限制化肥农药使用等使其经济利益受损。③政府核准企业：汉江流域上游地区污染排放达标企业（已经

达标或限期整改后达标的企业)。④政府未核准企业:为保护水质安全,因生产工艺落后、污染物排放不达标、能耗高效益低而被汉江流域上游地区政府关停并转的企业。每类个体的生态补偿标准计算方法应不同。

(一) 生态移民

根据 2006 年国务院颁布的《大中型水利水电工程建设征地补偿和移民安置条例》,移民安置要采取前期补偿、补助与后期扶持相结合,涉及生态移民个人的补偿内容包括:"①土地补偿费及安置补助费:大中型水利水电工程建设征收耕地的,土地补偿费和安置补助费之和为该耕地被征收前三年平均年产值的 16 倍。②房屋补助费:被征收土地上的附着建筑物按照其原规模、原标准或者恢复原功能的原则补偿;对补偿费用不足以修建基本用房的贫困移民,应当给予适当补助。③零星经济林木补偿费:被征收土地上的零星树木、青苗等补偿标准,按照工程所在省、自治区、直辖市规定的标准执行。④移民搬迁费:包括搬迁运输费、搬迁损失费和误工补助费。⑤过渡时期生活补助费:指外迁移民从搬迁到在安置区稳定生活期间所需的一定生活补助。⑥后期扶持费:移民后期扶持资金主要作为生产生活补助发放给移民个人;必要时可以实行项目扶持,用于解决移民村生产生活中存在的突出问题,或者采取生产生活补助和项目扶持相结合的方式"[1][2]。所以,生态移民补偿标准如下:

$$S_{生态移民} = 土地补偿费及安置补助费 + 房屋补助费 + 零星经济林木补偿费 + 移民搬迁费 + 过渡时期生活补助费 + 后期扶持费 \quad (式 5 - 10)$$

其中,$S_{生态移民}$指生态移民补偿标准。

(二) 非生态移民

就是非移出居民在当地为满足南水北调中线工程调水水质水量需要而采取的保护措施,如改变原来的生产方式、生活方式、降低水资源消耗与森林

① 编辑部:《大中型水利水电工程建设征地补偿和移民安置条例》,《中国财经审计法规选编》2006 年第 19 期。

② 宣刘心:《三峡库区农村移民补偿政策研究——以湖北省宜昌市南湾灵宝二村为个例》,华中师范大学硕士学位论文,2006 年。

资源使用、减少污染等，所造成的收益损失应给以一定的生态补偿。

对于非生态移民的补偿标准，可通过收益损失法确定，如对南水北调中线工程实施前后非生态移民的收入水平变化情况来确定。

$$S_{非生态移民} = G^* - G_i \qquad (式 5-11)$$

其中，$S_{非生态移民}$指非生态移民的补偿标准；G^*指参照地区人均 GDP；G_i指计算区域人均 GDP。

（三）政府核准企业

地方政府核准企业虽可继续生产，但由于汉江流域上游水源保护要求，环保标准不断提高，企业排放污染物总量受到严格限制，无形之中增加了企业成本，资本积累受抑制、扩大生产受制约，为此而遭受了损失。这些损失也应得到生态补偿，政府核准企业增加投入的补偿主要包括：

1. 清洁生产的投入费用

企业为减少污染物产生而淘汰、改造落后、污染不达标的旧生产工艺、引进新技术而增加的投入费用。

2. 环保标准提高后"三废"治理设施的额外投入

与其他区域相比，汉江流域上游地区的环保标准更严格，要求企业严格控制污染物排放总量，在"三废"治理投入更多的技术和费用，增加的企业投入成本。

3. 限产损失

因汉江流域上游地区严格的环保标准导致企业无法正常改造、扩建而造成的损失。

即使企业没有位于汉江流域上游地区，也有环境保护义务。所以，上述投入费用不应该完全由政府给予补偿，应由政府和企业共同承担。因此，本研究计算政府核准企业生态补偿标准时，以机会成本法确定。

$$S_{非生态移民} = \sum_{i=1}^{t} Q_i^* P_i^* - \sum_{i=1}^{u} Q_i P_i \qquad (式 5-12)$$

其中，$S_{政府核准企业}$指政府核准企业生态补偿标准；Q_i^*指参照企业的产品产量；P_i^*指参照企业产品的市场单价；t指参照企业的产品种类；Q_i指计算企业的产品产量；P_i指计算企业产品的市场单价；u指计算企业的产品种类。

（四）非政府核准企业

汉江流域上游地区政府根据水源保护要求，对污染重效益低企业一般实行关闭、取缔，造成大批企业职工失业。所以，非政府核准企业生态补偿标准主要是失业职工的安置补偿费，即：

$$S_{政府核准企业} = W_a \times N \qquad (式5-13)$$

其中，$S_{政府核准企业}$指非政府核准企业生态补偿标准；W_a指企业关闭当年的社会年平均工资；N指企业失业职工数。

第五节　汉江流域生态补偿资金分配方案

按照确定的研究区范围，对汉江流域生态补偿资金进行分配，假设初始分配额度为100亿元。为避免数据差异过大，对成本、损失等均采用年均数据进行计算。

一、一级分配——陕西省和湖北省之间的分配

一级分配为省区间分配，就是陕西省和湖北省之间对生态补偿资金的分配。

（一）水量水质核算

在水量方面，根据多年监测资料显示，陕西境内水源区面积为6.27万平方千米，占丹江口水库控制面积9.52公顷的65.9%，陕西水源区境内丹江和汉江年均入丹江口水库水量284.7亿立方米，占丹江口水库上游多年平均入库水量408.5亿立方米的70%。[1]

---

[1]　赵璐、王晓峰、王纪红：《南水北调中线水源区的自然环境评价》，《统计与决策》2009年第11期。

在水质方面，通过汉、丹江近 10 年的监测断面水质状况[①]可以看出，汉、丹江水质总体状况良好，出省断面维持在 Ⅱ 类水质，由此得出 $X_{陕西}=1$。

（二）一级分配结果

根据上述数据计算可得，陕西和湖北生态补偿资金分配比例为 7∶3，假设初始分配额度为 100 亿元，将数据代入前面公式，得：

陕西水源区资金分配量：$I_{陕西}=70$（亿元）

湖北水源区资金分配量：$I_{湖北}=30$（亿元）

综上，假设初始分配额度为 100 亿元时，陕西水源区应分配 70 亿元，湖北水源区应分配 30 亿元。

二、二级分配——汉中市、安康市和商洛市之间的分配

二级分配为省内分配，就是生态补偿资金在陕西省内的汉中市、安康市和商洛市之间的分配。

（一）成本核算

根据第四章案例分析计算结果，汉中市每年投入成本为 154.54 亿元。由于缺乏资料，安康市和商洛市投入成本根据 2015 年国民生产总值的对比情况进行估算，可得安康市约为 112.11 亿元，商洛市约为 90.25 亿元。

（二）修正系数

1. 水质修正系数

通过汉、丹江近 10 年监测断面水质状况可以看出，汉、丹江出省、出市断面水质维持在 Ⅱ 类，由此可知：汉中市、安康市和商洛市的 α 值均为 1。

2. 水量修正系数

根据陈芳莉成果[②]，"汉江干流在汉中市的流域面积为 2.03 万平方千米"，

---

① 《2000—2012 年陕西省环境质量公报》，见 http：//www.snepb.gov.cn/admin/pub_ newschannel.asP？chid=100273。

② 陈芳莉：《汉中市汉江流域主要水文控制站降水径流关系分析》，《陕西水利》2013 年第 3 期。

该值可以作为 WA$_{汉中}$。根据杨永德成果[1]，"汉江干流白河水文站以上流域面积为 59115 平方千米"，该值减去 WA$_{汉中}$ 可作为安康境内的流域面积，即 WA$_{安康}$ = 38815 平方千米。根据资料显示[2]，丹江干流的流域面积为 1.73 万平方千米，该值可作为 WA$_{商洛}$。则 WA 为 76415 平方千米。

代入上述公式计算可得 $\beta_{汉中}$ = 0.27，$\beta_{安康}$ = 0.5，$\beta_{商洛}$ = 0.23。

3. 区位修正系数

生态补偿资金分配应向源头地区适当倾斜，汉中为汉江发源地，商洛为丹江发源地，但丹江流域在商洛境内的面积小于汉江在汉中境内的面积，故可设置区位修正系数为：$\gamma_{汉中}$ = 1.2，$\gamma_{商洛}$ = 1.1，$\gamma_{安康}$ = 1。

4. 综合修正系数

根据各修正系数计算，可得：汉中、安康、商洛三市综合系数分别为 0.324、0.5、0.253，进行调整后，汉中市综合修正系数 $\varphi_{汉中}$ = 0.3，安康市综合修正系数 $\varphi_{安康}$ = 0.46，商洛市综合修正系数 $\varphi_{商洛}$ = 0.24。

（三）二级分配结果

根据上述数据和成本分摊比重计算可得，汉中市、安康市和商洛市的生态补偿资金分配比例为 0.39：0.43：0.18。以一级分配中陕西水源区应分配 70 亿元作为陕西省内二级分配的初始分配额度，将上述计算数据代入前面的公式，可得省内三市生态补偿资金分配量，即：

汉中市生态补偿资金分配量为：Ⅱ$_{汉中}$ = 27.14（亿元）

安康市生态补偿资金分配量为：Ⅱ$_{安康}$ = 30.18（亿元）

商洛市生态补偿资金分配量为：Ⅱ$_{商洛}$ = 12.68（亿元）

综上，在一级分配中陕西水源区分配的生态补偿资金为 70 亿元，以此为基础进行的省内二级分配中，汉中市应分配 27.14 亿元，安康市应分配 30.18 亿元，商洛市应分配 12.68 亿元。

三、三级分配——汉中市的政府、企业和个人之间的分配

三级分配是区域内政府、企业和个人三大主体之间的分配，以生态补偿

---

[1] 杨永德、邹宁等：《汉江上游水文特性的初步分析》，《水文》1997 年第 2 期。

[2] 见 http：//baike. baidu. com/subview/74729/11988878. htm？fr = aladdin。

资金在汉中市内各主体间分配为例进行分配。

(一) 生态贡献度

1. 污染物削减总量

根据《汉中市人民政府关于分解下达主要污染物总量减排目标任务的通知》，汉中市 2011—2015 年 COD 和 NH_3-N 削减量如表 5 – 4 所示。

表 5 – 4　汉中市 2011—2015 年污染物削减总量

（单位：t）

指　标 时　间	COD 削减量	NH_3-N 削减量
2011 年	5300	570
2012 年	4789	793
2013 年	5450	1028
2014 年	2292	497
2015 年	1831	439
合　计	19662	3327

资料来源：2011—2015 年《汉中市人民政府关于分解下达主要污染物总量减排目标任务的通知》。

可得，2011—2015 年汉中市 COD 年均削减量为：$R_{COD-总} = 3932.4$（吨/年）

汉中市 NH_3-N 年均削减量为：$R_{NH-总} = 665.4$（吨/年）

2. 政府污染物削减量

政府对水体中的污染物削减形式以污水处理厂污水处理为主，根据《汉中市人民政府关于主要污染物总量减排工作的报告》，2011—2015 年汉中市各县区污水处理厂对 COD 和 NH_3-N 的削减量如表 5 – 5 所示。

表 5 – 5　汉中市 2011—2015 年污水处理厂污染物削减量

（单位：吨）

时间	污水处理厂名称	削减工程和措施	COD 削减量	NH₃ – N 削减量
2011 年	汉中市污水处理厂	改造总排污口，安装氨氮在线监控设备	3203	166
	勉县污水处理厂	3 万吨/天处理工程通过竣工环保验收，试运行		
2012 年	宁强县污水处理厂	1 万吨/天处理工程通过竣工环保验收	2719	287
	佛坪县污水处理厂	0.4 万吨/天处理工程通过竣工环保验收		
	汉中江南污水处理厂	2.25 万吨/天处理工程通过竣工环保验收		
	留坝县污水处理厂	0.25 万吨/天处理工程通过竣工环保验收		
	西乡县污水处理厂	3 万吨/天处理工程通过竣工环保验收		
	洋县污水处理厂	2 万吨/天处理工程进水试运行		
	城固县污水处理厂	3 万吨/天处理工程进水试运行		
	略阳县污水处理厂	1.5 万吨/天处理工程进水试运行		
	镇巴县污水处理厂	0.8 万吨/天处理工程进水试运行		
	汉中市、勉县污水处理厂	稳定运行		
2013 年	各县区 11 家污水处理厂	稳定运行	4472	962
2014 年	各县区 11 家污水处理厂	改造污水管网，提高污水处理率	2617	359
2015 年	略阳县污水处理厂	完善管网	2142	221
	镇巴县污水处理厂	完成管网雨污分流改造		
	汉中江南污水处理厂	二期工程建设		
	其余县区污水处理厂	稳定运行		
合　计			15153	1995

资料来源：2011—2015 年汉中市人民政府关于主要污染物总量减排工作的报告。

可得，2011—2015 年汉中政府主体 COD 年均削减量为：$R_{COD-政府}$ = 3030.6（吨／年）

汉中政府主体 NH_3-N 年均削减量为：$R_{NH-政府}$ = 399.0（吨／年）

3. 企业污染物削减量

根据《汉中市人民政府关于主要污染物总量减排工作的报告》，2011 - 2015 年企业 COD 及 NH_3-N 削减量如表 5-6 所示：

表5-6　汉中市 2011—2015 年企业污染物削减量　　　（单位：吨）

时间	COD		NH_3-N	
	工程治理削减量	结构调整削减量	工程治理削减量	结构调整削减量
2011 年	559	90	319	1
2012 年	668	532	226	97
2013 年	381	113	88	33
2014 年	300	33	39	5
2015 年	152	845	29	200
合　计	3673	1037		

资料来源：2011—2015 年汉中市人民政府关于主要污染物总量减排工作的报告。

可得，2011—2015 年汉中企业主体 COD 年均削减量为：$R_{COD-企业}$ = 734.6（吨／年）

汉中企业主体 NH_3-N 年均削减量为：$R_{NH-企业}$ = 207.4（吨／年）

4. 个人污染物削减量

由于没有汉中个人主体污染物削减量的直接资料，故采用间接方法获得，2011—2015 年汉中个人主体 COD 年均削减量为：

$$R_{COD-个人} = R_{COD-总} - R_{COD-政府} - R_{COD-企业} = 167.2（吨／年）$$

汉中个人主体 NH_3-N 年均削减量为：

$$R_{NH-个人} = R_{NH-总} - R_{NH-政府} - R_{NH-企业} = 59.0（吨／年）$$

5. 生态贡献度

根据前述公式，汉中市各主体对汉江流域生态环境保护的贡献度分别为：

汉中政府主体生态贡献度为：$E_{政府}$ = 0.68

汉中企业主体生态贡献度为：$E_{企业} = 0.25$

汉中个人主体生态贡献度为：$E_{个人} = 0.07$

说明政府是推动生态环境保护最主要的主体，其次才是企业，而居民个人因推动力弱、生产活动量小而使产污和治污水平均低。

（二）成本核算

1. 企业成本核算

汉中企业主体成本核算分为两部分：企业污染物综合治理成本和限产、关停企业造成的损失。

（1）企业污染物综合治理成本。汉中市加大工业污染治理力度，近年"累计投入工业污染治理资金5.3亿元，对医药化工、冶金建材、机械制造、烟酒食品等行业进行污染治理，完成污染源治理项目263个，建设污染处理设施379台套，234家企业通过升级改造污染防治设施，污染物排放量大幅减少，污染治理水平全面提高"[①]。按五年平均计算，汉中企业主体的污染物年均综合治理成本为1.06亿元/年。

（2）限产、关停企业造成的损失。由于资料限制，仅以2014—2015年关停企业损失为例进行计算。2014—2015年汉中因污染物削减关停的企业如表5-7所示。

表5-7　汉中市2014—2015年关停企业及基本情况

序号	企业名称	企业各主要产品年生产能力	关停时间	从业人数
1	勉县定军油脂厂	菜籽油6000吨	2014年2月	100
2	西乡县精诚化工有限公司	合成氨60000吨	2014年10月	380
3	城固县兴汉化工厂	皂素90吨	2014年11月	40
4	城固县城泰化工厂	皂素80吨	2014年11月	40
5	城固县千龙化工厂	皂素90吨	2014年11月	40
6	勉县褒城井泉化工厂	皂素130吨	2014年12月	50
7	勉县长源化工有限责任公司	皂素50吨	2014年12月	30

① 《汉中市水源地保护工作情况介绍》，2015年3月30日，见http://www.enorth.com.cn。

序号	企业名称	企业各主要产品 年生产能力	关停时间	从业 人数（人）
8	洋县生物化工有限责任公司	皂素 60 吨	2015 年 6 月	30
9	洋县汉南化工有限责任公司	皂素 60 吨	2015 年 6 月	30
10	洋县秦洋植物化工厂	皂素 50 吨	2015 年 6 月	20
合　计		菜籽油 6000 吨、合成氨 60000 吨、皂素 610 吨	－	760

工业产值损失：2014—2015 年成品菜籽油售价约 8 元/斤，合成氨约 500 元/吨，皂素 30 万元/吨，则 2014—2015 年关停企业造成的工业产值损失为 3.09 亿元/年。

工作岗位损失：2014 年陕西省社会平均工资标准为 52119 元，按此标准计算，则 2014—2015 年关停企业造成的工作岗位损失为 0.40 亿元/年。

综上，2014—2015 年关停企业造成的损失为 3.49 亿元/年，则限产、关停企业造成的年均损失为 1.75 亿元/年。

综合以上计算结果，汉中企业主体投入的年均成本为：$Z_{企业} = 1.06 + 1.75 = 2.81$(亿元／年)。

2. 个人成本核算

汉中市个人主体成本核算包括三个方面：生态移民搬迁成本、水土保持投入投劳折资以及退耕还林造成的损失。

（1）生态移民搬迁成本。根据 2011 年陕西省人民政府发布的《陕南地区移民搬迁安置总体规划（2011—2020 年）》（陕政发〔2011〕49 号），"到 2020 年，陕南地区移民搬迁安置共需投资 1109.4 亿元，其中移民搬迁安置群众需自筹 355.9 亿元，占整体费用的 32.08%"[1]。

根据二级分配中计算得到汉中市生态移民年均成本为 1.21 亿元/年，结合上述费用比例 32.08%，估算出移民搬迁群众在生态移民过程中个人承担的投入成本平均为 0.39 亿元/年。

---

[1]　陕西省人民政府：《陕南地区移民搬迁安置总体规划（2011—2020 年）》（陕政发〔2011〕49 号），2011 年 8 月 19 日，见 http://www.shaanxi.gov.cn/0/103/8644.htm。

（2）水土保持投劳折资。1999 年陕西省人民政府印发的《陕西省生态环境建设规划》的"投资及效益估算"中规划："根据我省水土保持、植树造林和生态农业建设等工程建设投资标准，结合工程建设实际需要以及国家、地方的投资力度和群众的承受能力，按照'尽力而为、量力而行'原则，估算我省近期（1998—2010 年）生态环境建设总投资为 787.82 亿元（农业 197.09 亿元，林业 224.44 亿元，水利 366.29 亿元），其中申请国家补助 282.54 亿元，地方配套 295.91 亿元，群众投劳、筹资 209.37 亿元"[①]。由此可估算出生态环境建设中群众投劳筹资占比约为 26.58%。

根据有关资料，"汉中市汉江流域综合整治共完成投资 20.87 亿元，完成汉江堤防主体治理 140.85 千米，退耕还林 238.8 万亩，长江防护工程造林 345 万亩，治理水土流失面积 7234.6 平方千米"[②]。借用此数据，可以估算出汉中市汉江综合整治年均投资约为 4.174 亿元，群众投劳筹资约为 1.11 亿元/年。

（3）退耕还林损失成本。根据有关资料，"汉中市新一轮退耕还林工程即将启动实施，到 2020 年计划申报建设退耕还林任务 6 万亩"。则 2015—2020 年间，汉中市年均退耕还林面积 1 万亩，即 667 公顷。

由第四章 2014 年汉中市各类主要农作物价格、产出价值、产量及其比重表，可得各农作物的种植面积比重，从而推算出退耕还林中各农作物的种植面积；根据 2014 年各农作物单位面积产量可得各农作物产量，由此可计算出由于退耕还林而造成的年均损失（见表 5－8）。

表 5－8　退耕还林损失成本计算表

	单位	小麦	稻谷	玉米	大豆	油菜籽	花生	蔬菜	合计
总面积	平方千米	440.104	787.355	738.74	149.343	723.355	38.557	628.087	3505.541
种植面积比重		0.1256	0.2246	0.2107	0.0426	0.2063	0.0110	0.1792	

---

① 陕西省人民政府：《陕西省人民政府关于印发省生态环境建设规划的通知》（陕政发〔1999〕22 号），1999 年 5 月 25 日，《陕西政报》1999 年第 12 期。

② 《汉中市水源地保护工作情况介绍》，2015 年 3 月 3 日，见 http：//www.enorth.com.cn。

续表

	单位	小麦	稻谷	玉米	大豆	油菜籽	花生	蔬菜	合计
退耕还林面积	公顷	83.7752	149.8082	140.5369	28.4142	137.6021	7.3770	119.5264	667
单位面积产量	千克/公顷	2986	6373	2879	1153	2251	2940	34126	
产量损失	千克	250152.7	954727.7	404605.7	32761.57	309742.3	21570.78	4078958	
价格	元	2.00	4.80	2.25	4.70	5.09	11.2	4.90	
退耕还林损失	元	500305.5	4582693	910362.9	153979.4	1576588	241592.7	19986894	27952416

资料来源：1. 汉中市统计局提供数据；2. 课题组调研数据。

由表5-8数据可得，汉中个人主体由于退耕还林造成的年均损失约为0.28亿元/年。

综合以上计算结果，汉中个人主体投入的年均成本为：$Z_{个人} = 0.39 + 1.11 + 0.28 = 1.78$（亿元/年）。

3. 政府成本核算

汉中政府主体为保护汉江流域生态环境所投入的成本为：第四章案例分析中汉中市的直接成本核算结果减去企业主体和个人主体投入成本的剩余部分。第四章中汉中市的直接成本核算为12.00亿元/年，则汉中政府主体投入的年均成本为：$Z_{政府} = 12.00 - 2.81 - 1.78 = 7.41$（亿元/年）。

（三）三级分配结果

根据上述数据计算可得，汉中的政府主体、企业主体和个人主体的生态补偿资金分配比例为0.65∶0.24∶0.11。以二级分配计算中汉中市应分配的27.14亿元作为汉中市内三级分配的初始分配额度，将上述计算数据代入前述公式，可分别得到汉中的政府主体、企业主体和个人主体的生态补偿资金分配量，即：

汉中政府主体的生态补偿资金分配量为：$III_{政府}=17.64$（亿元）

汉中企业主体的生态补偿资金分配量为：$III_{企业}=6.51$（亿元）

汉中个人主体的生态补偿资金分配量为：$III_{个人}=2.99$（亿元）

二级分配中汉中市分配的生态补偿资金为 27.14 亿元，以此为基础进行汉中市内政府主体、企业主体和个人主体的三级分配，根据上述计算结果，政府主体应分配 17.64 亿元，企业主体应分配 6.51 亿元，个人主体应分配 2.99 亿元。

四、四级分配——个体生态补偿标准

四级分配具体到区域内的每个企业或个人，以汉中市内各种类型个体的生态补偿标准为例进行研究。

（一）生态移民

由于陕西省没有出台具体的生态移民安置政策，所以本书参照湖北省 2010 年发布的《南水北调中线工程丹江口水库移民补偿标准》进行计算，具体补偿标准规定如下：

1. 移民个人补偿标准

① 农村居民房屋补偿单价。正房：框架 735 元/平方米、砖混 530 元/平方米、砖木 479 元/平方米、木 394 元/平方米、土木 384 元/平方米；偏房：砖混 530 元/平方米、砖木 359 元/平方米、木 296 元/平方米、土木 288 元/平方米，附属房 210 元/平方米。② 城镇居民房屋补偿单价。正房：框架 735 元/平方米、砖混 571 元/平方米、砖木 493 元/平方米、木 406 元/平方米、土木 396 元/平方米；偏房：砖混 571 元元/平方米、砖木 370 元/平方米、木 305 元/平方米、土木 297 元/平方米；附属房 217 元/平方米。③ 附属建筑物补偿单价。砖石围墙 53 元/平方米、土围墙 41 元/平方米、门楼 506 元/个、烤烟房 438 元/平方米、混凝土晒场 49 元/平方米、三合土晒场 33 元/平方米、散畜圈 150 元/处、粪池 100 元/处、地窖 180 元/口、水池 150 元/立方米、压

水井 350 元/眼、大口井 1000 元/眼、沼气池 1200 元/口、有线电视 150 元/个、电视接收器 50 元/套、电话 316 元/部、农用车辆 75 元/辆、炉灶 150 元/个、旗杆 10000 元/根，村组副业设施和设备补偿费 7000 元/处按权属关系补偿。④ 移民搬迁费。农村移民搬迁费为途中食宿费县内 45 元/人、出县外迁 95 元/人，途中医药费 10 元/人、路途意外伤害保险 25 元/人。搬迁运输费、搬迁损失费、车船补助费、误工补助费、临时住房补助费，按照搬迁远近计算，每人不尽相同。⑤ 零星果木。果树中，结果 80 元/株、未结果 10 元/株；经济林木中，成树 50 元/株、幼树 10 元/株；用材林木中，成树 15 元/株、幼树 8 元/株。⑥ 其他项目补偿单价。移民新村双瓮厕所、沼气池 2000 元/户、过渡期生活补助 1200 元/人、渔船 900 元/吨、渔具 300 元/套、网箱 8 元/平方米、库汊网具 10 元/平方米、坟墓迁移 1000 元/座、出县外迁移民生活安置补助费 1200 元/人。

2. 外迁移民生产安置费标准

外迁农村移民生产安置费为人均 2.3 万元，用于支付征地补偿费用；人均 0.2 万元用于补助移民个人购置农机具；人均 0.1 万元用于补助移民个人购买种子、肥料和农药；人均 0.15 万元与国土部门土地整治投入相结合，在移民安置和划定责任田后，由安置地政府统筹用于实施移民土地整治；人均 0.1 万元用于支付移民集体生产发展用地补偿；人均 0.05 万元由省统筹掌握，用于解决安置区生产安置中出现的重大问题；暂留人均 0.3 万元用于办理养老保险。

3. 外迁移民基础设施标准

外迁移民基础设施费为人均 1.5 万元，主要用于安置区新址征地、居民点内外基础设施建设、膨胀土处理、村台处理。

4. 外迁移民奖励标准

对按时完成搬迁安置的外迁移民，从库区耕地占用税中按人均 0.2 万元安排移民奖励费，由迁出地县级人民政府落实。①

---

① 《南水北调中线工程丹江口水库移民补偿标准》，2010 年，见 http://baike.baidu.com/link?url = - V8FI6d1 HOQIjzin56vzYRwhM3stWiXqv4FB1 - Wr5 - thfOwz0X_ 951LND8VsJccjOGo_ 9GjEVsEE7E _ u3G8f3K。

综上，生态移民根据个人情况不同，补偿标准也不同，人均约为 4 万元。

（二）非生态移民

本研究以陕西省人均 GDP 作为参照值，与汉中市的人均 GDP 进行对比计算。为使计算结果相对准确，避免某些年份由于特殊情况的影响造成的数据差异，选取近 5 年（2011—2015 年）的数据代入前述公式进行计算，计算结果如表 5 - 9 所示。

表 5 - 9　非生态移民的生态补偿标准　　　　　（单位：元）

	G^*	$G_{汉中}$	$G^* - G_{汉中}$
2011 年	33142	16936	16206
2012 年	38557	22602	15955
2013 年	42692	25769	16923
2014 年	46929	28908	18021
2015 年	48136	31031	17105
平均值	—	—	16842

资料来源：2011—2015 年汉中市和陕西省国民经济和社会发展统计公报。

根据计算结果，汉中市内非生态移民的生态补偿标准应为每人每年 16842 元。

（三）政府核准企业

本书以陕西理想化工有限责任公司为例计算政府核准企业的生态补偿标准。陕西理想化工有限责任公司是汉中市的区属重点骨干企业之一，资产近亿元，年生产合成氨 3 万吨、碳铵 13.5 万吨。目前合成氨的市场价格为 2300 元/吨，碳铵的市场价格为 2000 元/吨。

选取的参照企业是陕西秦岭化肥总厂，资产 2 亿多元，年产合成氨 15 万吨，甲醇 17 万吨。二者生产产品相似，且陕西秦岭化肥总厂位于宝鸡，不属于汉江流域上游地区，具有可比性。为使二者的规模相近，便于计算，本研究在计算时将陕西秦岭化肥总厂的产量减半，即合成氨 7.5 万吨，甲醇 8.5 万吨。目前合成氨的市场价格为 2300 元/吨，甲醇的市场价格为 2400 元/吨。

将上述数据代入前述公式，可得陕西理想化工有限责任公司的生态补偿标准为：

$$S_{理想化工} = \sum_{i=1}^{t} Q_i^* P_i^* - \sum_{i=1}^{u} Q_i P_i$$

$$= (75000 \times 2300 + 85000 \times 2400) - (30000 \times 2300 + 135000 \times 2000) = 3750(万元)$$

综上所述，陕西理想化工有限责任公司的生态补偿标准应为 3750 万元。

（四）非政府核准企业

以西乡县精诚化工有限责任公司为例计算非政府核准企业的生态补偿标准。西乡县精诚化工有限责任公司是原西乡县氮肥厂改制后于 2004 年 5 月成立的中型民营化工企业，资产 1.32 亿元，职工 380 人，年产 6 万吨合成氨，对汉江流域危害大，西乡县政府于 2014 年对其进行关停转产。

2014 年陕西省社会平均工资标准为 52119 元，将数据代入前述公式，可得西乡县精诚化工有限责任公司的生态补偿标准为：

$$S_{西乡精诚} = W_\alpha \times N = 52119(元／人) \times 380(人) = 1981(万元)$$

综上所述，城固县城南植物化工厂的生态补偿标准应为 1981 万元。参与分配的个人或企业主体越多，其应得分配额就会越少，因此，实际应得分配数额肯定比此数据要小得多。

五、小结

根据本研究建立的生态补偿资金分配模型，对汉江流域的生态补偿资金进行分配：在一级分配中，南水北调中线陕西水源区和湖北水源区的分配比例为 7:3；以此为基础进行的陕西省内二级分配中，汉中市、安康市和商洛市的分配比例为 0.39:0.43:0.18；以此为基础进行的汉中市内三级分配中，政府主体、企业主体和个人主体的分配比例为 0.65:0.24:0.11；以此为基础进行的四级分配中，根据不同类型采取不同的补偿标准。

假设初始分配额度为 100 亿元，则分配结果如表 5-10 所示。

表 5 - 10　案例分配汇总表

初始分配额度	100亿元					
一级分配	陕西省					湖北省
	70亿元					30亿元
二级分配	汉中市				安康市	商洛市
	27.14 亿元				30.18 亿元	12.68 亿元
三级分配	政府	企业		个人		
	17.64 亿元	6.51 亿元		2.99 亿元		
四级分配		核准	非核准			
典型企业		陕西理想化工有限责任公司	西乡县精诚化工有限责任公司	移民	非移民	
		3750万元	1981万元	4万元	1.68 万元	

第六章　生态补偿资金运行机制研究

　　生态补偿资金的运行必须要有一个通道或渠道，这个通道就是运行机制。生态补偿资金运行机制是生态补偿机制的"下位概念"或"种概念"。生态补偿资金作为生态补偿的一个要素，也需要一个运行机制，解决生态补偿资金运行通道问题，即生态补偿资金如何从支付主体手中达到接受主体手中的运行机制问题。可见，生态补偿资金运行机制就是指在一定法律制度的规范与约束下，生态补偿资金筹集与分配的管理、监督及其效益效率评估的实现过程。生态补偿资金运行机制主要包括制度机制、管理机制、监督机制和评估机制。

　　其中，生态补偿资金运行的制度机制是对生态补偿资金运行的前提、过程和结果进行管理的依据、保证和规范；生态补偿资金运行的管理机制体现的是生态补偿资金运行过程的管理；生态补偿资金运行管理的监督机制是整个生态补偿资金运行机制得以顺畅、高效的保障；生态补偿资金运行的评估机制则是对整个生态补偿资金运行效率的考察。其结构图示如图**6－1**所示。

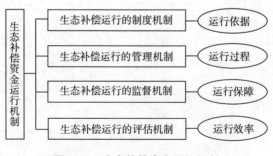

图6－1　生态补偿资金运行机制

第一节　生态补偿资金运行的制度机制

一、生态补偿资金运行制度机制的含义

根据现代汉语的解释，"制度"一词有两个含义，一是要求大家共同遵守的办事规程或行动准则；二是在一定历史条件下形成的政治、经济、文化等方面的体系。[①] 因此，其最一般的通常理解，制度就是要求大家共同遵守的办事规程或行动准则。具体又包括四个层次的规范或内容：一是规范，如《易·节》云："天地节，而四时成。节以制度，不伤财，不害民"；二是法规，《左传·襄公二十八年》："且夫富，如布帛之有幅焉，为之制度，使无迁也"；三是规定，如《续资治通鉴·宋孝宗隆兴元年》："尚书省奏：'永固自执政为真定尹，其缴盖当用何制度？'金主曰：'用执政制度'"；四是规格，《东周列国志》第七十八回："既至夹谷，齐景公先在，设立坛位，为土阶三层，制度简略"[②]。制度的首要特性是普遍约束力，即对制度所规定的适用对象范围内的人、事与物具有制度所规定的规范和约束作用；其次是要以执行为保障[③]，不被执行的制度不具有效力，也不能发挥制度的功效，执行力是制度效力发挥的关键性控件，也是制度严肃性的标志，还是以法治国、治世、治管的示范；再次是效率的保证，制度对程序的规范提高了其执行效率。

生态补偿资金运行的制度机制就是指关于生态补偿资金运行的法律、制度、条例、规定、规范、规程、标准等的总称，是为生态补偿资金运行提供制度依据、标准规范和实施程序。包括宏观的法律、中观的实施措施与实施办法和微观的管理办法等；从程序法上为生态补偿资金的运行提供运行程序和标准规范。其具体内容可图示如下（见图 6-2）。

---

① 中国社会科学院语言研究所词典编辑室编：《现代汉语词典》，商务印书馆 1985 年版，第 1492 页。

② 见 http://baike.baidu.com/view/78391.htm。

③ 齐超：《制度含义及其本质之我见》，《税务与经济》2009 年第 3 期。

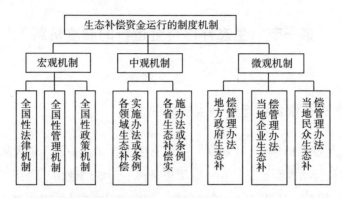

图 6-2　生态补偿资金运行的制度机制

二、生态补偿资金运行的宏观制度机制

这里所说的"宏观"有四个层次的含义：一是从内容上来看，必须具有全国性的普遍意义，或说所规定对象必须具有普遍指向性，特别是全国性的法律法规制度等最具有该特性；二是从主体上来看，其设立和实施主体只能是中央政府及其相关职能部门，也就是说应是一国内的最高行政主体；三是从效果来看，其实施应具有普遍性效应，也就是说是针对全国的生态保护或生态资源的全国性调配与共享，或者其效应具有全国性或跨区性的溢出效应或波及作用；四是具有更大的协调范围，是全国性乃至全球性的协调特别是跨区域性的协调，这对于水资源和流域管理具有更重要的意义。生态补偿资金运行的宏观制度机制可分为三种类型：法律机制、管理机制和政策机制。

（一）法律机制

生态补偿资金运行宏观制度机制中的法律机制就是规范生态补偿资金运行的全国性法律制度的总和。根据生态补偿法律机制①的理解，生态补偿资金运行的法律机制就是国家以全国性法律制度为手段，对生态补偿资金运行的各相关利益主体进行调节和调控，从而形成生态补偿资金运行的普适性法律

---

① 吕志祥、刘嘉尧：《西部生态补偿制度缺失及重构》，《商业研究》2009 年第 11 期。

制度规范。法制是生态保护及其补偿的最高权威，亚里士多德就提出"以正当方式制定的法律应当具有终极性的最高权威"①。如美国的《田纳西河流域管理法》、日本的《河川法》、英国的《流域管理条例》②等以法律制度保障为世界流域保护、开发和管理提供了经验。因此，国家法制是生态补偿资金运行首要的制度机制。从内容上来看，生态补偿资金运行的法律机制包括物权法、水法、环境资源保护法、生态补偿法、税法、其他生态保护与补偿法律法规等一系列法律法规制度体系，也包括立法、司法、执法和守法等各个环节。

例如，新修订的《中华人民共和国环境保护法》（2014 年 4 月 24 日修订，2014 年主席令第九号）强调了环境保护意识的培育，环境保护法规与知识的宣传、教育和环境违法的监督；提出要"建立跨行政区域的重点区域、流域环境污染和生态破坏联合防治协调机制，实行统一规划、统一标准、统一监测、统一的防治措施"（第 20 条）；对环境保护目标责任纳入到了县级以上人民政府考核内容（第 26 条）；对重点生态功能区、生态环境敏感区和脆弱区实行"生态保护红线"保护制度（第 29 条）；明确了企业的生态环境保护责任（第 42 条），并规定"排放污染物的企业事业单位和其他生产经营者，应当按照国家有关规定缴纳排污费"（第 43 条）、"实行排污许可管理的企业事业单位和其他生产经营者应当按照排污许可证的要求排放污染物，未取得排污许可证的不得排放污染物"（第 45 条）③。这是我国生态环境保护制度化的详尽规定，也对排污费的缴纳、生态转移支付等问题作出了规定和要求。《中华人民共和国水污染防治法（修订）》第 7 条规定："国家通过财政转移支付等方式，建立健全对位于饮用水水源保护区区域和江河、湖泊、水库上游地区的水环境生态保护补偿机制"。明确了国家生态补偿的主体地位和财政转移支付的补偿方式，并在第 70—83 条的 14 项条款中规定了补偿或处罚标

---

① ［美］博登海默：《法理学法律哲学与法律方法》，邓正来译，中国政法大学出版社 1999 年版，第 10 页。

② 颜海波：《流域生态补偿法律机制研究》，山东科技大学硕士学位论文，2007 年。

③ 《中华人民共和国环境保护法》（2014 年 4 月 24 日修订，2014 年主席令第九号），《中华人民共和国全国人民代表大会常务委员会公报》2014 年第 3 期。

准。①《中华人民共和国水土保持法》② 在第 **31—33** 条中规定："国家加强江河源头区、饮用水水源保护区和水源涵养区水土流失的预防和治理工作，多渠道筹集资金，将水土保持生态效益补偿纳入国家建立的生态效益补偿制度"；"开办生产建设项目或者从事其他生产建设活动造成水土流失的，应当进行治理"；水土流失易发地区 "开办生产建设项目或者从事其他生产建设活动，损坏水土保持设施、地貌植被，不能恢复原有水土保持功能的，应当缴纳水土保持补偿费，专项用于水土流失预防和治理"；"水土保持补偿费的收取使用管理办法由国务院财政部门、国务院价格主管部门会同国务院水行政主管部门制定"；"国家鼓励单位和个人按照水土保持规划参与水土流失治理，并在资金、技术、税收等方面予以扶持"。这五点规定不仅为生态补偿中 "生态破坏付费" 原则进行了详细解注，而且强调了建立水土流失国家生态补偿制度、实行水土流失治理与恢复原则、水土保持缴费原则，以及国家对水土流失治理的倾斜政策和水土保持补偿收费主体规定等。在《中华人民共和国水法》（修订）③ 第 **29**、**31**、**48—49**、**65—72** 等条款中规定："国家对水工程建设移民实行开发性移民的方针，按照前期补偿、补助与后期扶持相结合的原则，妥善安排移民的生产和生活，保护移民的合法权益"；"从事水资源开发、利用、节约、保护和防治水害等水事活动"，"对他人生活和生产造成损失的，依法给予补偿"；"直接从江河、湖泊或者地下取用水资源的单位和个人，应当按照国家取水许可制度和水资源有偿使用制度的规定"，"缴纳水资源费，取得取水权"；"用水实行计量收费和超定额累进加价制度" 等规定中，确立了国家的水工程移民生态补偿制度、损害补偿、用水补偿等一系列原则，以及相应的处罚（补偿）标准。《中华人民共和国海洋环境保护法》④（修订）第 **11** 条强调："直接向海洋排放污染物的单位和个人，必须按照国家规定缴

---

① 《中华人民共和国水污染防治法》（2008 年 2 月 28 日修订，2008 年主席令第八十七号），《中华人民共和国全国人民代表大会常务委员会公报》2008 年第 2 期。

② 《中华人民共和国水土保持法》（2010 年 12 月 25 日修订，2010 年主席令第三十九号），《中华人民共和国全国人民代表大会常务委员会公报》2011 年第 1 期。

③ 《中华人民共和国水法》（2002 年 8 月 29 日修订，2002 年主席令七十四号），《中华人民共和国全国人民代表大会常务委员会公报》2002 年第 5 期。

④ 《中华人民共和国海洋环境保护法》（2013 年 12 月 28 日修订，1999 年主席令二十六号），《中华人民共和国全国人民代表大会常务委员会公报》2014 年第 1 期。

纳排污费。向海洋倾倒废弃物，必须按照国家规定缴纳倾倒费"，并在第 **73—91** 条中规定了详细的处罚标准，从而确定了海洋排污或垃圾倾倒的排污费缴纳及其缴纳标准。虽然还没有正式出台《生态补偿条例》，但是，通过这些具体的法律法规基本勾勒了生态补偿资金形成、支付或处罚的依据、原则或标准。

（二）管理机制

生态补偿资金运行宏观制度机制中的管理机制就是为生态补偿资金的管理立法、建章、设制，对管理内容、管理程序、管理规范及管理监督等一系列问题进行制度规范。具体包括四个层面的内容：一是谁来管理的问题，就是对生态补偿资金管理主体的界定，也就是明确谁有这种管理权力，就汉江水源地生态补偿资金的运行而言，国务院南水北调工程建设委员会是最高管理机构，相应的各省份也有对应的管理委员会，而到市县区怎么办？管理主体是谁？水利局，环保局，还是其他机构？现在的基层管理基本上是由各部门分散报送材料直接送达国务院南水北调办公室，而这些基层单位之间没有进行相应的协调和沟通，也没有对全局情况的掌控。二是管理什么的问题，即管理权限问题。也就是生态补偿资金的哪些内容必须纳入南水北调管理范围？对生态补偿资金管理所需要的人、财、物的管理半径是多大？三是怎么管理的问题，实际上是管理的程序安排，就是说明管理的过程是什么，用什么样的技术、手段和渠道进行管理。四是如何监督管理的问题，实际上是对管理者如何进行管理的问题，他们的管理成效如何？绩效好的如何奖励、管理过失如何纠正和处罚等。从宏观制度机制的角度来看，生态补偿资金运行的管理机制也在各个法规中体现。例如，《国务院关于环境保护若干问题的决定》强调：生态补偿的原则是"污染者付费、利用者补偿、开发者保护、破坏者恢复"；强调要"建立并完善有偿使用自然资源和恢复生态环境的经济补偿机制"；强调要按照"排污费高于污染治理成本"原则征收排污费等。

《全国生态保护"十二五"规划》要求"建立区域生态补偿机制"；《中华人民共和国水土保持法实施条例》（第 **21** 条）也要求"企业事业单位在建设和生产过程中损坏水土保持设施的，应当给予补偿"，并通过第 **26—30** 条规定了相应的处罚标准。《中华人民共和国水污染防治法实施细则》也在第**38—47**条规定了相应的罚则标准。《排污费征收标准管理办法》细化了县级及以上地方人民政府环保部门排污费征收的具体内容,主要包括污水排污费、废气排污费、固体废物及危险废物排污费和噪声超标排污费,并对征收标准及计算办法作出了详细说明。而在《排污费征收使用管理条例》中对排污费征收的权利主体和客体进行了明确界定,排污费的征收客体,即:对象为"直接向环境排放污染物的单位和个体工商户"即排污者;排污费的征收主体分为两个层次:国家排污费征收标准的制定主体是"国务院价格主管部门、财政部门、环境保护行政主管部门和经济贸易主管部门",地方排污费征收标准的制定主体则是"省、自治区、直辖市人民政府"。《特大防汛抗旱补助费使用管理暂行办法》对防汛抗旱资金筹集的原则、渠道和范围进行了规定。在《中华人民共和国河道管理条例》中,规定了河道堤防防汛岁修费的筹集措施,明确由中央和地方财政分担。从费用筹集与使用两个角度,从受益者、开发者和破坏者三个方面对资金管理进行了规定:明显受益的工商企业和农户需要缴纳"河道工程修建维护管理费";采砂、取土、淘金等开发性活动要支付管理费;损坏"堤防、护岸和其他水工程设施"的要"负责修复、清淤或者承担维修费用"。在资金使用上强调专款专用,必须"用于河道堤防工程的建设、管理、维修和设施的更新改造"。在《关于加强国家重点生态功能区环境保护和管理的意见》(环发〔**2013**〕**16**号)中要求健全生态补偿机制,"加快制定出台生态补偿政策法规,建立动态调整、奖惩分明、导向明确的生态补偿长效机制。中央财政要继续加大对国家重点生态功能区的财政转移支付力度,并会同发展改革和环境保护部门明确和强化地方政府生态保护责任。地方各级政府要依据财政部印发的国家重点生态功能区转移支付办法,制定本区域重点生态功能区转移支付的相关标准和实施细则,推进国家重点生态功能区政绩考核体系的配套改革。地方各级政府要以保障国家生态安全格局为目标,严格按照要求把财政转移支付资金主要用于保护生态环境和提高基本公共服务水平等。鼓励探索建立地区间横向援助机制,生态环境受益地区要采取资金补助、定向援助、对口支援等多种形式,对相应的重点生态功能区进行补偿"①。在《关于开展生态补偿试点工作的指导意见》中对生态补偿原则进一步表述为"谁开发、谁保护，谁破坏、谁恢复，谁受益、谁补偿，谁污染、谁付费"，与《国务院关于环境保护若干问题的决定》比较，权责内容更为明确和对应。对生态补偿的主客体提出了要求："要明确生态补偿责任主体，确定生态补偿的对象、范围。环境和自然资源的开发利用者要承担环境外部成本，履行生态环境恢复责任，赔偿相关损失，支付占用环境容量的费用；生态保护的受益者有责任向生态保护者支付适当的补偿费用"。还明确了生态补偿的四种类型及其相应的补偿机制，即"自然保护区生态补偿机制、重要生态功能区生态补偿机制、矿产资源开发的生态补偿机制、流域水环境保护的生态补偿机制"。对于如何通过中央财政实施生态补偿的问题，《国家重点生态功能区转移支付办法》和《2012 年中央对地方国家重点生态功能区转移支付办法》规定了国家重点生态功能区转移支付的原则、资金分配、监督考评和激励约束等内容。在《取水许可制度实施办法》（第 31 条）要求：违反规定取水造成他人损失的要"停止侵害、排除妨碍、赔偿损失"。在《占用农业灌溉水源、灌排工程设施补偿办法》第 9 条中也规定："由国家财政投资建设的项目，需占用农业灌溉水源、灌排工程设施的，按照水利工程的现值，由占用单位负责补偿"。特别是《蓄滞洪区运用补偿暂行条例》第 12 条对生态补偿的标准进行了详细规定，即"（一）农作物、专业养殖和经济林，分别按照蓄滞洪前三年平均年产值的 50%—70%、40%—50%、40%—50%补偿，具体补偿标准由蓄滞洪区所在地的省级人民政府根据蓄滞洪后的实际水毁情况在上述规定的幅度内确定。（二）住房，按照水毁损失的 70%补偿。（三）家庭农业生产机械和役畜以及家庭主要耐用消费品，按照水毁损失的 50%补偿。但是，家庭农业生产机械和役畜以及家庭主要耐用消费品的登记总价值在 2000 元以下的，按照水毁损失的 100%补偿；水毁损失超过 2000 元不足 4000 元的，按照 2000 元补偿"②。

---

①　环境保护部、国家发展改革委、财政部：《关于加强国家重点生态功能区环境保护和管理的意见》（环发〔2013〕16 号），2013 年 1 月 22 日，索引号：000014672/2013 - 00082，见 http：//www.zhb.gov.cn/gkml/hbb/bwj/201302/t20130201_245861.htm。

②　国务院第 28 次常务会议通过《蓄滞洪区运用补偿暂行办法》（中华人民共和国国务院令第 286 号），《中国水利报》2000 年 6 月 1 日。

（三）政策机制

生态补偿宏观制度机制中的政策机制就是运用政策杠杆形成有利于生态补偿的政策环境与政策措施，实际上就是变直接的现金补偿为政策倾斜，或者现金补偿与政策倾斜的结合。生态补偿的长效机制需要政策的长期支持与政策合力推动。因此，生态补偿的政策机制主要包括政策覆盖面、政策衔接、政策协同和政策长效机制四个关键节点。所谓政策覆盖面，就是要扩大纳入生态补偿政策受惠面的民众、区域和类型范围，这既是生态资源共享机制的要求，作为具有历史结果（现有生态资源必是历史延续与遗传的结果，当期生态资源培植也是为后代人的享用做准备，正所谓"前人栽树后人乘凉"）、区位固定（使当地居民不得不为生态保护付出代价，因为一个特定区域的生态资源不一定给其带来利益，如河流上游、生态效应溢出等，但生态破坏带来的弊端必然是当地居民首当其冲，承受灾难）、效应溢出特性的生态资源，必须实现资源的共建共享，形成共享机制；也是全民生态保护责任的要求，使生态保护与受益、生态破坏与代价对等，形成人人保护生态环境的机制；还是生态资源共生规律的要求，区内与区外生态环境如果相生相益必然能促进其发展和增长，反之，区内保护区外破坏，上游保护中游破坏都不可能使生态资源的保护成为长久和持续性的事情，更别是上游破坏了生态环境，没了"源头活水"哪来中下游的清水？因此，生态补偿政策覆盖面强调的就是生态保护者获得生态补偿受益、生态破坏者付费有代价、其他人要认同生态保护的行为价值。所谓政策衔接，就是要从政策体系上做好设计，切实解决其可操作性，落实好生态补偿资金怎么来、怎么分、怎么用、怎么监督等一系列问题。所谓的政策协同，就是强化各类政策之间的协调，使政策的整体效应和综合效应得以充分发挥。生态补偿资金运行机制问题，要解决好纵向财政转移支付与横向财政转移支付、企事业单位与个人的处罚收入、社会捐助等生态补偿资金的形成机制问题，要解决好生态补偿资金在政府、企业、居民户等不同层面不同主体之间的分配，解决好工程建设支出、生态修复支付、生活保障支出和产业培育支出等资金分配的合理性与协调性。最终要落脚到财政政策、货币政策、产业政策、税收政策、就业政策等各项相关政策的协调与协同问题，汉中市在移民工作中把居民搬迁与职业培训、子女职业教育结合起来，就是创新性地运用了政策协同功能。所谓政策长效机制，就是要形成长期坚持和常抓不懈的政策机制。一要通过政策的稳定化和常态化形成人们保护、投资、经营生态环境及其产品的长效机制，起到稳定人心、稳定投资、稳定发展之功效；二要充分体现资源、环境或生态生长、修复与再生的长周期性特点，构筑生态保护与生态补偿的长效机制；三要把生态环境保护与生态补偿当成长期工程进行建设，不仅为当代人守护一片绿、一江清水，还要为后代们留下生存和发展所需要的青山绿水、田地与矿藏资源等，实现资源分配的代内公平与代际公平的有机统一。

在《国务院关于加强城市供水节水和水污染防治工作的通知》中要求："全国所有设市城市都要按照有关规定尽快开征污水处理费"，污水处理费征收的标准是满足污水处理设施建设和运营需要，做到保本微利。在《长江三峡工程建设移民条例》中提出国家要对"三峡工程建设移民依法给予补偿"的要求，规定了生态补偿资金的来源，如"国家从三峡电站的电价收入中提取一定资金设立三峡库区移民后期扶持基金"、免征或征收耕地占用税等；也规定了资金使用的六大方向，即"农村移民安置补偿；城镇迁建补偿；工矿企业迁建补偿；基础设施项目复建；环境保护；国务院三峡工程建设委员会移民管理机构规定的与移民有关的其他项目"。为其长效机制构建给地方政府提出了配合国家产业政策导向、促进技术改造、统筹规划与结构调整等要求，如兼并、破产或者关闭"技术落后、浪费资源、产品质量低劣、污染严重的企业"等。国家《排污费征收使用管理条例》在排污费征收标准确定上要求要"根据污染治理产业化发展的需要、污染防治的要求和经济、技术条件以及排污者的承受能力"（第 **11** 条）①。

三、生态补偿资金运行的中观制度机制

这里所说的中观主要包括四个层面的意思：一是从该机制的内容上来说，仅仅具有区域性的意义，即针对一省、一区（自治区）或一市（直辖市），或者是辖区内的某条具体河流、某座具体的山甚至一个更小的特定区域制定

---

①　《排污费征收使用管理条例》（中华人民共和国国务院令第 369 号），2003 年 1 月 2 日，见 http：//www. gov. cn/gongbao/content /2003/ content_ 62565. htm。

的管理规章或办法，抑或是国家生态保护与生态补偿任务在辖区内的分解、执行或实施；二是从设立和实施主体来说，是省级管理部门，处于全国行政管理的次级管理层级；三是从实施效果来说，具有较大效应，是针对全省（区、市）的生态保护或生态资源的全省性调配与共享；四是具有较大的协调范围，是全省（区、市）、全国性的协调，包括辖区内的跨区性协调，这对于水资源和流域管理具有重要意义。

生态补偿资金运行的中观制度机制主要包括三方面内容：法律机制、管理机制和政策机制。这里的法律机制主要是省级立法所形成的地方性法规，如生态补偿实施办法、汉丹江水源保护条例等，其最大的特点是适用区域性限制强。这里的管理机制也不同于全国性的管理机制，首先，它是国家管理机构的下属单位或执行机构；其次，它更具有管理上的执行力；再次，它更加注重可操作性。这里的政策机制是以执行中央生态保护与生态补偿政策为主，同时结合地方实际情况，实现区域政策创新与国家政策执行相配套、相结合的政策合力。

自生态环境问题突出，特别是生态补偿实践以来，各省（区、市）都在完善生态补偿政策，细化生态保护责任，开展生态省创建工作，使生态补偿资金运行实践得到不断丰富和完善。国家《湖泊生态环境保护试点管理办法》第二条规定："中央财政安排资金（简称'中央资金'）对湖泊生态环境保护试点工作予以支持，鼓励探索'一湖一策'的湖泊生态环境保护方式，引导建立湖泊生态环境保护长效机制"。在《淮河流域水污染防治暂行条例》第七条中规定："国家对淮河流域水污染防治实行优惠、扶持政策"[①]，并规定了相应的处罚标准。在《黄河下游引黄灌溉管理规定》中规定："黄委会应由引黄渠首工程应收水费中每年提取**2%**，建立引黄灌溉技术开发基金，作为发展引黄科研补助经费"，并要求"引黄供水按供水量计收水费"。北京市在《〈占用农业灌溉水源、灌排工程设施补偿办法〉实施细则》中规定了清淤费的年缴要求、灌溉灌排工程损失补偿的要求等。在《〈中华人民共和国水土保持法〉实施办法》中要求对水土流失地区的治理给以"资金、能源、物资、税收"等扶持或倾斜；要求财政部门支持水土流失补偿资金的筹集，农村集体组织"增加

---

① 《淮河流域水污染防治暂行条例》，《中华人民共和国国务院公报》1995 年第 21 期。

水土流失防治经费和劳务的投入"；同时也规定了相应的处罚标准和条款。在
《北京市水利工程保护管理条例（修订）》中规定了"由水利部门供水的用水
户必须按规定缴纳水费"。福建省在《福建省水利建设基金筹集和使用管理实
施细则》中对省级和地（市）县级水利建设基金的来源进行了规定，其中省
级水利建设基金主要来自于"省级有关部门收取（含分成）的政府性基金
（收费、附加）"提取和省级防洪保安基金组成；地（市）县级则由地（市）
县收取的政府性基金（收费、附加）提取、重点防洪任务城市征收的城市维
护建设税提取，以及堤防维护费、防洪保安基金等组成。《甘肃省水资源费征
收和使用管理暂行办法》对水资源使用所征收的水资源费标准进行了详细规
定，如工业用水标准为"地表水每立方米 **0.03—0.05** 元，地下水每立方米
0.04—0.06 元"；城镇生活用水标准为"地表水、地下水每立方米 **0.03** 元"。
水价实行超额累进制，并对超额用水和拒缴水费进行加成征收或处罚等。《广
东省水土保持补偿费征收和使用管理暂行规定》对水土保持补偿费的缴纳标
准规定。《河南省水利建设基金筹集和使用管理实施意见》分省和市地县两级
对水利建设基金的来源作出了规定。《吉林省水土流失补偿费征收、使用和管
理办法》规定在"境内的山区、丘陵区、风沙区等易于造成水土流失的地区，
进行建设和生产过程中损毁、压没原地貌或植被，降低或丧失其原有水土保
持功能的单位和个人，必须交纳水土流失补偿费"，并确定了征收标准。江西
省在《鄱阳湖湿地保护条例》中规定了开发鄱阳湖湿地资源进行生态补偿的
原则、"补偿主体、补偿对象、补偿方式、补偿标准等"。内蒙古自治区在其
《水土流失防治费征收使用管理办法》中规定了水土流失防治费的缴纳标准。
浙江省《水资源管理条例》规定凡从"江河、湖泊、地下取水或者利用水资
源发电的单位和个人，应当缴纳水资源费"。湖南省在《大中型水库移民条
例》中水库移民生态补偿的方式、标准、范围和要求作出了规定，如农村移
民的生态补偿包括"房屋及附属建筑物补偿、青苗补偿、零星果木补偿、搬
迁运输补偿、过渡期生活补助"等。

四、生态补偿资金运行的微观制度机制

这里所说的微观制度机制也有四层次含义：一是从该机制的内容上来说，

必须具有微观操作可能性和实践价值，要有具体的微观责任主体和可量化的考核机制；二是从设立和实施主体来说，包括三个层面的主体，即县级及其以下各级政府、企业和民众，其中，政府是微观管理主体，企业和民众是接受主体，他们是最直接的生态保护与生态补偿的支付者或接受者；三是从实施效果来说，具有独特个性，每一个生态保护行为与生态补偿模式都要依据于其独特的生态资源与保护个性，生态保护与补偿的区域位置和人员范围是特殊的、独一无二的；四是微观层面的协调，主要是针对补偿资金分配公平的利益协调，不存在政策协调和人事协调，因为这不是一个基层执行单位的职能。"以利益杠杆为核心的社会平衡机制将是其协调的核心内容，从而把生态保护内化为各个人的自觉行为，实现人与自然的友好相处，最终实现自然和人类社会的可持续发展"①。根据主体的不同，生态补偿资金运行微观制度机制的内容主要包括三个层面：基层政府的生态补偿资金运行机制、企业的生态补偿资金运行机制、民众的生态补偿资金运行机制。

基层政府的生态补偿资金运行机制必须建立在三个基础上：第一，从性质上来看，县、乡镇和村组等各级基层党和政府组织必须贯彻执行中央和省级党政制定的各项生态保护与生态补偿法律法规与政策，也就是说，基层主体首先是一个执行主体。是站在区域生态保护与维护全省全国生态平衡大局角度开展生态保护与生态补偿资金管理工作。第二，从内容上来看，基层政府的生态补偿资金运行机制主要针对生态补偿资金筹集和分配的具体运行方式、方法、程序与考评等。以各级基层政府为主导制定有利于贯彻党和国家生态保护政策、有利于生态保护工作、有利于地方经济社会发展、有利于生态补偿资金运用的管理办法和实施细则，如生态补偿资金筹集管理办法、生态补偿资金使用管理办法、生态保护与生态补偿考评办法等。作为生态保护与生态补偿政策的落实者与实践绩效的检查者、监督者和考核者，基层政府还应建立相应的检查、督促、监督和考核机制。第三，从目标上来看，由于生态破坏的当地首先受损、生态保护的当地首先受益，这两个"首先"要求当地政府对生态补偿资金的管理上不得出现"短视"行为，而必须从长远发展、可持续发展或永续发展角度，促进经济、社会与生态三者的协调与可持

---

① 胡仪元：《西部生态经济开发的利益补偿机制》，《社会科学辑刊》2005年第2期。

续发展，实现当地居民经济社会发展与生态保护相协调的高度构建二者共赢与长期促进机制。

　　企业的生态补偿资金运行机制就是在企业内部形成生态资金运行的管理制度，这个制度机制也必须建立在这样几个基点上：首要的是执行国家生态保护、污染治理与生态补偿法规政策，形成生态环境保护的大局观、经济社会生态的协调发展观与可持续发展观。其次是要建立企业内部生态补偿机制，由于环境污染与生态破坏是外部不经济行为，容易使企业把其治理责任推向社会，因此，建立企业内部生态补偿机制，一方面从企业资金使用角度提取资金建立企业生态保护与生态补偿的奖励基金和企业环保产业发展积累基金；另一方面，建立直接面向员工的生态保护奖励机制，促进每位员工为企业的生态保护与资源循环利用作贡献。再次是要建立企业生态补偿社会机制，也就是要为社会生态补偿资金的筹集作出贡献。生态保护是全社会的责任，是全体公民的义务。但是，在生存需求、投资能力与道德意识等约束下，居民的生态保护意识与保护能力都比较弱，因此需要企业承担更多保护生态的社会责任，既要做社会责任和社会道德的示范者，又是全民生态保护的表现和提高社会生态保护能力的主要条件和途径，特别是在各种生态补偿费用的缴纳和捐助上展现一个企业的社会责任和风范。

　　民众的生态补偿资金运行机制就是普通居民生态补偿资金运行的制度安排，它不同于前面的一切制度安排。首先，它仅仅是一个被动的执行制度安排，没有主动建立制度，或说不具备制定制度的权力与能力；其次，在这个制度安排中，民众的生态保护意识起到至关重要的作用，因此生态保护意识的培养至关重要；再次，普通民众的生态保护与生态补偿意愿具有明显的矛盾性，一方面作为当地人是生态破坏的直接受损者，因此具有强烈的生态保护意愿，另一方面在追求利益最大化、谋求政府重视和给予生态补偿的心理期望、发展滞后的推动、生活习俗惯性等因素作用下，民众又具有很强的生态破坏性，如何消解其生态破坏意愿，引导生态保护行为具有十分重要的意义；最后，民众既是生态环境破坏的受害者又是生态环境保护的受益者，因而具有获得生态补偿资金支持和缴纳水资源费、治污费等费用的双重可能。

第二节　生态补偿资金运行的管理机制

一、生态补偿资金运行管理机制的含义

生态补偿资金运行的管理机制就是通过管理制度、管理机构和管理人才等要素，对生态补偿资金筹集、分配、监督等全过程、众环节的管理。实际上就是生态补偿资金管理的系统结构和运行机理，是决定管理效率和生态保护质量的核心要素。生态补偿资金运行的管理机制是针对生态补偿资金运行专项管理的实践运行系统，通过这个系统形成一个联结各区域、各层级、各主体生态补偿资金运行的管理协调机制。

（一）生态补偿资金运行管理机制的要素

生态补偿资金运行管理机制的管理主体是政府及其相应的管理机构。其中，政府是首要的管理主体，中央政府及其职能部门是宏观管理主体，主要是全国性生态补偿资金运行法律、法规、政策的制定，跨区利益的协调，以及生态资源公共效益的购买与供给。省、自治区和直辖市政府是中观层面的管理主体，主要是区域内生态补偿资金运行的实施措施、条例与规范的制定，辖区内的区域协调与生态资源配置。县级及其以下政府部门作为微观管理主体仅仅为执行主体，是对生态补偿资金的筹集、分配、监管的具体执行与落实。同时，还存在非政府组织的管理机构，主要从事一些专项、专门的管理，如绿色和平组织等。生态补偿资金运行管理机制的管理客体就是生态补偿资金及其运行所涉及的相关利益者的效率考察。一方面围绕生态补偿资金运行链条，从其筹集、分配、监管全过程进行制度规范、程序设定、标准量化；另一方面，在相应的各个环节上所涉及的人、物是否按规定和要求运行，是否达到了补偿的标准或额度等。

生态补偿资金运行管理机制的内容主要包括生态环境及其保护效应评价、生态补偿标准确定、生态补偿方式与手段的探索、生态补偿资金的管理与运

行、生态补偿资金运行的监督、生态补偿资金运行效率的评估等。

生态补偿资金运行管理机制的管理模式主要包括三种类型：实施性管理，即对生态补偿实施过程与环节的管理，包括生态补偿政策实施细则的制定与落实、补偿资金的筹集与分配、补偿绩效考核评估、补偿实施过程文档管理等；协调性管理，即为保证生态保护及其补偿的实施所进行的各区域之间以及区域内的政府、企业、民众之间的责任落实、利益分割、资源统筹、政策协调与行动一致等；监督性管理，即对生态保护及其补偿的政策依据、实施主体、实施过程以及实施效果的监控。

（二）生态补偿资金运行管理机制的职能

生态补偿资金运行管理机制的职能可以概括为规划、引导、规范、奖惩和保障。

所谓的规划就是管理机构以数据化的规划来说明生态补偿资金筹集、补偿标准、资助重点、支付方式、程序措施等一系列问题，推动生态保护的长效化、补偿行为的程序化、资金支付的规范化，让人们明白生态保护的目标定位、收益程度与发展趋向等，为人们的自觉自主决策提供参考。

所谓的引导就是管理机构在已有规划的基础上形成一套关于生态补偿资金运行的完善和规范的制度机制，以引导各级机构、企业和居民规范地筹集生态补偿资金、合理地分配与使用生态补偿资金，以及相应的产业开发、资本和劳动投入等。

所谓的规范就是在管理中无论是生态补偿资金运行本身，政府的管理制度，企业和居民的生态补偿资金筹集与分配行为，还是生态补偿资金使用绩效评估、生态补偿工作效率考核、奖励或处罚等一系列管理工作都必须在制度规范的统一规则下进行，从一开始就有规范化和标准化的运行规则、保障机制和制度规范。

所谓的奖惩就是管理机构在监控、考评或评估的基础上对生态补偿资金的筹集、分配与使用绩效进行奖励或处罚，以奖励人们的生态保护行为与生态补偿资金管理效率、惩罚人们的生态破坏行为与生态补偿资金管理效率损失，特别需要加大在生态补偿资金筹集（争取）、补偿资金科学使用等方面的奖惩力度。

所谓的保障就是管理机构必须保障生态补偿资金管理工作的正常进行，为此而必须提供相应的管理制度、基础设施、政策支持、技术支撑等，使生态补偿资金从筹集—分配—使用—考评全过程形成完整的保障链条或体系。

（三）生态补偿资金运行管理机制的结构体系

生态补偿资金运行管理机制的结构体系是指关于生态补偿资金运行管理的制度、内容、程序、规范与组织机构的有机统一体。

管理制度是整个生态补偿资金运行管理的前提和基础，是管理工作的出发点和依据，正如前面所探讨的，它包括宏观层次、中观层次和微观层次三个层面；既包括法律法规，又包括相应的管理制度及其实施细则；既包括实体性法规制度，又包括程序性法规制度。

管理内容是管理机制的核心，是对管理什么的界定，也就是对管理对象或管理范围的界定。具体包括管理权力、管理责任与管理利益的分解、匹配与协调。也就是生态补偿资金筹集的范围与方式，支付对象、标准、方式，管理权责与效率等。

管理程序与管理规范就是从过程性的角度对生态补偿资金运行管理的程序和规范进行界定，这是依法、依规管理的体现，也是管理效率的保证，还是提高管理公信力的唯一途径。

管理机构是生态补偿资金运行管理的组织保证，是国家生态保护与生态补偿制度与政策的执行主体。对于管理机构而言，合理、科学的管理层级与管理幅度设计是管理工作开展与管理效率保证的根本（见图 **6-3**）。

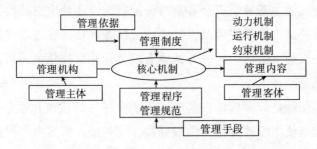

图6-3 生态补偿资金运行管理机制的结构体系

（四）生态补偿资金运行管理机制的核心机制

生态补偿资金运行管理机制的核心机制就是确保生态补偿资金管理运行的机制系统，具体包括生态补偿资金运行管理的动力机制、运行机制与约束机制。

生态补偿资金运行管理机制的动力机制就是促进管理者的积极管理行为以及由管理行为促进生态保护与生态补偿资金管理行为的机制。这个机制有三个动力源，第一，利益驱动动力源。这是最核心的动力源，是人类行为的原动力。良好的管理机制都必须内含相应的奖惩机制，这个奖惩机制会激励管理者加大管理力度、提高管理绩效，生态补偿资金运行管理者也会通过自己的积极工作行为获得收益，这是经济人最大化行为的必然规律。马克思就曾指出："'思想'一旦离开'利益'，就一定会使自己出丑"[1]，"人们奋斗所争取的一切都同他们的利益有关"[2]。相反，没有惩罚的管理跟没有奖励的表扬一样，不会起到约束行为的效果。第二，政令推动动力源，这是重要动力源。生态补偿资金运行管理的主体和环境与生态的公共产品特性决定了政令是最有效的最重要的推动力量，一方面通过政绩考核机制给管理者和相应的行为者以压力，另一方面通过政府强大的财政力量（财政资金支持）、政策力量（政策倾斜与支持）、法律力量（法律的强制执行力）和组织力量（对党员、对干部的考核任用等）对管理者和行为者产生影响。第三，社会推动动力源，这是长效动力源。一个社会的生态保护与生态补偿行为要常态化、长效化就必须要有社会推动机制，这一方面来自于居民内在的心理和行为养成，即把生态保护行为当成行为者的习惯行为，增强行为者的自觉性；另一方面来自于外在的监督与舆论道德谴责，对生态补偿资金运行管理不努力、不作为者，甚至对其破坏者进行监督和舆论道德谴责，形成全社会的生态保护与生态补偿推进机制。

生态补偿资金运行管理机制的运行机制就是生态补偿资金运行管理的实施、实践或操作机制。从内容上来说，涵盖了管理主体、管理内容、管理对

---

① 《马克思恩格斯全集》第 2 卷，人民出版社 1972 年版，第 103 页。
② 《马克思恩格斯全集》第 1 卷，人民出版社 1972 年版，第 82 页。

象、管理程序、管理监督、管理文档等全部管理要素。从过程上来说，涵盖了决策过程（管理制度、政策、规范的制定与民意征集、修改、完善，以及相应的奖励、处罚、优惠等决策）、宣传过程（拟实施制度、政策、规范等的解读、宣传，以达到相关者知晓的目的）、执行过程（具体的实施过程，把制度、政策、规范、利益落实到每一个具体的利益相关者或管理相关者身上）、反馈与评价过程（对实施过程、效果，以及实施制度、政策、规范等本身的反馈与评价，既为前期工作纠偏、又为后期工作的持续改进奠定基础）。从地位上来说，运行机制是整个管理机制的核心，一个好的制度、好的政策必须有好的执行或实施，否则就会走样、失效而达不到预期的效果。

生态补偿资金运行管理机制的约束机制就是对生态补偿资金运行管理者及其相关行为者的限制与约束。从内容上来看，包括权力约束、利益约束和责任约束。所谓权力约束就是权力边界的界定、修正与控制，对于管理者主要是权力与责任的统一，防止其滥用权力，以保障权力者用对权力、用好权力；对被管理者主要是责任与收益的统一，以行使其监督权、利益保障权，以避免管理者的权力寻租。所谓利益约束就是对管理者和被管理者的利益获取、给付，以及责权利的对等性上的限定，其中，管理者主要是限制权力扩张，阻止权钱交易，防止谋取超过其法定报酬之外的收益；被管理者主要是防止权利受限、受损，以及相应的利益投机。所谓的责任约束就是明确、协调和统一权责利关系，强化管理者和被管理者的责任意识、责任目标、责任考评、责任追究等一系列责任管理制度与机制。从模式上来看，包括制度约束、管理约束和监督约束。所谓的制度约束就是通过制定、修正和完善管理制度，以制度的规范性、制度的内容规定、制度的强制执行力对管理者与被管理者的权力、责任、利益，以及相应的行为进行限制和约束。所谓的管理约束就是利用管理组织的权力制衡机制、管理制度的职责设定、管理者的升迁机制等手段对管理者或被管理之间的行为进行约束。所谓的监督约束就是通过监督机制对管理者的权、责、利行使情况进行考评、制约，对被管理者的履责情况、权利受损情况等进行监督、制约与修正，从而保证生态保护与生态补偿的所有行为者的行为符合法律法规制度的规定、管理学规律和环境与生态的自然规律。

二、生态补偿资金运行管理的理念

所谓理念就是基本的思想、看法或观念。这个"基本"的意思应是具有或持有某种理念的人总是坚持、贯彻或执行的。这与柏拉图、康德、黑格尔等人哲学意义上的理念范畴不同，他们的"理念"相当于概念、思想、观念，是思维或理性活动的结果。因此，管理理念实际上就是管理工作中始终坚持和遵循的基本思想或观念，是管理工作的思想起点和贯穿于管理工作全过程或各环节的核心思想。持不同管理理念，就有不同的管理工作出发点和工作重心。从管理理念演变的进程来看，过去都是以物为核心的管理，把人置于物的从属地位或被动地位，这就是"以物为本"的管理理念；后来发展为强调人的主动性、创造性，以人的幸福、发展为核心，形成一切依靠人、一切为了人的"以人为本"的管理理念；当今科学技术的突飞猛进，科技的巨大创造力又可能形成"以知识为本"的管理理念。生态补偿资金运行管理的理念主要包括以下几个方面。

（一）人本管理理念

所谓人本管理理念就是以人为本的管理理念，其核心价值倾向就是以"以人为本"的科学发展观为指导，突出"一切依靠人、一切为了人"的思想或理念。具体来说，"一切依靠人"就是要树立尊重人的积极性和创造性的观念，把生态补偿资金运行管理的政策制定、落实监督、效果评价，创新生态补偿资金运行管理的方法、途径，优化生态补偿资金筹集、分配方案，以及生态补偿资金运行管理所需要的各类技术创新等都必须建立在充分征求和尊重流域内居民意见、充分调动其积极性、充分发挥其创造性的基础上。

"一切为了人"就是生态补偿资金运行管理的一切决策、政策、措施及其相应的管理、建设等都是为了一定区域内从事生态保护的居民，具体表现为"为了人的权利、为了人的利益、为了人的发展"。"为了人的权利"就是为了维护、保障和促进生态功能区（水源区）居民应该享受的各项居民权力，其中最重要的权利就是"发展权"。也就是说，生态功能区居民也享有同全国人民一起发展的权利，并因此而享有发展所需要的各种条件。换句话来说就是，生态功能区居民也享有开发资源（包括水资源）促进其自身发展的权利，作为南水北调中线工程水源区，为了保护水源而限制当地居民对资源的开发、牺牲当地居民的发展，也是不公平的，这就必须通过生态补偿让当地居民分享全国人民发展的利益特别是享有分享受水区因改善水环境和水资源供给量而增加收益的权利。"为了人的利益"就是一切政策、决策、措施和管理都要围绕能给居民带来利益、增加福利而展开。作为汉江水源地的秦巴山区经济贫困、生活艰难，守住青山绿水和丰富的自然资源，却过着贫困的生活，如果他们没有为了保障南水北调中线工程水质的大局意识，也在地方利益的驱动下大肆开发利用，必然的结果是自己发展了，生态也破坏了，牺牲的不仅仅是当地的生态环境和长远发展能力，也包含了各受水区发展所需要的资源，包含了全国水资源分布的调控。因此，要保障当地人在调水、护水前提下的利益，为他们提供长期保护水源的利益驱动力。"为了人的发展"就是一切政策、决策、措施和管理都要能给当地居民的长远发展和全面发展提供机遇。由于贫穷落后，汉江水源地居民的发展机遇本来就不多，还受到了地域、经济水平、知识信息和素质能力等各种因素的约束。因此，首先要有当地居民发展的制度设计，为他们寻求自我发展提供制度上的保障和政策上的支持。其次是要有长远发展机制，它既是针对当代人就业增加、收入增长、福利改善的持续发展，又是针对他们的后代在教育权利获取、教育资源分享、自然资源生态资源与遗传资源等的代际分配等方面的保障。再次是要有全面发展的改善措施，汉江水源区居民的发展是不全面的、残缺的，甚至是落后的，不仅经济发展没有实现，大量的国家级贫困县就是最好的说明，而且在教育及基础设施、文化娱乐等方面也是落后的，形成了弱势群体只能享受弱质资源的局面，有些地方连温饱都没有解决，一些基本的生活条件保障——路、电、电视、安全用水等还没有实现，这就需要通过生态补偿及其资金运行管理机制为他们的发展提供更多的机遇和条件，改善他们的生存和生活条件。最后是要有发展的保障措施，只有发展的愿望和要求是不行的，还要有切实的行动和相应的保障措施，要通过生态补偿及其资金运行管理机制给汉江水源区居民的发展提供良好的制度保障、政策保障、组织保障、设施保障等一系列保障条件或措施，激励居民们主动采取措施开发资源、发展产业、促进地方经济社会发展。

（二）系统管理理念

系统有两层含义，一是指同类事物按一定关系组成的整体，如系统化、组织系统；二是指有条理的、有系统的，如系统学习、系统研究。[1] 系统管理理念就是在管理工作中把管理工作及管理对象当成一个系统一个整体来看待和统筹，让管理体系及其要素、管理对象及其要素的效能都发挥到最大。从系统管理理念来看，生态补偿资金运行管理必须坚持全面管理、程序管理和协调管理。所谓全面管理，也叫全要素管理，就是在管理过程中，把管理工作本身、管理对象本身当成一个系统，将系统本身及其要素均纳入管理视野中，进行全面的统筹和协调，既让各要素的作用充分发挥又让系统的整体功能达到最优。具体来说，就是在考虑和促进生态补偿资金运行管理系统中的各级管理机构设置与职能划分，各管理机构与其他相关机构如财政、金融等的协调与沟通，而且要把水源保护的各相关要素如水源涵养、水土流失治理、污染治理、水利设施建设、水质监测与检测等，还要把生态补偿资金运行管理的各相关要素，如主体甄别、保护绩效、分配额度、监督环节等一系列要素均纳入管理的视野进行统筹和协调。所谓的程序管理就是按照管理工作及其管理对象的运动或生长过程规律，把整个过程分解成各个环节，按照其规律所必须遵循的过程或环节要求进行循序管理，以提高管理的科学性、逻辑性和效率。所谓的协调管理就是注重管理及管理对象各要素之间的协调，以高协调度减少或降低要素之间的摩擦，提高要素的结构功能。

（三）超前管理理念

人类社会的发展是一个悖论过程：人们在强化自身的生存、发展与享受能力的同时，却在不断地蚕食着自己赖以生存的物质基础——自然资源和生态环境，资源浪费与枯竭、生态破坏与环境污染等使人类面临着巨大的危机，飞跃式的技术发展和强大的工具系统让人沦为工具的"工具"而被异化，目的被手段异化，结果把目的绑架。生态环境保护也是这样，我们保护生态环

---

[1]　中国社会科学院语言研究所词典编辑室编：《现代汉语词典》，商务印书馆 1985 年版，第1236 页。

境的行为可能带来的就是一种伤害或破坏，就像加高堤坝防洪是常见手段，但要是把河流或水渠的堤坝加高到超过人住所的高度，那恐怕也就像悬在我们头顶上的一把利剑而让人惴惴不安；在沙漠种树是为了保护生态环境，但实际上种树耗费的水更多，对资源的消耗更大。人的活动被推到了"不得不"做的地步，"悬河"不加固更"悬"、沙漠中耗费再多的水还得植树。"汉江水源区作为经济文化的落后区域，不管其初始生态状况如何——富饶的生态还是贫瘠的生态，发展问题始终是居于首要地位的问题，其中最主要的还是经济增长，解决人们的温饱问题；由于经济发展的滞后，他们既缺乏生态保护的动力，又缺乏生态保护的能力，从而使生态保护与经济发展之间的矛盾更加突出。如果没有一个良好的生态保护机制，可能会重演工业经济巨大生态破坏力的历史，并通过生态破坏或环境污染的累积效应和扩散效应使其自身和邻近区域陷入更大的生态危机之中，因而更具有发展悖论的色彩"①。

　　生态补偿资金运行管理也是一个充满矛盾的悖论的过程。首先是管理决策中的悖论。管理必须进行决策，而决策本身是一个利益协调过程，在决策参与者的私利和投票悖论约束下，往往只能作出次优方案决策，而不能把真正符合生态规律、反映大多数人利益的方案投出来；同时，由于认识局限、思维局限、管理者的共识时滞（管理者和被管理者对决策方案达成共识需要一个过程）等因素约束，使所决策的方案本身也存在局限或不完善，这就必然进一步扩大了人与生态环境之间的矛盾。其次是管理与被管理主体积极性的激励矛盾。由于管理者与被管理者所站的立场和视角不同，管理者总希望被管理者按管理者的意志和愿望尽快见成效、出政绩，而被管理者则有利益约束，追求的是利润最大化，而环境与生态资源本身则有自己的运动规律，不为管理者与被管理者的急功近利行为所左右，这样，目标差异与利益矛盾反而掩盖了效率的重要性。再次是被管理对象——生态的复杂性，使各种不可预期性危险凸显。自然本身是神奇的，我们难以完全把握其规律和特性，我们认为的一个最重要的方案或方法，往往是适得其反的，乌尔里希·贝克曾讲："从一定意义上说，科学是一位'错误女神'，因为只有从无数次试验

---

① 胡仪元，王晓霞：《生态经济视角下的发展悖论探析》，《生态经济》2011 年第 10 期。

和实验、无数次推翻和重复、无数次失误和错误中才能孕育并诞生出科学"①。整个社会发展历史或过程"无论是其精神努力，还是其历史实践，都是以充满悖论的方式来展开的"②。人类活动"不仅变更了动植物的位置，而且也改变了他们居住地方的面貌和气候，他们甚至还如此地改变了动植物本身，使他们活动的结果只能和地球的普遍死亡一起消失"③，从而出现了"到目前为止的一切生产方式，都仅仅以取得劳动的最近的、最直接的效益为目的。那些只在晚些时候才显现出来的、通过逐渐的重复和积累才产生效应的较远的结果，则完全被忽视了"④。也就是说，发展悖论所引起各种不可预期性风险通过自然的效应累积和相互推动，而把坏的影响继承、积累、扩大，使自然或生态那种原有的自我调节机制受损，这种受损一旦超出其阈值就必然导致灾难，使人类陷入了"抑或改变自己（作为个人和作为人类共同体的一分子），抑或注定要从地球上消失"的两难境地⑤，出现"灭六国者六国也"的局面，就是说我们把自己的生存基础毁掉了。

消解悖论的一个重要手段就是要具有超前管理理念，包括超前设计、超前研究、超前预留、超前防范等。所谓超前设计就是所有的生态资源培植、生态保护设施、生态产业开发都必须有超前几十年、几百年的设计理念，让生态资源保护具有长期效应。所谓超前研究就是要充分利用模拟实验手段，在深度探究当前生态环境问题根源的同时，放眼未来和预期将会带来的生态环境问题进行预研、设计预案。所谓超前预留就是要为生态的长远发展留下足够空间，不要让人的足迹把生态空间压缩得越来越小，甚至不足以维持其存在和持续发展的需要。所谓超前防范就是要从人与自然协调发展的理念出发，为人对生态的侵占和自然对人的侵占设计一个防范机制，以确保生态阈值和人类生存与发展所需要的最低资源承载量。事实上，任何物质都要占有空间、经历时间，人的生存和发展需要最低的资源、收入和物质资料，这是

① ［德］乌尔里希·贝克：《从工业社会到风险社会（上篇）——关于人类生存、社会结构和生态启蒙等问题的思考》，王武龙编译，《马克思主义与现实》2003 年第 3 期。

② 陈庆德等：《发展人类学引论》，云南大学出版社 2001 年版，第 23 页。

③ 《马克思恩格斯全集》第 3 卷，人民出版社 1972 年版，第 547 页。

④ 《马克思恩格斯选集》第 4 卷，人民出版社 1995 年版，第 732 页。

⑤ ［俄］A. H. 帕夫连科：《"生态危机"：不是问题的问题》，张晶摘译，《国外社会科学》2004 年第 1 期。

人生存所需要的空间位；而自然也需要这样的空间位，没有生态空间位的支撑，生态也就不复存在。当前是如此，未来也是如此。这就需要在当前与未来之间进行合理分配，就像当代人不能剥夺后代人的资源享用权利，要有代际之间的资源公平分配一样，生态也需要自己的空间，不能剥夺了生态的成长空间，为其未来的生长和繁育提供足够的空间。这就是超前管理理念的基本思想或核心观点。

（四）规范管理理念

规范管理也可以称为标准化管理，就是在生态补偿资金运行管理中做到管理依据透明、管理程序明确、管理手段科学、管理行为规范。从内容上来说就是为管理工作寻因（管理依据）、立规（管理程序与管理规范）、树范（示范与模范带动），使整个管理工作有根有据、中规中矩。

生态补偿资金运行管理包括五个基本环节，即法律制度、目标设计、量化指标、责任分解、考核监督。法律制度是规范管理的前提，没有这个前提就没有管理的依据和理由，因此，它解决的是为什么管理和依据什么管理的问题。目标设计是规范管理的方向，包含两个层面：管理工作要达到的目标和管理对象要达到的目标，尽管二者密不可分，但还是有区别的，前者是从管理者的角度出发，以是否完成管理任务为标尺；后者是从管理对象的角度出发，看其是否符合对事物的发展规律，其生长、成长或发展是否符合主体的意志与需要；当然，管理工作的目标还必须以管理对象目标的实现为前提，这才算真正地完成了管理任务。量化指标是规范管理的重要特征，数据化才能准确衡量管理工作的完成程度、偏离程度、修正程度，以及在不同管理者之间进行横向管理绩效评比，因此，设计量化指标和进行量化考核是规范管理的重要特征。责任分解是规范管理的基本要求，对量化指标分解、落实到具体的执行人身上是规范管理的基本要求，通过这个分解落实过程有助于把目标细化，增强管理目标完成的可能性和现实性。考核监督是规范管理的根本保证，管理是否到位、是否规范还要有相应的考核监督机制，通过考核监督掌控管理的进度、管理的效率和有效性，以及管理目标的调整和纠偏，不受约束的权力是危险的，没有考核和监督的管理也是失败和无效的。

（五）效率管理理念

生态补偿资金运行管理的效率管理理念是指在生态补偿资金运行管理中必须把效率放在首位。这里包含三个层次的含义：一是要有投入产出的效率意识，不管是实物性还是价值性的生态补偿，都是一种生态保护的投入成本，这种投入与生态效应、生态资源开发的跨期选择、生态补偿资金产出效益等都必须从投入与产出、成本与收益对等的角度出发，提高投入产出效率。二是要有管理的效率意识，在生态补偿资金运行管理中，要从管理本身的低成本运行高效率产出上着手，降低管理成本，以及通过管理手段促进生态保护与生态补偿效率的提升。三是要有效率的改进意识，遵循持续改进的管理学原则，不断改进管理内容、程序与方法，提高管理效率。

三、生态补偿资金运行管理的绩效

"绩"就是功业、成果，"效"就是效果、功用。绩效就是工作的业绩与效果。从管理角度看，绩效主要是管理绩效，既是指管理工作本身的效率、成果，又是指要通过管理工作对管理对象效率的促进。相应地，生态补偿资金运行管理的绩效就是在生态补偿资金运行管理上的业绩与效果，这个业绩或效率也体现在两个方面：一是在生态补偿资金运行管理工作本身上是否有业绩或效率，也就是管理目标是否定位准确、管理工作是否到位、管理结果是否实现了管理目标、管理工作本身是否做到了成本优化等；二是生态补偿资金运行管理工作对区域生态保护与生态补偿工作是否有效，能否起到促进作用、能起到多大的促进作用。这两个方面又是统一的，统一的结合点是生态保护效率的提高，如果这个管理不能改善生态环境质量、不能提高生态保护与生态补偿工作的效率，那也就没有必要进行管理，还不如让位给人们的自发性保护行为。

管理绩效可以分为两类：个人绩效和组织绩效。生态补偿资金运行管理的个人绩效就是在生态补偿资金运行的管理中，各管理者和被管理者个人对生态补偿资金运行管理所努力的程度及其所取得的相应成效；组织绩效就是管理机构和被管理群体作为整体在生态补偿资金运行管理上所取得的成效。

从理论上讲，一切组织绩效都来自于个人绩效，个人绩效越大组织绩效越好，但是，有个人绩效不一定就有良好的组织绩效，因为个人之间存在绩效的相互冲突和抵消。但从管理的角度，一般都是把组织任务分解给各个人，这样组织绩效也就近似地成为个人绩效的汇总，当然，这是在不考虑系统结构功能的前提下。

生态补偿资金运行管理绩效考察的内在原因在于四个方面：第一，管理必须要有管理的效率。没有管理效率或不考虑管理效率的管理都是失效的，这是因为一切管理都是有成本的，即存在组织成本的约束，管理无效率就无法弥补其组织成本。第二，经济人利益最大化的决策要求。利益是一个最大的杠杆，企业或组织机构的利润最大化目标决定了管理者（个人或组织）本身必须以管理效率为核心，实现组织成本的最小化和管理成效的最大化。与此相对应的是被管理者，无论是公司户还是居民户不仅要受成本与收益的投入产出约束，都是力争以最小的投入获得最大效益，而且存在机会成本约束，如果生态保护所获得的补偿还不如生态破坏带来的收益，那么，生态破坏就是必然的。因此必须通过生态补偿资金运行管理的绩效满足管理者和被管理者的利益最大化要求。第三，生态与环境运动长周期性的要求。如前所述，生态与环境有自己的运动周期。一方面，在这个周期内自然规律的强制力不是主动管理与主动建设所能解决的，这就需要通过管理效率使人的主观能动性与客观的生态环境规律与周期相结合，寻求二者的最佳结合点，促进生态环境运动的合规律性与合目的性（人的目的）的统一；另一方面，过分强调人的目的性、无视生态环境本身的规律性就会出现过度管理，这种过度管理表现在两个方面，"过"与"不及"。"过"就是管理过度，超越生态环境自身的规律与周期（周期也是规律要求或规律的体现）硬性地以人的目的性去改造自然，让自然适应于人的需要，这既可能源自于管理效率过高，企图缩短生态环境运动周期所致，就像三年成材的树要求其一年成材，这就必须从其内部结构入手改造树的组织结构及其功能，尽管还是一棵树，但其性状已经不能与三年成材的树相比了，这就犹如转基因食品与环保食品的区别一样，提高了效率却需要面对更大更多的挑战；还有可能源自于管理效率过低，跟不上生态环境运动规律要求所致，假定水的流速是每小时 **40** 千米，洪水已经在 **80** 千米以外，如果我们不能在 **2** 个小时以内把堤坝加固好，而在 **2** 个小时甚至 2 个小时以后才去加固，那纯粹是枉然，也就是说，生态环境维护与修复的周期性规律决定了必须要有相应的效率保证，就像洪水绝对不会等你把堤坝修好了再来一样。"不及"就是管理不到位，就是管理工作不系统不及时不到位，存在管理要素不全或存在弱要素项、管理环节缺损、管理面不足等，从而导致管理效能无法充分发挥，例如，有良好的制度却没有很好的执行、督察机制，有奖励却没有处罚，有投入却没有产出等都是管理不到位的表现。第四，管理对象有限性的要求。无论是价值补偿还是实物补偿，生态补偿资金和生态环境本身及其二者之间的协调都是生态补偿管理的核心项，也就是说管理对象——生态补偿资金和生态环境本身都具有有限性特性的。生态补偿资金的有限性是显而易见的，这种短缺既是资本短缺的表现，又是生态补偿资金运行管理不足（例如，生态补偿资金运行管理中的资金筹集能力低）的表现，生态补偿资金有限性就要求生态补偿管理必须有效，也就是说，生态补偿不仅需要公平补偿，更需要效率补偿，既要实现生态补偿资金管理的低成本高效率，又要实现有限的补偿资金最大的发挥效用。生态环境本身的有限性是指生态资源是当今社会的稀缺资源，这种稀缺性已经影响到了人类正常的生存和发展需要，特别是水资源短缺已经引发了世界性水危机，南水北调就是解决我国水资源空间分布不平衡的重大战略性工程。生态环境本身有限性的管理效率要求就是要通过主动和有效管理实现有限资源的合理分配、有效保护、持续开发、积极培植与适时修复。

生态补偿资金运行管理的绩效保障必须要抓住四个重要环节：目标设计、绩效考核、绩效评估和绩效激励。其中，目标设计是前提和基础，是绩效考核、评估与激励的依据；绩效考核是关键，具有承前启后的作用，前承责任落实和目标完成情况，后启补偿资金分配等绩效评估与激励；绩效评估是重要步骤，是绩效管理的量化考核和精准评判；绩效激励是前期绩效的肯定和后续绩效的保证。

第三节　生态补偿资金运行管理的监督机制

生态补偿资金运行管理的监督机制是对生态补偿资金运行法律、制度的执行，管理过程的合法性、有效性、规范性等的监督。

一、生态补偿资金运行管理监督机制的含义

监督就是察看并督促的意思。监督机制是指监督主体依法对监督客体进行检查、督促、处罚的工作方式、方法、程序等的运行系统或体系。生态补偿资金运行管理的监督机制是指对生态补偿资金运行管理工作进行检查、督促、处罚的运行机制。它不同于其他监督机制的地方在于针对性很强，就是针对生态补偿资金运行的管理、效率与效果的监督。这种监督的实质就是一种权力或行为约束，是一种权力对另一种权力或行为的约束。党的十五大报告曾经指出，"反腐倡廉要坚持标本兼治，教育是基础，法制是保证，监督是关键"。因此，监督机制的构建对于生态补偿资金运行的管理具有十分重要的意义。

二、生态补偿资金运行管理监督机制的原则

生态补偿资金运行管理的监督必须遵循有效监督、"三公"监督、全面监督和持续监督四项原则。

(一) 有效监督原则

所谓有效监督原则是指监督的结果符合监督目的和监督预期，而监督结果的有效性又必须要有前提的有效性和过程的有效性作保障，因此，有效监督的有效性体现在监督前提有效、监督过程有效和监督结果有效三个方面。监督前提有效是指用于监督的依据具有不可争议性，也就是说是大家共同遵守和认同的，那这个依据也就只能是法律法规，也只有法律法规才具有这样的强制力，因此生态补偿资金运行管理监督的首要任务就是法律法规的制定，以及相关管理、监督机制的设计。监督过程有效就是指在具体的监督实施过程中，没有可争议的行为、环节与事件，充分做到监督行为到位、监督环节无遗漏、监督手段先进、监督方式方法科学合理、监督评价公平公正。监督结果有效就是指监督工作所取得的结果必须是有效的。监督结果有效体现在两个方面，一是达到了监督目的，取得了预期监督效果；二是监督结果可以

作为行为者奖惩的依据，不存在歧义、争议、执行阻碍或障碍。

监督有效性有三个关键节点：能监督、监督监督者、执行力。"能监督"就是监督者能够正常行使监督权力，也就是有正常行使监督权力的渠道和机制，如果监督者对被监督者一无所知，也没有相应地获取其实际运行情况的途径，监督就是一句空话。这是保证监督取得实效的唯一路径。"监督监督者"就是行使监督权力者也应该被监督，否则监督就是单向的，就容易导致权力不被制约下的失衡。这是对监督者的约束，是正确监督的根本保证。"执行力"就是监督结论能够得到有效执行，也就是说要有相应的奖惩机制对监督者的监督结论进行落实——被监督者好的工作方法与经验应该能得到褒奖、宣传和推广，而差的甚至违纪违法的要得到惩处。就像一项生态破坏行为，如果构成违法，可以通过法律解决没有任何争议，问题是那些算不上违法却又实实在在地对生态环境造成了影响和破坏的行为能否做到令行禁止和令行即止？这就需要有相应的执行力建设。只有能够得到强有力执行的监督才会产生威慑作用，才会对后续行为产生约束。

（二）"三公"监督原则

所谓"三公"监督原则就是在生态补偿资金运行管理的监督中贯彻公开、公平、公正原则。

所谓"公开监督"原则就是在执行监督权力之前先制定监督的范围、规则、规范和标准，并向全社会特别是被监督者公布，这实际上是对被监督者宣布他们的职责范围和完成标准或完成条件，这既是监督者进行监督的依据和标准，也是被监督者努力的方向和目标，还是对监督者进行监督的依据（是否超限监督）。

所谓"公平监督"原则就是公平地对待所监督的人与事。这种公平的依据是法律法规和监督前所制定的各项规范、规则与标准。公平的表现是一视同仁，被监督者没有被歧视等不公平的感受；公平的效应体现在人们对规则的接受与遵守上，一视同仁就没有不公平感，就会主动遵守规则和标准，有利于推进生态补偿资金运行管理工作，也有利于监督工作本身的推进；公平的保证在于规则与标准本身的科学合理、监督过程的客观公正、监督评价的事实清楚、监督结论的全面准确。

所谓"公正监督"原则就是在监督过程中做到公平正直，没有偏袒。公正监督首先体现在监督程序上的公正，就是监督程序必须公开透明，让所有被监督者都对监督过程、环节以及各环节所需要的程序与内容清楚、明确；其次是体现在监督内容上的公正，就是监督所涉及的内容、监督所使用的方式方法、监督手段、监督范围等都不能超越既定规则、规范与标准，并对所有被监督者一视同仁、平等对待；再次是体现在监督范围上的公正，就是不能出现监督真空，监督了部分人，却放弃了对另一部分人的监督，或者在监督内容、监督程序、监督环节等上面出现漏损。

（三）全面监督原则

所谓全面监督就是把监督工作做细，做到对监督工作本身各环节和各项内容的监督，对监督对象的全过程、全方位监督。这样做的优势在于：有助于全面掌握监督环节与流程，不断完善监督工作本身；有助于对监督对象的全面掌控，提高监督效率；有助于对监督对象的全面评价，提高监督的公平与公正；也有助于形成监督者之间、监督者与被监督者之间的相互制约，杜绝监督者与被监督者之间的相互博弈和相互勾结。

（四）持续监督原则

所谓持续监督就是对生态补偿资金运行管理进行连续性的、不间断的监督。这种监督有两个要义：一是连续、不间断的监督，也就是说在监督过程上有一个完整的时间序列，不存在断点或间歇；二是后续监督，也就是说，是一个监督接一个监督，而不是一个监督行动或一个监督事件结束就停止了。这样做的优势在于：有助于消除时间断点所带来的弊端，当我们定期监督或间断监督的时候，被监督者就会把握好这个时间断点进行投机，就像当前的污水排放督察一样，当人们来检查时一切都是合格的甚至优秀的，而检查者一走，污水就源源不断地排出来，周围的人可以看得见，而检查者看不见，检查结论与实际效果就截然相反。持续监督有助于避免运动式监督的弊端，当前有许多监督、检查都是运动式的，今天是这个名目，明天就是另一个名目，从整体上看，监督似乎是不间断的，但是，无论是检查者还是被检查者都只会应付被检查项，而忽视其他，甚至把资源和成果相互挪用、相互支撑，这样做的结果虽然是次次优异、项项优异，但是，整体效果如何？总是出现检查成果是"1+1>2"，而实际效果或整体效应却是"1+1<2"，问题出在哪里却始终茫然，如果能够持续监督，那就无法进行资源与成果的相互借用、相互支撑，取得真正良好的建设效果和监督效果。

三、生态补偿资金运行管理监督的主客体

监督主体与客体是指生态补偿资金运行管理监督机制中的监督者与被监督者或监督者与监督对象。同时，监督主体的扩展与监督方式的进步和完善是密不可分的，没有多元化的、丰富的监督形式，就没有多元的监督主体，容易造成监督真空或监督链条断裂。

根据监督方式的不同，监督主体也不同。一般来说，监督主体主要包括在**6**大类监督的**10**类主体和**13**类客体中。其主客体及其关系如表**6-2**所示。

表6-2 生态补偿资金运行管理监督机制的主客体及其关系

监督类型	监督主体	监督客体
1. 党内监督	1. 党委 2. 纪委	1. 党的组织机构 2. 党员
2. 行政监督	3. 行政主管部门 4. 监察机构 5. 审计机构	3. 行政机关 4. 行政工作人员
3. 法律监督	6. 公检法机关	5. 全体机构 6. 全体公民
4. 党派监督	7. 民主党派	7. 党的领导、机关、管理及其对象
5. 舆论监督	8. 媒体工作者	8. 党政机关 9. 全体公民
6. 群众监督	9. 人民群众 10. 社会组织	10. 权力机关 11. 党政工作人员 12. 其他机构 13. 人民群众

（一）党内监督

党内监督就是党组织对党的组织机构及党员进行的监督，监督依据主要是《中国共产党章程》和党的纪律，监督方式主要包括检查、督促、评价、揭露、举报、处理等，监督目的主要是保证党员行为符合党纪国法的要求。

党内监督的主体是党委和各级纪委，客体就是党的各级机构和党员。作为专职监督机构，各级纪委负责人就是党内监督的责任人，各级纪委成员和外聘的各单位监督员也就成为该类监督主体的一个重要部分。各级纪委的监督在保持党的纯洁性、提高党的威望、增强党的战斗力等方面发挥了重要作用，并通过与监察、公检法等机构的合作，构成了监督体系中的核心监督力量。

根据《党的纪律检查机关案件审理工作条例》和《中共中央纪律检查委员会关于审理党员违纪案件工作程序的规定》等文件规定，纪委的党内监督工作流程如图6-4所示。

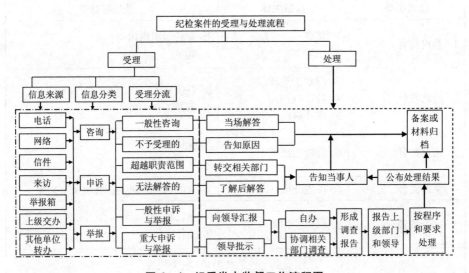

图6-4 纪委党内监督工作流程图

党内监督共有五个环节：受理、审理、复查、备案和执行监督，其中，如图6-4所示，受理包括三个环节：信息来源、信息分类和受理分流，根据受理分流的案件性质进行审理。根据《中共中央纪律检查委员会关于审理党员违纪案件工作程序的规定》第十条规定，审理的原则包括：事实清楚、证

据确凿、定性准确、处理恰当、手续完备。第十二条规定，审理的依据主要
包括《中国共产党党章》《关于党内政治生活的若干准则》、党的政策、党纪
处分规定、国家的法律法规和社会主义道德规范。对于审理结果存在异议的
要进行复查。根据复查起因的不同可分为四类：自我复查，就是案件办理者
在作出处理之前或在处理完毕之后，觉得不妥或存在疑点的条件下，主动提
出复查或向上级提出退回复查请求；申诉复查，即被处理的当事人、相关人
提出复查申诉，根据相关程序和规定进行复查；举报复查，就是对处理结果
公布之后，有人举报处理结果过轻、过重或其他失当情形下的复查；交办复
查，就是上级党委、纪委或同级党委认为处理结果存在疑点或失当，而提出
要求复查的，或驳回上报处理结果要求复查的。备案主要包括七个方面的内
容：备案报告、处分决定、事实材料、调查报告、证据材料、说明材料、批
复材料。执行监督主要有三个层面的监督：同级党委的监督、上级纪委的监
督和上级党委的监督。

　　生态补偿资金运行管理无论是从管理机构还是从党员个人角度，都必须
置于各级纪委的党内监督之下，从而保证生态补偿资金从筹集、分配、使用，
到效率考察，以及整个管理过程中的公平、公正与效率。

（二）行政监督

　　行政监督就是行政机关之间，以及监察部门、审计部门对行政机关及其
工作人员之间的监督。因此，其监督客体是各级行政机关和全体行政工作人
员，而监督主体则有三类：上级行政部门、各级监察部门、各级审计部门。

　　1. 上级行政部门监督主体

　　从管理体系和管理职责角度来说，上级行政机构对其隶属的下级行政机
构及其成员负有监督责任，一是作为自己隶属的行政机构和人员，执行的是
上级机构及其领导的决策，其执行是否有效、是否达到预期目标、是否得到
了有效的过程控制等，这一系列问题只有发出（布置）任务的上级机构和领
导才是最清楚的，其监督也才是最有效的。二是上级行政机构对下级机关及
其人员拥有职务与业务考核、工作与报酬分配，甚至部分单位还拥有人事任
免权力，这些能对下级机构及其工作人员构成强有力的约束，形成有效监督。
三是行政机构上下级之间直接的业务领导关系消除了跨行业监督的技术难题。

2. 监察机构监督主体

根据我国的行政监督体制，在县市以上人民政府内设立监察机关①，主要职责是监督各级国家机关和国家公务员的履职、违法、失职、渎职、违规等情况。《中华人民共和国行政监察法》第二条规定："监察机关是人民政府行使监察职能的机关。"因此，监察机构是从政府行政角度设计的专职监督机构，隶属于各级政府机构，因而属于内部监督的职能机构。行政监察机关对监督对象具有检查权、调查权、建议权、行政处分权。由于业务工作的专业性的限制，现在各级政府机构又在内部设立了相应的监督机构，如环境保护部门内设的监督机构等。

3. 审计机构监督主体

审计机构是行使审计监督职能的国家机关。根据《中华人民共和国宪法》和《中华人民共和国审计条例》规定，国家设立审计署，县级以上人民政府设立审计机关。其主要任务是就有关单位的财政、财务收支情况进行审计监督。从审计体系上来说，包括国家审计、内部审计和社会审计三个组成部分。国家审计主要是针对各级政府部门和国有企事业单位，是县级以上人民政府设立的审计机关的职能；内部审计是企事业单位内部设立的审计部门，主要是开展单位内部的审计监督活动；社会审计是由具有经营性质的社会审计事务机构，即审计事务所来完成。

从行政监督角度来看，生态补偿资金运行管理必须置于上级行政机构、监察部门和审计部门的监督之下，一是确保生态保护及其相应的建设任务落到实处；二是提高生态补偿资金运行管理效率；三是符合国家管理制度与规范的要求，预防和治理违法、违纪和违规行为；四是提高政府管理机构的公信力。

（三）法律监督

法律监督是指国家机关、社会组织和公民对人们行为的合法性进行的监察和督促。根据主体性质不同可分为两类：国家机关的强制监督、社会组织和公民的非强制性监督。

---

① 刘中连：《当代中国县级政府管理研究》，苏州大学博士学位论文，2006 年。

执行国家强制性法律监督的主要是公、检、法，以及环境执法等专项执法机构。非强制性的社会组织和居民的监督主要是补充监督、舆论监督。二者的区别在于：前者具有法律赋予的强制执行力，而后者则不具有。

法律监督有四个特点：①从内容上看，法律监督主要针对人们的违法行为进行监督，也就是说，对违法行为采取的立案、侦查、公诉、判决等法定行为，它只针对违法行为，而与立法无关。②从性质上看，强制性法律监督是一种专门性监督，既是国家权力的体现，又是专门性权力机构，如公安、法院、检察院等的权力行使过程。③从运行上看，法律监督是一种程序监督，也就是说，其监督必须具备或遵循一定的程序规范和要求，监督权力的行使必须基于实体上违背法律规定，程序上符合法律要求或规定的要件；并且在实际操作中，还有一套完整的立案、起诉、判决，以及抗诉等运行机制和追究机制。④从形式上看，法律监督都是事后监督，法律监督的前提是法律制度，有没有违法事实是进行法律强制监督的根本准则，因此，它是一种事后监督，是违法事实出现之后的监督。

生态的公共产品特性很容易造成人们的搭便车行为、短期行为和投机破坏行为，这就需要有法律制度的强制，以阻止人们在法律道德与短期利益之间博弈，以及地方利益之间及其与全国生态保护大局之间的博弈。[①] 一要有完善的法律制度，全面保障而不留制度空隙；二要有严谨的管理机制，无缝管理而不留管理漏洞；三要有给力的执行机制，全力落实而不做制度摆设；四要有强硬的监督保证，保证目标而不出偏差。特别是法律的监督，作为人们行为纠偏、矫正的强力机制，对于保证生态补偿政策落实及其资金有效运行具有十分重要的意义。

（四）党派监督

这里的党派监督，主要是指各民主党派对共产党及其领导与管理活动本身、领导与管理对象等的监督，其监督主体是各民主党派，客体是党的领导、机关、管理及其对象。

各民主党派的监督是我党实行多党合作的重要成功经验，早在 1956 年，

---

① 胡仪元：《生态经济开发的运行机制探析》，《求实》2005 年第 5 期。

中国共产党就提出了"长期合作、互相监督"方针,1982 年,党的十二大明确确定了中国共产党同民主党派"长期共存、互相监督、肝胆相照、荣辱与共"的基本方针,赋予了民主党派的监督权力。

民主党派的监督是一种党派之间的监督,也是一种政治监督。民主党派监督的内容或事项主要包括:"国家宪法和法律法规的实施情况;中国共产党和政府重要方针政策的制定和贯彻执行情况;中共党委依法执政及党员领导干部履行职责、为政清廉等方面的情况。监督的形式主要有:在政治协商中提出意见;在深入调查研究的基础上,向中共党委及其职能部门提出书面意见、议案或建议;参加人大及其常委会和各专门委员会组织的专项问题调查研究,提出意见与建议;在政协大会发言和提出提案、在视察调研中提出意见或以其他形式提出批评和建议;参加有关方面组织的重大问题调查和专项考察等活动;担任司法机关和政府部门的特约监督人员,参加有关执法检查和执法监督工作等"①。

生态功能区的生态保护要求与生态补偿的利益诉求有许多都是通过民主党派的提案来完成的,各民主党派在生态保护上的呼吁和生态补偿上的建议得到了社会各界的欢迎和高度评价。充分发挥民主党派在生态功能区生态补偿上的监督作用,对于促进生态保护工作、完善生态补偿机制、加强生态补偿资金管理工作无疑具有重要意义与作用。

(五)舆论监督

舆论监督是指通过新闻媒介来报道事实、宣传典型、评论时弊、讨论问题、批评丑恶、引导正义,从而实现群众对党和国家事务的了解、关心和关注,国家对社会现实、民众观念与思想动态的了解,抑制人们违背法律和道德行为的发生,形成社会舆论导向下的监督机制。媒体工作者是舆论监督的主体,包括新闻记者、编辑等,其工具是各种媒介物,客体则是全体公民、党政机关,也就是说是全社会的监督。

生态功能区生态保护与生态补偿资金运行管理必须有媒体的参与、舆论的监督,一是通过这种监督机制可以真实地把生态功能区生态保护与生态补

---

① 任协:《民主党派监督的主要内容和形式》,《共产党员》2007 年第 23 期。

偿的现状展现给受众，保证人民群众的知情权；二是有效地约束各方的行为，真正地落实好国家政策、保护好生态、保证一江清水送北京；三是提供了一个良好的讨论平台，为生态保护与生态补偿政策的完善提供智力支持和决策参考；四是促进纠偏与矫正，保证生态补偿资金运行管理到位、有效。

（六）群众监督

群众监督是公民个人和社会组织对权力机关、党政工作人员、其他机构，以及群众本身的一种监督。群众监督是民主监督的一种重要形式，2004 年 3 月 14 日第十届全国人民代表大会第二次会议通过的《中华人民共和国宪法修正案》第二条规定："中华人民共和国的一切权力属于人民"，"人民依照法律规定，通过各种途径和形式，管理国家事务，管理经济和文化事业，管理社会事务"。[1] 这就从法律角度确立了人民群众监督主体的地位。1980 年 8 月 18 日，邓小平在中共中央政治局扩大会议上指出："要有群众监督制，要让群众和党员监督干部，特别是领导干部"[2]。

群众监督的主体包括人民群众和社会组织两类，前者是个人监督，以个人观察、调研、感受为依据，以新闻报道、学术论文、访谈、调研、问题反映、投诉、控告等方式展现，人大代表、政协委员或咨询专家还可以用提案、建议、咨询报告、调研报告等形式表达监督意见；社会组织的监督主要是社会团体、民办非企业单位和基金会等社会组织，以社会组织活动、倡议、研究报告、调研报告、提案、建议，甚至媒体宣传等形式来表达监督意见。群众监督主体的特殊性决定了其客体的多样性，涵盖了各类权力机关、党政工作人员、其他机构和群众本身。

生态功能区生态保护与生态补偿的群众监督具有十分重要的意义，这不仅在于群众监督本身所决定的广泛性、基础性、真实性、灵活性。而且在于生态功能区生态保护与生态补偿的特殊性，一是水源区地域宽阔，不是各种组织监督所能全面覆盖的，必须依靠广大民众的力量；二是作为南水北调中线工程水源区，其生态保护与生态补偿具有重要的意义，是不容破坏和有所

---

① 《中华人民共和国宪法》，《人民日报》2004 年 3 月 16 日。
② 《邓小平文选》第二卷，人民出版社 1994 年版，第 332 页。

闪失的；三是作为贫困聚集的秦巴山区，无论是生态保护还是生态补偿对于当地民众来说都是切身利益，这也有利于激发他们自发监督的积极性。

四、生态补偿资金运行管理的监督方式

方式就是说话做事所采取的方法和形式。从不同的分类标准出发，汉江水源地生态补偿资金运行管理的监督方式可以分成不同的类型，除了前面从主客体角度谈到的监督方式外还有如下类型。

（一）内部监督与外部监督

从监督的方向上来看，可以把监督分为内部监督和外部监督。所谓内部监督是指组织体系内部自设的监督机制，监督对象也是系统内部的成员或下属机构；外部监督则是指监督主体来自于组织系统外部，是社会机构、个人，或本系统外部的监督力量。生态补偿资金运行管理内部监督是生态补偿资金管理机构对其资金运行情况及其效率的监督，而外部监督则是管理机构之外的政府、机构和社会主体对其资金运行情况及其效率的监督。

（二）常设监督和临时监督

从监督的时效性上来看，可以把监督分为常设监督和临时监督。所谓常设监督是指通过常设机构进行的持续监督；而临时监督则是针对某一个专门事项进行的一次性监督，随着事件的结束，监督工作也就完成了。生态补偿将是我国未来经济社会发展中的常规活动，设立常设机构进行专门的、持续性的监督将是必然趋势，而对于其中的具体事件、具体问题可以采取临时监督方式进行。

（三）机构监督和民众监督

从监督主体性质角度看，可以把监督分为机构监督和民众监督。所谓机构监督是指监督主体不是单个的个人，而是专门的或非专门的监督机构，如纪委、监察、审计等专门机构的监督等；民众监督就是居民个人的监督，其行使的只是公民言论等自由权力，在监督方式、手段、效力等各个方面都是

不同于机构监督的。生态补偿资金运行管理的监督既需要机构监督，更需要民众监督，使整个监督更为广泛、全面和深入。

（四）集中监督和分散监督

从监督的实施方式看，可以把监督分为集中监督和分散监督。所谓集中监督是指由统一的机构或任命的专人对某一个或某一类机构、人群、事项进行统一性、集中性监督；分散监督是指同一机构、人群、事项的监督职能，根据所监督事项的性质不同而被分配给不同的监督主体进行监督，如生态补偿资金运行管理的监督不仅有纪委、监察、审计等机构的集中监督，还有环保部门针对污染及其治理情况的监督、林业部门对植被情况的监督、水利部门对水资源开发的监督、农业部门对水土流失情况的监督等分散监督方式。

（五）单向监督、双向监督和循环交叉监督

从运行模式上可以把监督方式区分为单向监督、双向监督与循环交叉监督。所谓单向监督是指监督主体与客体是固定的，按照单一的方向固定地由监督主体指向监督客体；双向监督是指监督主体与监督客体经常互易其位，相互监督对方；循环交叉监督是指在多个主体条件下，每一个主体都与其他主体发生监督与被监督的关系。其运行模式可以图示如下（见图6-5）。

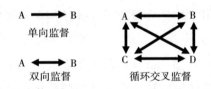

图6-5　单向监督、双向监督与循环交叉监督图

生态补偿资金运行管理的监督既存在上级部门对下级部门，甚至对受补偿客体的单向监督，又存在发展改革委、水利部门、环保部门等同级管理部门之间的双向和循环交叉监督，形成一个网络式的监督图式或样式。

（六）委派监督、评议监督、提案监督、视察监督、专项监督

从实践模式上可以把监督区分为委派监督、评议监督、提案监督、视察

监督、专项监督。① 所谓委派监督是指由监督主体把监督职权委托给一定的单位或个人，代表监督主体执行监督职能；评议监督是指利用民主评议机制，对被监督事项或人员进行民主评议，以起到考核、监督效果；提案监督就是充分发挥人大代表或政协委员的积极性，以提案形式反映社会问题和意见建议，以起到监督功效；视察监督就是利用领导工作视察机会，对被视察区域、单位或个人的工作情况、业绩或违法违纪情况进行监督；专项监督就是针对人民群众反映强烈的社会热点、焦点、难点、疑点问题进行有针对性的监督。为更有效地对生态补偿资金运行管理进行监督，应在实践中完善这些监督模式，以提高生态补偿资金管理效率。

五、生态补偿资金运行管理监督的运行机制

任何机制实际上都是一个由主体指向、达到客体的运动过程，而这个指向、达到过程必须在一定原则指导下，并依赖于一定的方式和手段（工具）。生态补偿资金运行管理的监督机制也是针对生态功能区（汉江水源区）某个特定的监督区域和生态补偿资金运行管理这个特定的监督事项，由监督主体在一定原则下运用一定的监督方式或手段而达到监督对象的一个运动过程。汉江水源地生态补偿资金运行管理的监督主体包括了前述的党委、纪委、行政主管部门、监察机构、审计机构、公检法机关、民主党派、媒体工作者、人民群众、社会组织 10 大类，而其监督客体的 13 大类可以合并为党的组织机构及其成员、行政机构及其成员、其他社会机构、全体公民、管理对象（生态环境、生态补偿）。鉴于汉江水源地生态资源、生态保护与生态补偿的重要性和复杂性，在监督手段和方式上必须综合运用各种手段和方式，对其进行全面和持续监督。其运行机制图示如下（见图 6 - 6）。

图 6 - 6　生态补偿资金运行管理监督的运行机制

---

① 邓国雄：《创新监督方法 完善监督机制》，《湘声报》2010 年 11 月 29 日。

第四节　生态补偿资金运行的评估机制

生态补偿资金的运行必须要有效率，确保资金使用的效益最大化，这就需要有相应的机制对其运行进行评估。生态补偿资金运行的评估机制是指组织机构根据事前的制度安排，以自主评估或委托评估形式对生态补偿资金运行管理效率或效果进行评估评价，以监督生态补偿资金管理、保证科学决策、保障正常运行、实现管理目标。首先，生态补偿资金运行评估的主体是一定的组织机构。对生态补偿资金运行管理进行评估是为了满足管理者的需要，因此，其管理机构必然是评估主体，但是评估的执行主体可以是管理机构本身，也可以委托给专业的评估机构，或组成一个联合的评估小组即可完成评估任务。其次，生态补偿资金运行评估的依据是事前的制度安排，是根据一定的法律制度、规定、规范展开评估工作的。再次，生态补偿资金运行评估主要针对的是生态补偿资金使用的效率或效果，即使用的合法、合规与合理性，生态补偿资金投入所产生的效益等。最后生态补偿资金运行评估的目的是监督生态补偿资金管理、保证生态保护与生态补偿决策的科学性、保障生态补偿资金运行管理的正常进行、实现管理目标。

一、生态补偿资金运行评估的类型及其主客体关系

生态补偿资金运行评估可以分为三种类型：一是内部评估。就是生态补偿资金运行管理机构根据日常业务管理和统计上报材料所作出的评估。其评估主体与客体都是生态补偿资金运行管理机构。二者的区别在于，主体一般是上级管理机构或其内设的审计、监督或评估机构，客体则是下级管理机构及其所管理的对象，如生态补偿资金支付方、接受方等。内部评估的优点在于：一是利用业务关系进行评估资料齐全、情况熟悉，评估结论可能更准确；二是成本低，不会支付委托评估费用或联合组建评估机构的额外费用。缺点在于：缺乏专业评估和联合评估的科学性、系统性，或说缺乏专业性。

二是委托评估。就是把评估任务委托给专业评估机构，按照委托机构的

目的要求进行全面的或专项的评估。其评估主体是专业评估机构，生态补偿资金运行管理机构与专业评估机构是一种委托代理关系，专业评估机构根据委托代理合同规定的权力与义务完成评估任务；评估客体则是合同委托评审的对象或事项，可以是对一个机构的评估，也可以是对一个专项评估，以及与此相关联的人财物。此类评估的优点在于专业性强，能够对一个机构或一个事件进行系统评价；其缺点在于受合同约束而限制了评估或评价范围，最严重、最坏的结果就是评价失真。

三是联合评估。就是生态补偿资金运行管理机构根据评估工作需要，由多个机构、多个学科、多个领域的专家组成联合评估小组，共同完成评估任务。其评估主体是联合评估小组，它是受制于生态补偿资金运行管理机构的，通过这种领导与被领导关系布置和完成评估任务；评估客体依然是评估所指向的机构、事件或人。此类评估的最大优点就在于集中了各个学科领域的专家，评估具有多学科背景密切配合的知识结构优势，也许能够在评估的深度和长远效应预期上得出更为科学、合理的评估结论；而其缺点在于多学科的融合度，即能否通过内在融合取得科学结论，以及评估过程耗时长而使其时效性差。

二、生态补偿资金运行评估的运行机制

生态补偿资金运行评估的运行也是一个主体达到客体的过程，其中，主体就是前述的管理机构本身，或其内设的评估机构，或委托的社会评估机构，或联合评估小组。生态补偿资金运行评估主体是评估任务的下达者、组织者或评估工作的实施者，也是评估目标（标的）、评估内容、评估方式等的确定者或影响者，评估依据一般为相关的法律法规和管理制度。评估客体就是评估所指向对象，这个对象可能是一个机构、一个人或一个事项，核心是生态补偿资金运行中的筹集、分配和使用，以及由此所引起的影响或带来的效益。生态补偿资金运行评估主体达到客体的手段或路径包括两个方面：一是法律制度、标准规范、管理规则，这是评估的依据和出发点；二是评估方式和手段，这是实施评估的枢纽和抓手，它使主体的评估目标得以完成或实现。

生态补偿资金运行评估的运行机制作为一个过程必须抓住四个节点：完

善法规坚实评估依据、建立专业评估机构、构建科学合理的评估技术体系①、构建有效的监督跟踪机制。第一，完善的法律制度是科学评估的基础。科学的评估作为事前的制度安排，必须有完善的法律制度为基础，是科学评估的依据和出发点，说明为什么评估和怎么评估问题。实体法为生态补偿资金运行评估规定了目标和内容，而程序法则为其规定了评估的程序和过程。科学完善的法律制度是生态补偿资金运行评估科学性的依据，相反则会使其评估出现漏洞、缺省或误导。第二，专业评估机构是科学评估的重要条件。评估报告的质量取决于评估主体的素质，专业机构凭借其机构的完整性、工作的规范性、业务的熟悉性、信息的充分性，而使生态补偿资金运行评估的效率提高和评估质量得以保证。第三，评估技术体系是评估实施和评估结论保证的根本要求。无论采取什么模式进行评估，都是依据事前确定的评估方案和评估指标体系开展的，实质上就是根据评估指标对实际数据比对、处理的结果，据此提交的评估结论才能保证评估的实施和评估结论质量。第四，监督跟踪机制是科学使用评估结论的保障。评估本身不是目的，对生态补偿资金运行评估的目的，一是监督生态补偿资金运行，保证资金的科学、合理、有效使用；二是保证生态保护与生态补偿决策的科学性，评估能为科学决策提供数据和素材支撑；三是保障生态补偿资金运行管理的正常进行；四是实现管理目标特别是其长远目标的实现必然是在一次一次的管理改善、政策优化中实现，这就需要对评估机制进行监督和跟踪，监督能保证评估的科学合理与有效，跟踪能实现评估的深化和持续，为其管理工作的持续改进提供依据和支持。

---

① 邓锋琼：《论环境污染损害评估机制》，《环境保护》2014 年第 8 期。

参考文献

[1]《马克思恩格斯全集》第46卷（上），人民出版社1972年版。

[2]《马克思恩格斯全集》第1卷，人民出版社1972年版。

[3]《马克思恩格斯全集》第23卷，人民出版社1972年版。

[4]《马克思恩格斯全集》第2卷，人民出版社1972年版。

[5]《马克思恩格斯全集》第42卷上，人民出版社1979年版。

[6]《马克思恩格斯全集》第25卷，人民出版社1975年版。

[7]《马克思恩格斯选集》第1卷，人民出版社1972年版。

[8]《马克思恩格斯选集》第2卷，人民出版社1972年版。

[9]《马克思恩格斯选集》第3卷，人民出版社1991年版。

[10]《马克思恩格斯选集》第4卷，人民出版社1995年版。

[11]《资本论》第1卷，中共中央马克思恩格斯列宁斯大林著作编译局译，人民出版社2004年版。

[12][德]乌尔里希·贝克:《从工业社会到风险社会（上篇）——关于人类生存、社会结构和生态启蒙等问题的思考》，王武龙编译，《马克思主义与现实》2003年第3期。

[13][俄]A. H. 帕夫连科:《"生态危机"：不是问题的问题》，张晶摘译，《国外社会科学》2004年第1期。

[14][捷]弗·布罗日克:《价值与评价》，李志林、盛宗范译，知识出版社1988年版。

[15][美]A. 迈里克·弗里曼:《环境与资源价值评估——理论与方法（经济科学前沿译丛）》，曾贤刚译，中国人民大学出版社2002年版。

[16][美]巴里·菲尔德、玛莎·菲尔德:《环境经济学》（第3版），原毅军、陈艳莹译，中国财政经济出版社2006年版。

［17］［美］保罗·萨缪尔森、威廉·诺德豪斯：《经济学》（第16版），萧琛等译，华夏出版社1999年版。

［18］［美］博登海默：《法理学—法律哲学与法律方法》，邓正来译，中国政法大学出版社1999年版。

［19］［美］丹尼尔·F.史普博：《管制与市场》，余晖等译，上海三联书店、上海人民出版社1999年版。

［20］［美］弗莱德里克·拉莫斯·德·阿马斯：《我们的星球："里约+20"：从成果到实践》，《联合国环境规划署杂志》2013年。

［21］［美］霍尔姆斯·罗尔斯顿：《环境伦理学：〈大自然的价值以及人对大自然的义务〉》，杨通进等译，中国社会科学出版社2000年版。

［22］［美］莱斯特·布朗：《生态经济：有利于地球的经济构想》，林自新等译，东方出版社2002年版。

［23］［美］施里达斯·拉夫尔：《我们的家园——地球》，夏堃堡译，中国环境科学出版社2000年版。

［24］［美］斯蒂格利茨、沃尔什：《经济学》，黄险峰、张帆译，中国人民大学出版社2001年版。

［25］［美］温茨：《环境正义论》，朱丹琼、宋玉波译，上海人民出版社2007年版。

［26］［美］约翰·贝拉米·福斯特：《生态危机与资本主义》，耿建新、宋兴无译，上海译文出版社2006年版。

［27］［美］约翰·C.伯格斯特罗姆、阿兰·兰多尔：《资源经济学》（第3版）：（自然资源与环境政策的经济分析/经济科学译丛)》，谢关平、朱方明译，中国人民大学出版社2015年版。

［28］［意］桑德罗·斯奇巴尼选编：《物与物权》，范怀俊译，中国政法大学出版社1993年版。

［29］［英］庇古：《福利经济学》（上册），金镝译，华夏出版社2013年版。

［30］［英］门德尔：《经济学解说》，胡代光等译，经济科学出版社2000年版。

［31］［英］詹姆斯·E.米德：《效率、公平与产权》，施仁译，北京经

济学院出版社 1992 年版。

[32]〔英〕朱利安·罗威、大卫·路易士：《环境管理经济学》，王铁生译，贵州人民出版社 1985 年版。

[80] DaleJamieson、王小文：《环境主义的核心》，《南京林业大学学报（人文社会科学版）》2005 年第 1 期。

[81] 艾尔肯·艾白不拉等：《生态补偿制度在塔里木河流域生态保护中的意义探析》，《农业与技术》2012 年第 1 期。

[82] 安尼瓦尔·木沙：《澳大利亚的湿地保护》，《新疆林业》2002 年第 6 期。

[83] 白景峰：《跨流域调水水源地生态补偿测算与分配研究——以南水北调中线河南水源区为例》，《经济地理》2010 年第 4 期。

[84] 白燕：《流域生态补偿机制研究——以新安江流域为例》，安徽大学硕士学位论文，2011 年。

[85] 白宇：《衡水湖湿地自然保护区生态补偿机制研究》，河北科技大学硕士学位论文，2011 年。

[86] 薄玉洁：《水源地生态补偿标准研究》，山东农业大学硕士学位论文，2012 年。

[87] 鲍俊：《湿地恢复工程生态服务评价与生态补偿研究》，南京林业大学硕士学位论文，2009 年。

[88] 才惠莲：《我国跨流域调水生态补偿法律制度的构建》，《安全与环境工程》2014 年第 2 期。

[89] 蔡邦成、陆根法、宋莉娟等：《生态建设补偿的定量标准——以南水北调东线水源地保护区一期生态建设工程为例》，《生态学报》2008 年第 5 期。

[90] 蔡为民、杨世媛、汪苏燕等：《湿地自然保护区的外部性及生态补偿问题研究》，《重庆大学学报（社会科学版）》2010 年第 6 期。

[91] 曹洪华、景鹏、王荣成：《生态补偿过程动态演化机制及其稳定策略研究》，《自然资源学报》2013 年第 9 期。

[92] 曹洪亮：《东江源地区土地利用与覆被时空特征分析》，江西师范大学硕士学位论文，2010 年。

［93］曹明德、王凤远：《跨流域调水生态补偿法律问题分析——以南水北调中线库区水源区（河南部分）为例》，《中国社会科学院研究生院学报》2009 年第 2 期。

［94］曹小玉、刘悦翠：《中国森林生态效益市场化补偿途径探析》，《林业经济问题》2011 年第 1 期。

［95］曾贵：《消费异化的危害分析》，《中南论坛》2010 年第 4 期。

［96］曾咏梅、吴声瑛、孙步忠：《环境灾难的历史考察与长江中下游横向生态补偿机制构建：一个综述》，《生态经济》2010 年第 8 期。

［97］常晶晶：《跨流域调水生态补偿机制研究——以南水北调中线水源区（安康）为例》，陕西师范大学硕士学位论文，2011 年。

［98］常亮、徐大伟、侯铁珊等：《跨区域流域生态补偿府际间协调机制研究》，《科技与管理》2013 年第 2 期。

［99］常永军、刘本洁：《论环境危机与价值观教育》，《吉林师范大学学报》2005 年第 5 期。

［100］陈彬：《欧盟共同农业政策对环境保护问题的关注》，《德国研究》2008 年第 2 期。

［101］陈冰波：《主体功能区生态补偿》，社会科学文献出版 2009 年版。

［102］陈传明、何承耕、汤小华等：《福建省自然保护区生态补偿机制初探》，《黑龙江农业科学》2010 年第 1 期。

［103］陈传明：《福建武夷山国家级自然保护区生态补偿机制研究》，《地理科学》2011 年第 5 期。

［104］陈传明：《闽西梅花山国家级自然保护区的生态补偿机制——基于当地社区居民的意愿调查》，《林业科学》2012 年第 4 期。

［105］陈传明：《自然保护区生态补偿的利益相关者研究——以福建天宝岩国家级自然保护区为例》，《资源开发与市场》2013 年第 6 期。

［106］陈德敏、董正爱：《主体利益调整与流域生态补偿机制——省际协调的决策模式与法规范基础》，《西安交通大学学报（社会科学版)》2012 年第 2 期。

［107］陈东晖、安艳玲：《政府主导型生态补偿模式在贵州赤水河流域的适用性研究》，《水利与建筑工程学报》2014 年第 3 期。

[108] 陈芳莉：《汉中市汉江流域主要水文控制站降水径流关系分析》，《陕西水利》2013 年第 3 期。

[109] 陈洪全、张华兵：《江苏盐城沿海滩涂湿地资源开发中生态补偿问题研究》，《国土与自然资源研究》2011 年第 6 期。

[110] 陈洁、龚光明：《矿产资源价值构成与会计计量》，《财经理论与实践》2010 年第 4 期。

[111] 陈洁、龚光明：《我国矿产资源权益分配制度研究》，《理论探讨》2010 年第 5 期。

[112] 陈君、赵柒新：《湖北沉湖湿地生态补偿机制的浅析》，《湿地科学与管理》2013 年第 2 期。

[113] 陈俊源：《论我国自然资源所有权制度的完善》，《法制与社会》2008 年第 26 期。

[114] 陈克林、杨秀芝、陈晶：《若尔盖高原湿地生态补偿政策研究》，《湿地科学》2014 年第 4 期。

[115] 陈莉丽、彭道黎：《森林生态效益计量评价的理论方法概述》，《林业调查规划》2005 年第 2 期。

[116] 陈柳钦、卢卉：《农村城镇化进程中的环境保护问题探讨》，《当代经济管理》2005 年第 3 期。

[117] 陈龙桂、刘通、欧阳慧等：《资源开采地区生态补偿机制初探》，《宏观经济管理》2012 年第 2 期。

[118] 陈蒙蒙：《构建中国跨流域调水生态补偿法律关系的法律思考研究——基于跨流域调水水权转让的动态视角》，《环境科学与管理》2014 年第 6 期。

[119] 陈钦、李铮媚、李鸣：《生态公益林生态补偿标准研究综述》，《生态经济（学术版）》2012 年第 1 期。

[120] 陈庆德等：《发展人类学引论》，云南大学出版社 2001 年版。

[121] 陈瑞莲、胡熠：《我国流域区际生态补偿：依据、模式与机制》，《学术研究》2005 年第 9 期。

[122] 陈石露、管华：《江苏盐城滨海湿地国家自然保护区生态补偿研究》，《海南师范大学学报（自然科学版）》2012 年第 2 期。

[123] 陈思涵、武沐、刘嘉尧：《西部地区生态补偿机制的缺失及其重建模式研究——以跨区域补偿与生态效益市场化为例》，《青海民族研究》2013年第1期。

[124] 陈维青：《矿产资源补偿费运行效果与问题》，《中国农业会计》2011年第5期。

[125] 陈锡文：《法国、欧盟的农业政策及其对我国的借鉴作用》，《中南林学院学报》2003年第6期。

[126] 陈小华、游志能：《西部地区生态效益补偿制度研究——以森林生态效益补偿制度为中心》，《西南边疆民族研究》2010年第2期。

[127] 陈晓红：《森林生态效益补偿政策成就和问题分析》，《防护林科技》2014年第4期。

[128] 陈晓岭、孙治仁：《东江水源区水土资源可持续利用的问题和对策》，《亚热带水土保持》2005年第4期。

[129] 陈艳霞：《深圳福田红树林自然保护区生态系统服务功能价值评估及其生态补偿机制研究》，福建师范大学硕士学位论文，2012年。

[130] 陈燕、蓝楠：《美国环境经济政策对我国的启示》，《中国地质大学学报（社会科学版）》2010年第2期。

[131] 陈莹、张雷：《河流水污染的经济损失研究初探》，《水利科技与经济》2011年第10期。

[132] 陈勇、竺杏月、张智光：《自然保护区可持续发展研究的理论与方法评述》，《南京林业大学学报（自然科学版）》2003年第2期。

[133] 陈兆开、施国庆、毛春梅等：《珠江流域水环境生态补偿研究》，《科技管理研究》2008年第4期。

[134] 陈兆开：《我国湿地生态补偿问题研究》，《生态经济》2009年第5期。

[135] 陈震冰：《松花江流域水资源可持续利用的经济分析》，东北林业大学硕士学位论文，2008年。

[136] 陈征福：《自然资源价值论》，《经济评论》2005年第1期。

[137] 陈祖海：《西部生态补偿机制研究》，民族出版社2008年版。

[138] 成红、孙良琪：《论流域生态补偿法律关系主体》，《河海大学学

报（哲学社会科学版）》2014 年第 1 期。

[139] 成金华、冯银：《我国环境问题区域差异的生态文明评价指标体系设计》，《新疆师范大学学报（哲学社会科学版）》2014 年第 1 期。

[140] 程保玲、李迎春、杨晖等：《新乡市水环境生态补偿机制及其实施效果初探》，《黑龙江环境通报》2012 年第 3 期。

[141] 程滨、田仁生、董战峰：《我国流域生态补偿标准实践：模式与评价》，《生态经济》2012 年第 4 期。

[142] 程琳琳、胡振琪、宋蕾：《我国矿产资源开发的生态补偿机制与政策》，《中国矿业》2007 年第 4 期。

[143] 程明：《首都跨界水源功能区生态补偿研究》，首都经济贸易大学硕士学位论文，2010 年。

[144] 程倩、张霞：《矿产资源开发的生态补偿及各方利益博弈研究》，《矿业研究与开发》2014 年第 3 期。

[145] 程晓冰：《日本水资源的开发与保护》，《中国水利》1999 年第 8 期。

[146] 程艳军：《中国流域生态服务补偿模式研究——以浙江省金华江流域为例》，中国农业科学院硕士学位论文，2006 年。

[147] 褚正中：《生态补偿理论研究述评》，《现代农业》2009 年第 12 期。

[148] 代明、刘燕妮、陈罗俊：《基于主体功能区划和机会成本的生态补偿标准分析》，《自然资源学报》2013 年第 8 期。

[149] 戴宝国：《关于制定林价的几个问题》，《内蒙古林业》1983 年第 7 期。

[150] 戴广翠、王福田、夏郁芳等：《关于建立我国湿地生态补偿制度的思考》，《林业经济》2012 年第 5 期。

[151] 戴广翠、张蕾、李志勇等：《壶瓶山自然保护区生态补偿标准的调查研究》，《湖南林业科技》2012 年第 4 期。

[152] 戴其文、赵雪雁：《生态补偿机制中若干关键科学问题——以甘南藏族自治州草地生态系统为例》，《地理学报》2010 年第 4 期。

[153] 戴其文：《广西猫儿山自然保护区生态补偿标准与补偿方式探

析》,《生态学报》2014 年第 17 期。

[154] 戴其文:《中国生态补偿研究的现状分析与展望》,《中国农学通报》2014 年第 2 期。

[155] 戴轩宇、李升峰:《自然保护区生态补偿问题研究——江苏省大丰麋鹿国家级自然保护区案例分析》,《河南科学》2008 年第 4 期。

[156] 邓锋琼:《论环境污染损害评估机制》,《环境保护》2014 年第 8 期。

[157] 邓国雄:《创新监督方法完善监督机制》,《湘声报》2010 年 11 月 29 日。

[158] 邓琳君、吴大华:《贵州省湿地生态补偿立法刍议》,《贵阳市委党校学报》2012 年第 4 期。

[159] 邓培雁、刘威、曾宝强:《湿地退化的外部性成因及其生态补偿建议》,《生态经济》2009 年第 3 期。

[160] 邓伟根、陈雪梅、卢祖国:《流域治理的区际合作问题研究》,《产经评论》2010 年第 6 期。

[161]《邓小平文选》第二卷,人民出版社 1994 年版。

[162] 邓尧:《环境税法律制度比较研究》,西南政法大学硕士学位论文,2008 年。

[163] 邓远建、肖锐、刘翔:《汉江生态经济带水源区生态补偿运行机制研究》,《荆楚学刊》2014 年第 3 期。

[164] 邓岳南、李佳:《农村生态环境公地悲剧产生的原因及预防》,《农业经济》2011 年第 8 期。

[165] 丁任重:《西部资源开发与生态补偿机制研究》,西南财经大学出版社 2009 年版。

[166] 丁四保:《区域生态补偿的方式探讨》,科学出版社 2010 年版。

[167] 丁文学、程同福、杨永胜:《干旱、半干旱地区流域调水的生态补偿机制初探》,《水利规划与设计》2014 年第 9 期。

[168] 丁相毅:《水资源对国内生产总值计算方法》,《水科学研究》2007 年第 1 期。

[169] 丁晓杰:《我国湿地生态补偿法律制度研究》,吉林大学硕士学位

论文，2013 年。

[170] 丁岩林、李国平：《我国矿产资源开发生态补偿政策演进与展望》，《环境经济》2012 年第 3 期。

[171] 丁志帆、刘嘉：《中国矿产资源产权制度改革历程、困境与展望》，《经济与管理》2012 年第 11 期。

[172] 董春莲：《森林生态效益补偿基金相关问题的探讨》，《绿色财会》2014 年第 5 期。

[173] 董素、王莹：《完善黄河三角洲湿地生态补偿路径研究》，《人民论坛》2013 年第 11 期。

[174] 董素：《湿地生态补偿中经济价值和生态价值博弈的法理探析及对策研究》，《滨州学院学报》2012 年第 1 期。

[175] 董秀金、王飞儿、王小骊：《钱塘江流域水环境生态补偿配套机制探讨》，《浙江农业学报》2008 年第 4 期。

[176] 董妍：《森林生态效益补偿制度回顾与展望——关于完善一项永久性生态补偿制度的思考》，《农村财政与财务》2014 年第 2 期。

[177] 杜富华、张雪萍、王姗姗：《扎龙湿地生物多样性保护及其生态补偿机制研究》，《学术交流》2008 年第 11 期。

[178] 杜岢桉、王蕊：《社会发展代价及其补偿问题研究》，《北京印刷学院学报》2006 年第 1 期。

[179] 杜万平：《完善西部区域生态补偿机制的建议》，《中国人口·资源与环境》2001 年第 3 期。

[180] 杜亚：《巴西政府实施亚马孙原始森林保护计划》，《浙江林业》2006 年第 4 期。

[181] 段靖、严岩、王丹寅等：《流域生态补偿标准中成本核算的原理分析与方法改进》，《生态学报》2010 年第 1 期。

[182] 额尔敦扎布、莎日娜：《自然资源价值辨析》，《当代经济研究》2006 年第 7 期。

[183] 樊皓、葛慧、雷少平等：《层次分析法在生态补偿机制研究中的应用》，《人民长江》2011 年第 2 期。

[184] 樊淑娟：《基于外部性理论的我国森林生态效益补偿研究》，《管

理现代化》2014 年第 2 期。

[185] 樊万选、夏丹、朱桂香：《南水北调中线河南水源地生态补偿机制构建研究》，《华北水利水电学院学报（社科版）》2012 年第 2 期。

[186] 范弢：《滇池流域水生态补偿机制及政策建议研究》，《生态经济》2010 年第 1 期。

[187] 范志刚：《辽河流域生态补偿标准的测算与分配模式研究》，大连理工大学硕士学位论文，2011 年。

[188] 方芳、陈国湖：《调水对汉江中下游水质和水环境容量影响研究》，《环境科学与技术》2003 年第 1 期。

[189] 方红亚、刘足根：《东江源生态补偿机制初探》，《江西社会科学》2007 年第 10 期。

[190] 冯慧宇：《森林生态效益核算及其补偿路径研究》，东北师范大学硕士学位论文，2010 年。

[191] 冯艳芬、王芳、杨木壮：《生态补偿标准研究》，《地理与地理信息科学》2009 年第 4 期。

[192] 付意成、阮本清、许同凤等：《流域治理修复型水生态补偿研究》，中国水利水电出版社 2013 年版。

[193] 付意成、吴文强、阮本清：《永定河流域水量分配生态补偿标准研究》，《水利学报》2014 年第 2 期。

[194] 付意成、张春玲、阮本清等：《生态补偿实现机理探讨》，《中国农学通报》2012 年第 32 期。

[195] 付志永：《美国排污权交易制度对我国的启示》，《产业与科技论坛》2013 年第 12 期。

[196] 傅晓华、赵运林：《湘江流域生态补偿标准计量模型研究》，《中南林业科技大学学报》2011 年第 6 期。

[197] 尕丹才让：《三江源区生态移民研究》，陕西师范大学博士学位论文，2013 年。

[198] 甘欣：《四川省花萼山自然保护区生态补偿机制研究》，《西部发展评论》2011 年第 00 期。

[199] 高镔：《西部经济发展中的水资源承载力研究》，西南财经大学博

士学位论文，2008 年。

［200］高国力、丁丁、刘国艳：《国际上关于生态保护区域利益补偿的理论、方法、实践及启示》，《宏观经济研究》2009 年第 5 期。

［201］高明、洪晨：《美国环保产业发展政策对我国的启示》，《中国环保产业》2014 年第 3 期。

［202］高全成：《汉江流域生态治理存在的问题及对策》，《陕西农业科学》2012 年第 3 期。

［203］高彤、杨姝影：《国际生态补偿政策对中国的借鉴意义》，《环境保护》2006 年第 19 期。

［204］高小萍：《我国生态补偿的财政制度研究》，经济科学出版社 2010 年版。

［205］高正：《我国湿地生态补偿制度研究》，苏州大学硕士学位论文，2012 年。

［206］葛颜祥、梁丽娟、接玉梅：《水源地生态补偿机制的构建与运作研究》，《农业经济问题》2006 年第 9 期。

［207］葛颜祥、王蓓蓓、王燕：《水源地生态补偿模式及其适用性分析》，《山东农业大学学报（社会科学版)》2011 年第 2 期。

［208］耿雷华等：《水源涵养与保护区域生态补偿机制研究》，中国环境科学出版社 2010 年版。

［209］耿涌、戚瑞、张攀：《基于水足迹的流域生态补偿标准模型研究》，《中国人口·资源与环境》2009 年第 6 期。

［210］宫靖：《割据汉江：密集调水和梯级开发工程肢解汉江，一江清水或将消失》，《新世纪周刊》2010 年 7 月 12 日。

［211］龚高健：《中国生态补偿若干问题研究》，中国社会科学出版社 2011 年版。

［212］龚建文、周永章、张正栋：《广东新丰江水库饮用水源地生态补偿机制建设探讨》，《热带地理》2010 年第 1 期。

［213］巩芳、石丽姣：《内蒙古矿产资源开发与生态环境的耦合研究基于系统动力学模型》，《资源开发与市场》2014 年第 8 期。

［214］巩芳、王芳、长青等：《内蒙古草原生态补偿意愿的实证研究》，

《经济地理》2011 年第 1 期。

[215] 巩芳、长青、王芳等：《内蒙古草原生态补偿标准的实证研究》，《干旱区资源与环境》2011 年第 12 期。

[216] 古哈：《激进的美国环境保护主义和荒野保护——来自第三世界的评论》，参见张岂之主编：《环境哲学前沿》，陕西人民出版社 2004 年版。

[217] 谷海霞：《我国跨流域调水生态补偿法律制度研究》，中国政法大学硕士学位论文，2010 年。

[218] 顾岗、陆根法、蔡邦成：《南水北调东线水源地保护区建设的区际生态补偿研究》，《生态经济》2006 年第 2 期。

[219] 顾圣平、林汝颜、刘红亮：《水资源模糊定价模型》，《水利发展研究》2002 年第 2 期。

[220] 管志杰、沈杰：《基于森林生态效益的政府政策经济效应分析》，《农业经济》2010 年第 12 期。

[221] 郭辉军、施本植、华朝朗：《自然保护区生态补偿的标准与机制研究——以云南省为例》，《云南社会科学》2013 年第 4 期。

[222] 郭辉军、施本植：《自然保护区生态补偿机制研究》，《经济问题探索》2013 年第 8 期。

[223] 郭建军、李凯、江宝骅等：《流域生态承载力空间尺度效应分析——以石羊河流域为例》，《兰州大学学报（自然科学版）》2014 年第 3 期。

[224] 郭梅、彭晓春、滕宏林：《东江流域基于水质的水资源有偿使用与生态补偿机制》，《水资源保护》2011 年第 3 期。

[225] 郭文献、付意成、张龙飞：《流域生态补偿社会资本模拟》，《中国人口·资源与环境》2014 年第 7 期。

[226] 郭跃：《鄱阳湖生态经济区湿地生态补偿标准研究——以吴城为例》，《中国管理科学》2012 年第 S2 期。

[227] 郭跃：《鄱阳湖湿地生态补偿研究：标准与计算》，《林业经济》2012 年第 7 期。

[228] 郭志建、葛颜祥、范芳玉：《基于水质和水量的流域逐级补偿制度研究——以大汶河流域为例》，《中国农业资源与区划》2013 年第 1 期。

[229] 韩洪云、喻永红：《退耕还林生态补偿研究——成本基础、接受意

愿抑或生态价值标准》，《农业经济问题》2014 年第 4 期。

[230] 韩美、王一、崔锦龙等：《基于价值损失的黄河三角洲湿地生态补偿标准研究》，《中国人口·资源与环境》2012 年第 6 期。

[231] 韩庆祥：《发展与代价》，人民出版社 2002 年版。

[232] 韩艳莉、陈克龙、朵海瑞等：《青海湖流域生态补偿标准研究》，《生态科学》2009 年第 5 期。

[233] 郝春旭、杨莉菲、王昌海：《湿地生态补偿研究综述》，《全国商情（经济理论研究）》2009 年第 21 期。

[234] 郝春旭、杨莉菲、温亚利：《基于典型案例研究的中国湿地生态补偿模式探析》，《林业经济问题》2010 年第 3 期。

[235] 郝春旭、杨莉菲、温亚利等：《中国湿地生态补偿的利益博弈分析》，《资源开发与市场》2011 年第 3 期。

[236] 郝庆、孟旭光：《对建立矿产资源开发生态补偿机制的探讨》，《生态经济》2012 年第 9 期。

[237] 何承耕：《多时空尺度视野下的生态补偿理论与应用研究》，福建师范大学博士学位论文，2007 年。

[238] 何辉利、杨永、李颖：《唐山南湖湿地生态补偿机制探究》，《中国环境管理》2013 年第 5 期。

[239] 何妍、周青：《边缘效应原理及其在农业生产实践中的应用》，《中国生态农业学报》2007 年第 5 期。

[240] 何勇、张健、陈秀兰：《森林生态补偿研究进展及关键问题分析》，《林业经济》2009 年第 3 期。

[241] 贺超、王会、夏郁芳等：《黑龙江三环泡湿地生态补偿的案例研究》，《林业经济评论》2013 年第 00 期。

[242] 贺海峰：《新安江跨省生态补偿试点调查》，《决策》2012 年第 7 期。

[243] 贺娟：《基于社区的鄱阳湖区湿地生态系统服务与生态补偿研究》，江西师范大学硕士学位论文，2009 年。

[244] 贺林平：《东江水源保护面临尴尬——地方经济不能放手发展，生态补偿又难以落实》，《人民日报》2011 年 4 月 28 日。

［245］贺思源：《湿地资源生态补偿机制探析》，《学术界》2009 年第 6 期。

［246］贺素娣：《汉江流域水土流失特点及防治对策》，《长江流域资源与环境》1997 年第 3 期。

［247］贺志丽：《南水北调西线工程生态补偿机制研究》，西南交通大学硕士学位论文，2008 年。

［248］侯丽艳、王思佳、郭伟超：《中国矿产资源生态补偿制度的完善》，《石家庄经济学院学报》2014 年第 3 期。

［249］侯轶凡：《海洋溢油污染救济机制研究》，浙江大学硕士学位论文，2012 年。

［250］侯元兆、吴水荣：《森林生态服务价值评价与补偿研究综述》，《世界林业研究》2005 年第 3 期。

［251］后文文：《苏州市湿地生态补偿机制研究》，苏州大学硕士学位论文，2013 年。

［252］胡德胜、潘怀平：《以机制创新推动生态补偿科学化——南水北调中线水源地陕南汉江丹江流域调查》，《环境保护》2011 年第 18 期。

［253］胡军：《敖江流域典型污染行业生态补偿标准初探》，福建师范大学硕士学位论文，2012 年。

［254］胡蓉：《流域生态补偿中政府生态责任实现之我见》，《知识经济》2014 年第 2 期。

［255］胡守钧：《让我们倡导"社会共生"——胡守钧教授在复旦大学的讲演》，《文汇报》2007 年 2 月 17 日。

［256］胡守勇：《关于加强生态文明制度建设的 14 条建议》，《重庆社会科学》2012 年第 12 期。

［257］胡小飞、傅春：《自然保护区生态补偿利益主体的演化博弈分析》，《理论月刊》2013 年第 9 期。

［258］胡小华、方红亚、刘足根等：《建立东江源生态补偿机制的探讨》，《环境保护》2008 年第 2 期。

［259］胡小华、史晓燕、邹新等：《东江源省际生态补偿模型构建探讨》，《安徽农业科学》2011 年第 15 期。

[260] 胡小华、邹新：《建立江河源头生态补偿机制的环境经济学解释与政策启示》，《江西科学》2009 年第 5 期。

[261] 胡艳霞等：《北京密云水库生态经济系统特征、资产基础及功能效益评估》，《自然资源学报》2007 年第 4 期。

[262] 胡仪元、王晓霞：《生态经济视角下的发展悖论探析》，《生态经济》2011 年第 10 期。

[263] 胡仪元、杨涛：《南水北调中线工程汉江水源地生态保护及其对策调研》，《调研世界》2010 年第 11 期。

[264] 胡仪元：《区域经济发展的生态补偿模式研究》，《社会科学辑刊》2007 年第 4 期。

[265] 胡仪元：《生态补偿的理论基础再探——生态效应的外部性视角》，《理论探讨》2010 年第 1 期。

[266] 胡仪元：《生态补偿理论依据新探——劳动价值论的视角》，《开发研究》2009 年第 4 期。

[267] 胡仪元：《西部生态经济开发的利益补偿机制》，《社会科学辑刊》2005 年第 2 期。

[268] 胡仪元：《西部生态支柱产业的制度构建》，《环境保护》2005 年第 13 期。

[269] 胡仪元等：《汉水流域生态补偿研究》，人民出版社 2014 年版。

[270] 唐萍萍、胡仪元：《南水北调中线工程汉江水源地生态补偿计量模型构建》，《统计与决策》2015 年第 16 期。

[271] 胡芝芳：《加快制度建设，推进生态文明——以流域生态补偿制度建设为例》，《学理论》2014 年第 13 期。

[272] 宦洁、胡德胜、潘怀平等：《以机制创新推动生态补偿科学化——基于南水北调中线水源地陕南汉江、丹江流域的考察》，《理论导刊》2011 年第 10 期。

[273] 黄东风、李卫华、范平：《闽江、九龙江等流域生态补偿机制的建立与实践》，《农业环境科学学报》2010 年第 S1 期。

[274] 黄寰、刘慧、张桦等：《我国矿产资源税费及其生态补偿性分析》，《价格理论与实践》2013 年第 9 期。

［275］黄寰：《论自然保护区生态补偿及实施路径》，《社会科学研究》2010 年第 1 期。

［276］黄寰：《区际生态补偿论》，中国人民大学出版社 2012 年版。

［277］黄寰：《生态修复中的价值标尺与机制创新——汶川地震灾区生态价值补偿》，《西南民族大学学报（人文社科版）》2009 年第 3 期。

［278］黄君：《生态补偿机制的研究——以上海淀山湖湿地生态系统为例》，华东理工大学硕士学位论文，2010 年。

［279］黄立洪：《生态补偿量化方法及其市场运作机制研究》，福建农林大学博士学位论文，2013 年。

［280］黄强、孙晓懿、张洪波等：《汉江上游梯级水电站合约电量确定及分解》，《水力发电学报》2011 年第 4 期。

［281］黄润源：《论我国自然保护区生态补偿法律制度的完善路径》，《学术论坛》2011 年第 12 期。

［282］黄涛：《污染密集型产业向中国转移的影响因素研究》，《山西财经大学学报》2013 年第 8 期。

［283］黄薇、马赟杰：《赤水河流域生态补偿机制初探》，《长江科学院院报》2011 年第 12 期。

［284］黄炜：《全流域生态补偿标准设计依据和横向补偿模式》，《生态经济》2013 年第 6 期。

［285］黄向春、赵静静：《我国矿产资源开发生态补偿机制研究》，《中国矿业》2010 年第 S1 期。

［286］黄彦臣：《基于共建共享的流域水资源利用生态补偿机制研究》，华中农业大学硕士学位论文，2014 年。

［287］黄艳群、王易净：《重金属污染转移视角下农民权益保护问题的思考》，《法制博览》2016 年第 2 期。

［288］姬慧：《生态补偿机制的德清实践》，《今日浙江》2010 年第 19 期。

［289］汲荣荣、夏建新、田旸：《基于生态足迹的雷公山自然保护区生态补偿标准研究》，《中央民族大学学报（自然科学版）》2014 年第 2 期。

［290］籍婧、崔寒、罗琦：《生态补偿机制及其对相关利益主体的影

响》，《环境保护科学》2006 年第 5 期。

[291] 贾本丽、孟枫平：《省际流域生态补偿长效机制研究——以新安江流域为例》，《安庆师范学院学报（社会科学版）》2014 年第 4 期。

[292] 贾怀东、赵红：《全球水危机离我们有多远》，《资源与人居环境》2013 年第 9 期。

[293] 贾康、刘薇：《生态补偿财税制度改革与政策建议》，《环境保护》2014 年第 9 期。

[294] 贾丽：《洪湖湿地自然生态补偿研究》，华中师范大学硕士学位论文，2013 年。

[295] 贾若祥、张燕、申现杰：《关于流域生态补偿的思考》，《中国经贸导刊》2014 年第 24 期。

[296] 贾永飞：《南水北调丹江口库区建立生态补偿机制的问题研究》，《水利发展研究》2009 年第 12 期。

[297] 贾卓、陈兴鹏、善孝玺：《草地生态系统生态补偿标准和优先度研究——以甘肃省玛曲县为例》，《资源科学》2012 年第 10 期。

[298] 江海、李佐品：《巢湖流域生态补偿法律制度框架建设探析——以巢湖成为合肥市"内湖"的新区划为契机》，《科技与法律》2012 年第 5 期。

[299] 江秀娟：《生态补偿类型与方式研究》，中国海洋大学硕士学位论文，2010 年。

[300] 江泽慧：《公益林和流域生态补偿机制研究》，中国林业出版社2013 年版。

[301] 江中文：《南水北调中线工程汉江流域水源保护区生态补偿标准与机制研究》，西安建筑科技大学硕士学位论文，2008 年。

[302] 姜东涛：《森林生态效益估测与评价方法的研究》，《华东森林经理》2000 年第 4 期。

[303] 姜梦婷：《环境正义论的一种新思路——彼得·温茨的环境正义体系》，湖北大学硕士学位论文，2013 年。

[304] 姜文来：《水资源价值论》，科学出版社 1998 年版。

[305] 姜志德：《联合生产视角下的退耕还林生态补偿机制创新》，《甘肃社会科学》2014 年第 1 期。

［306］蒋姁：《自然保护地参与式生态补偿机制研究》，法律出版社2012年版。

［307］金波：《区域生态补偿机制研究》，中央编译出版社2012年版。

［308］金京淑：《中国农业生态补偿研究》，吉林大学博士学位论文，2011年。

［309］金蓉、石培基、王雪平：《黑河流域生态补偿机制及效益评估研究》，《人民黄河》2005年第7期。

［310］金淑婷、杨永春、李博等：《内陆河流域生态补偿标准问题研究——以石羊河流域为例》，《自然资源学报》2014年第4期。

［311］晋海：《美国环境正义运动及其对我国环境法学基础理论研究的启示》，《河海大学学报（哲学社会科学版）》2008年第3期。

［312］靳乐山、李小云、左停：《生态环境服务付费的国际经验及其对中国的启示》，《生态经济》2007年第12期。

［313］靳乐山：《关于环境污染问题实质的探讨》，《生态经济》1997年第3期。

［314］靳美娟：《陕西省各地市水资源压力指数评价》，《河南科学》2014年第2期。

［315］靳敏：《加拿大格兰德河流域管理经验及借鉴》，《环境保护》2006年第2期。

［316］靳欣、白建明：《甘肃省自然保护区生态补偿制度的构建——基于兽害补偿的案例与视角》，《生态经济（学术版）》2013年第1期。

［317］井美娟：《区域生态移民补偿标准研究》，山西大学硕士学位论文，2012年。

［318］鞠红岩：《我国废物进口现状和趋势分析》，《资源再生》2015年第12期。

［319］康慕谊、张新时：《退耕还林还草过程中的经济补偿问题探讨》，《生态学报》2002年第4期。

［320］康新立、潘健、白中科：《矿产资源开发中的生态补偿问题研究》，《资源与产业》2011年第6期。

［321］克尼斯等著：《经济学与环境——物质平衡方法》，马中译，生

活·读书·新知三联书店 1991 年版。

　　[322] 孔德飞、虞温妮、谢小燕等：《自然保护区和森林公园生态补偿机制的探讨》，《温州大学学报》2012 年第 4 期。

　　[323] 孔凡斌、潘丹、熊凯：《建立鄱阳湖湿地生态补偿机制研究》，《鄱阳湖学刊》2014 年第 1 期。

　　[324] 孔凡斌：《江河源头水源涵养生态功能区生态补偿机制研究——以江西东江源头为例》，《经济地理》2010 年第 2 期。

　　[325] 孔凡斌：《生态补偿机制国际研究进展及中国政策选择》，《中国地质大学学报（社会科学版）》2010 年第 2 期。

　　[326] 孔凡斌：《中国生态补偿机制理论、实践与政策设计》，中国环境科学出版社 2010 年版。

　　[327] 李彩红：《水源地生态保护成本核算与外溢效益评估研究——基于生态补偿的视角》，山东农业大学博士学位论文，2014 年。

　　[328] 李彩红：《水源地生态补偿标准核算研究》，《济南大学学报（社会科学版)》2012 年第 4 期。

　　[329] 李昌峰、张娈英、赵广川等：《基于演化博弈理论的流域生态补偿研究——以太湖流域为例》，《中国人口·资源与环境》2014 年第 1 期。

　　[330] 李超显、周云华：《湘江流域生态补偿支付意愿及其影响因素的实证研究》，《系统工程》2013 年第 5 期。

　　[331] 李春芳：《浅谈我国水资源现状》，《科技视界》2012 年第 26 期。

　　[332] 李芬、李文华、甄霖等：《森林生态系统补偿标准的方法探讨——以海南省为例》，《自然资源学报》2010 年第 5 期。

　　[333] 李国平、李潇、汪海洲：《国家重点生态功能区转移支付的生态补偿效果分析》，《当代经济科学》2013 年第 5 期。

　　[334] 李国平、李潇、萧代基：《生态补偿的理论标准与测算方法探讨》，《经济学家》2013 年第 2 期。

　　[335] 李国平：《矿产资源有偿使用制度与生态补偿机制》，经济科学出版社 2014 年版。

　　[336] 李国强：《澳大利亚湿地管理与保护体制》，《环境保护》2007 年第 13 期。

〔337〕李浩、黄薇、刘陶等:《跨流域调水生态补偿机制探讨》,《自然资源学报》2011 年第 9 期。

〔338〕李浩、黄薇:《跨流域调水生态补偿模式研究》,《水利发展研究》2011 年第 4 期。

〔339〕李怀恩、庞敏、肖燕:《基于水资源价值的陕西水源区生态补偿量研究》,《西北大学学报(自然科学版)》2010 年第 1 期。

〔340〕李怀恩、尚小英、王媛:《流域生态补偿标准计算方法研究进展》,《西北大学学报(自然科学版)》2009 年第 4 期。

〔341〕李怀恩、史淑娟、党志良等:《南水北调中线工程陕西水源区生态补偿机制研究》,《自然资源学报》2009 年第 10 期。

〔342〕李怀恩、肖燕、党志良:《水资源保护的发展机会损失评价》,《西北大学学报(自然科学版)》2010 年第 2 期。

〔343〕李晖、蒋忠诚、尹辉等:《基于生态服务功能价值的会仙岩溶湿地生态补偿研究》,《水土保持研究》2014 年第 1 期。

〔344〕李佳:《石羊河流域生态补偿效果评价与分析》,兰州大学硕士学位论文,2012 年。

〔345〕李金昌:《资源经济学新论》,重庆大学出版社 1995 年版。

〔346〕李坤:《福建武夷山国家级自然保护区生态补偿机制研究》,福建师范大学硕士学位论文,2012 年。

〔347〕李磊、梁峙、马捷等:《沭河流域水资源生态补偿机制的研究》,《天津农业科学》2014 年第 1 期。

〔348〕李连华、丁庭选:《环境成本的确认和计量》,《经济经纬》2000 年第 5 期。

〔349〕李林发、曾远松、饶拱炳:《森林生态效益补偿资金管理存在问题与对策》,《农民致富之友》2013 年第 2 期。

〔350〕李娜:《退耕还林(草)中生态补偿资金筹集与补偿方式探讨》,《北京农业》2011 年第 6 期。

〔351〕李琦、朱泉:《松花江流域水污染防治的财政政策研究》,《中国财政》2008 年第 13 期。

〔352〕李启宇:《矿产资源开发生态补偿机制研究述评》,《经济问题探

索》2012 年第 7 期。

[353] 李群：《东江流域水源保护区生态补偿机制的研究》，西北民族大学硕士学位论文，2007 年。

[354] 李善同、许新宜：《南水北调与中国发展》，经济科学出版社 2004年版。

[355] 李少勇：《矿产资源开发与生态恢复补偿机制构建》，《黑龙江科技信息》2009 年第 5 期。

[356] 李维乾、解建仓、李建勋、申海：《基于改进 Shapley 值解的流域生态补偿额分摊方法》，《系统工程理论与实践》2013 年第 1 期。

[357] 李文国、魏玉芝：《生态补偿机制的经济学理论依据及中国的研究现状》，《渤海大学学报（哲学社会科学版）》2008 年第 3 期。

[358] 李文华、李芬、李世东等：《森林生态效益补偿的研究现状与展望》，《自然资源学报》2006 年第 5 期。

[359] 李文华、李芬、李世东等：《森林生态效益补偿机制与政策研究》，《生态经济》2007 年第 11 期。

[360] 李文华、刘某承：《关于中国生态补偿机制建设的几点思考》，《资源科学》2010 年第 5 期。

[361] 李文华、赵新全、张宪洲等：《青藏高原主要生态系统变化及其碳源/碳汇功能作用》，《自然杂志》2013 年第 3 期。

[362] 李文华：《创新发展森林生态系统服务评估》，《人民日报》2014年 2 月 26 日。

[363] 李香菊、祝玉坤：《我国矿产资源价格重构中的税收效应分析》，《当代经济科学》2012 年第 2 期。

[364] 李小苹：《生态补偿的法理分析》，《西部法学评论》2009 年第5 期。

[365] 李小燕、胡仪元：《水源地生态补偿标准研究现状与指标体系设计——以汉江流域为例》，《生态经济》2012 年第 11 期。

[366] 李小云：《生态补偿机制：市场与政府的作用》，社会科学文献出版社 2007 年版。

[367] 李晓冰：《关于建立我国金沙江流域生态补偿机制的思考》，《云

南财经大学学报》2009 年第 2 期。

[368] 李晓光、苗鸿、郑华等：《生态补偿标准确定的主要方法及其应用》，《生态学报》2009 年第 8 期。

[369] 李笑春、曹叶军、刘天明：《草原生态补偿机制核心问题探析——以内蒙古锡林郭勒盟草原生态补偿为例》，《中国草地学报》2011 年第 6 期。

[370] 李新平：《漓江流域生态保护现状及建立生态补偿机制探讨》，《河北农业科学》2009 年第 7 期。

[371] 李兴德：《小流域生态需水及生态健康评价研究》，山东农业大学硕士学位论文，2012 年。

[372] 李亚：《论经济发展中政府的生态责任》，《中共中央党校学报》2005 年第 2 期。

[373] 李永根、王晓贞：《天然水资源价值理论及其实用计算方法》，《水利经济》2003 年第 3 期。

[374] 李远、彭晓春、周丽旋等：《流域生态补偿、污染赔偿政策与机制探索：以东江流域为例》，经济管理出版社 2012 年版。

[375] 李远、赵景柱、严岩等：《生态补偿及其相关概念辨析》，《环境保护》2009 年第 6 期 B。

[376] 李云驹、许建初、潘剑君：《松华坝流域生态补偿标准和效率研究》，《资源科学》2011 年第 12 期。

[377] 李云燕：《我国自然保护区生态补偿机制的构建方法与实施途径研究》，《生态环境学报》2011 年第 12 期。

[378] 李长亮：《西部地区生态补偿机制构建研究》，中国社会科学出版社 2013 年版。

[379] 李长胜、王殿文、吴艳辉：《中国森林生态效益计量研究》，《防护林科技》2005 年第 2 期。

[380] 李梓硕：《我国湿地生态补偿制度立法研究》，《企业家天地（下半月刊）》2014 年第 7 期。

[381] 郦建强、王建生、颜勇：《我国水资源安全现状与主要存在问题分析》，《中国水利》2011 年第 23 期。

[382] 梁丹：《全球视角下的森林生态补偿理论和实践——国际经验与发

展趋势》,《林业经济》2008 年第 12 期。

[383] 梁福庆:《中国生态移民研究》,《三峡大学学报（人文社会科学版)》2011 年第 4 期。

[384] 梁明友:《后退耕还林时期生态补偿的难点与问题探析》,《绿色科技》2013 年第 8 期。

[385] 廖福霖:《生态文明学》,中国林业出版社 2012 年版。

[386] 林家彬:《日本水资源管理体系考察及借鉴》,《水资源保护》2002 年第 4 期。

[387] 林剑平、周娟、魏雷阳等:《我国生态补偿中退耕还林政策实施评价》,《现代商贸工业》2010 年第 3 期。

[388] 林黎:《中国生态补偿宏观政策研究》,西南财经大学出版社 2012 年版。

[389] 凌棱、罗尧、刘先:《优化中国湿地生态补偿机制模式——以东洞庭湖国家级自然保护区为例》,《中国商界（下半月)》2010 年第 1 期。

[390] 刘诚:《森林生态效益财政补偿问题的探讨》,《林业经济》2008 年第 2 期。

[391] 刘传玉、张婕:《流域生态补偿实践的国内外比较》,《水利经济》2014 年第 2 期。

[392] 刘春江、薛惠锋、王海燕等:《生态补偿研究现状与进展》,《环境保护科学》2009 年第 1 期。

[393] 刘春江、薛惠锋:《生态补偿机制要素、系统结构与概念模型的研究》,《环境污染与防治》2010 年第 8 期。

[394] 刘丹、夏霁:《渤海溢油事故海洋生态损害赔偿法律问题研究》,《河北法学》2012 年第 4 期。

[395] 刘丹:《渤海溢油事故海洋生态损害赔偿研究——以墨西哥湾溢油自然资源损害赔偿为鉴》,《行政与法》2012 年第 3 期。

[396] 刘冬古、刘灵芝、王刚等:《森林生态补偿相关研究综述》,《湖北林业科技》2011 年第 5 期。

[397] 刘观香:《江西东江源区生态补偿研究》,南昌大学硕士学位论文, 2007 年。

［398］刘贵民：《苏州市水源地保护生态补偿研究》，苏州科技学院硕士学位论文，2010 年。

［399］刘桂环、陆军、王夏晖：《中国生态补偿政策概览》，中国环境出版社 2013 年版。

［400］刘桂环、文一惠、张惠远：《流域生态补偿标准核算方法比较》，《水利水电科技进展》2011 年第 6 期。

［401］刘红侠：《南水北调中线工程渠首地生态补偿机制创新研究》，《河南科技》2014 年第 2 期。

［402］刘慧杰：《洞庭湖区湿地恢复生态补偿机制研究》，湖南师范大学硕士学位论文，2012 年。

［403］刘嘉尧、陈思涵：《西部地区生态补偿方式与补偿标准研究》，《新疆社会科学》2012 年第 6 期。

［404］刘建林、梁倩茹、马斌等：《南水北调中线商洛水源地补偿公共政策研究》，《人民黄河》2010 年第 11 期。

［405］刘剑、张珍翠：《森林生态效益补偿资金管理的对策与建议》，《绿色科技》2014 年第 1 期。

［406］刘晶、葛颜祥：《我国水源地生态补偿模式的实践与市场机制的构建及政策建议》，《农业现代化研究》2011 年第 5 期。

［407］刘俊威、吕惠进：《流域生态补偿标准测算方法研究——基于水资源与水体纳污能力的利用程度》，《浙江师范大学学报（自然科学版）》2012 年第 3 期。

［408］刘礼军：《异地开发——生态补偿新机制》，《水利发展研究》2006 年第 7 期。

［409］刘灵芝、刘冬古、郭媛媛：《森林生态补偿方式运行实践探讨》，《林业经济问题》2011 年第 4 期。

［410］刘璐璐：《生态补偿在流域治理中的应用及其补偿方式选择分析》，东北财经大学硕士学位论文，2013 年。

［411］刘珉：《湿地生态补偿探讨》，《湿地科学与管理》2012 年第 3 期。

［412］刘平养：《发达国家和发展中国家生态补偿机制比较分析》，《干旱区资源与环境》2010 年第 9 期。

[413] 刘萍:《东江流域水源保护区生态补偿机制研究》,山东大学硕士学位论文,2013年。

[414] 刘强、彭晓春、周丽旋等:《城市饮用水水源地生态补偿标准测算与资金分配研究——以广东省东江流域为例》,《生态经济》2012年第1期。

[415] 刘青、胡振鹏:《江河源区生态系统价值补偿机制》,科学出版社2012年版。

[416] 刘盛:《森林生态效益模型及GIS空间分析系统开发》,东北林业大学博士学位论文,2007年。

[417] 刘世强:《我国流域生态补偿实践综述》,《求实》2011年第3期。

[418] 刘淑清、王尚义:《汾河流域生态补偿机制及配套政策研究》,《经济问题》2012年第10期。

[419] 刘陶、赵霞、汤鹏飞:《跨流域调水重要影响区生态补偿研究——以湖北汉江中下游地区为例》,《中国水利》2014年第2期。

[420] 刘小洪、严世辉、徐邦凡:《森林生态效益补偿形式研究——兼论湖北生态林业建设与生态效益补偿》,《林业经济》2003年第5期。

[421] 刘晓红、虞锡君:《基于流域水生态保护的跨界水污染补偿标准研究—关于太湖流域的实证分析》,《生态经济》2007年第8期。

[422] 刘晓红、虞锡君:《钱塘江流域水生态补偿机制的实证研究》,《生态经济》2009年第9期。

[423] 刘晓黎、曹玉昆:《森林生态效益补偿与地方调整机制研究》,《中南林业科技大学学报》2009年第2期。

[424] 刘兴元、尚占环、龙瑞军:《草地生态补偿机制与补偿方案探讨》,《草地学报》2010年第1期。

[425] 刘燕、周庆行:《退耕还林政策的激励机制缺陷》,《中国人口·资源与环境》2005年第5期。

[426] 刘燕:《西部地区生态建设补偿机制及配套政策研究》,科学出版社2010年版。

[427] 刘燕妮:《基于机会成本的生态补偿标准研究》,暨南大学硕士学位论文,2013年。

[428] 刘以、吴盼盼:《国内外森林生态补偿方法评述》,《中国集体经

济》2011 年第 16 期。

［429］刘益军、张素强、王小屈等：《3S 技术在自然保护区生态补偿管理中的应用》,《北京林业大学学报》2011 年第 S2 期。

［430］刘永贵：《三峡生态屏障区生态补偿与可持续发展机制研究》,《人民长江》2010 年第 19 期。

［431］刘玉龙、胡鹏：《基于帕累托最优的新安江流域生态补偿标准》,《水利学报》2009 年第 6 期。

［432］刘玉龙、马俊杰、金学林：《生态系统服务功能价值评估方法综述》,《中国人口・资源与环境》2005 年第 1 期。

［433］刘玉龙、阮本清、张春玲等：《从生态补偿到流域生态共建共享——兼以新安江流域为例的机制探讨》,《中国水利》2006 年第 10 期。

［434］刘玉龙、许凤冉、张春玲等：《流域生态补偿标准计算模型研究》,《中国水利》2006 年第 22 期。

［435］刘玉龙：《生态补偿与流域生态共建共享》,中国水利水电出版社 2007 年版。

［436］刘志仁、汪妍村：《基于耗散结构理论的西北内陆河流域生态环境补偿研究》,《西北大学学报（自然科学版)》2014 年第 4 期。

［437］刘助仁：《国外环境资源税收政策及对中国的启示》,《环境保护》2003 年第 11 期。

［438］柳长顺、刘卓：《国内外生态补偿机制建设现状及其借鉴与启示》,《水利发展研究》2009 年第 6 期。

［439］卢世柱：《涉及自然保护区的建设项目生态补偿机制探讨——以广西林业系统自然保护区为例》,《广西林业科学》2007 年第 4 期。

［440］卢星星：《纳版河流域国家自然保护区生态补偿框架研究》,昆明理工大学硕士学位论文,2010 年。

［441］卢亚卓、汪林、李良县等：《水资源价值研究综述》,《南水北调与水利科技》2007 年第 4 期。

［442］卢艳、王燕鹏、蒙志良等：《流域生态补偿标准研究——以河南省海河流域为例》,《信阳师范学院学报（自然科学版)》2011 年第 2 期。

［443］卢艳丽、丁四保：《国外生态补偿的实践及对我国的借鉴与启

示》，《世界地理研究》2009 年第 3 期。

［444］鲁鹏飞：《退耕还林生态补偿机制激励程度研究》，《湖北农业科学》2012 年第 7 期。

［445］鲁士霞：《流域生态补偿制度初探》，《法制与社会》2009 年第 12 期（下）。

［446］陆健华；曾霞：《加快建立健全梁子湖流域生态补偿机制的对策思考》，《科技创新导报》2014 年第 10 期。

［447］罗丽艳：《自然资源的代偿价值论》，《学术研究》2005 年第 2 期。

［448］罗凌：《关于中国森林生态效益补偿标准的思考》，《四川林业科技》2012 年第 6 期。

［449］罗荣飞：《森林生态效益补偿资金筹集渠道研究》，《绿色科技》2012 年第 1 期。

［450］罗希婧：《跨流域调水生态补偿模式探讨——以南水北调工程为例》，《东方企业文化》2010 年第 6 期。

［451］罗宇：《建立珠江上游南、北盘江流域生态补偿机制探析》，《硅谷》2014 年第 11 期。

［452］骆世明：《生态系统服务功能与资产定价》，《普通生态学》2005 年第 2 期。

［453］吕光明：《对贫困地区退耕还林经济补偿机制的思考》，《中共乐山市委党校学报》2004 年第 5 期。

［454］吕志贤、李佳喜：《构建湘江流域生态补偿机制的探讨》，《中国人口·资源与环境》2011 年第 S1 期。

［455］吕志祥、刘嘉尧：《西部生态补偿制度缺失及重构》，《商业研究》2009 年第 11 期。

［456］吕志祥：《西北地区生态补偿成效评析——退耕还林的视角》，《攀登》2013 年第 4 期。

［457］马爱慧：《耕地生态补偿及空间效益转移研究》，华中农业大学博士学位论文，2011 年。

［458］马丹、高丹：《矿产资源开发中的生态补偿机制研究》，《现代农业科学》2009 年第 2 期。

［459］马晶：《环境正义的法哲学研究》，吉林大学博士学位论文，2005 年。

［460］马静、胡仪元：《南水北调中线工程汉江水源地生态补偿资金分配模式研究》，《社会科学辑刊》2011 年第 6 期。

［461］马清泉：《生态补偿机制的浙江模式》，《新理财（政府理财）》2011 年第 6 期。

［462］马生德、王建风：《森林生态效益的计量理论与方法研究》，《安徽农业科学》2013 年第 9 期。

［463］马晓红：《珠江流域民族地区生态补偿机制的构建》，《贵州民族研究》2014 年第 7 期。

［464］马莹：《国内流域生态补偿研究综述》，《经济研究导刊》2014 年第 12 期。

［465］毛锋、曾香：《生态补偿的机理与准则》，《生态学报》2006 年第 11 期。

［466］毛显强、钟瑜、张胜：《生态补偿的理论探讨》，《中国人口·资源与环境》2002 年第 4 期。

［467］毛占峰、王亚平：《跨流域调水水源地生态补偿定量标准研究》，《湖南工程学院学报》2008 年第 2 期。

［468］孟浩：《基于农户认知的水源地生态补偿政策社会效益评估及其影响因素研究》，上海师范大学硕士学位论文，2013 年。

［469］孟召宜、朱传耿、渠爱雪等：《我国主体功能区生态补偿思路研究》，《中国人口·资源与环境》2008 年第 2 期。

［470］米锋、李吉跃、杨家伟：《森林生态效益评价的研究进展》，《北京林业大学学报》2003 年第 6 期。

［471］苗慧敏：《流域生态补偿中当地政府的流域生态环境责任》，《财政监督》2014 年第 1 期。

［472］苗昆、姜妮：《金磐开发区：异地开发生态补偿的尝试》，《环境经济》2008 年第 8 期。

［473］闵庆文、甄霖、杨光梅等：《自然保护区生态补偿机制与政策研究》，《环境保护》2006 年第 19 期。

[474] 缪吉兵：《生态补偿研究》，《魅力中国》2009 年第 31 期。

[475] 倪才英、曾珩、汪为青： 《鄱阳湖退田还湖生态补偿研究（Ⅰ）——湿地生态系统服务价值计算》，《江西师范大学学报（然科学版）》2009 年第 6 期。

[476] 倪才英、汪为青、曾珩等： 《鄱阳湖退田还湖生态补偿研究（Ⅱ）——鄱阳湖双退区湿地生态补偿标准评估》，《江西师范大学学报（自然科学版）》2010 年第 5 期。

[477] 倪才英、夏秋烨、汪为青： 《鄱阳湖退田还湖生态补偿研究（Ⅲ）——鄱阳湖湿地退田还湖生态补偿实施建议》，《江西师范大学学报（自然科学版）》2012 年第 4 期。

[478] 倪喜云、尚榆民：《云南大理洱海流域农业面源污染防治和生态补偿实践》，《农业环境与发展》2011 年第 4 期。

[479] 聂爱武：《森林生态效益价值的评估方法及其适用性》，《安徽科技》2014 年第 1 期。

[480] 聂晓文、李云燕：《退耕还林工程与美国土地休耕计划生态补偿效率比较分析》，《中国市场》2009 年第 44 期。

[481] 牛路青：《基于生态价值量的关中地区生态补偿研究》，西北大学硕士学位论文，2008 年。

[482] 牛生霞：《试论森林生态效益补偿的会计核算》，《中国乡镇企业会计》2011 年第 1 期。

[483] 欧明霞、田鸿燕：《民族山区矿产资源可持续开发与利用问题研究》，《民族大家庭》2014 年第 3 期。

[484] 潘娜、葛颜祥、侯慧平：《不同流域生态补偿模式的交易费用比较》，《水利经济》2014 年第 3 期。

[485] 潘娜、葛颜祥、侯慧平：《流域生态补偿中的交易费用研究》，《水利经济》2013 年第 2 期。

[486] 潘玉君、张谦舵：《区域生态环境建设补偿问题的初步探讨》，《经济地理》2003 年第 4 期。

[487] 潘岳：《环境保护与社会公平》，《绿叶》2004 年第 6 期。

[488] 庞淼：《后退耕还林时期生态补偿的难点与问题探析》，《社会科

学研究》2012 年第 5 期。

[489] 庞淼：《后退耕还林时期生态补偿模式的实证研究——基于四川布拖县乐安湿地保护区案例的实证研究》，《农村经济》2011 年第 5 期。

[490] 彭博：《东平湖湿地生态补偿研究综述》，《科技信息》2013 年第 8 期。

[491] 彭喜阳：《生态补偿关系主客体界定研究》，《企业家天地下半月刊（理论版)》2009 年第 7 期。

[492] 彭玉兰、才惠莲：《水权转让背景下流域生态补偿的法律思考》，《人民论坛》2012 年第 8 期。

[493] 彭智敏、张斌：《汉江模式：跨流域生态补偿新机制——南水北调中线工程对汉江中下游生态环境影响及生态补偿政策研究》，光明日报出版社 2011 年版。

[494] 戚瑞：《基于水足迹的流域生态补偿标准研究》，大连理工大学硕士学位论文，2009 年。

[495] 齐超：《制度含义及其本质之我见》，《税务与经济》2009 年第 3 期。

[496] 钱水苗、王怀章：《论流域生态补偿的制度构建——从社会公正的视角》，《中国地质大学学报（社会科学版)》2005 年第 5 期。

[497] 钱炜、张婕：《基于前景理论的流域生态补偿政策研究》，《人民黄河》2014 年第 1 期。

[498] 乔治、孙希华、单玉秀：《区域水土保持生态补偿定量计算方法探究——以淮河流域土石山区为例》，《中国水土保持》2009 年第 12 期。

[499] 秦格：《生态环境损失预测及补偿机制：基于煤炭矿区的研究》，中国经济出版社 2011 年版。

[500] 秦玉才：《流域生态补偿与生态补偿立法研究》，社会科学文献出版社 2011 年版。

[501] 邱婧、涂建军、王素芳：《自然保护区生态移民补偿标准探讨：以重庆缙云山自然保护区为例》，《贵州农业科学》2009 年第 5 期。

[502] 邱宇：《汀江流域水环境安全评估》，《环境科学研究》2013 年第 2 期。

［503］曲勃：《矿产资源开发补偿的理论依据探讨》，《消费导刊》2009年第11期。

［504］饶云聪：《生态补偿应用研究》，重庆大学硕士学位论文，2008年。

［505］任力、李宜琨：《流域生态补偿标准的实证研究——基于九龙江流域的研究》，《金融教育研究》2014年第2期。

［506］任诗君：《我国自然保护区生态补偿制度研究》，昆明理工大学硕士学位论文，2011年。

［507］任世丹、杜群：《国外生态补偿制度的实践》，《环境经济》2009年第11期。

［508］任艳胜：《生态补偿与城乡边缘带自然环境保护》，《商业时代》2007年第1期。

［509］任毅、李宏勋：《森林生态效益补偿政策分析框架体系研究》，《环境与可持续发展》2010年第1期。

［510］任勇、冯东方、俞海等：《中国生态补偿理论与政策框架设计》，中国环境科学出版社2008年版。

［511］任勇、俞海、冯东方等：《建立生态补偿机制的战略与政策框架》，《环境保护》2006年第10A期。

［512］阮本清、许凤冉、张春玲：《流域生态补偿研究进展与实践》，《水利学报》2008年第10期。

［513］阮本清、张春玲：《水资源价值流的运移传递过程》，《水利学报》2003年第9期。

［514］邵帅：《基于水足迹模型的水资源补偿策略研究》，《科技进步与对策》2013年第14期。

［515］申璐：《自然保护区生态补偿法律制度研究》，山西财经大学硕士学位论文，2010年。

［516］沈满洪、陆菁：《论生态保护补偿机制》，《浙江学刊》2004年第4期。

［517］沈满洪：《生态文明建设与区域经济协调发展战略研究》，科学出版社2012年版。

［518］史淑娟、李怀恩、林启才等：《跨流域调水生态补偿量分担方法研究》，《水利学报》2009 年第 3 期。

［519］史淑娟：《大型跨流域调水水源区生态补偿研究——以南水北调中线陕西水源区为例》，西安理工大学博士学位论文，2010 年。

［520］史宇、余新晓、毕华兴：《水土保持生态补偿机制建立的理论依据分析》，《水土保持研究》2009 年第 1 期。

［521］史玉成：《生态补偿的理论蕴涵与制度安排》，《法学家》2008 年第 4 期。

［522］水利部淮河水利委员会、水利部海河水利委员会：《南水北调东线工程规划（2001 年修订）简介》，《中国水利》2003 年第 2 期。

［523］水利部黄河水利委员会：《南水北调西线工程规划简介》，《中国水利》2003 年第 1 期。

［524］水利部南水北调规划设计管理局：《南水北调工程总体规划内容简介》，《中国水利》2003 年第 2 期。

［525］水利部长江水利委员会：《南水北调中线工程规划（2001 年修订）简介》，《中国水利》2003 年第 2 期。

［526］水能资源开发生态补偿机制研究编写组：《水能资源开发生态补偿机制研究》，中国水利水电出版社 2010 年版。

［527］水土保持生态补偿机制研究课题组：《我国水土保持生态补偿类型划分及机制研究》，《中国水利》2009 年第 14 期。

［528］宋建军：《流域生态环境补偿机制研究》，水利水电出版社 2013 年版。

［529］宋蕾：《矿产开发生态补偿理论与计征模式研究》，中国地质大学（北京）博士学位论文，2009 年。

［530］宋蕾：《矿产资源开发保证金的征收模式分析》，《工业技术经济》2010 年第 7 期。

［531］宋敏、耿荣海、史海军等：《生态补偿机制建立的理论分析》，《理论界》2008 年第 5 期。

［532］宋鹏飞、张震云、郝占庆：《关于建立和完善中国生态补偿机制的思考》，《生态学杂志》2008 年第 10 期。

[533] 苏丽云:《森林生态效益补偿基金管理的实践与思考》,《绿色财会》2013 年第 11 期。

[534] 苏迅、鹿爱莉:《我国矿产资源原产地补偿政策体系框架设计》,《国土资源科技管理》2011 年第 2 期。

[535] 隋文义、王坤哲、李茹等:《大伙房水库水源涵养与生态补偿机制的探讨》,《环境保护与循环经济》2009 年第 7 期。

[536] 孙芬:《生态文明视阈下中国生态制度建设的路径选择》,《阅江学刊》2012 年第 5 期。

[537] 孙洪坤、韩露:《生态文明建设的制度体系》,《环境保护与循环经济》2013 年第 1 期。

[538] 孙继华、张杰:《中国生态补偿机制概念研究综述》,《生态经济(学术版)》2009 年第 2 期。

[539] 孙前路、孙自保、唐佳:《矿产资源开发中的生态补偿与中国化》,《沈阳大学学报(社会科学版)》2012 年第 4 期。

[540] 孙贤斌、黄润:《基于 GIS 的生态补偿分配模型及其应用研究——以安徽省会经济圈六安市为例》,《水土保持通报》2013 年第 4 期。

[541] 孙晓伟、张莉初:《我国矿产资源产权制度演进与改革路径分析》,《煤炭经济研究》2014 年第 6 期。

[542] 孙新章、谢高地、张其仔等:《中国生态补偿的实践及其政策取向》,《资源科学》2006 年第 4 期。

[543] 孙新章、谢高地、甄霖:《泾河流域退耕还林(草)综合效益与生态补偿趋向——以宁夏回族自治区固原市原州区为例》,《资源科学》2007 年第 2 期。

[544] 孙秀艳:《污染影响健康,如何防范风险——一些与环境污染相关疾病的死亡率或患病率持续上升》,《人民日报》2014 年 11 月 15 日。

[545] 孙瑛、李琪、刘晓雯等:《我国森林生态效益的持续补偿问题》,《山东林业科技》2010 年第 2 期。

[546] 孙永侠:《我国湿地生态补偿机制的构建》,浙江农林大学硕士学位论文,2013 年。

[547] 孙越:《海德格尔环境正义思想研究》,《科学技术哲学研究》

2014 年第 6 期。

［548］孙长霞、贺超、吴成亮：《建立健全我国湿地生态补偿的必要性和难点》，《安徽农业科学》2011 年第 20 期。

［549］谭国太：《三峡库区生态移民的理论与实践》，《重庆行政（公共论坛）》2010 年第 2 期。

［550］谭旭红、张倩：《国外矿产资源生态价值计量与补偿研究评述》，《会计之友》2014 年第 3 期。

［551］谭映宇、刘瑜、马恒等：《浙江省生态补偿的实践与效益评价研究》，《环境科学与管理》2012 年第 5 期。

［552］汤崇军、杨洁、肖胜生等：《鄱阳湖流域水土保持生态补偿机制基本框架浅析》，《人民长江》2014 年第 4 期。

［553］唐文坚、程冬兵：《长江流域水土保持生态补偿机制探讨》，《长江科学院院报》2010 年第 11 期。

［554］唐孝炎：《我国环境污染、环境健康、环境经济与发展战略》，《市场与人口分析》2005 年第 2 期。

［555］唐增、徐中民、武翠芳等：《生态补偿标准的确定：最小数据法及其在民勤的应用》，《冰川冻土》2010 年第 5 期。

［556］陶建格、沈镭：《矿产资源价值与定价调控机制研究》，《资源科学》2013 年第 10 期。

［557］陶建格：《生态补偿理论研究现状与进展》，《生态环境学报》2012 年第 4 期。

［558］腾有正：《环境经济问题的哲学思考——生态经济系统的基本矛盾及其解决途径》，《内蒙古环境保护》2001 年第 3 期。

［559］田瑞祥、王亮、杨增武：《安西自然保护区生态补偿机制的探讨》，《环境研究与监测》2013 年第 3 期。

［560］田淑英、白燕：《森林生态效益补偿：现实依据及政策探讨》，《林业经济》2009 年第 11 期。

［561］田禹：《城市水资源管理》，中国环境科学出版社 2003 年版。

［562］佟超、魏传奎：《森林生态效益补偿机制探讨》，《当代生态农业》2013 年第 Z1 期。

[563] 童华军：《对浙江省自然保护区生态补偿实践的建议》，《世界环境》2010 年第 4 期。

[564] 万本太、邹首民：《走向实践的生态补偿》，中国环境科学出版社 2010 年版。

[565] 万后芬等：《绿色营销》，湖北人民出版社 2000 年版。

[566] 万军、张惠远、王金南等：《中国生态补偿政策评估与框架初探》，《环境科学研究》2005 年第 2 期。

[567] 汪党献、王浩、马静：《中国区域发展的水资源支撑能力》，《水利学报》2000 年第 11 期。.

[568] 汪洁、马友华、栾敬东等：《美国农业面源污染控制生态补偿机制与政策措施》，《农业环境与发展》2011 年第 4 期。

[569] 汪信砚：《生态平衡与和谐社会的哲学价值论审视》，《社会科学辑刊》2006 年第 3 期。

[570] 王贝：《中国：世界垃圾场?》，《中国与世界》2013 年第 11 期。

[571] 王蓓蓓：《流域生态补偿模式及其创新研究》，山东农业大学硕士学位论文，2010 年。

[572] 王昌海、崔丽娟、毛旭锋等：《湿地保护区周边农户生态补偿意愿比较》，《生态学报》2012 年第 17 期。

[573] 王成超、杨玉盛：《生态补偿方式对农户可持续生计影响分析》，《亚热带资源与环境学报》2013 年第 4 期。

[574] 王聪：《我国森林生态效益补偿资金管理的研究》，北京林业大学博士学位论文，2004 年。

[575] 王飞儿、徐向阳、方志发等：《基于 COD 通量的钱塘江流域水污染生态补偿量化研究》，《长江流域资源与环境》2009 年第 3 期。

[576] 王丰年：《论生态补偿的原则和机制》，《自然辩证法研究》2006 年第 1 期。

[577] 王广建、盛猛：《森林生态效益计量方法及存在的问题》，《绿色财会》2007 年第 3 期。

[578] 王国成、唐增、高静：《美国农业生态补偿典型案例剖析》，《草业科学》2014 年第 6 期。

［579］王国栋、王焰新、涂建峰：《南水北调中线工程水源区生态补偿机制研究》，《人民长江》2012 年第 21 期。

［580］王浩、陈敏建、唐克旺：《水生态环境价值和保护对策》，清华大学出版社、北京交通大学出版社 2004 年版。

［581］王浩、阮本清、沈大军等：《面向可持续发展的水价理论与实践》，科学出版社 2003 年版。

［582］王慧：《新安江流域生态补偿机制的建立和完善》，合肥工业大学硕士学位论文，2010 年。

［583］王家齐、郑宾国、刘群等：《红枫湖流域生态补偿断面水质监测与补偿额测算》，《环境化学》2012 年第 6 期。

［584］王甲山、许瀚予、李绍萍：《基于矿产资源开发生态保护的税费政策研究》，《生态经济》2013 年第 9 期。

［585］王建生、钟华平、耿雷华等：《水资源可利用量计算》，《水科学进展》2006 年第 4 期。

［586］王金南、万军、张惠远：《关于我国生态补偿机制与政策的几点认识》，《环境保护》2008 年第 10 期。

［587］王金南、庄国泰：《生态补偿机制与政策设计》，中国环境科学出版社 2006 年版。

［588］王金南、邹首民、洪亚雄：《中国环境政策（第 2 卷）》，中国环境科学出版社 2006 年版。

［589］王金南：《完善湿地生态补偿政策建立湿地保护长效机制》，《前进论坛》2013 年第 2 期。

［590］王金水、包景岭、常文韬等：《衡水湖湿地生态补偿估算与机制研究》，《河北工业大学学报》2009 年第 6 期。

［591］王娟娟：《草地生态补偿成本分摊的博弈分析——以甘南牧区为例》，《西北民族大学学报（哲学社会科学版）》2012 年第 3 期。

［592］王军锋、侯超波：《中国流域生态补偿机制实施框架与补偿模式研究——基于补偿资金来源的视角》，《中国人口·资源与环境》2013 年第 2 期。

［593］王蕾、苏杨、崔国发：《自然保护区生态补偿定量方案研究——基

于"虚拟地"计算方法》,《自然资源学报》2011 年第 1 期。

[594] 王亮:《基于生态足迹变化的盐城丹顶鹤自然保护区生态补偿定量研究》,《水土保持研究》2011 年第 3 期。

[595] 王妹、温作民:《森林生态效益价值核算研究》,《世界林业研究》2006 年第 3 期。

[596] 王敏、杨丽晨:《矿产资源生态补偿法律机制研究》,《企业家天地(下半月刊)》2014 年第 7 期。

[597] 王明华:《世界上哪些国家最缺水》,《水资源研究》2011 年第 3 期。

[598] 王欧、金书秦:《热点聚焦农业面源污染防治:国际经验及启示》,《世界农业》2012 年第 1 期。

[599] 王芃:《论我国生态补偿制度的完善》,郑州大学硕士学位论文,2006 年。

[600] 王倩:《济南市空气污染对人体健康造成经济损失的评估》,山东大学硕士学位论文,2007 年。

[601] 王青瑶、马永双:《湿地生态补偿方式探讨》,《林业资源管理》2014 年第 3 期。

[602] 王青云:《关于我国建立生态补偿机制的思考》,《宏观经济研究》2008 年第 7 期。

[603] 王清军:《生态补偿主体的法律建构》,《中国人口·资源与环境》2009 年第 1 期。

[604] 王权典:《基于主体功能区划自然保护区生态补偿机制之构建与完善》,《华南农业大学学报(社会科学版)》2010 年第 1 期。

[605] 王让会、薛英、宁虎森等:《基于生态风险评价的流域生态补偿策略》,《干旱区资源与环境》2010 年第 8 期。

[606] 王让会:《环境负效应的生态补偿模式》,《新疆环境保护》2007 年第 4 期。

[607] 王生卫、肖荣阁:《矿产资源开发中生态补偿定价机制分析》,《现代商业》2007 年第 10 期。

[608] 王生卫:《我国西部矿产资源产业结构优势的培育及实现途径分

析》，《科技创业月刊》2007 年第 2 期。

　　[609] 王世进等：《国外森林生态效益补偿制度及其借鉴》，《生态经济》2011 年第 1 期。

　　[610] 王书可、李顺龙、刘颖等：《三江平原湿地生态补偿政策及其对大豆生产影响的探讨》，《大豆科学》2013 年第 6 期。

　　[611] 王淑云、耿雷华、黄勇等：《饮用水水源地生态补偿机制研究》，《中国水土保持》2009 年第 9 期。

　　[612] 王彤、王留锁：《水库流域生态补偿标准测算方法研究》，《安徽农业科学》2010 年第 26 期。

　　[613] 王宪恩、闫旭、周佳龙：《我国湿地补水生态补偿机制探析》，《环境保护》2012 年第 4 期。

　　[614] 王向阳、赵仕沛、王新功等：《黑河流域生态补偿长效机制研究》，《人民黄河》2014 年第 5 期。

　　[615] 王兴杰、张骞之、刘晓雯等：《生态补偿的概念、标准及政府的作用——基于人类活动对生态系统作用类型分析》，《中国人口·资源与环境》2010 年第 5 期。

　　[616] 王学恭、白洁、赵世明：《草地生态补偿标准的空间尺度效应研究——以草原生态保护补助奖励机制为例》，《资源开发与市场》2012 年第 12 期。

　　[617] 王雪婷、王金洲：《国内外矿产资源收益分配制度比较研究》，《科技创业月刊》2012 年第 8 期。

　　[618] 王艳霞、张素娟、张义文：《滨海湿地生态补偿机制建设初探》，《湿地科学与管理》2011 年第 4 期。

　　[619] 王燕：《水源地生态补偿机制构建研究：基于市场视角》，《企业活力》2010 年第 9 期。

　　[620] 王燕鹏：《流域生态补偿标准研究》，郑州大学硕士学位论文，2010 年。

　　[621] 王瑶：《山东湿地生态系统生态功能评估及其生态补偿研究》，山东大学硕士学位论文，2008 年。

　　[622] 王有利：《向海湿地补水生态补偿机制研究》，吉林大学博士学位

论文, 2012 年。

[623] 王宇、延军平：《自然保护区村民对生态补偿的接受意愿分析——以陕西洋县朱鹮自然保护区为例》，《中国农村经济》2010 年第 1 期。

[624] 王昱、丁四保、王荣成：《区域生态补偿的理论与实践需求及其制度障碍》，《中国人口·资源与环境》2010 年第 7 期。

[625] 王媛、张华：《湿地生态补偿机制研究进展》，《吉林师范大学学报（自然科学版）》2013 年第 3 期。

[626] 王志凌、谢宝剑、谢万贞：《构建我国区域间生态补偿机制探讨》，《学术论坛》2007 年第 3 期。

[627] 韦惠兰、葛磊：《自然保护区生态补偿问题研究》，《环境保护》2008 年第 2 期。

[628] 韦林均、包家强、伏小勇：《模糊数学模型在水资源价值评价中的应用》，《兰州交通大学学报（自然科学版）》2006 年第 3 期。

[629] 魏晓华、李文华、周国逸等：《森林与径流关系——致性和复杂性》，《自然资源学报》2005 年第 5 期。

[630] 魏晓燕、毛旭锋、夏建新：《我国自然保护区生态补偿标准研究现状及讨论》，《世界林业研究》2013 年第 2 期。

[631] 魏晓燕、毛旭锋、夏建新：《自然保护区移民生态补偿定量研究——以内蒙古乌拉特国家级自然保护区为例》，《林业科学》2013 年第 12 期。

[632] 温锐、刘世强：《我国流域生态补偿实践分析与创新探讨》，《求实》2012 年第 4 期。

[633] 翁伯琦、张伟利、王义祥：《东南地区循环农业发展的路径探索与对策创新》，《农业科技管理》2013 年第 3 期。

[634] 吴桂月：《退耕还林效益评估与生态补偿响应研究》，河南农业大学硕士学位论文，2012 年。

[635] 吴健、马中：《美国排污权交易政策的演进及其对中国的启示》，《环境保护》2004 年第 8 期。

[636] 吴明红、严耕：《中国省域生态补偿标准确定方法探析》，《理论探讨》2013 年第 2 期。

［637］吴明红：《中国省域生态补偿标准研究》，《学术交流》2013 年第 12 期。

［638］吴楠：《森林生态效益补偿法律机制研究》，《中国劳动关系学院学报》2014 年第 3 期。

［639］吴箐、汪金武：《完善我国流域生态补偿制度的思考——以东江流域为例》，《生态环境学报》2010 年第 3 期。

［640］吴水荣、顾亚丽：《国际森林生态补偿实践及其效果评价》，《世界林业研究》2009 年第 4 期。

［641］吴学灿、洪尚群、吴晓青：《生态补偿与生态购买》，《环境科学与技术》2006 年第 1 期。

［642］吴耀宇：《浅论盐城海滨湿地自然保护区旅游生态补偿机制的构建》，《特区经济》2011 年第 2 期。

［643］吴园园：《新安江流域生态补偿机制效果分析与完善研究》，安徽大学硕士学位论文，2014 年。

［644］武立强、何俊仕：《苏子河流域生态补偿研究》，《中国农村水利水电》2008 年第 9 期。

［645］武瑞杰：《我国矿产资源产权制度研究——以生态文明和低碳经济为视角》，《河南社会科学》2013 年第 9 期。

［646］肖加元、席鹏辉：《跨省流域水资源生态补偿：政府主导到市场调节》，《贵州财经大学学报》2013 年第 2 期。

［647］肖建红、陈绍金、于庆东等：《基于河流生态系统服务功能的皂市水利枢纽工程的生态补偿标准》，《长江流域资源与环境》2012 年第 5 期。

［648］谢飞、侯新、李仁宗：《水功能区水域纳污能力及限制排污总量分析》，《水利科技与经济》2012 年第 3 期。

［649］谢日升：《矿产资源开发与生态环境资源问题探讨》，《技术与市场》2011 年第 8 期。

［650］邢健：《建立生态补偿长效机制促进安康经济持续发展》，《陕西综合经济》2006 年第 6 期。

［651］邢祥娟、王焕良、刘璨：《美国生态修复政策及其对我国林业重点工程的借鉴》，《林业经济》2008 年第 7 期。

[652] 熊凯、孔凡斌：《农户生态补偿支付意愿与水平及其影响因素研究——基于鄱阳湖湿地 202 户农户调查数据》，《江西社会科学》2014 年第6 期。

[653] 熊鹰、王克林、蓝万炼等：《洞庭湖区湿地恢复的生态补偿效应评估》，《地理学报》2004 年第 5 期。

[654] 徐大伟、常亮：《跨区域流域生态补偿的准市场机制研究：以辽河为例》，科学出版社 2014 年版。

[655] 徐大伟、郑海霞、刘民权：《基于跨区域水质水量指标的流域生态补偿量测算方法研究》，《中国人口·资源与环境》2008 年第 4 期。

[656] 徐大伟：《跨区域流域生态补偿意愿及其支付行为研究》，经济科学出版社 2013 年版。

[657] 徐堃：《渭河流域生态补偿政策法规研究》，西北农林科技大学硕士学位论文，2011 年。

[658] 徐丽媛：《试论赣江流域生态补偿机制的建立》，《江西社会科学》2011 年第 10 期。

[659] 徐琳瑜、杨志峰、帅磊等：《基于生态服务功能价值的水库工程生态补偿研究》，《中国人口·资源与环境》2006 年第 4 期。

[660] 徐田江：《关于南水北调中线工程水源地生态补偿情况的调研报告》，《陕西发展和改革》2011 年第 4 期。

[661] 徐新麒、刘逊、刘良源：《发展东江源区生态产业的方略探讨》，《企业经济》2010 年第 4 期。

[662] 徐毅：《欧盟共同农业政策改革与绩效研究》，武汉大学博士学位论文，2012 年。

[663] 徐永田：《我国生态补偿模式及实践综述》，《人民长江》2011 年第 11 期。

[664] 许凤冉：《流域生态补偿理论探索与案例研究》，水利水电出版社2010 年版。

[665] 许学工：《加拿大的自然保护区管理》，北京大学出版社 2000年版。

[666] 许延东：《自然保护区生态补偿机制的构建与完善——以主体功能

区战略为背景》,《国家林业局管理干部学院学报》2012 年第 3 期。

[667] 宣刘心:《三峡库区农村移民补偿政策研究——以湖北省宜昌市南湾灵宝二村为个例》,华中师范大学硕士学位论文,2006 年。

[668] 薛达元:《自然保护区生物多样性经济价值类型及其评估方法》,《农村生态环境》1999 年第 2 期。

[669] 薛睿心:《我国流域水资源生态补偿法律制度研究》,山西财经大学硕士学位论文,2014 年。

[670] 薛晓娇、李新春:《中国能源生态足迹与能源生态补偿的测度》,《技术经济与管理研究》2011 年第 1 期。

[671] 闫海:《松花江水污染事件与流域生态补偿的制度构建》,《河海大学学报 (哲学社会科学版)》2007 年第 1 期。

[672] 闫伟:《区域生态补偿体系研究》,经济科学出版社 2008 年版。

[673] 闫旭:《流域污染生态补偿标准模型研究》,吉林大学硕士学位论文,2012 年。

[674] 严耕:《中国省域生态文明建设评价报告 (ECI2012)》,社会科学文献出版 2012 年版。

[675] 颜海波:《流域生态补偿法律机制研究》,山东科技大学硕士学位论文,2007 年。

[676] 颜华:《关于建立湿地生态补偿机制的思考——以黑龙江三江平原湿地为例》,《农业现代化研究》2006 年第 5 期。

[677] 燕守广、沈渭寿、邹长新等:《重要生态功能区生态补偿研究》,《中国人口·资源与环境》2010 年第 S1 期。

[678] 杨昌举、蒋腾、苗青:《关注西部:产业转移与污染转移》,《环境保护》2006 年第 3 期。

[679] 杨恶恶、张贵:《森林生态效益的计量方法讨论》,《科技创新导报》2009 年第 6 期。

[680] 杨芳:《基于社区参与的洞庭湖湿地生态补偿机制研究》,《湖南社会科学》2013 年第 2 期。

[681] 杨光梅、闵庆文、李文华等:《我国生态补偿研究中的科学问题》,《生态学报》2007 年第 10 期。

[682] 杨国霞：《丹江口水库调水工程生态补偿标准初步研究》，山东师范大学硕士学位论文，2010 年。

[683] 杨娟：《以环境正义看生态文明建设》，《法制与社会》2014 年第 20 期。

[684] 杨凯、李平：《湿地生态补偿机制研究综述》，《绿色科技》2012 年 10 期。

[685] 杨凯：《黄河三角洲高效生态经济区滨海湿地生态补偿机制研究》，山东师范大学硕士学位论文，2013 年。

[686] 杨丽韫、甄霖、吴松涛：《我国生态补偿主客体界定与标准核算方法分析》，《生态经济》2010 年第 5 期。

[687] 杨姝、谭旭红、张庆华等：《基于系统动力学的矿产资源补偿体系构成研究》，《资源开发与市场》2012 年第 6 期。

[688] 杨桐鹤：《流域生态补偿标准计算方法研究》，中央民族大学硕士学位论文，2011 年。

[689] 杨晓萌：《欧盟的农业生态补偿政策及其启示》，《农业环境与发展》2008 年第 6 期。

[690] 杨晓萌：《生态补偿机制的财政视角研究》，东北财经大学出版社 2013 年版。

[691] 杨新荣：《湿地生态补偿及其运行机制研究——以洞庭湖区为例》，《农业技术经济》2014 年第 2 期。

[692] 杨勇攀、肖立军：《矿产资源地区间利益分配机制探讨》，《商业时代》2012 年第 11 期。

[693] 杨志平：《基于生态足迹变化的盐城市麋鹿自然保护区生态补偿定量研究》，《水土保持研究》2011 年第 2 期。

[694] 杨中文、刘虹利、许新宜等：《水生态补偿财政转移支付制度设计》，《北京师范大学学报（自然科学版）》2013 年第 Z1 期。

[695] 姚艺伟：《丹江口库区水源地保护及利益补偿机制研究》，中南民族大学硕士学位论文，2009 年。

[696] 伊媛媛：《跨流域调水生态补偿的利益平衡分析》，《法学评论》2011 年第 3 期。

［697］义术、吉明江：《自然保护区腹地的生态补偿实践——海南省昌江县王下乡生态补偿试点经验》，《新东方》2010 年第 5 期。

［698］雍慧、熊峰、潘磊等：《生态公益林补偿标准确定的问题、方法与建议》，《湖北林业科技》2011 年第 6 期。

［699］于成学、张帅：《辽河流域跨省界断面生态补偿与博弈研究》，《水土保持研究》2014 年第 1 期。

［700］于法稳：《叶谦吉的生态文明建设》，《中国社会科学报》2012 年 8 月 13 日。

［701］于富昌、葛颜祥、李伟长：《水源地生态补偿各主体博弈及其行为选择》，《山东农业大学学报（社会科学版）》2013 年第 2 期。

［702］于富昌：《水源地生态补偿主体界定及其博弈分析》，山东农业大学硕士学位论文，2013 年。

［703］于术桐、黄贤金、程绪水：《南四湖流域水生态保护与修复生态补偿机制研究》，《中国水利》2011 年第 5 期。

［704］于文金、谢剑、邹欣庆：《基于 CVM 的太湖湿地生态功能恢复居民支付能力与支付意愿相关研究》，《生态学报》2011 年第 23 期。

［705］余振国、冯春涛、郑娟尔等：《矿产资源开发环境代价核算与补偿赔偿制度研究》，《中国国土资源经济》2012 年第 3 期。

［706］俞海、任勇：《流域生态补偿机制的关键问题分析——以南水北调中线水源涵养区为例》，《资源科学》2007 年第 2 期。

［707］俞海、任勇：《生态补偿的理论依据：一个分析性框架》，《城市环境与城市生态》2007 年第 2 期。

［708］俞海、任勇：《中国生态补偿：概念、问题类型与政策路径选择》，《中国软科学》2008 年第 6 期。

［709］俞树毅：《国外流域管理法律制度对我国的启示》，《南京大学法律评论》2010 年第 9 期。

［710］俞肖剑：《正确把握湿地生态补偿要求大力推进生态文明建设》，《浙江林业》2014 年第 S1 期。

［711］虞锡君：《建立邻域水生态补偿机制的探讨》，《环境保护》2007 年第 2 期。

［712］禹雪中、冯时：《中国流域生态补偿标准核算方法分析》，《中国人口·资源与环境》2011年第9期。

［713］郁乐、孙道进：《谁之后代，何种正义？——环境代际正义问题中的道德立场与利益关系》，《思想战线》2014年第4期。

［714］袁汝华、朱九龙、陶晓燕等：《影子价格法在水资源价值理论测算中的应用》，《自然资源学报》2002年第6期。

［715］苑银和：《环境正义论批判》，中国海洋大学博士学位论文，2013年。

［716］翟畅、胡润田、范文义：《森林水源涵养生态效益的估算与评价研究》，《森林工程》2012年第4期。

［717］绽小林、马占山、黄生秀等：《三江源区藏民族生态移民及生态环境保护中的生态补偿政策研究》，《攀登》2007年第6期。

［718］张保祥：《日本水资源开发利用与管理概况》，《人民黄河》2012年第1期。

［719］张彪、李文华、谢高地等：《森林生态系统的水源涵养功能及其计量方法》，《生态学杂志》2009年第3期。

［720］张斌、陈学谦：《环境正义研究述评》，《伦理学研究》2008年第4期。

［721］张冰、申韩丽、王朋薇等：《长白山自然保护区旅游生态补偿支付意愿分析》，《林业资源管理》2013年第1期。

［722］张冰：《长白山自然保护区旅游生态补偿支付意愿及受偿意愿的研究》，东北林业大学硕士学位论文，2013年。

［723］张灿强、李文华、张彪等：《基于土壤动态蓄水的森林水源涵养能力计量及其空间差异》，《自然资源学报》2012年第4期。

［724］张灿强、张彪、李文华等：《森林生态系统对非点源污染的控制机理与效果及其影响因素》，《资源科学》2011年第2期。

［725］张辰：《论农村环境污染侵权救济的完善——基于环境正义的视角》，《陕西农业科学》2014年第9期。

［726］张春玲、阮本清：《水源保护林效益评价与补偿机制》，《水资源保护》2004年第2期。

［727］张锋：《生态补偿法律保障机制研究》，中国环境科学出版社 2010 年版。

［728］张赶年：《白洋淀湿地补水的生态补偿研究》，南京信息工程大学硕士学位论文，2013 年。

［729］张冠坤、侯黎明、朱宁：《森林生态效益补偿筹资方式研究综述》，《现代商业》2012 年第 6 期。

［730］张冠坤：《森林生态效益补偿资金筹集方式研究》，北京林业大学硕士学位论文，2012 年。

［731］张国栋、谭静池、李玲：《移民搬迁调查分析——基于陕南移民搬迁调查报告》，《调研世界》2013 年第 10 期。

［732］张海军：《浅析矿产资源开发生态补偿法律制度》，《企业改革与管理》2014 年第 8 期。

［733］张家荣：《南水北调中线商洛水源地生态补偿标准研究》，《中国水土保持》2014 年第 2 期。

［734］张建、夏凤英：《论生态补偿法律关系的主体：理论与实证》，《青海社会科学》2012 年第 4 期。

［735］张建伟：《新型生态补偿机制构建的思考》，《经济与管理》2011 年第 3 期。

［736］张建肖、安树伟：《国内外生态补偿研究综述》，《西安石油大学学报》2009 年第 1 期。

［737］张杰平：《南水北调中线工程调水补偿制度研究》，《生态经济》2012 年第 4 期。

［738］张洁：《崂山水库饮用水源保护区生态补偿机制实践研究》，山东师范大学硕士学位论文，2010 年。

［739］张军：《流域水环境生态补偿实践与进展》，《中国环境监测》2014 年第 1 期。

［740］张君、张中旺、李长安：《跨流域调水核心水源区生态补偿标准研究》，《南水北调与水利科技》2013 年第 6 期。

［741］张来章、党维勤、郑好等：《黄河流域水土保持生态补偿机制及实施效果评价》，《水土保持通报》2010 年第 3 期。

［742］张乐：《流域生态补偿标准及生态补偿机制研究——以潕史杭流域为例》，合肥工业大学硕士学位论文，2009 年。

［743］张乐勤、荣慧芳：《条件价值法和机会成本法在小流域生态补偿标准估算中的应用——以安徽省秋浦河为例》，《水土保持通报》2012 年第 4 期。

［744］张乐勤、许信旺、曹先河等：《小流域生态补偿标准实证研究》，《科技进步与对策》2011 年第 10 期。

［745］张蕾、戴广翠、蒲少华等：《鹰嘴界自然保护区生态补偿标准探讨》，《湖南林业科技》2012 年第 3 期。

［746］张立：《美国补偿湿地及湿地补偿银行的机制与现状》，《湿地科学与管理》2008 年第 4 期。

［747］张林海：《借鉴国外经验完善我国资源税制度》，《涉外税务》2010 年第 11 期。

［748］张落成、李青、武清华：《天目湖流域生态补偿标准核算探讨》，《自然资源学报》2011 年第 3 期。

［749］张美芳：《美国的环境税收体系及其启示》，《现代经济探讨》2002 年第 7 期。

［750］张倩：《环境税的矿产资源生态补偿效应及制度设计研究》，《财会研究》2014 年第 8 期。

［751］张巧川：《基于区际与代际之间的流域生态补偿机制研究——理论构建与实践应用》，浙江理工大学硕士学位论文，2013 年。

［752］张胜、张彬：《关于鄱阳湖湿地生态补偿政策的调研报告》，《农村财政与财务》2013 年第 6 期。

［753］张守平：《国内外涉水生态补偿机制研究综述》，《人民黄河》2011 年第 5 期。

［754］张卫民：《森林资源资产价格及评估方法研究》，北京林业大学博士学位论文，2010 年。

［755］张卫萍：《退耕还林补偿政策与农户响应的关联分析——以冀西北地区为例》，《中国人口·资源与环境》2006 年第 6 期。

［756］张晓锋：《基于利益相关者的南水北调中线水源区多元化生态补偿

形式探讨》，《南都学坛》2011 年第 2 期。

［757］张晓蕾、万一：《基于水质—水量的淮河流域生态补偿框架研究》，《水土保持通报》2014 年第 4 期。

［758］张怡、王慧：《实现环境利益公平分享的环境税机理》，《税务与经济》2007 年第 4 期。

［759］张郁、苏明涛：《大伙房水库输水工程水源地生态补偿标准与分配研究》，《农业技术经济》2012 年第 3 期。

［760］张媛、支玲：《我国森林生态补偿标准问题的研究进展及发展趋势》，《林业资源管理》2014 年第 2 期。

［761］张运、赵海珊：《湿地生态补偿机制浅析》，《中国商界（上半月）》2010 年第 10 期。

［762］张长江、温作民：《森林生态效益外部性计量的公允价值模式研究》，《会计之友（上旬刊）》2009 年第 2 期。

［763］赵春光：《我国流域生态补偿法律制度研究》，中国海洋大学博士学位论文，2009 年。

［764］赵斐斐、陈东景、徐敏等：《基于 CVM 的潮滩湿地生态补偿意愿研究——以连云港海滨新区为例》，《海洋环境科学》2011 年第 6 期。

［765］赵风瑞：《森林生态效益会计核算问题研究》，《绿色财会》2011 年第 5 期。

［766］赵峰、鞠洪波、张怀清等：《国内外湿地保护与管理对策》，《世界林业研究》2009 年第 2 期。

［767］赵海明、李磊、梁峙等：《沭河流域水资源生态补偿机制的研究》，《江苏水利》2014 年第 1 期。

［768］赵卉卉、张永波、王明旭：《中国流域生态补偿标准核算方法进展研究》，《环境科学与管理》2014 年第 1 期。

［769］赵进：《流域生态价值评估及其生态补偿模式研究》，南京林业大学硕士学位论文，2009 年。

［770］赵雷刚：《基于环境重置成本法的流域生态补偿价值计量方法研究——以黄河流域（兰州段）为例》，兰州商学院硕士学位论文，2014 年。

［771］赵璐、王晓峰、王纪红：《南水北调中线水源区的自然环境评

价》，《统计与决策》2009 年第 11 期。

[772] 赵青娟：《青海生态补偿法律机制探析》，《攀登》2008 年第 6 期。

[773] 赵同谦、欧阳志云、郑华等：《中国森林生态系统服务功能及其价值评价》，《自然资源学报》2004 年第 4 期。

[774] 赵维：《陕南水源区的生态补偿机制及其财政思考》，《知识经济》2013 年第 17 期。

[775] 赵霞：《建立汉江中下游地区生态补偿机制及其对策研究》，《水利经济》2010 年第 4 期。

[776] 赵霞：《跨区域公益性重大水利工程运行经费的解决途径——以汉江中下游四项治理工程为例》，《水利经济》2013 年第 4 期。

[777] 赵秀玲、陶海东：《南水北调生态补偿机制研究综述》，《南都学坛》2011 年第 2 期。

[778] 赵秀玲、陶海东：《南水北调中线工程渠首地生态补偿机制创新研究》，《南都学坛》2012 年第 5 期。

[779] 赵雪雁：《生态补偿效率研究综述》，《生态学报》2012 年第 6 期。

[780] 赵彦泰：《美国的生态补偿制度》，中国海洋大学硕士学位论文，2010 年。

[781] 赵银军、魏开湄、丁爱中等：《流域生态补偿理论探讨》，《生态环境学报》2012 年第 5 期。

[782] 赵玉山、朱桂香：《国外流域生态补偿的实践模式及对中国的借鉴意义》，《世界农业》2008 年第 4 期。

[783] 浙江省水利厅：《关于东阳市向义乌市转让横锦水库部分用水权的调查报告》，《水利规划与设计》2001 年第 2 期。

[784] 郑德凤、臧正、苏琳：《基于突变级数法的吉林省生态补偿标准核算》，《生态与农村环境学报》2013 年第 4 期。

[785] 郑海霞、张陆彪：《流域生态服务补偿定量标准研究》，《环境保护》2006 年第 1 期。

[786] 郑海霞：《关于流域生态补偿机制与模式研究》，《云南师范大学学报》2010 年第 5 期。

[787] 郑海霞：《中国流域生态服务补偿机制与政策研究》，中国经济出

版社 2010 年版。

[788] 郑水丽：《基于国际经验的鄱阳湖生态经济区生态补偿机制研究》，南昌大学硕士学位论文，2010 年。

[789] 郑晓燕、何祥博：《自然保护区生态补偿机制的发展与探讨》，《陕西林业》2010 年第 3 期。

[790] 中国 21 世纪议程管理中心编著：《生态补偿的国际比较：模式与机制》，社会科学文献出版社 2012 年版。

[791] 中国 21 世纪议程管理中心可持续发展战略研究组：《生态补偿：国际经验与中国实践》，社会科学文献出版社 2007 年版。

[792] 中国生态补偿机制与政策研究课题组：《中国生态补偿机制与政策研究》，科学出版社 2007 年版。

[793] 钟方雷、徐中民、李兴文：《美国生态补偿财政项目的理论与实践》，《财会研究》2009 年第 18 期。

[794] 钟华、姜志德、代富强：《水资源保护生态补偿标准量化研究——以渭源县为例》，《安徽农业科学》2008 年第 20 期。

[795] 周建华：《汉江上游梯级水电站开发模式研究》，西安理工大学硕士学位论文，2001 年。

[796] 周燕、王军、岳思羽：《崂山水库库区生态补偿机制的探讨》，《青岛理工大学学报》2006 年第 3 期。

[797] 周燕：《土地和矿产资源开发中的利益补偿机制研究》，《科技致富向导》2014 年第 8 期。

[798] 周映华：《流域生态补偿及其模式初探》，《水利发展研究》2008 年第 3 期。

[799] 周映华：《我国地方政府流域生态补偿的困境与探索》，《珠江现代建设》2008 年第 3 期。

[800] 朱桂香：《国外流域生态补偿的实践模式及对我国的启示》，《中州学刊》2008 年第 5 期。

[801] 朱桂香：《南水北调中线水源区生态补偿内涵及补偿机制建立》，《林业经济》2010 年第 9 期。

[802] 朱九龙：《国内外跨流域调水水源区生态补偿研究综述》，《人民

黄河》2014 年第 2 期。

[803] 朱敏、李丽、吴巩胜等：《森林生态价值估算方法研究进展》，《生态学杂志》2012 年第 1 期。

[804] 朱再昱、陈美球、吕添贵等：《赣江源自然保护区生态补偿机制的探讨》，《价格月刊》2009 年第 11 期。

[805] 宗明绪、夏春萍：《农户对森林生态效益的支付意愿及其影响因素——基于对十堰市张湾区和丹江口地区的调查》，《华中农业大学学报（社会科学版）》2013 年第 4 期。

[806] 宗臻铃、欧名豪、董元华等：《长江上游地区生态重建的经济补偿机制探析》，《长江流域资源与环境》2001 年第 1 期。

[807] A. E. Douglas, *Symbiotic interactions*, Oxford University Press, USA, 1994.

[808] Alfredo Ortega – Rubio and Cerafina Argüelles – Méndez, "Management plans for natural protected areas in Mexico: La Sierra de Laguna case study", in *International Journal of Sustainable Development and World Ecology*, 1999.

[809] Askenaizer D J, Heart S H, " Breaking Down Barriers – implications and Opportunities of The Safe Drinking Water Act and the Clean Water Act Watershed Provisions," *Watershed Management: Moving from Theory to Implementation*, Denver: Alexandria Press, 1998.

[810] Barton D. N, Faith D P, Rusch G M, et al, "Environmental Service Payments: Evaluating Biodiversity Conservation Trade – offs and Cost – efficiency in the Osa Conservation Area, Costa Rica ", in *Journal of Environmental Management*, 2009.

[811]. Bennet J, Russell B, *The Choice Modeling Approach to Environmental Valuation*, Massachusetts Edward Elgar Publishing Inc, 2001.

[812]. Bernstein J, et al, *Agriculture and the Environment In the United States and EU*, USEU Food and Agriculture Comparisons, 2004.

[813]. Blamey R, Gordon J, Chapman R, " Choice modeling assessing the environment values of water supply options", *The Australian Journal of Agricultural and Resource Economics*, 1999.

［814］. Brannan K M, Mostaghimi S, McClellan P W, et al, *Animal Waste BMP Impacts on Sediment and Nutrient Losses in Runoff from the Owl Run Watershed*, Trans ASAE, 2000.

［815］. Bruce Aylward, Harry Seely, Ray Hartwell, et al, " The Economic Value of Water for Agricultural, Domestic and Industrial Uses: A Global Compilation of Economic Studies and Market Prices", *Ecosystem Economics LLC*, USA, 2010.

［816］Bunyan Bryant, *Environmental Justice – Issues, Policies, and Solutions*, Island Press, 1995.

［817］Callan S J, Thomas J M:《环境经济学与环境管理理论、政策和应用(第3版)》,李建民、姚从容译,清华大学出版社2006年版。

［818］Carsten Drebenstedt, *Regulations, Methods and Experiences of land Reclamation in German Opencast Mines*, Addressed to Mine Land Reclamation and Ecological Restoration for the 21 Century – Beijing International Symposium on Land Reclamatiom, 2000.

［819］Castro E, Costa Rican, *Experience in The Charge for Hydro Environmental Services of The Biodiversity to Finance Conservation and Recuperation of Hillside Ecosystems*, The International Workshop on Market Creationfor Biodiversity Products and Services, OECD, Paris, 2001.

［820］Chomitz K, Brenes E, Constantino L, " Financing Environmental Services: The Costa Rican Experience and Its Implications", *The Science of the Total Environment*, 1999.

［821］Colding J, Folke C, Social taboos, "Invisible0systems of local resource management and biological conservation", in *Ecological Applications*, 2001.

［822］Costanza R, d'Arge R, de Groot R, et al, " The Value of The World's Ecosystem Services and Natural Capital", *Nature*, 1997.

［823］Cowell R, "Environmental Compensation and the Mediation of Environmental Change: Making Capital out of Cardiff Bay", in *Journal of Environmental Planning and Management*, 2000.

［824］Cuperus, Canters K J, De Haes HA, et al, "Guidelines for Ecological Compensation Associated With Highways", *Biological Conservation*, 1999.

[825] Daily G C, et al, *Nature's Services: Societal Dependence on Natural Ecosystems*, San Francisco: Island Press, 1997.

[826] Dianne Draper, "Toward Sustainable Mountain Communities: Balancing Tourism Development and Environment Protection in Banff and Banff National Park, Canada. AMBIO", *in A Journal of the Human Environment*, 2001.

[827] Donahue, "The Future of The Concept of Property Predicted From its Past", see Charles Donahue, Thomas E. Kauper, Peter W. Martin, *Csses and Msterials on Property an Introduction to The Concept and The Institution*, Third Edition, WEST PUBLISHING CO. , 1993.

[828] Elena Comino, Marta Bottero, Silvia Pomarico, et al, "Exploring The Environmental Value of Ecosystem Services for A River Basin Through A Spatial Multicriteria Analysis", *Land Use Policy*, 2014.

[829] El Serafy S, "The Proper Calculation of Income from Depletable Natural Resources", In Y. J. Ahmad, S. El Serafy, E. Lutz(eds.), *Environ – mental Accounting for Sustainable Development*, A UNEP – World Bank Symposium, Washington DC: The World Bank, 1989.

[830] Engel S, Pagiola S, Wunder S, "Designing Payments for Environmental Services in Theory and Practice: An Overview of the Issues", in *Ecological Economics*, 2008.

[831] Farley J, Costanza R, "Payments for Ecosystem Services: From Local to Globa", in *Economical Economics*, 2010.

[832] Feng Liu, *Environmental Justice Analysis: Theories, Methods, and Practice*, Lewis Publishers, 2001.

[833] Greenpeace, "The Database of Known Hazardous Waste Exports from OECD to Non – OECD Countries", 1989 – March 1994, Greenpeace, Washington, D. C. 1994. 转引自 Michael K. Dorsey, *Environmental Injustice in International Context*, http://population. wri. org.

[834] Hofrichter, Richard (ed.), *Toxic Struggles: The Theory and Practice of Environmental Justice*, Philadelphia: New Society Publishers. 1993.

[835] Irene Ring, *Integrating Local Ecological Services into Intergovernmental*

Fiscal Transfers: The Case of The Ecological ICMS in Brazil, Land Use Policy, 2008.

[836] John Loomis, Earl Ekstrand, "Alternative Approaches for Incorporating Respondent Uncertainty When Estimating Willingness to Pay: The Case of The Mexican Spotted Owl", in *Ecological Economics*, 1998.

[837] Johst K, Drechsler M, "Watzold F, An Ecological – economic Modeling Procedure to Design Compensation Payments for The Efficient Spatiotemporal Allocation of Species Protection Measures", in *Ecological Economics*, 2002.

[838] Loomis J, K Paula, L Strange, et al, "Measuring The Total Economic Value of Restoring Ecosystem Services in An Impaired River Basin: Result from A Contingent Value Survey", *Ecological Economics*, 2000.

[839] Lowrance R, Altier J D, Newbold R S, et al, "Water Quality Functions of Riparian Forest Buffers in Chesapeake Bay watersheds", *Environmental Management*, 1997.

[840] Maikhuri R K, Rana U, Rao K S, et al, "Promoting Ecotourism in The Buffer Zone Areas of Nanda Devi Biosphere Reserve: An Option to Resolve People – policy Conflict", *in International Journal of Sustainable Development & World Ecology*, 2000.

[841] Morand, Mcvittiea, Allcroftdj, et al, "Quantifying Public Preferences for Agri – environmental Policy in Scotland: A Comparison of Methods", *Ecological Economics*, 2007.

[842] National Research Council (U. S.), *Watershed Management for Potable Water Supply Assessing The New York City Strategy*, Washington DC: National Academy Press, 2000.

[843] Neville L. R, *Effective Watershed Management at The Community Level: What It Takes to Make It Happen*, Water Resources Impact, 1999.

[844] Norgaard R B, Jin Ling, "Trade and Governance of Ecosystem Services", *in Ecological Economics*, 2008.

[845] Novotny V, "Integrated Water Quality Management", *Water Science and Technology*, 1996.

[846] Pagiola S, Areenas, Platais G, "Can Payments for Environmental Services

Help Reduce Poverty an Exploration of the Issues and the Evidence to Date from Latin America", in *World Development*, 2005.

[847] Peter S W, *Environmental Justice*, New York: CA1bamy State University Press, 1998.

[848] Walter E. Westman, "How much are Nature's Services Worth?", *Science*, 1977.

[849] Wattage P, Mardle S, "Stakeholder Preferences Towards Conservation Versus Development for a Wetland in Sri Lank", *Journal of Environmental Management*, 2005.

[850] Wilson M A, Carpenter S R, "Economic Valuation of Freshwater Ecosystem Services in The United States: 1991 – 1997", *Ecological Applications*, 1999.

[851] Wolf Krug, "Socioeconomic Strategies to Preserve Biodiversity in Africa—The Example of Wildlife Management", *Agriculture and Rural Development*, 1998.

[852] Wunder S, Engel S, Pagiola S, Taking Stock, "A Comparative Analysis of Payments for Environmental Services Programs in Developed and Developing Countries", in *Ecological Economics*, 2008.

后 记

　　本书是国家社科基金一般项目"生态补偿资金分配模式及其效益评估模型研究——以汉江为例"（结题证书号：20151061）结题成果，陕西理工大学应用经济学校级重点学科和区域经济学校级科技创新团队成果。

　　本成果是在实证调研基础上完成的，张睿海、杨涛、马彩虹等老师和部分学生为调研工作付出了辛勤劳动。整个书稿中，前言、后记和第一章"生态补偿概述"由胡仪元撰写；第二章"流域生态补偿模式研究"，由陕西理工大学唐萍萍博士撰写；第三章"生态补偿的理论依据"，由宝鸡职业技术学院田玲副教授撰写；第四章"生态补偿标准核算及其实证研究"由陕西理工大学唐萍萍和岳思羽博士撰写；第五章"生态补偿资金分配模型构建"由岳思羽博士撰写；第六章"生态补偿资金运行机制研究"由西安美术学院周园博士撰写；全书的统稿工作由胡仪元完成。在以匿名方式的国家社会科学基金项目成果通讯鉴定中，评审专家对本成果的严密性、全面性、系统性、有效性、可信性和创新性给予了充分肯定，认为本成果具有较强的说服力和实际参考价值，高度赞扬了研究者们立足区域实际、开展接地气地调研工作，积极服务地方经济社会发展的研究态度与科研精神。

　　在整个课题研究过程中，得到了陕西省社科规划办何军处长、安海胜副处长等领导的关心、支持和指导。我的导师、西安交通大学的张思锋教授对项目调研、书稿撰写给予了指导和建议。

　　在此，对所有参与课题调研、研究，对课题调研和研究给以帮助和支持的单位和个人表示最诚挚的谢意！

　　本书是一部立足于汉江流域生态补偿标准核算与资金分配问题研究的学术专著，将视域紧紧锁定汉江这一特定流域，在调研基础上，对为什么补偿、怎样补偿、补偿多少和补偿资金怎么分配等问题进行了系统思考和深入探索，希望能为本领域的理论研究和实践探索提供一点思路或启发，这是本课题组全体成员最大的心愿。但是，由于水平有限，使书稿难免存在诸多纰漏和缺憾，敬请读者给予批评和指正，在此提前致谢。

“流域生态补偿模式、核算标准与分配模型研究”课题组

2016 年 5 月 8 日

责任编辑:张　燕
封面设计:石笑梦
责任校对:吕　飞

图书在版编目(CIP)数据

流域生态补偿模式、核算标准与分配模型研究:以汉江水源地生态补偿为例/
　胡仪元　等　著. —北京:人民出版社,2016.6
ISBN 978－7－01－016328－4

Ⅰ.①流…　Ⅱ.①胡…　Ⅲ.①汉水-流域环境-生态环境-补偿机制-研究
　②汉水-流域环境-生态环境-计算-标准-研究③汉水-流域环境-生态环境-
　分配模型-研究　Ⅳ.①X321.263

中国版本图书馆 CIP 数据核字(2016)第 128927 号

流域生态补偿模式、核算标准与分配模型研究
LIUYU SHENGTAI BUCHANG MOSHI HESUAN BIAOZHUN YU FENPEI MOXING YANJIU
——以汉江水源地生态补偿为例

胡仪元　等　著

人民出版社 出版发行
(100706　北京市东城区隆福寺街 99 号)

北京明恒达印务有限公司印刷　新华书店经销

2016 年 6 月第 1 版　2016 年 6 月北京第 1 次印刷
开本:710 毫米×1000 毫米 1/16　印张:29
字数:460 千字

ISBN 978－7－01－016328－4　定价:68.00 元

邮购地址 100706　北京市东城区隆福寺街 99 号
人民东方图书销售中心　电话 (010)65250042　65289539